SpringerWienNewYork

Der Fahrzeugantrieb

Herausgegeben von Helmut List

Helmut Eichlseder
Manfred Klüting
Walter F. Piock

Grundlagen und Technologien des Ottomotors

Der Fahrzeugantrieb

SpringerWienNewYork

Dipl.-Ing. Dr. Helmut Eichlseder
Institut für Verbrennungskraftmaschinen und Thermodynamik
Technische Universität Graz, Graz, Österreich

Dr.-Ing. Manfred Klüting
BMW AG, München, Deutschland

Dr. Walter F. Piock
AVL List GmbH, Graz, Austria

Printed in Austria

Datenkonvertierung: Thomson Press (India) Ltd., Chennai
Druck: Druckerei Theiss GmbH, A-9431 St. Stefan im Lavanttal
Gedruckt auf säurefreiem, chlorfrei gebleichtem Papier – TCF
SPIN 11422563

Mit 262 Abbildungen

Bibliografische Information Der Deutschen Bibliothek
Die Deutsche Bibliothek verzeichnet diese Publikation in der Deutschen Nationalbibliografie; detaillierte bibliografische Daten sind im Internet über http://dnb.ddb.de abrufbar.

ISSN 1617-8920
ISBN 978-3-211-25774-6 SpringerWienNewYork

Vorwort

Im Rahmen der von Hans List herausgegebenen Reihe „Die Verbrennungskraftmaschine" wurde die Gemischbildung und Verbrennung im Ottomotor bereits erstmals vor 40 Jahren in einem Werk von K. Löhner und H. Müller behandelt. 1990 verfasste H. P. Lenz, dem fortgeschrittenen Stand der Technik entsprechend, eine neue Ausgabe.

Seit dieser Zeit hat beim Ottomotor eine rasante und von vielen im Ausmaß unerwartete Entwicklung stattgefunden. Auf Anregung von Prof. Helmut List wurde das vorliegende Buch erstellt, um dieser Entwicklung Rechnung zu tragen. Sein Engagement und seine Unterstützung haben dieses Werk in der vorliegenden Form ermöglicht, wofür wir ihm herzlich danken.

Die Entwicklung des Ottomotors wurde in den letzten Jahren von weiterer Emissionsminderung und Volllaststeigerung, aber vor allem von der CO_2-Emissions- und damit Verbrauchsminderung vorangetrieben. Das dazu erforderliche Wissen um die Grundlagen der ottomotorischen Gemischbildung und Verbrennung konnte im gleichen Zeitraum mit neuen Diagnostik- und Simulationsverfahren erarbeitet und wesentlich erweitert werden.

Die mit diesen Erkenntnissen aktualisierten Grundlagen des ottomotorischen Arbeitsprozesses und die heute relevanten Rahmenbedingungen bilden den ersten Teil des vorliegenden Werkes. In weiteren Kapiteln wird wesentlichen Neuentwicklungen bei Komponenten und konzeptioneller Gestaltung von Ottomotoren Rechnung getragen. An die Stelle der früher einen großen Raum einnehmenden Vergasertechnik sind überwiegend elektronisch geregelte Gemischbildungssysteme getreten. Diese als Saugrohr- oder Direkteinspritzung ausgeführten Systeme erweitern die Funktionalität des Ottomotors essentiell. Mit den neuen Freiheitsgraden wird die Möglichkeit für neue ottomotorische Konzepte wie beispielsweise vollvariable Ventilsteuerung, geschichtete Verbrennung und homogene Selbstzündung geschaffen. Entsprechend ihrer Bedeutung wird diesen neuen Technologien ein Kapitel gewidmet, das darüber hinaus einen Ausblick auf alternative Kraftstoffe bis hin zur zukunftsweisenden Wasserstofftechnologie gibt. Ergänzend werden die für diese Technologien erforderliche Motorsteuerung und Abgasnachbehandlung behandelt.

Bei der Verfassung des Buches haben uns mehrere Fachleute durch Diskussion, Korrekturlesen des Textes und Anregungen wesentlich unterstützt, wofür ihnen herzlicher Dank gebührt. Besonders zu erwähnen sind an dieser Stelle Prof. Dr. Rudolf Pischinger, Dr. Günter Fraidl und Prof. Dr. Ulrich Spicher, die mit ihrem Fachwissen zum Gelingen des Werkes beigetragen haben.

Teile des Bildmaterials, vor allem ausgeführte Komponenten und Ausführungsformen, wurden ebenso wie die zugehörigen technischen Daten von Fahrzeug- und Komponentenherstellern bereitgestellt, wofür wir unseren Dank aussprechen möchten.

Frau Sabrina Kohlhofer wollen wir für die Koordinationsarbeiten bei der Verfassung des Manuskriptes danken. Sie hat diese aufgrund der Arbeitsbelastung und räumlichen Entfernung der Autoren und des Verlages durchaus herausfordernde Aufgabe mit bewundernswerter Übersicht und Geduld gelöst.

Einem weiteren Mitarbeiter des Institutes für Verbrennungskraftmaschinen und Thermodynamik, Herrn Christian Perktold, gebührt besonderer Dank. Leider ist es uns nicht mehr möglich, diesen Dank persönlich auszusprechen: Er wurde in der Fertigstellungsphase dieses Buches durch ein tragisches Lawinenunglück aus unserem Team gerissen. Er wird uns mit seiner offenen, lebendigen und liebenswürdigen Art in Erinnerung bleiben.

Im nun vorliegenden Buch werden die Grundlagen der innermotorischen Vorgänge im Ottomotor, deren Regelung sowie die Abgasnachbehandlung und neue Technologieansätze entsprechend dem aktuellen Stand der Technik und aufbauend behandelt. Dieses Werk wendet sich an Studierende und Ingenieure in Forschung und Entwicklung, aber auch an interessierte Praktiker. Diesen soll es als Lern- und Arbeitsbehelf sowie als Nachschlagewerk dienen.

Helmut Eichlseder, Manfred Klüting, Walter F. Piock

Inhaltsverzeichnis

Formelzeichen, Indizes und Abkürzungen

Formelzeichen

a, α	Aufladegrad [−]
A	(Querschnitts-)Fläche [m^2]
b	spezifischer Kraftstoffverbrauch [g/kW h]
b_e	effektiver spezifischer Kraftstoffverbrauch [g/kW h]
C	elektrische Kapazität [F]
d	Zylinderdurchmesser [m]
d_T	Tropfendurchmesser [m]
d_V	Ventildurchmesser
D	(charakteristischer) Durchmesser [m]
DF	Downsizing-Faktor [−]
D	(mittlerer Tropfen-)Durchmesser [m] (auch [mm, µm])
D_{32}	Sautertropfendurchmesser [m] (auch [mm, µm])
E	elektrische Energie [J]; Exergie [J]
h	spezifische Enthalpie [J/kg]
$h_u{}^*$	Heizwert (bezogen auf 1 kg Verbrennungsgas) [J/kg]
H	Enthalpie [J]
H_G, $\bar{H}_G$	Gemischheizwert [J/m^3]
H_m	molare Enthalpie [J/kmol]
H_o	Brennwert (früher: oberer Heizwert) [J/kg]
H_u	Heizwert (früher: unterer Heizwert) [J/kg] (alle Heizwerte auch [kJ/kg, MJ/kg])
$H_u{}^*$	Heizwert (bezogen auf 1 kmol Verbrennungsgas) [J/kmol]
H_v, H_p	Heizwert bei $v =$ konst. bzw. $p =$ konst. [J/kg]
i	Laufvariable (1, 2, ..., n)
I	elektrische Stromstärke [A]
K_c	Gleichgewichtskonstante (bezogen auf Konzentrationen) [−]
K_p	Gleichgewichtskonstante (bezogen auf Partialdrücke) [−]
L	Luftbedarf [kg/kg_B] (auch andere Einheiten möglich)
L_P	leistungsbezogener Luftdurchsatz [kg/kW s] (auch andere Einheiten möglich)
L_{st}	stöchiometrischer Luftbedarf [kg/kg_B]
m	Masse [kg] oder [kmol]; Formfaktor (des Vibe-Brennverlaufs) [−]
m_A, m_E	insgesamt ausströmende, einströmende Gasmasse [kg]
m_{AG}, m_{AGi}, m_{AGe}	Abgasmasse [kg], intern, extern rückgeführte Abgasmasse [kg]
m_B, m_L	Brennstoffmasse [kg], Luftmasse [kg]
m_{Fr}, m_{Sp}	Frischladungsmasse [kg], Spülmasse [kg]
m_{RG}, m_{VG}	Restgasmasse [kg], Verbrennungsgasmasse [kg]
$\dot{m}$	Massenstrom [kg/s]
$\dot{m}_B$, $\dot{m}_L$	Massenstrom Brennstoff, Luft [kg/s] (auch kg/h möglich)
M_d	(Motor-)Drehmoment [N m]
n	Anzahl; (Motor-)Drehzahl [min^{-1}], manchmal auch [s^{-1}]; Polytropenexponent [−]
Oh	Ohnesorgezahl [−]
p	Druck, Partialdruck [bar, Pa]
p_0	Standarddruck, $p_0 = 1$ atm $= 1{,}013$ bar
p_i, p_e	indizierter Mitteldruck [Pa], effektiver Mitteldruck [Pa] (auch [kPa, bar])
p_m, p_r	Mitteldruck [bar], Reibungsmitteldruck [bar]
P	Leistung [W, kW]
P_e	effektive Leistung [kW]
q	spezifische Wärme(menge) [J/kg]
$\dot{Q}$	Wärmestrom [W]
Q	Wärme [J]; elektrische Ladung [C]
Q_a	äußere Wärme [J]
Q_{rev}	reversible Wärme [J]
$dQ_B/d\varphi$	Brennverlauf [J/KW]
$dQ_H/d\varphi$	Heizverlauf [J/KW]
$dQ_W/d\varphi$	Wandwärmeverlauf [J/KW]
r	Kurbelradius [m]; spezifische Verdampfungswärme [J/kg]
R	spezifische Gaskonstante [J/kg K]; elektrischer Widerstand [Ω]; Tropfenradius [m] (auch [mm, µm])
R_m	allgemeine (molare) Gaskonstante: $R_m = 8314{,}3$ J/kmol K
Re	Reynoldszahl [−]
s	Länge, Höhe, Kolbenhub, Wanddicke [m]; Schichtdicke (des Gaskörpers, der Flamme) [m]; Flammengeschwindigkeit [m/s]

S	Entropie [J/K]
t	Zeit [s]; Temperatur [°C]
T	Temperatur [K]
U	elektrische Spannung [V]; innere Energie [J]
v	spezifisches Volumen [m^3/kg]; (Teilchen-) Geschwindigkeit [m/s]
V	Volumen [m^3], Zylindervolumen [m^3, dm^3]
$\dot{V}$	Volumenstrom [m^3/s]
V_c	Verdichtungsvolumen [m^3]
V_h, V_H	Hubvolumen eines Zylinders, Hubvolumen des gesamten Motors [m^3], Hubvolumen [m^3] (auch [l])
VPI	Varianz-Koeffizienz des indizierten Mitteldruck [%]
w	spezifische Arbeit [J/kg]
w_V	spezifische Volumänderungsarbeit [J/kg]
W	Arbeit [J]
W_e, W_i	effektive Arbeit, innere (indizierte) Arbeit [J]
W_v, W_V	Arbeit des vollkommenen Motors, Volumänderungsarbeit [J]
We	Weberzahl [−]
x	Feuchtegrad [−]; Strecke, (Kolben-)Weg, Koordinate [m]; Durchbrennfunktion des Brennverlaufs, Umsetzrate [−, %]
x_{AG}, x_{RG}, x_{VG}	Abgasanteil [−]; Restgasanteil [−]; Verbrennungsgasanteil [−]
x_{AGe}	externe Abgasrückführrate [−]
y	Koordinate [m]
z	Koordinate [m]; Zylinderzahl [−]
Z_D	Drallzahl [−]
Z_T	Tumblezahl [−]
α	Aufladegrad [−]; Wärmeübergangskoeffizient [W/m^2 K]; Kontraktionsziffer (Durchflusszahl) [−]
Δ	Differenz zweier Größen
ε	Verdichtungsverhältnis [−]; Dissipation
ε'	Verdichtungsverhältnis des Zweitakt-Motors [−]
ζ_u	Umsetzungsgrad [−]
η	molekulare (dynamische) Viskosität; Wirkungsgrad [−]
η_C	Wirkungsgrad des Carnot-Prozesses [−]
η_e, η_i	effektiver Wirkungsgrad, indizierter (innerer) Wirkungsgrad [−]
η_g	Gütegrad [−]
η_{gl}	Gleichraumgrad [−]
η_{LLK}	Ladeluftkühler-Wirkungsgrad [−]
η_m	mechanischer Wirkungsgrad [−]
$\eta_{s\text{-}i,K}$, $\eta_{s\text{-}i,T}$	innerer isentroper Wirkungsgrad des Kompressors (Verdichters), der Turbine [−]
η_{th}	thermodynamischer Wirkungsgrad [−]
η_v	Wirkungsgrad des vollkommenen Motors [−]
κ	Isentropenexponent [−]
λ	Schubstangenverhältnis [−]; Wärmeleitfähigkeit, Wärmeleitzahl [W/m K]; Wellenlänge [m]
λ, λ_V, λ_{VG}	Luftverhältnis (Luftzahl), Verbrennungsluftverhältnis, Luftverhältnis des Verbrennungsgases [−]
λ_a	Luftaufwand [−]
λ_f	Fanggrad [−]
λ_l	Liefergrad [−]
λ_s	Spülgrad [−]
μ	Durchflusszahl [−]; Überströmkoeffizient [−]
$\mu\sigma$	Durchflusskennwert [−]
ρ	Dichte [kg/m^3]
σ	Versperrungsziffer [−]; Oberflächenspannung [N/m^2]
σ_{pi}	Standardabweichung des indizierten Mitteldruckes [Pa] (auch [kPa, bar])
$\sum$	Summe
φ	Kurbelwinkel [° KW]; Geschwindigkeitsbeiwert [−]
Φ	Equivalence Ratio ($= 1/\lambda$) [−]
ψ	Durchflussfunktion [−]
ω	Winkelgeschwindigkeit [s^{-1}]

Weitere Indizes und Abkürzungen

0	Bezugs- oder Standardzustand
1	Zustand (im Querschnitt, am Punkt) 1
2	Zustand (im Querschnitt, am Punkt) 2
10	geometrisch gewichtet
20	oberflächengewichtet
30	volumengewichtet
1-D	eindimensional
3-D	dreidimensional
a	aus, außen, äußere
A	(Zylinder-)Auslass
ab	abgeführt(e Wärme)
AGR	Abgasrückführung
AÖ	Auslass öffnet
abs	absolut
AS	Auslass schließt; Arbeitsspiel
ATL	Abgasturboaufladung, Abgasturbolader
B	Brennstoff, Kraftstoff, Benzindampf; Zylinderbuchse; Behälter
bez, Bez	bezogen, Bezug
CFD	Computational Fluid Dynamics
CZ	Cetanzahl

diff	Diffusion
DNS	direkte numerische Simulation
dyn	dynamisch
e	effektiv; ein, (Behälter-)Eintritt; eingebracht
E	(Zylinder-)Einlass
EB	Einspritzbeginn
ECU	Engine Control Unit
EÖ	Einlass öffnet
ES	Einlass schließt
FEM	Finite-Elemente-Methode
Fl	Flamme, Flüssigkeit
FSN	Filter Smoke Number (Schwärzungszahl)
Fu	Funken
G	Gas, gasseitig; Gemisch
GD-V	Gleichdruck-Verbrennung
ges	gesamt
GRGD-V	kombinierte Gleichraum-Gleichdruck-Verbrennung
GR-V	Gleichraum-Verbrennung
HD	Hochdruck(phase)
HIL	Hardware in the Loop
i	innen, indiziert
id	ideal
inj	Injektor
k	kritisch
K	Kraftstoff
Konv	Konvektion
konst.	konstant
KW	Kurbelwinkel
L	Luft
lam	laminar
Leck	Leckage, Blow-by
LES	Large Eddy Simulation (Grobstruktursimulation)
LIF	Laser induzierte Interferenz
LL	Leerlauf
LLK	Ladeluftkühler
LW	Ladungswechsel
m	mittel; molar
max	maximal
Mess	Messung
min	minimal

MKS	Mehrkörpersysteme
ND	Niederdruck(phase)
NT	Nutzturbine
Öl	Öl
opt	optimal
OT	oberer Totpunkt
Pl	Plasma
r	Reibung
real	real
red	reduziert
rel	relativ
RG	Restgas
rL	reale Ladung
rV	realer Verbrennungsablauf
s	isentrop, bei $s = $ konst.; zur Spülung; spät
S	Grenze
st	stöchiometrisch; stabil; stationär; statisch
SZ	Schwärzungszahl
t	turbulent
T	Tropfen; Turbine
th	theoretisch; thermodynamisch
TL	Teillast; Turbolader
u	unverbrannt
Ü	Überström-
UT	unterer Totpunkt
uV	unvollkommene Verbrennung
v	verbrannt(e Zone); vollkommen; vor(laufende Welle)
V	Ventil; Verlust
VB	Verbraucher; Verbrennungsbeginn
VD	Verbrennungsdauer
VE	Verbrennungsende
VL	Vollast
VT	Verdichterturbine
w	wirksam
W	Wand(wärme); Wasser
WOT	Wechsel-OT
WV	Wandverlust
Z	Zylinder
ZOT	Zünd-OT
zu	zugeführt(e) (Wärme)
ZV	Zündverzug
ZZP	Zündzeitpunkt

1 Historie und Rahmenbedingungen

1.1 Historie

In der Historie und Bedeutung der Verbrennungskraftmaschine nimmt der Ottomotor weltweit eine herausragende, in den meisten Fällen eine dominante Rolle ein.

Diese häufig auch als „Motortechnik der Welt" bezeichnete Technologie wurde begründet durch ein am 6. Juni 1876 von der Gasmotorenfabrik Deutz AG eingereichtes und nach dem Erfinder Nikolaus August Otto benanntes Patent. Schon vor und parallel zu diesem haben zahlreiche Erfinder in England, Frankreich, Italien und auch in Deutschland Verbrennungsmotoren erdacht, jedoch hatten mit Ausnahme des Lenoirmotors wenige Erfindungen über die ersten Versuche hinaus Erfolg.

Angeregt durch den Gasmotor von Lenoir begann N. A. Otto, der interessanterweise ausgebildeter Kaufmann war, mit seinen Arbeiten an einer kleinen Modellmaschine des Lenoirmotors. Nach ersten Erfahrungen und Versuchen zur Steigerung der Leistung kam er auf den Gedanken, „Zündung und Verbrennung müssten zu Beginn des Kolbenhubes stattfinden" – der Ausgangspunkt für einen Viertakt-Motor. Erste derartige Versuchsmaschinen wiesen jedoch mechanische Probleme auf, sodass Otto einen atmosphärischen Motor baute. Dieser lief so überzeugend, dass er 1864 gemeinsam mit Eugen Langen eine Firma in Köln gründete. Relativ bald waren sich die beiden aber klar darüber, dass das Arbeitsfeld des atmosphärischen Motors begrenzt und dieser in der Leistung nicht über 3 PS zu steigern war.

So versuchte er weiterhin, die für die „direkt wirkende Gasmaschine" scheinbar unüberbrückbare Schwierigkeit – die stoßweise Verbrennung mit den damit verbundenen mechanischen Schwierigkeiten bei starken Gasgemischen und die nicht sichere Entzündung bei schwachen Gasgemischen – zu überwinden und einen derartigen Motor zu bauen. Diese Überlegungen führten zur Zielsetzung eines Verbrennungsgemisches, in dem „Streifen" von nicht an der Verbrennung beteiligten Gasen die einzelnen Schichten des Explosionsgemisches isolieren – in heutigen Worten ein „Schichtbrennverfahren".

Unter dem Titel „Gasmotor" wurde 1876 das entscheidende Patent DRP 532, das einen Viertakt-Motor mit Fremdzündung beschreibt, geschützt. Für Otto war das Verbrennungsverfahren der Kern seiner Entwicklung, der wie folgt beschrieben wird: „Der Kolben saugt (zunächst) Luft und auf dem weiteren Weg ein inniges Gemisch von Luft und Gas in den Zylinder. Dieses Gemisch hat eine solche Zusammensetzung, dass es bei seiner Entzündung selbstständig brennbar ist. Die Entzündung teilt sich den folgenden Gemischkörperchen mit und schreitet umso langsamer fort, je weiter diese Körperchen voneinander entfernt sind, je mehr sich also die Verbrennung dem Kolben nähert. Die verbrennenden Gemischkörperchen erzeugen eine Spannung, welche auf den Kolben treibend wirkt". Da diese Spannung die Folge von einer Reihenfolge einzelner Entzündungen der Gasgemischkörperchen ist, tritt sie allmählich ein: „... sie ist in ihrer Wirkung nicht gleich der Wirkung einer durch Explosion eines Gasgemisches erzeugten Spannung und deshalb auch nicht begleitet von den bei Explosionsmaschinen unvermeidlichen Stößen und Wärmeverlusten."

In seiner Beschreibung heißt es weiter: „Auf diese Weise ist es möglich, auch mit komprimierten Gasen zu arbeiten und bei gleicher Zylindergröße den drei- und mehrfachen Effekt zu erzielen."

Auf Grund dieser Vorstellungen wurde im Frühjahr 1876 der erste Ottomotor entworfen. Von den ersten Probeläufen des Versuchsmotors ist ein Diagramm erhalten geblieben, das Wilhelm Maybach, damals Konstrukteur in der Gasmotorenfabrik Deutz, am 9. Mai 1876 aufgenommen hat. Es ist die „Geburtsurkunde des Verbrennungsmotors" (Abb. 1.1) [1.1].

Nach dem ersten Versuchsmotor wurde ohne weiteres Zwischenglied die erste Serienausführung konstruiert (Abb. 1.2) [1.2] und ausgeführt, sodass schon im Oktober 1876 ein Motor an eine Brauerei in Mülheim ausgeliefert werden konnte.

Nach vielen und über Jahre geführten Patentprozessen blieb vom DRP 532 nur der Patentanspruch 5 „Konstruktion wie beschrieben" bestehen, womit das Patent bis zum natürlichen Ablauf 1891 erhalten geblieben ist. Der Schutz auf die Viertakt-Arbeitsfolge fiel, da der französische Ingenieur Beau de Rochas diese zwar in Zusammenhang mit einem Gasmotor mit Zündung durch Gemischverdichtung, jedoch bereits 1862 in einer Broschüre beschrieben hatte. Der oben angeführte Ablauf der Verbrennung war deshalb nicht zu schützen, da er sich experimentell nicht beweisen ließ und auf geänderte Rahmenbedingungen reagiert. Damit wurde der Ottomotor zur dominanten Antriebsquelle, die heute weltweit in über 800 Millionen Fällen für Mobilität und Antrieb von Maschinen sorgt. Jährlich werden mehr als 70 Millionen Motoren produziert [1.3, 1.4].

Der Motorenfabrik Deutz haben diese Prozesse außer Zeit- und Geldaufwand kaum Schaden gebracht. Der Umsatz stieg in weiterer Folge, die aufkommenden Konkurrenzmotoren wirkten als Werbung für die Motorisierung überhaupt und förderten damit auch das Geschäft mit Deutz [1.2, 1.5, 1.6]. Im Zusammenhang mit der Frage um die Verdienste verschiedener Erfinder entbrannten einige Jahrzehnte nach der Erfindung eine heftige Diskussion und Angriffe auf die Bezeichnung „Ottomotor". Als Ersatz wurden Begriffe wie Verpuffungsmotor, Zündermotor, Explosionsmotor, Zerknalltreibling etc. vorgeschlagen, bevor sich die Bezeichnung „Ottomotor" als Normbezeichnung durchsetzte [1.5].

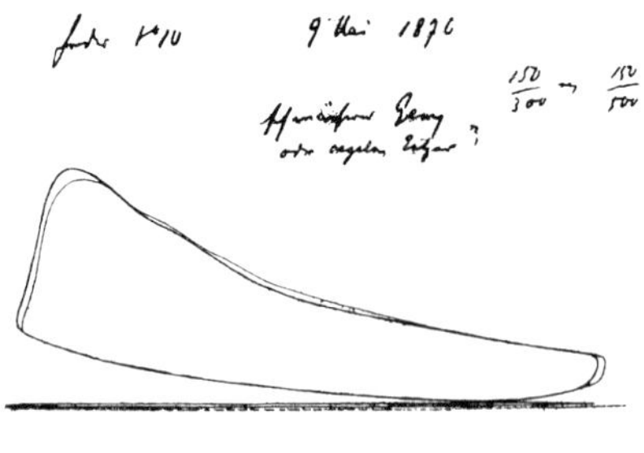

Abb. 1.1

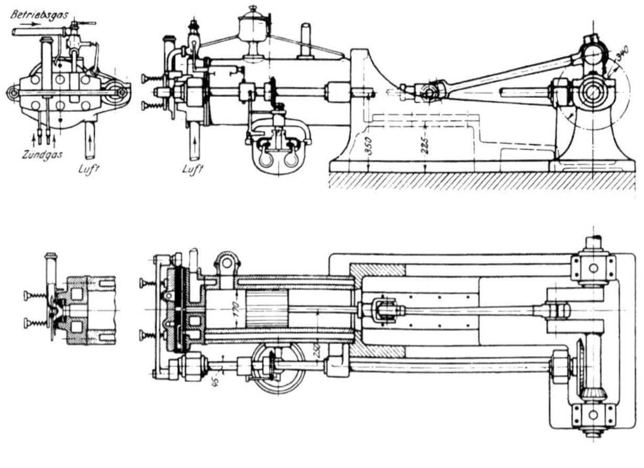

Abb. 1.2

Abb. 1.1. „Geburtsurkunde des Verbrennungsmotors" – das Verbrennungsdiagramm des Versuchsmotors vom 9. Mai 1876

Abb. 1.2. Serienausführung des Viertakt-Motors 1876 im Schnitt, die direkt aus dem Versuchsmotor ohne weiteres Zwischenglied entstand

Die weitere Entwicklung des Ottomotors hatte zu Beginn die Steigerung der Betriebssicherheit zum Ziel, was vor allem durch die Verbesserung der Zündsysteme und der Gemischbildungseinrichtung erreicht wurde. Mit Absenken des Leistungsgewichtes konnte neben stationären Anwendungen der mobile Einsatz erschlossen werden, der insbesondere als Fahrzeugantrieb für die enorme Verbreitung des Verbrennungsmotors sorgte und letztendlich auch den Luftraum erschloss.

Mit einer phasenweise extrem hohen Entwicklungsgeschwindigkeit wurde die Technologie weiterentwickelt, sodass auch nach einer hundertjährigen Geschichte noch bei weitem nicht eine Stagnation oder ein Ablauf des Lebenszyklus abzusehen ist. Im Gegenteil, die Herausforderung durch alternative Antriebssysteme führte zu weiterer Beschleunigung der Entwicklung und festigt die Position des Ottomotors als oft dominante Antriebsquelle auch in der Zukunft.

1.2 Rahmenbedingungen

Als Automobilantrieb hat der Ottomotor dem Menschen eine nie gekannte Mobilität ermöglicht und so eine neue Lebensqualität geschaffen. Mit diesem gesellschaftlichen Nutzen ist aber auch eine Reihe unerwünschter Auswirkungen verbunden.

In der Geschichte des Automobils und des Verbrennungsmotors haben sich dadurch die Prioritäten verändert. Standen am Anfang reine Funktions-, Leistungs-, Haltbarkeits- und Wirtschaftlichkeitsfragen im Vordergrund, so sind es heute insbesondere die Umweltbelastungen, der Energieverbrauch und nach wie vor die Kosten. Zu den vom Gesetzgeber geschaffenen Rahmenbedingungen gehören neben den Außengeräuschvorschriften (hier nicht betrachtet) die Abgasvorschriften und die Regelungen zur Verbrauchsreduzierung.

Ausgelöst durch die besonderen Klima- und Verkehrsverhältnisse wurden die ersten Abgasvorschriften in Kalifornien für Fahrzeuge mit Ottomotoren erlassen. Mit dem „Clean Air Act" von 1968 folgten die übrigen US-Bundesstaaten. Nahezu parallel dazu entstand eine eigenständige Abgasgesetzgebung in Japan. Die europäische Gesetzgebung folgte 1971 mit den ECE-15-Grenzwerten für Pkw. Bis in die jüngste Vergangenheit und Gegenwart wurden und werden diese Vorschriften verschärft (siehe Abschn. 1.2.2 bis 1.2.4). Eine tabellarische Übersicht der wichtigsten international verwendeten Emissions- und Verbrauchsrichtlinien ist im Anhang dargestellt.

Im Gegensatz zu den Abgasvorschriften sind die Regelungen zur Verbrauchsreduzierung meist nicht zulassungsrelevant und wurden im Wesentlichen durch marktwirtschaftliche Zwänge getrieben. Erst in neuerer Zeit sind schärfere und zum Teil zulassungsrelevante Verbrauchsreglementierungen in Diskussion (siehe Abschn. 1.2.5).

1.2.1 Testzyklen

Die in den einzelnen Ländern geltenden Abgasgrenzwerte sind wegen der spezifischen Messverfahren und verschiedener Testzyklen nicht vergleichbar. Zur Abgasmessung und Verbrauchsbestimmung von fabrikneuen Fahrzeugen im Rahmen der Typprüfung wird eine Vielzahl von Testprozeduren angewandt. Für Pkw sind die wichtigsten Verfahren:

- US-Prozedur FTP 75 und US-Highway mit den Zusätzen SC03 (Klimaanlage) und US06 (Hochlast) (Abb. 1.3)
- ECE 15/04 und MVEG (Abb. 1.4)
- Japanischer 10/15-Mode-Test (Abb. 1.5) und 11-Mode-Kalttest

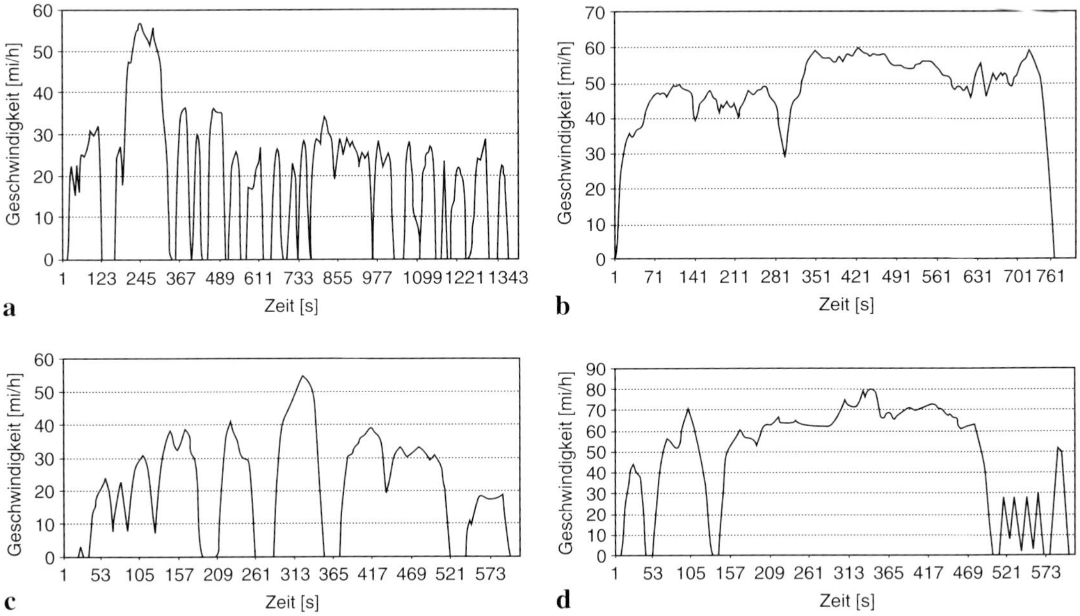

Abb. 1.3. US-Testzyklen FTP 75 (**a**) und US-Highway (**b**) sowie SC03 (**c**) und US06 (**d**)

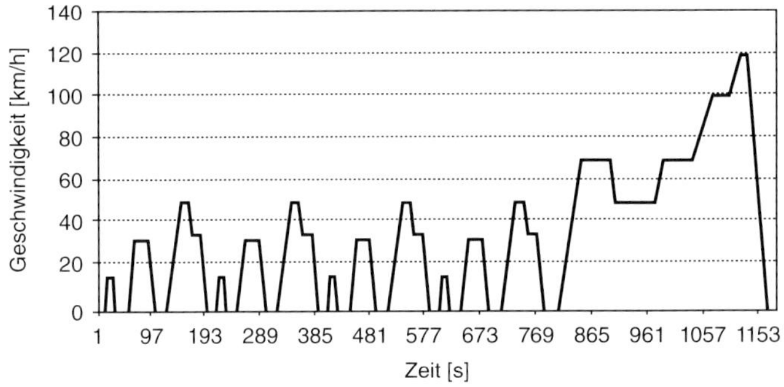

Abb. 1.4. Europäischer MVEG-Testzyklus

Die unterschiedlichen Testzyklen sind durch den Anspruch zu begründen, ein möglichst repräsentatives Verhalten für die Fahrzustände in kritischen Verkehrszonen zu simulieren. Der US-Testzyklus FTP 75 weist ein deutlich höheres Geschwindigkeitsniveau mit geringeren Leerlaufanteilen auf als der europäische und der japanische Testzyklus und stellt höhere Anforderungen an das transiente Fahrverhalten. Im europäischen und japanischen Testzyklus hingegen muss auf ein deutlich schnelleres Ansprechen des Katalysators nach dem Kaltstart geachtet werden.

1.2.2 Abgasgesetzgebung USA und Kalifornien

Kalifornien hat auf Grund seiner besonderen klimatischen Verhältnisse immer eine Vorreiterrolle bei der Abgasgesetzgebung eingenommen und die US-Emissionsgesetzgebung wesentlich beeinflusst. Nach dem „Clean Air Act" von 1968 wurden 1977 neue Grenzwerte festgesetzt, die eine 90%ige Reduktion vorschrieben und zur Einführung der Dreiwege-Katalysator-Technik

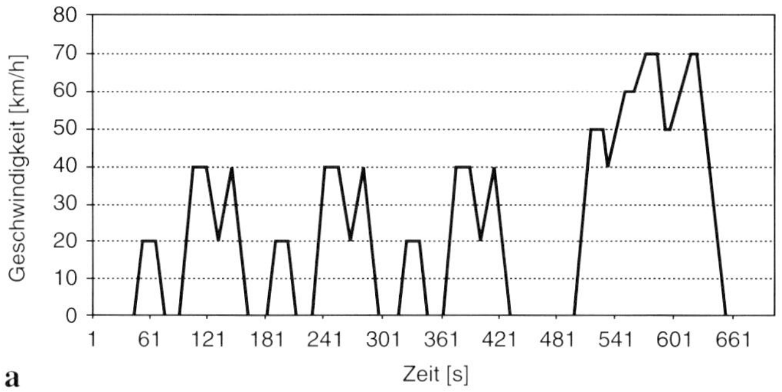

a

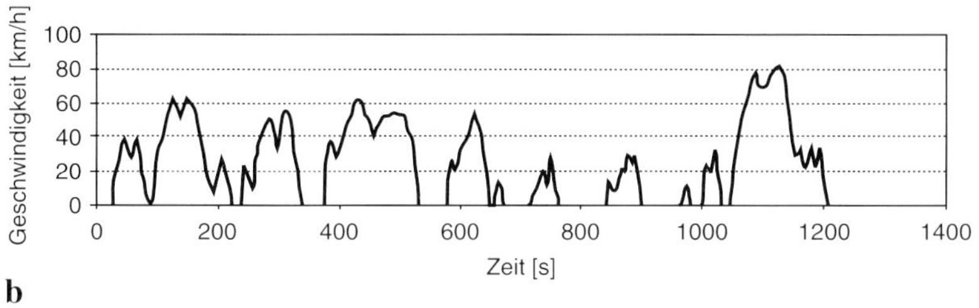

b

Abb. 1.5. Japanische Testzyklen 10/15-Mode (**a**) und JC08 (ab 2008) (**b**)

führten. Die Abgas-Massenemissionen werden seit dieser Regelung nach dem FTP-75-Testzyklus gemessen.

Verantwortlich für die den Automobilsektor betreffende Gesetzgebung sind für Gesamt-USA die Behörde EPA (Environment Protection Agency), für Kalifornien die CARB (California Air Resources Board).

Jeder US-Bundesstaat kann nach Erfordernis anstelle der Bundesgesetzgebung die schärfere Kaliforniengesetzgebung übernehmen.

Eine weitere schrittweise Verschärfung erfolgte in den Jahren 1994 und 1998. Dazu zählt auch die Einführung der „On Board Diagnose" (OBD), eines Eigendiagnose-Systems zur Überwachung aller emissionsrelevanten Bauteile auf Fehlfunktionen. Aufbauend auf den Planungen des CARB wurde das „Low Emission Vehicle"-(LEV-)Programm zur Grundlage der Emissionsstandards in den USA. Dabei wurden neue Fahrzeug- und die Emissionskategorien TLEV, LEV und ULEV definiert.

Darüber hinaus wurde vom CARB das „Zero Emission Vehicle"-(ZEV-)Mandat beschlossen. Dieses schreibt vor, dass ab 2005 ein gewisser Anteil aller verkauften Neufahrzeuge emissionsfrei sein müssen. Dieser Anteil wird sukzessiv in den Folgejahren erhöht. Mittelgroße Hersteller können das ZEV-Mandat mit „Partial Zero Emission Vehicle" (PZEV) erfüllen, große Hersteller nur zum Teil. Als PZEV wird ein Fahrzeug bezeichnet, das die „Super Ultra Low Emission Vehicle"-(SULEV-)Abgasgrenzwerte unterschreitet und keinerlei Kraftstoffverdunstungsemissionen (Zero-EVAP) aufweist. Mit dem derzeit schärfsten Emissionsgrenzwert SULEV in Kalifornien und zukünftig auch in weiteren vier Bundesstaaten (z. B. Vermont, Massachusetts, New York, New Jersey) der USA werden die Emissionen um mehr als 99 % reduziert. Mittlerweile gelten mit der LEV-II-Gesetzgebeung weiter verschärfte NO_x-Grenzwerte. Eine Darstellung der verschiedenen Emissionsgrenzwerte ist in Abb. 1.6 dargestellt.

Die amerikanische LEV-II-Emissionsgesetzgebung dient in weiten Bereichen als Vorbild für die **Südkorea-Gesetzgebung**, dies beinhaltet auch Teilumfänge des von der CARB beschlossenen ZEV-

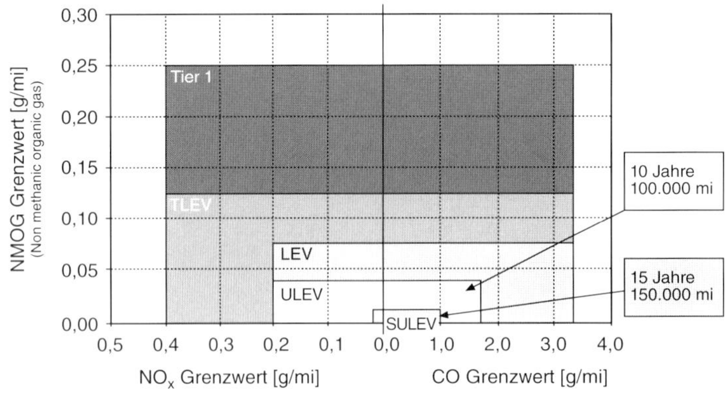

Abb. 1.6. Emissionsgrenzwerte USA und Kalifornien

Mandats. So müssen ab 2005 ca. 1,3 % und ab 2006 1,5 % der neu zugelassenen Fahrzeuge das ZEV-Mandat erfüllen. Dabei können ähnlich wie in den USA die ZEV-Anteile über erhöhte Anteile aus Emissionsstufen Hybrid-SULEV und SULEV substituiert werden. Im Gegensatz zum CARB fordert Südkorea nur den SULEV-Abgasstandard, nicht jedoch den Zero-EVAP-Verdunstungsstandard.

1.2.3 Abgasgesetzgebung Europa

Mit der Richtlinie ECE R 15 wurden erstmals europäische Emissionsgrenzwerte für CO und HC spezifiziert. Eine Änderung erfolgte mit der Richtlinie ECE R 15/04, bei der die Grenzwerte für CO weiter reduziert und die Grenzwerte für HC und NO_x zusammengefasst wurden. Ab 1985 gab es für Ottomotoren mit Katalysatoren für kurze Zeit steuerliche Vorteile.

Die weitere Verschärfung der Grenzwerte zunächst mit den Euro-1- und Euro-2-Standards und die steuerlichen Anreize führten dazu, dass ab zirka 1990 fast alle Fahrzeuge mit geregeltem Drei-Wege-Katalysator ausgerüstet wurden. Mit der Einführung des Euro-3-Standards (2000) wurde auch die Einführung einer OBD, ähnlich dem US-Standard, vorgeschrieben. Seit 2005 ist der Euro-4-Standard und ab 2009 wird der Euro-5-Standard gültig. Eine Übersicht der Abgasgrenzwerte ist in Abb. 1.7 dargestellt.

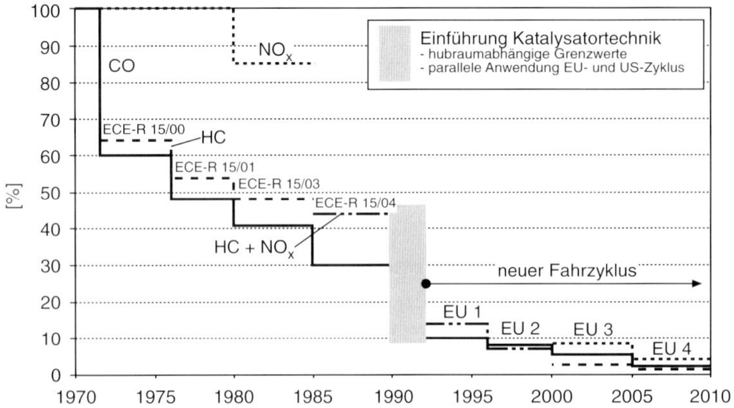

Abb. 1.7. Entwicklung der europäischen Abgasgrenzwerte

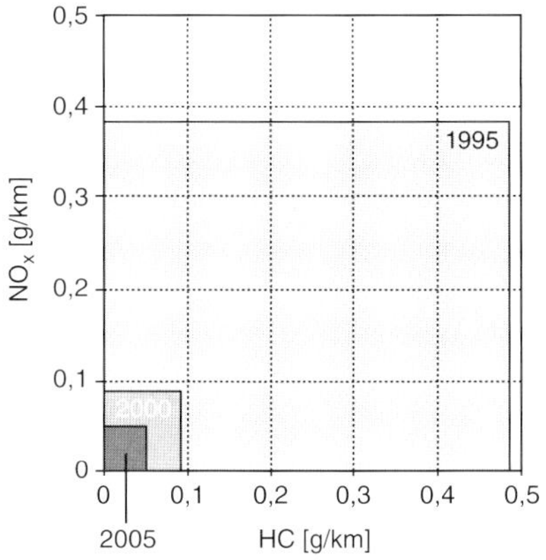

Abb. 1.8. Japanische Emissionsgrenzwerte

1.2.4 Abgasgesetzgebung Japan

Etwa zeitgleich zu den USA wurden in Japan erste Abgasgrenzwerte für CO nach dem 4-Mode-Testzyklus vorgeschrieben. 1973 wurden zusätzlich HC und NO_x beschränkt und nach dem 10-Mode-Testzyklus bestimmt. Ab 1976 wurde durch die Einführung der Katalysator-Technologie die NO_x-Emission um 90 % reduziert. Dabei wird in Japan nach vielfältigen Kriterien (Antriebs- und Motorkonzept, Kraftstoffart, Herkunft der Fahrzeuge) unterschieden. Die aktuellen Emissionsstandards seit 2002 werden nach dem 10/15-Mode-Testzyklus, der den 10-Mode-Testzyklus ablöst, bestimmt. Eine Darstellung der japanischen Emissionsgrenzwerte zeigt Abb. 1.8. Die Ermittlung der Emissions- und Verbrauchsgrenzwerte soll einfließend ab 2008 (Importeure ab 2010) in dem neuen Testzyklus JC08 erfolgen (Abb. 1.5).

1.2.5 Regelungen zur Verbrauchsreduzierung

Die Regelungen zur Verbrauchsreduzierung haben unterschiedliche Motivationen. Zum einen ist der Vorrat an fossilen Energieträgern endlich und damit begrenzt. Zum anderen ist die CO_2-Emission eines Fahrzeugs ein direktes Maß für dessen Kraftstoffverbrauch und liefert einen Beitrag zum so genannten Treibhauseffekt.

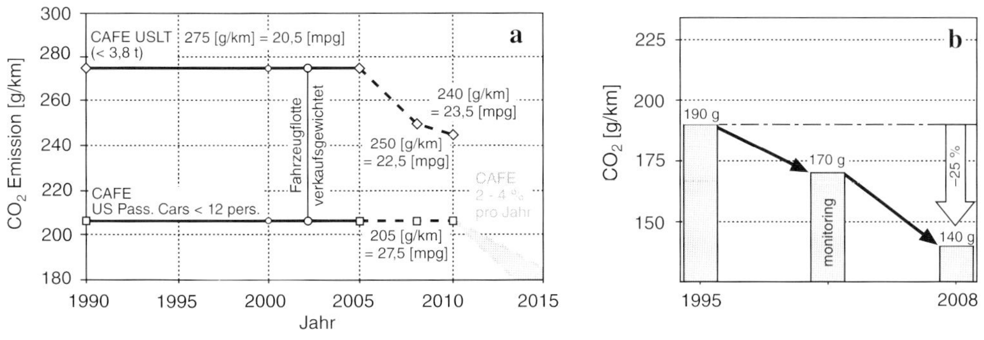

Abb. 1.9. Verbrauchszielsetzungen in USA (CAFE, corporate average fuel economy) (**a**) und Europa (EU-Kommission) (**b**)

In den USA wurden 1985 die ersten Verbrauchsreglementierungen mit der „Corporate Average Fuel Economy“ (CAFE) sowie mit der „Gas Guzzler Tax“ (GGT), einer Zusatzsteuer für höher verbrauchende Fahrzeuge, eingeführt. Die vorrangige Motivation ist die Ressourcenschonung zur Verringerung der Abhängigkeit von Ölförderländern. Der Verbrauch (US Combined) wird aus dem gewichteten Mittel des FTP 75 und des US-Highway bestimmt. Während im Rahmen der CAFE-Vorschriften ein Flottenwert ermittelt wird, stellt die GGT einen Einzelfahrzeugwert dar. Ein Überschreiten der jeweiligen Grenzwerte führt zu einer Strafsteuer.

In Europa hat der europäische Verband der Automobilhersteller (ACEA) eine freiwillige Selbstverpflichtung mit der EU-Kommission vereinbart, die eine durchschnittliche Reduzierung der Flottenemission der ACEA-Mitgliedsfirmen im Zeitraum von 1995 bis 2008 um zirka 25 % mit einem Zielwert von 140 g CO_2/km beinhaltet. Ein weitergehender Vorschlag der EU-Kommission fordert eine weitere Reduzierung des Zielwertes auf 120 g CO_2/km bis 2012. Im Gegensatz zu den Verbrauchsvorschriften in den USA ist die primäre Motivation in Europa der Klimaschutz.

Viele der Länder, die das Kioto-Protokoll unterschrieben haben, fordern einen entsprechenden Beitrag der Automobilindustrie zur Reduzierung der CO_2-Emission. Dazu zählt auch Japan, wo eine 20%ige Reduzierung der CO_2-Emission im Zeitraum von 1995 bis 2010 vorgeschrieben ist. Einige Länder, dazu zählen China, Korea und Taiwan, streben einen zulassungsrelevanten maximalen Verbrauchswert an.

1.3 Technologien

Die Hauptanforderungen an die Motorenentwicklung werden vom Kunden und vom Gesetzgeber bestimmt. Neben den dominanten Leitmotiven Verbrauch und Emissionen sind ebenso die Forderungen nach mehr Drehmoment, Leistung und Komfort bei vertretbaren Kosten zu erfüllen.

Die vom Gesetzgeber geschaffenen Rahmenbedingungen führten zu einer rasanten Entwicklung neuer Technologien. Während in den USA die Emissionsanforderungen im Vordergrund standen, waren es in Europa die zunächst vom Markt diktierten Verbrauchsreduzierungen und später die mit der Politik getroffenen Vereinbarungen zur Reduzierung der CO_2-Emission, die die Technologieentwicklung stark beeinflussten.

Die immer schärfer werdenden Emissionsanforderungen führten zu signifikanten Technologiesprüngen bei Teilsystemen des Motors. So wurde die elektromechanische Motorsteuerung durch eine sensor- und mit physikalischen Modellen geführte Motorsteuerung bzw. -regelung ersetzt; der Vergaser wurde durch eine in die Motorsteuerung integrierte Saugrohreinspritzung abgelöst und die einfache Abgasanlage durch ein aufwändiges Abgassystem mit Katalysatoren und Sensoren zu einem Hightech-Produkt aufgewertet.

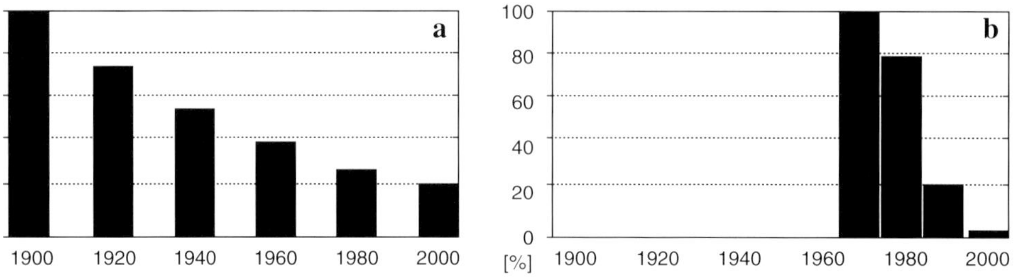

Abb. 1.10. Verbrauchs- (**a**) und Emissionsentwicklung (**b**) [1.7]

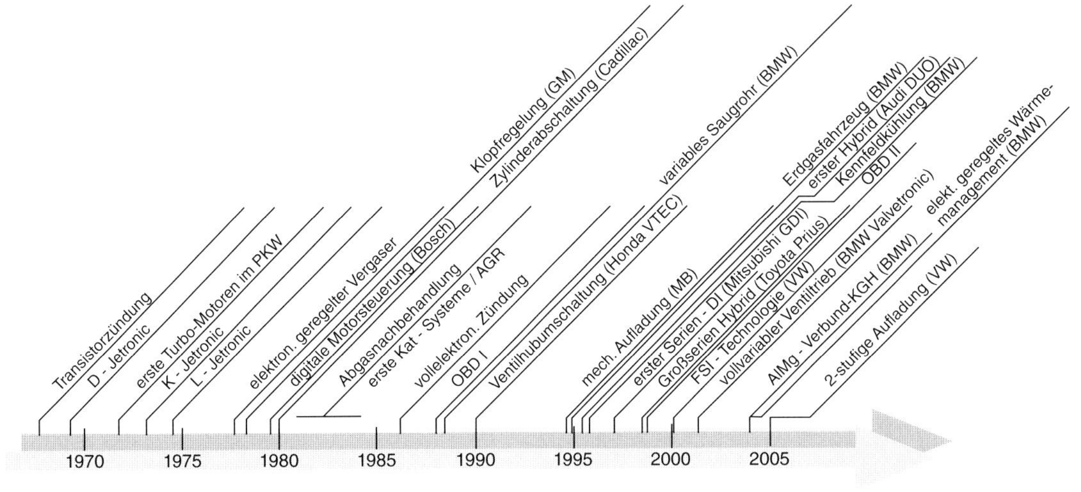

Abb. 1.11. Technologieentwicklung

Parallel dazu wurden die Motorkonzepte weiterentwickelt oder gänzlich neu durchdacht, um insbesondere der Forderung zur Verbrauchsreduzierung gerecht zu werden, aber auch, um die gestiegenen Kundenanforderungen nach mehr Leistung und Komfort zu erfüllen. Zu den Meilensteinen dieser Entwicklungen gehören, neben den Optimierungen im Grundmotor und beim Brennverfahren, Systeme für variable Nockenspreizungen (Phasensteller), Systeme für schaltbare Ventilhübe, Systeme zur Zylinderdeaktivierung, vollvariable Ventiltriebe zur drosselfreien Laststeuerung (siehe Abschn. 10.4), Direkteinspritzsysteme mit geschichteter Verbrennung und Systeme mit mechanischer Aufladung und Abgasturboaufladung. Darüber hinaus gab und gibt es eine Vielzahl von Systemen in der Entwicklung, um die durchaus existierenden Zielkonflikte zwischen Emission, Verbrauch, Leistung und Kosten bestmöglich zu lösen.

2 Motorischer Arbeitsprozess

2.1 Merkmale und Einteilung

Der Ottomotor ist definiert als ein fremdgezündeter Verbrennungsmotor, der ein Luft-Kraftstoff-Gemisch verbrennt und damit die im Kraftstoff enthaltene chemische Energie in Bewegungsenergie umwandelt.

Dabei sind verschiedene Arten der Arbeitsweise, der Prozessführung und der konstruktiven Ausführung bekannt.

Während die Merkmale intermittierende und innere Verbrennung sowie Fremdzündung damit festgelegt sind, können die folgenden Merkmale bei ausgeführten Motoren unterschieden und zur Einteilung herangezogen werden:

- Arbeitsweise oder Art des Ladungswechsels (Zwei- und Viertakt-Verfahren)
- Ort der Kraftstoffzumischung: innere (Ottomotor mit Direkteinspritzung) oder äußere Gemischbildung (konventioneller Ottomotor mit Saugrohreinspritzung oder Vergaser)
- Zeitpunkt der Kraftstoffzumessung: gemischverdichtend (konventioneller Ottomotor) oder luftverdichtend mit später Einspritzung (DI-Ottomotor im Schichtladungsbetrieb)
- Art der Lastregelung: Quantitäts-(Mengen- oder Drossel-)Regelung oder Qualitätsregelung (DI-Ottomotor im Schichtmodus bis zu mittlerer Last)
- Gestaltung des thermodynamischen Arbeitsprozesses: konventionelles Arbeitsverfahren, Miller-Cycle, Atkinson-Cycle
- Art der Kolbenbewegung: Hubkolben- oder Kreiskolbenmotor
- Art der Zylinderanordnung, der Kühlung, des Ladungszustandes (Saugmotor und Auflademotor), konstruktive Ausführung, Luft- oder Wasserkühlung etc.

Die bei weitem überwiegende Zahl der in Kraftfahrzeugen eingesetzten Verbrennungsmotoren arbeitet als Hubkolbenmotor nach dem Viertakt-Verfahren. Davon wiederum sind die meisten als Saugmotoren mit äußerer Gemischbildung und Drosselregelung ausgeführt.

Beim **Viertakt-Verfahren** wird zwischen jedem Verbrennungstakt ein separater Gaswechseltakt – bestehend aus Ausschiebehub und Ansaughub – eingeschoben (siehe Ablaufdiagramm und pV-Diagramm in Abb. 2.1).

Zur Steuerung des Ladungswechsels werden im Allgemeinen Tellerventile eingesetzt, die von einer mit halber Kurbelwellendrehzahl angetriebenen Nockenwelle betätigt werden. Mit diesem Viertakt-Verfahren sind die Vorteile gute Zylinderfüllung, (flexible) Gestaltbarkeit des Ladungswechsels und saubere Trennung von Arbeitshub und Ladungswechsel verbunden. Nachteilig sind neben dem höheren Bauaufwand die bei gleicher Drehzahl halbe Anzahl von Arbeitshüben (Abb. 2.1).

Beim **Zweitakt-Verfahren** (Abb. 2.2) werden Ladungswechsel sowie Expansions- und Kompressionshub innerhalb einer Umdrehung durchgeführt. Zur Steuerung des Ladungswech-

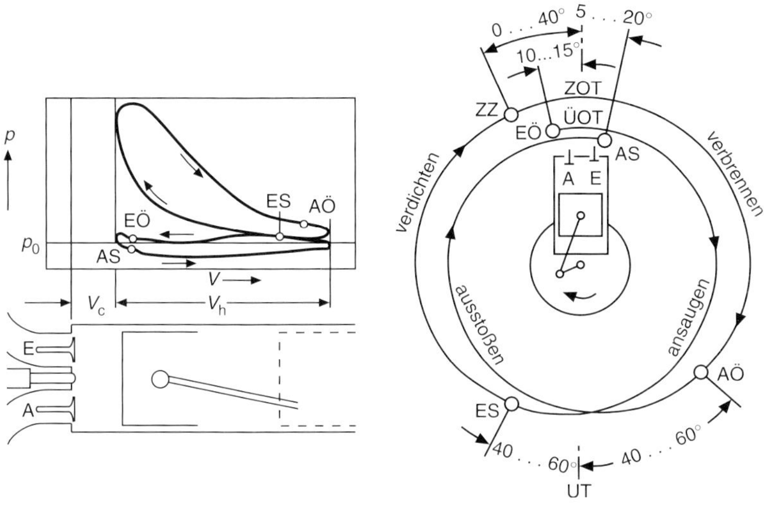

Abb. 2.1. Viertakt-Verfahren: *pV*-Diagramm, Arbeitsspiel und Steuerdiagramm. A, Auslass; AÖ, Auslass öffnet; AS, Auslass schließt; E, Einlass; EÖ, Einlass öffnet; ES, Einlass schließt; OT, oberer Totpunkt; ÜOT, Überschneidungs-OT; ZOT, Zünd-OT; UT, unterer Totpunkt; ZZ, Zündzeitpunkt; V_c, Kompressionsvolumen; V_h, Zylinderhubvolumen

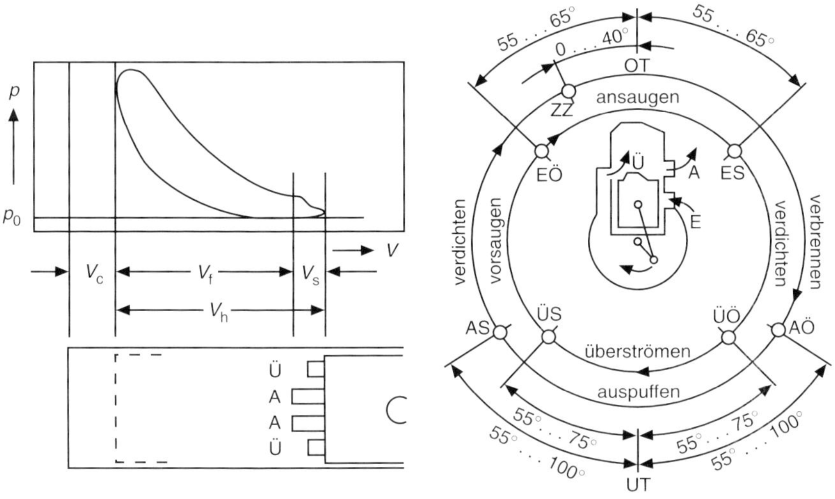

Abb. 2.2. Zweitakt-Verfahren: *pV*-Diagramm, Arbeitsspiel und Steuerdiagramm. A, Auslass; AÖ, Auslass öffnet; AS, Auslass schließt; E, Einlass; EÖ, Einlass öffnet; ES, Einlass schließt; Ü, Überströmkanal; ÜÖ, Überströmkanal öffnet; ÜS, Überströmkanal schließt; OT, oberer Totpunkt Zündung; UT, unterer Totpunkt; ZZ, Zündzeitpunkt; V_c, Kompressionsvolumen; V_f, Füllungsvolumen; V_h, Zylinderhubvolumen; V_s, Hubvolumenanteil für Spülphase

sels wird bei Zweitakt-Ottomotoren zumeist der Kolben verwendet. Dieser verschließt und öffnet die an der Zylinderwand angeordneten Auslass-, Spül- und Einlassschlitze. Wegen seiner hohen Leistungsdichte und des einfachen und kostengünstigen Aufbaues wird das Zweitakt-Verfahren vor allem bei Kleinmotoren für handgehaltene Arbeitsgeräte, kleine Zweiräder und Hochleistungsanwendungen eingesetzt (siehe Abschn. 10.10).

Entsprechend der Ausprägung der jeweiligen charakteristischen Vorteile liegt es nahe, diese bei einem Motor zu kombinieren. Es hat daher in der Vergangenheit nicht an Versuchen gefehlt, Motoren für kombinierten Zwei- und Viertaktbetrieb zu entwickeln. Insbesondere mit der Verfügbarkeit nockenwellenloser Ventiltriebe werden auch in jüngster Zeit neue Anläufe unternommen [2.1]. Auch Überlegungen zu Sechs- und Achttaktbetrieb zur Lastregelung und Emissionsminderung tauchen in der Literatur auf.

2.2 Kenngrößen

Sowohl für die Auslegung als auch für die Charakterisierung und Anwendung von Verbrennungsmotoren sind einige Kenngrößen von wesentlicher Bedeutung. Sie werden zur Grundauslegung von Motoren herangezogen und dienen der Leistungsberechnung sowie der Beurteilung und dem Vergleich verschiedener Motoren.

2.2.1 Leistung und Mitteldruck

Es ist üblich, die bei einem Arbeitsspiel abgegebene Arbeit W auf das Hubvolumen zu beziehen. Diese spezifische Arbeit hat die Dimension eines Drucks und wird daher als Mitteldruck p_m bezeichnet. Es gilt also:

$$p_\mathrm{m} = W/V_\mathrm{h}. \tag{2.1}$$

Die SI-Einheit des Mitteldrucks ist $\mathrm{J/m^3}$ und $\mathrm{N/m^2}$ (Pa), häufiger wird er jedoch in bar angegeben.

Unter Verwendung der effektiv geleistete Arbeit W_e erhält man den effektiven Mitteldruck p_e:

$$p_\mathrm{e} = W_\mathrm{e}/V_\mathrm{h}. \tag{2.2}$$

Setzt man dagegen die vom Gas an den Kolben abgegebene Arbeit, welche als innere Arbeit W_i bezeichnet wird, ein, so erhält man den inneren (indizierten) Mitteldruck p_i:

$$p_\mathrm{i} = W_\mathrm{i}/V_\mathrm{h}. \tag{2.3}$$

Für die Leistung gelten die Gleichungen:

$$\text{Zweitakt-Motor,} \quad P = n V_\mathrm{H} p_\mathrm{m}, \tag{2.4}$$

$$\text{Viertakt-Motor,} \quad P = \frac{n}{2} V_\mathrm{H} p_\mathrm{m}. \tag{2.5}$$

Darin ist P die Leistung (je nach Index effektive, innere oder Reibungsleistung), n die Motordrehzahl, $V_\mathrm{H} = z V_\mathrm{h}$ das Gesamthubvolumen (mit z als Zylinderzahl) und p_m der Mitteldruck (je nach Index effektiver, innerer oder Reibungsmitteldruck). Alle Größen sind in kohärenten Einheiten einzusetzen, also P in Watt, n in $\mathrm{s^{-1}}$, V_H in Kubikmetern und p_m in $\mathrm{N/m^2}$. Werden jedoch die üblichen Einheiten verwendet, also P in Kilowatt, n in $\mathrm{min^{-1}}$, V_H in Kubikdezimetern und p_m in bar, ergeben sich folgende Zahlenwertgleichungen:

$$\text{Zweitakt-Motor} \quad P = \frac{n V_\mathrm{H} p_\mathrm{m}}{600}, \tag{2.6}$$

$$\text{Viertakt-Motor} \quad P = \frac{n V_H p_m}{1200}. \tag{2.7}$$

Das Drehmoment M_d (je nach Index effektives, inneres oder Reibmoment) errechnet sich aus folgenden Gleichungen:

$$\text{Zweitakt-Motor} \quad M_d = \frac{V_H p_m}{2\pi}, \tag{2.8}$$

$$\text{Viertakt-Motor} \quad M_d = \frac{V_H p_m}{4\pi}. \tag{2.9}$$

Für die Leistungsberechnung von Kreiskolbenmotoren (auf Basis Wankel 2 : 3) werden die folgenden Kenngrößen Exzenterwellendrehzahl n_E und Kammerhubvolumen aller Scheiben V_H verwendet. Damit gilt

$$\text{Kreiskolbenmotor} \quad P = n_E p_m V_H. \tag{2.10}$$

2.2.2 Verdichtungsverhältnis

Das Verdichtungsverhältnis ist definiert als

$$\varepsilon = \frac{V_h + V_c}{V_c} \tag{2.11}$$

mit V_h als Zylinderhubvolumen und V_c als Kompressionsvolumen (Verdichtungsvolumen).

Bei Zweitakt-Motoren mit Schlitzsteuerung unterscheidet man zwischen diesem geometrischen (ε) und dem effektiven Verdichtungsverhältnis (ε'), das nur den „nutzbaren" (nach Abschluss des Auslasskanales überstrichenen) Kolbenhub berücksichtigt:

$$\varepsilon' = \frac{V_h' + V_c}{V_c}. \tag{2.12}$$

Da der Wirkungsgrad des Ottomotors eine deutliche Abhängigkeit vom Verdichtungsverhältnis aufweist (siehe Abb. 2.4), sich zu hohe Verdichtungsverhältnisse aber wegen zunehmender Klopfneigung verbieten, ist das Verdichtungsverhältnis ein Kernparameter bei der Auslegung.

2.2.3 Wirkungsgrad

Der effektive Wirkungsgrad η_e gibt das Verhältnis von effektiv gewonnener Arbeit W_e zur zugeführten Brennstoffenergie $Q_B = H_u m_B$ an. Bezogen auf den Arbeitszyklus gilt

$$\eta_e = W_e / Q_B. \tag{2.13}$$

Bezogen auf die Zeiteinheit lautet die Gleichung:

$$\eta_e = P_e / \dot{Q}_B. \tag{2.14}$$

Für den Innenwirkungsgrad η_i gilt mit $W_i = \int p \, \mathrm{d}V$ als innerer Arbeit je Zyklus die analoge Definition:

$$\eta_i = W_i / Q_B. \tag{2.15}$$

Für den mechanischen Wirkungsgrad η_m gilt die Definition:

$$\eta_m = W_e / W_i = P_e / P_i = p_e / p_i. \tag{2.16}$$

Da der Reibungsmitteldruck weniger von der Last abhängt als der mechanische Wirkungsgrad, ist es meist vorteilhaft, mit dem Reibungsmitteldruck zu rechnen. Für den effektiven Wirkungsgrad gilt

$$\eta_e = \eta_i \cdot \eta_m. \tag{2.17}$$

In der Praxis ist es meist üblich, mit dem spezifischen Kraftstoffverbrauch zu rechnen. Dieser ist indirekt proportional zum Wirkungsgrad und zum Heizwert H_u.

Für den effektiven spezifischen Kraftstoffverbrauch b_e gilt:

$$b_e = \frac{\dot{m}_B}{P_e} = \frac{1}{\eta_e H_u}. \tag{2.18}$$

Für den inneren spezifischen Kraftstoffverbrauch b_i gilt analog

$$b_i = \frac{\dot{m}_B}{P_i} = \frac{1}{\eta_i H_u}. \tag{2.19}$$

Die zugehörige Größengleichung lautet

$$b = 3{,}6 \times 10^6 / \eta H_u, \tag{2.20}$$

worin b in g/kWh und H_u in kJ/kg einzusetzen sind.

2.2.4 Energiebilanz und Verlustanalyse

Energiebilanz

Eine globale Beurteilung des Arbeitsprozesses ausgeführter Motoren kann in Energiebilanzen nach dem 1. Hauptsatz der Thermodynamik erfolgen [2.2, 2.3].

Betrachtet man den gesamten Motor als stationäres offenes System, setzen sich die über die Systemgrenze zugeführten Energien aus dem Kraftstoffenergiestrom $\dot{Q}_B$ und dem Enthalpiestrom der Luft $\dot{H}_E$ zusammen. Je nach Motorkonstruktion und Betriebszustand wird bei Ottomotoren bis zu einem Drittel der zugeführten Kraftstoffenergie $\dot{Q}_B$ in Nutzleistung P_e umgewandelt. Etwa ein Drittel bis zur Hälfte wird als Abgasenthalpie $\dot{H}_A$ abgeführt. Der Rest wird als Wärme über das Kühlmedium $\dot{Q}_K$, den Ölkreislauf $\dot{Q}_{Öl}$ und durch Konvektion und Strahlung an die Umgebung $\dot{Q}_U$ abgegeben. Die Enthalpieströme werden zusammengefasst, weil deren Absolutwerte vom Bezugspunkt abhängen:

$$\dot{Q}_B = P_e + (\dot{H}_A - \dot{H}_E) + \dot{Q}_{ab}. \tag{2.21}$$

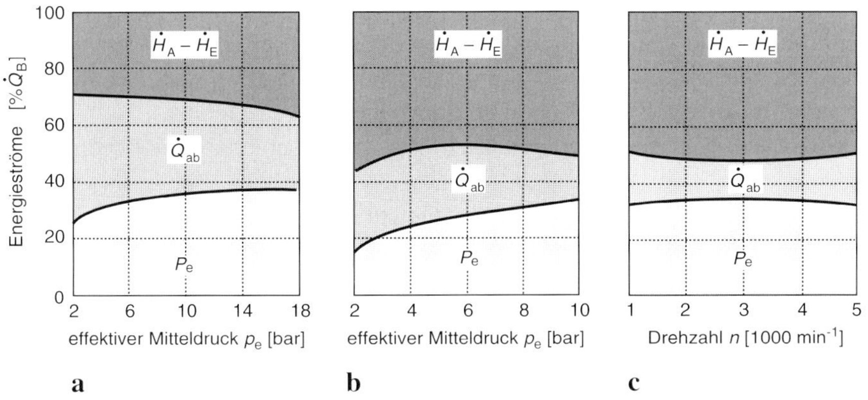

Abb. 2.3. Energiebilanzen über der Last für einen aufgeladenen Pkw-Dieselmotor bei 2500 min^{-1} (**a**) und einen Pkw-Ottomotor bei 3000 min^{-1} (**b**) sowie über der Drehzahl für einen Pkw-Ottomotor bei Volllast (**c**)

Als Beispiele für Energiebilanzen zeigt Abb. 2.3 [2.2] die Aufteilung der Energieströme über der Last beispielsweise für einen aufgeladenen Sechszylinder-Pkw-Dieselmotor und für einen Vierzylinder-Pkw-Ottomotor.

Aus der Abbildung sind einige allgemein gültige Eigenheiten ersichtlich: Beim konventionellen Ottomotor (Abb. 2.3b) fällt insbesondere der mit sinkender Last deutlicher abfallende effektive Wirkungsgrad auf, der vor allem auf die Drosselverluste zurückzuführen ist. Die Minderung dieser Verluste ist auch das Ziel neuer Ottomotorkonzepte (siehe Kap. 10).

Wegen des geringeren Verdichtungsverhältnisses und des niedrigeren Luftverhältnisses bestehen auch an der Volllast im Wirkungsgrad Nachteile gegenüber dem Dieselmotor, die dort allerdings deutlich geringer ausfallen.

Wegen seiner deutlich höheren Zylinderdrücke weist der Dieselmotor größere abgegebene Wärmeströme $\dot{Q}_{ab}$ auf, obwohl die vom Luftverhältnis bestimmte mittlere Temperatur im Brennraum beim Ottomotor wesentlich höher liegt. Dies bedingt dort auch den großen Anteil der Abgasenthalpie. Gegenüber der Lastabhängigkeit der Energiebilanzen ist deren Drehzahlabhängigkeit gering.

Verlustanalyse

Die Verlustanalyse stellt eine detaillierte Auflistung und Quantifizierung theoretisch vermeidbarer Einzelverluste des wirklichen Motors gegenüber dem Idealprozess des vollkommenen Motors dar (keine Strömungs- und Reibungsverluste, wärmedichte Wandungen, vollständige Verbrennung nach vorgegebener Gesetzmäßigkeit, idealer Ladungswechsel). Die Verlustanalyse zeigt somit das Potenzial auf, das bestenfalls zur Optimierung eines Motors durch konstruktive oder verfahrenstechnische Maßnahmen zur Verfügung steht. Eine detaillierte Beschreibung findet sich in Lit. 2.2, eine beispielsweise Darstellung in Abb. 2.5. Im Folgenden wird die in Lit. 2.2 beschriebene Methodik nur auszugsweise angeführt.

Der Wirkungsgrad des vollkommenen Motors hängt nur vom Verdichtungsverhältnis, dem gewählten Verbrennungsablauf (Gleichraum-, Gleichdruck-, kombinierte Verbrennung) und den Stoffgrößen ab. Für den Gleichraumprozess ist der thermodynamische Wirkungsgrad

$$\eta_{th,v} = 1 - 1/\varepsilon^{\kappa-1}. \tag{2.22}$$

Die Stoffgrößen werden vom Brennstoff und dem Ladungszustand bestimmt. Der Ladungszustand wiederum wird durch Druck, Temperatur und Zusammensetzung der Ladung (Luftverhältnis, Abgasanteil) festgelegt, wobei dafür die in Abschn. 8.2.1 definierten Größen gelten. Der Wirkungsgrad η_v wird häufig auch als „thermodynamischer Wirkungsgrad η_{th}" bezeichnet.

In Abb. 2.4 ist der Wirkungsgrad des vollkommenen Motors für verschiedene Randbedingungen dargestellt.

Als Maß für die Annäherung an das Ideal gibt der Gütegrad η_g das Verhältnis von innerem Wirkungsgrad zum Wirkungsgrad des vollkommenen Motors an:

$$\eta_g = \eta_i / \eta_v. \tag{2.23}$$

Für die Darstellung ist eine Aufteilung der Verluste in eine additive Kette von Einzelverlusten vorteilhaft:

$$\eta_i = \eta_v - \Delta\eta_g, \quad \Delta\eta_g = \Delta\eta_{rL} + \Delta\eta_{uV} + \Delta\eta_{rV} + \Delta\eta_{Ww} + \Delta\eta_{Leck} + \Delta\eta_{Ü} + \Delta\eta_{LW}. \tag{2.24}$$

Im Einzelnen unterscheidet man Einflüsse und Verluste durch:

reale Ladung $\Delta\eta_{rL}$ (Einfluss des Ladungszustands)
unvollkommene Verbrennung $\Delta\eta_{uV}$ (Umsetzungsverlust)
realen Verbrennungsablauf $\Delta\eta_{rV}$ (Verbrennungsverlust)
Wärmeübergang an die Brennraumwände $\Delta\eta_{Ww}$ (Wandwärmeverlust)

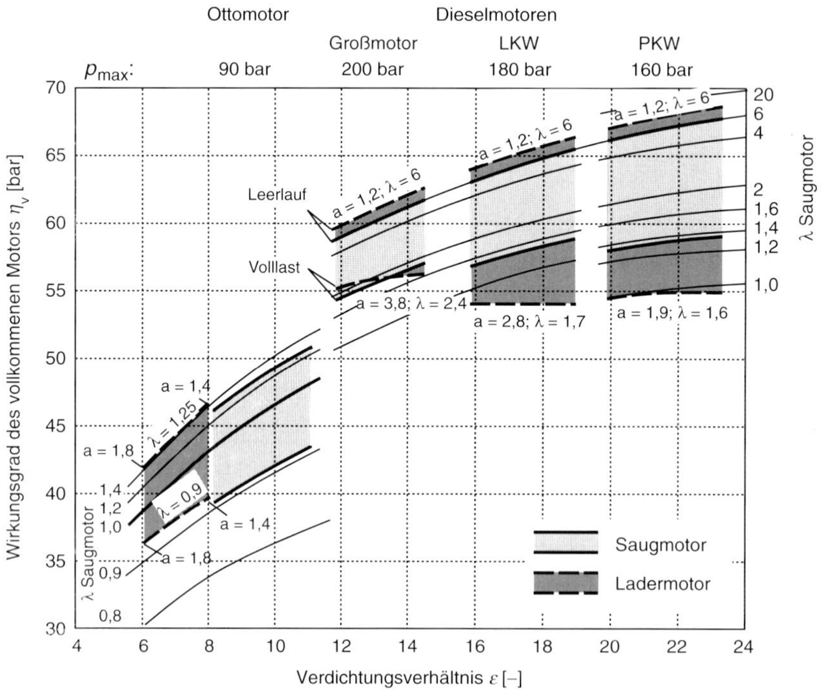

Abb. 2.4. Wirkungsgrade vollkommener Otto- und Dieselmotoren mit Gleichraum-Gleichdruck-Verbrennung in Abhängigkeit von Verdichtungsverhältnis ε, Luftverhältnis λ, Aufladegrad a und Spitzendruck p_{max}

Leckage $\Delta\eta_{\mathrm{Leck}}$ (Leckageverlust)
Überströmen zwischen Haupt- und Nebenbrennraum bei Kammermotoren $\Delta\eta_{\mathrm{Ü}}$ (Überströmverlust)
realen Ladungswechsel $\Delta\eta_{\mathrm{LW}}$ (Ladungswechselverlust)

Der Verlust durch Reibung (mechanischer Verlust) kann als Differenz zwischen dem inneren und dem effektiven Wirkungsgrad berechnet werden:

$$\Delta\eta_{\mathrm{m}} = \eta_{\mathrm{i}} - \eta_{\mathrm{e}}. \tag{2.25}$$

Da sich die einzelnen Verluste gegenseitig beeinflussen, ist neben der Art der Berechnung auch deren Reihenfolge von Bedeutung. Die Erstellung der Verlustanalyse erfolgt aus einer möglichst genauen Druckindizierung mittels wiederholter Motorprozessrechnung. Die inneren Arbeiten ohne und mit dem jeweiligen Verlust werden sukzessive berechnet und auf die zugeführte Brennstoffenergie bezogen als Wirkungsgrade dargestellt. Die Differenz zweier entsprechender Wirkungsgrade stellt den jeweiligen Einzelverlust dar.

Beim vollkommenen Motor wird definitionsgemäß vollkommene Füllung des Hubvolumens in UT (unterer Totpunkt) mit reiner Frischladung vom Zustand vor Einlass angenommen. Masse und Zustand der realen Ladung werden aber durch Drosselverluste im Einlass, durch Erwärmung sowie durch innere und äußere Abgasrückführung beeinflusst. Der Einfluss durch reale Ladung auf den Wirkungsgrad kann positiv oder negativ sein. Er ist ausschließlich auf die veränderten Stoffeigenschaften des Arbeitsgases zurückzuführen und ist in der Regel gering. Größere Unterschiede treten aber beispielsweise bei hohen Abgasrückführraten auf.

Zur Quantifizierung des Einflusses durch reale Ladung $\Delta\eta_{\mathrm{rL}}$ wird ein Prozess definiert, der die reale Ladung des wirklichen Motors aufweist und in allen anderen Annahmen dem vollkommenen Motor entspricht. Bei den in diesem Beitrag dargestellten Verlustanalysen wird der Einfluss des Ladungszustands mit dem Wirkungsgrad des vollkommenen Motors zu einem Wirkungsgrad des vollkommenen Motors mit realer Ladung zusammengefasst:

$$\Delta\eta_{\mathrm{vrL}} = \eta_{\mathrm{v}} - \eta_{\mathrm{rL}}. \tag{2.26}$$

Außerdem sind die sehr niedrigen Leckageverluste $\Delta\eta_{\mathrm{Leck}}$ nicht ausgewiesen, Verluste durch Überströmen $\Delta\eta_{\mathrm{Ü}}$ treten bei Motoren mit nicht unterteiltem Brennraum nicht auf. Wegen ihrer optimalen Energieausnutzung wird für die Verlustanalysen die Gleichraumverbrennung als Idealprozess gewählt.

Für einen konventionellen Ottomotor mit äußerer Gemischbildung (Saugrohreinspritzung) wird im Folgenden eine thermodynamische Analyse dargestellt.

Die für einen Pkw-Antrieb typische Basis für diesen Vergleich bildet ein Vierzylinder-Viertakt-Serienmotor mit Saugrohreinspritzung (Kenndaten siehe Tabelle 2.1).

In Abb. 2.5 sind für eine Drehzahl von 3000 min^{-1} die Verläufe der drei Betriebspunkte Leerlast (LL, $p_{\mathrm{e}} = 1{,}0$ bar), Teillast (TL, $p_{\mathrm{e}} = 5$ bar) und Volllast (VL, $p_{\mathrm{e}} = 10{,}6$ bar) dargestellt. Die Abbil-

Tabelle 2.1. Kenndaten des untersuchten Ottomotors

Motor	z [–]	d [mm]	h [mm]	V_{h} [dm^3]	ε [–]	P_{e}/n [$\mathrm{KW/min}^{-1}$]	p_{emax}/n [$\mathrm{bar/min}^{-1}$]	nVentile ein/aus [–]
Viertakt-Ottomotor	4R	88,0	80,6	0,449	10,0	74/4800	10,6/3000	2/2

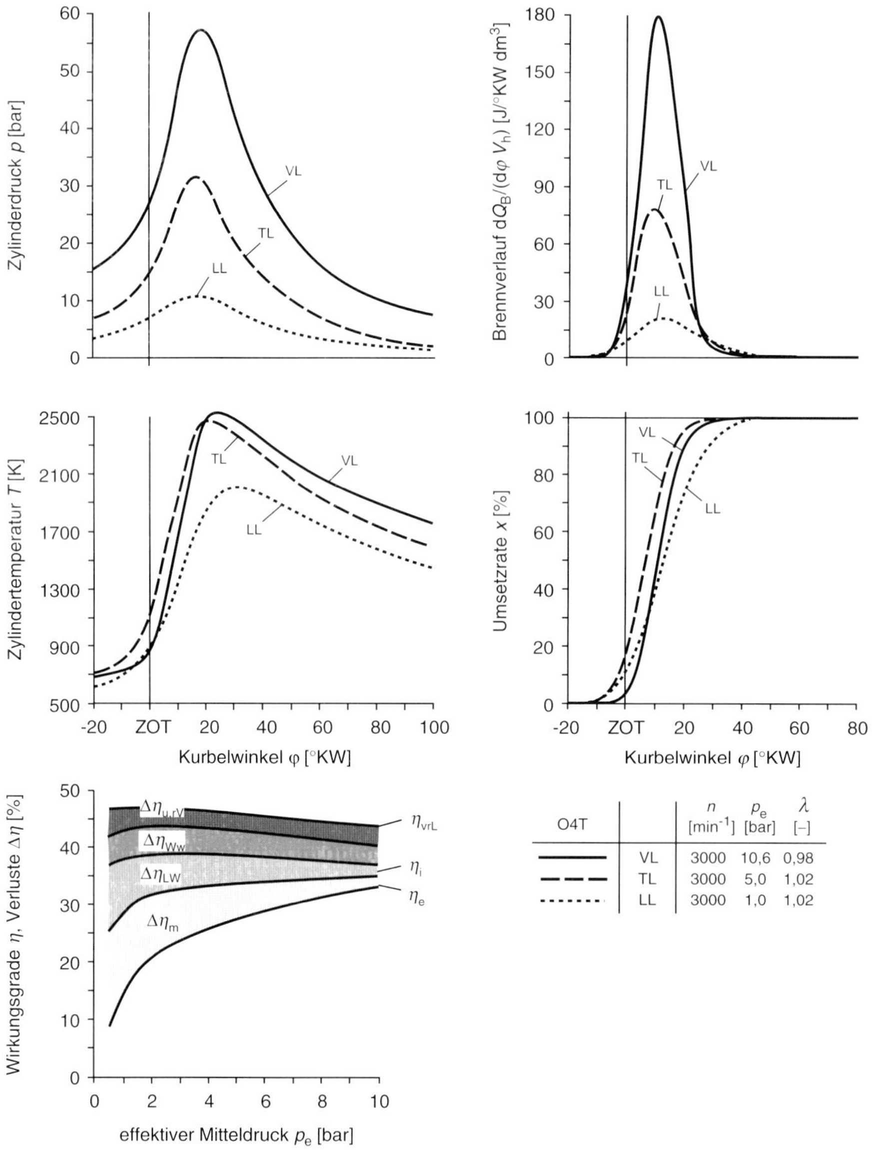

Abb. 2.5. Pkw-Ottomotor, Analyse über der Last bei 3000 min^{-1} [2.2]

dung zeigt folgende Verläufe über dem Kurbelwinkel (KW): den gemessenen Zylinderdruck in bar, die berechnete Zylindertemperatur in Kelvin (d. h. die über den gesamten Brennraum örtlich gemittelte Gastemperatur), den Brennverlauf sowie die Umsetzrate. Um von der Motorgröße unabhängig zu sein, ist der Brennverlauf auf das Hubvolumen bezogen und in J/(°KW dm^3) angegeben.

Einen detaillierteren Einblick in die Verluste der Prozessführung vermittelt die Verlustanalyse im linken unteren Bildteil. Als idealer Vergleichsprozess wurde der vollkommene Motor mit realer Ladung und Gleichraumverbrennung angenommen (η_{vrL}).

Die Verluste durch unvollkommene Verbrennung $\Delta\eta_{\text{uV}}$, durch realen Verbrennungsablauf $\Delta\eta_{\text{rV}}$ und durch Wandwärme $\Delta\eta_{\text{Ww}}$ sind eher gering und bleiben über der Last annähernd gleich. Die

Verlustanalyse zeigt den großen Anteil der Ladungswechselverluste infolge der Drosselung sowie der mechanischen Verluste insbesondere bei niedriger Last.

Es sei an dieser Stelle darauf hingewiesen, dass die Verluste in der Verlustanalyse Wirkungsgraddifferenzen darstellen, also Arbeitsdifferenzen bezogen auf die Brennstoffwärme. Dies unterscheidet die Verlustanalyse von Energiebilanzen. Sollen Ergebnisse von Energiebilanzen mit denen von Verlustanalysen verglichen werden, sind die Werte der Energiebilanz mit jenem Wirkungsgrad zu multiplizieren, mit dem die Energie umgesetzt werden kann, um die entsprechenden Arbeitsverluste zu erhalten.

Da Pkw-Motoren überwiegend in der Teillast betrieben werden, wo die Verluste relativ am größten sind, kommt der Verbesserung des Wirkungsgrads dort besondere Bedeutung zu. Eine Reihe neuer Motorkonzepte (siehe Kap. 10) vermindern oder vermeiden insbesondere die Drosselverluste des Ottomotors. Bei der Bewertung dieser neuen Motorkonzepte sowie alternativer Kraftstoffe stellt die thermodynamische Verlustanalyse eine besonders wertvolle Methode dar [2.4].

2.3 Sonderverfahren

2.3.1 Lastregelung mit vollvariablen Ventiltrieben

Die weitgehende Beeinflussungsmöglichkeit der motorischen Funktionseigenschaften durch Veränderung der Ventilsteuerung hat bereits sehr früh zur Beschäftigung mit variablen Ventiltrieben geführt. Bereits 1901 besaßen von Maybach konstruierte Daimler-Motoren Einlassventile, deren variable Hübe und Öffnungswinkel in Verbindung mit einer Zündverstellung Drehzahl und Leistung regelten [2.5].

Vor allem im Zusammenhang mit dem thermodynamischen Wirkungsgradpotenzial der drosselfreien Laststeuerung ist das Verfahren der Laststeuerung mit vollvariablen Ventilsteuerungen seit geraumer Zeit [2.6] Gegenstand intensiver Forschungs- und Entwicklungsarbeiten [2.7–2.10].

Auf die Möglichkeiten der ottomotorischen Prozessführung mit einem vollflexiblen Ventiltrieb wird in Abschn. 10.4 detailliert eingegangen, sie sollen hier nicht vertieft werden. Diese Möglichkeiten und die damit verbundenen Potenziale zur Verbrauchsminderung trieben auch die Bestrebungen zur serienmäßigen Umsetzung voran; nach Lösungen mit Vorrichtungen zur Phasenlagenverschiebung und stufenweisen Ventilhub- und -phasenlagenumschaltung bei Porsche [2.11] (siehe Abb. 10.9 b) konnte erstmals 2001 mit der Valvetronic von BMW eine mechanisch vollvariable Ventilsteuerung in Serie eingeführt werden (siehe Abschn. 10.4).

Neben der Laststeuerung können gezielt Ladungszusammensetzung und Ladungsbewegung gesteuert sowie der Kaltstart und Warmlauf positiv beeinflusst werden.

2.3.2 Miller-Cycle

Ein Sonderverfahren der motorischen Prozessführung mit variablem Ventiltrieb ist das so genannte Miller-Verfahren oder Miller-Cycle. Dieser ist gekennzeichnet durch einen früheren Einlassschluss (Abb. 2.6 a), sodass das Zylindervolumen – wie bei drosselfreier Laststeuerung – nur unvollständig mit Frischladung gefüllt wird. Noch während des verbleibenden Ansaughubes expandiert die Ladung im Zylinder und kühlt dabei ab.

Ziel ist dabei eine Steigerung des Wirkungsgrades, da diese Prozessführung über innere Ladungskühlung sowohl das Klopfverhalten verbessert als auch eine wirkungsgradgünstigere (frühere) Verbrennungslage bei gleichen Stickoxidemissionen erlaubt. Voraussetzung für das Miller-Verfahren ist die Kombination mit Aufladung, um den Nachteil der geringeren Füllung zu

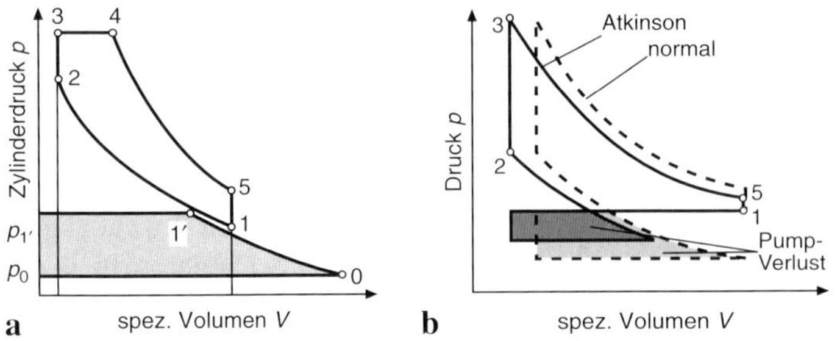

Abb. 2.6. **a** Miller-Cycle, *pV*-Diagramm bei idealer Gleichraum-Gleichdruck-Verbrennung. **b** Atkinson-Cycle, *pV*-Diagramm

kompensieren. Insbesondere bei Großgasmotoren ist der Miller-Cycle eine bekannte Gestaltung des motorischen Arbeitsprozesses [2.12], die zukünftig – in Verbindung mit weiter abgesenkten NO_X-Grenzwerten – noch weitere Verbreitung finden wird.

In der Literatur wird über verschiedene Konzepte zum Miller-Cycle (auch als Supairthermal-Verfahren bezeichnet) berichtet. Gelegentlich wird der im folgenden Abschnitt beschriebene Atkinson-Cycle (extrem später Einlassschluss) ebenfalls als Miller-Cycle bezeichnet.

2.3.3 Atkinson-Cycle

Als Atkinson-Cycle wird in der Literatur häufig das Verfahren mit extrem spätem Einlassschluss bezeichnet. Als Vorteil wird neben der Verringerung der Ladungswechselarbeit das im Vergleich zum Verdichtungsverhältnis höhere Expansionsverhältnis angeführt (Abb. 2.6b). Thermodynamisch entspricht dieser Atkinson-Cycle dem von Miller als Variante definierten Verfahren mit extrem spätem Einlassschluss.

Einen ersten Serieneinsatz im Pkw erfuhr dieses Konzept in einem V6-Ottomotor mit einem Hubraum von 2,25 l (Nennleistung von 157 kW/5500 min^{-1}) und mit mechanischer Aufladung durch Mazda (Abb. 2.7) [2.13]. Aktuell ist der Motor des Hybridantriebes des Toyota Prius mit dieser Technologie, allerdings ohne Aufladung und damit mit relativ geringer spezifischer Leistung von 38 kW/l/5000 min^{-1} im Einsatz [2.14].

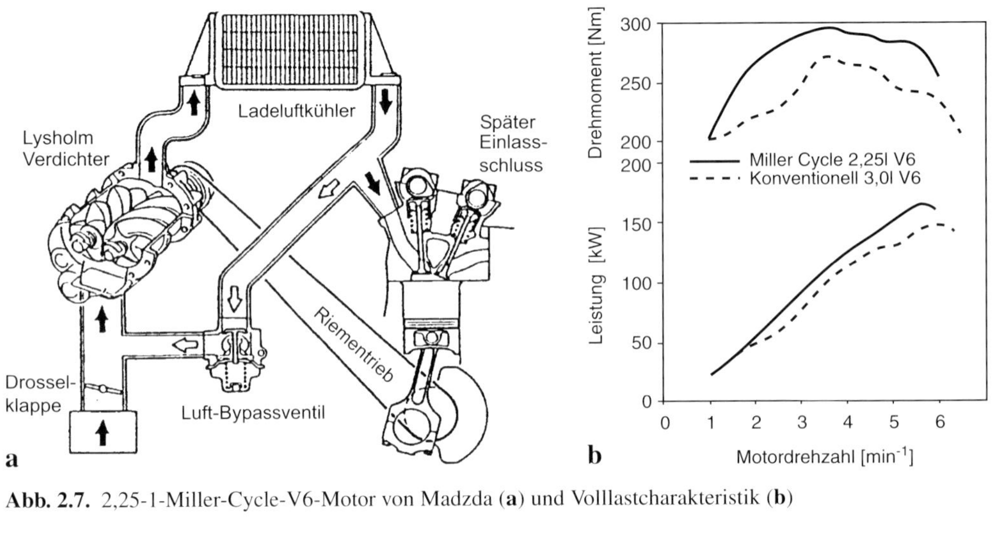

Abb. 2.7. 2,25-l-Miller-Cycle-V6-Motor von Madzda (**a**) und Volllastcharakteristik (**b**)

3 Kraftstoffe

Die Energie zum Betreiben des Verbrennungsmotors ist in den „zu verbrennenden" Kraftstoffen gespeichert, wobei beim Ottomotor flüssige und in Sonderanwendungen auch gasförmige zum Einsatz kommen. Am besten haben sich Kohlenwasserstoffe, also Verbindungen aus Kohlenstoff (C) und Wasserstoff (H), bewährt, da sie vergleichsweise einfach und kostengünstig aus natürlich vorkommendem Erdöl und Erdgas hergestellt werden können, relativ problemlos verteilbar und speicherbar sind und nicht zuletzt für den mobilen Einsatz ein hervorragendes spezifisches Energiespeichervermögen besitzen. Synthetische, aus Kohlenwasserstoffen aufgebaute Kraftstoffe, erzeugt aus Erdgas oder aus Biomasse, spielen zurzeit als ottomotorische Kraftstoffe nur eine untergeordnete Rolle. Eine Ausnahme dabei stellen auf Alkohol basierte Kraftstoffe dar, die aus Biomasse hergestellt werden und die einen regional durchaus beträchtlichen Anteil im Kraftstoff bilden können.

Wasserstoff als ottomotorischer Kraftstoff wird zurzeit in vielen Forschungs- und Entwicklungsprogrammen untersucht, wobei die offenen Fragen zur Herstellung, Verteilung und Speicherung noch von konkurrierenden Ansätzen und Konzepten beantwortet werden.

3.1 Zusammensetzung und Aufbau

Kraftstoffe sind im Allgemeinen Gemische aus vielen chemischen Verbindungen, die maßgeblich auf Grund ihrer Zusammensetzung und ihres Aufbaus die physikalischen und thermodynamischen Eigenschaften des Kraftstoffes bestimmen.

3.1.1 Reine Kohlenwasserstoffe

Die Anzahl der in der Natur vorkommenden Kohlenwasserstoffverbindungen ist sehr groß. Der Grund dafür liegt im vierwertigen Kohlenstoff, der in der Lage ist, gerade und verzweigte Kettenverbindungen sowie verschiedenartigste Ringsysteme mit einfachen und mehrfachen (ungesättigten) Bindungen einzugehen. Die freien Stellen im Molekül werden dabei von einwertigen Wasserstoffatomen besetzt. Die jeweilige Ausbildung des Moleküls, Struktur und Länge, hat einen erheblichen Einfluss auf die chemisch-physikalischen Eigenschaften und dominiert daher die Gemischbildung und die anschließend ablaufende Verbrennung.

Kohlenwasserstoffe sind organische Verbindungen, die je nach Anordnung und Art der Bindung der Atome im Molekül in unterschiedliche Gruppen eingeteilt werden können (Abb. 3.1).

Paraffine (Alkane)

Es handelt sich bei Paraffinen um kettenförmig aufgebaute Moleküle, wobei Normalparaffine (n-Paraffine) geradkettig unverzweigt und Isoparaffine verzweigt sind und die jeweils freien Valenzen mit Wasserstoff oder Kohlenstoff belegt werden. Die Summenformel der Paraf-

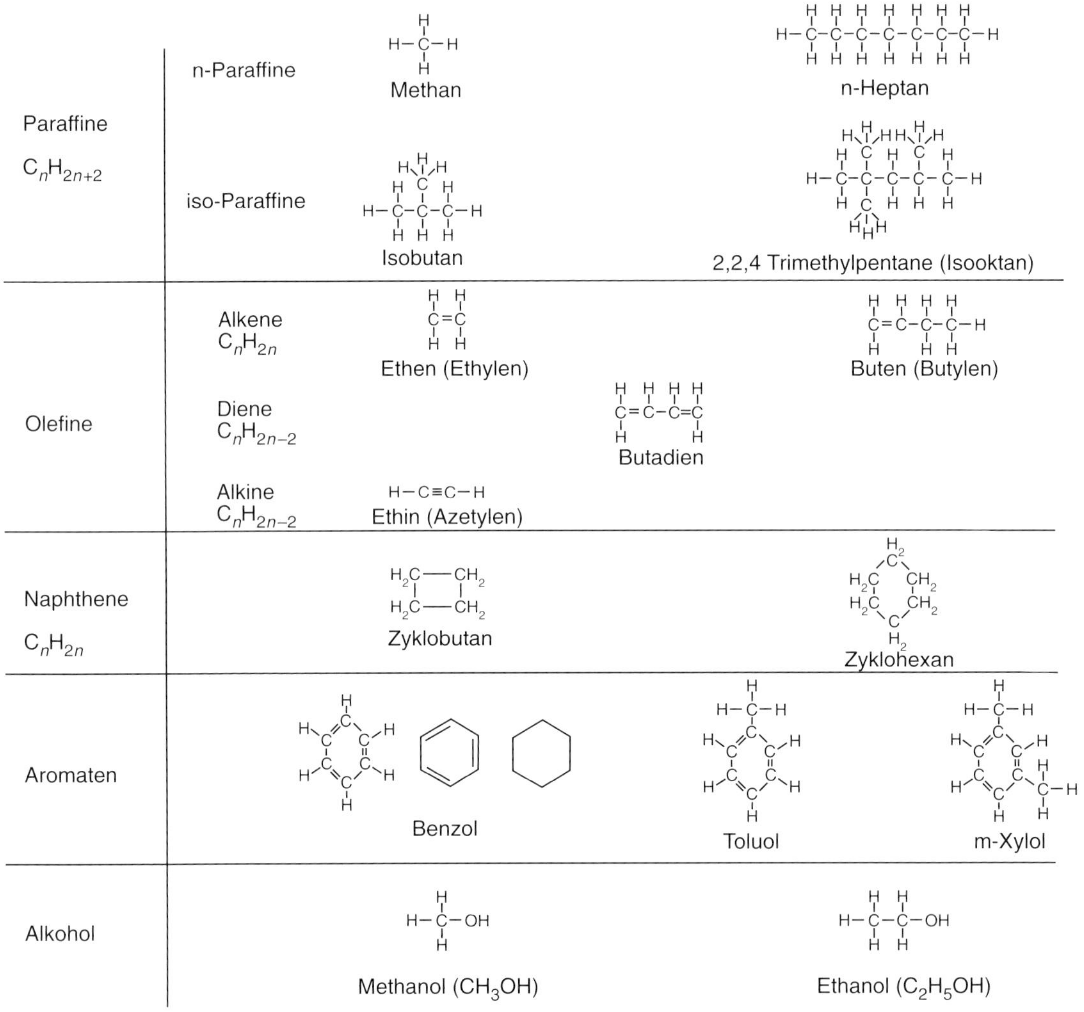

Abb. 3.1. Bindungsschema von Kohlenwasserstoffen

fine lautet C_nH_{2n+2} und ist gekennzeichnet durch den höchstmöglichen Gehalt an Wasserstoff. Bei atmosphärischen Bedingungen liegen die n-Paraffine von Methan (CH_4) bis Butan (C_4H_{10}) gasförmig vor, darüber hinaus bis Cetan ($C_{16}H_{34}$) flüssig und oberhalb davon fest. Die Zündwilligkeit hängt sehr stark von der Länge der Moleküle ab. Kurzkettige n-Paraffine weisen hohe Zündunwilligkeit (hohe Zündtemperatur und hohe Klopffestigkeit) auf, während bei längeren Ketten die Zündwilligkeit auf Grund der geringeren strukturbedingten Bindungskräfte im Molekül stark ansteigt. Besitzen die einfach gebundenen Kohlenstoffketten Verzweigungen, so handelt es sich um Isoparaffine. Da die Kettenlänge bei gleicher Kohlenstoffanzahl kürzer ist, sinkt die Zündneigung und die Klopffestigkeit steigt.

Olefine

Olefine zeichnen sich durch eine oder mehrere Doppelbindungen (ungesättigt) zwischen den Kohlenstoffatomen aus, wobei die Mehrfachbindung zu einer Reduktion des Wasserstoffanteils im Molekül führt. Wie bei den Paraffinen werden auch bei den Olefinen unverzweigte („n") und verzweigte („iso") Spezies unterschieden. Die Doppelbindung verleiht dem Molekül eine höhere Widerstandsfähigkeit, sodass eine gegenüber vergleichbaren n-Paraffinen höhere Klopffestigkeit besteht. Je nach Anzahl der ungesättigten Verbindungen wird in Olefine (Alkene) mit der Summenformel C_nH_{2n}, in Diolefine (Diene) mit C_nH_{2n-2} und in Azetylene (Alkine) mit C_nH_{2n-2} unterschieden. Die ungesättigten kettenförmigen Kohlenwasserstoffe kommen praktisch nicht im Rohöl vor und werden in der Raffinerie durch Crackprozesse aus schwereren Paraffinverbindungen erzeugt. Olefine sind weiters gekennzeichnet durch begrenzte Langzeitstabilität und durch die Neigung, bei Anwesenheit von Sauerstoff zu verharzen.

Naphthene

Naphthene, auch Cycloparaffine genannt, mit der Summenformel ist C_nH_{2n}, sind wasserstoffgesättigte Verbindungen, deren Moleküle ringförmig aufgebaut sind. Im Vergleich mit den entsprechenden Paraffinen ist die Zündneigung klein und die Klopffestigkeit höher.

Aromaten

Aromaten sind ringförmig aufgebaute Kohlenwasserstoffe mit Doppelbindungen, wobei der Grundbaustein, der Benzolring, aus 6 Kohlenstoffatomen mit 3 Doppelbindungen besteht. Die kompakte Molekülstruktur ergibt thermisch sehr stabile Moleküle, die eine hohe Zündtemperatur und ebenfalls hohe Klopffestigkeit besitzen. Nicht zuletzt diese höhere thermische Beständigkeit ist mit verantwortlich, dass Kraftstoffe mit hohem Aromatengehalt ungünstigeres Abgasverhalten insbesondere bei Kohlenwasserstoffen und Partikel aufweisen.

3.1.2 Sauerstoffhältige Kohlenwasserstoffe

Von den sauerstoffhältigen Kohlenwasserstoffen spielen lediglich Alkohole und Ether für Otto-Kraftstoffe eine wichtige Rolle.

Alkohole

Bei Alkoholen ist der Sauerstoff in OH-Gruppen (Hydroxyl-Gruppen) an das restliche Kohlenwasserstoffmolekül angebunden. Je nach Anzahl der Hydroxyl-Gruppen wird in ein-, zwei- oder dreiwertige Alkohole unterteilt. Die beiden wichtigsten Vertreter, Methanol (CH_3OH) und Ethanol (C_2H_5OH), werden synthetisch aus Biomasse, Erdgas oder Kohle hergestellt und zeichnen sich durch geringe Zündneigung und hohe Klopffestigkeit aus (siehe Abb. 3.6). Dazu kommt noch die große Verdampfungswärme, die die Gemischtemperatur herabsetzt und damit das Klopfverhalten günstig beeinflusst. Der Heizwert ist geringer als bei herkömmlichen Kohlenwasserstoffen, was bei gleicher Fahrzeugreichweite ein größeres Tankvolumen erfordert. Da Alkohole hygroskopische Eigenschaften haben, kann es im Motor zu Korrosionsproblemen kommen und zudem ist die Mischbarkeit mit Benzin erschwert. Die hohe erforderliche Verdampfungswärme kann beim Kaltstart Probleme verursachen, da der Ansaugluft nicht genügend Wärme für eine ausreichende Verdampfung entzogen werden kann, sodass Zusatzmaßnahmen wie etwa Saugrohrvorwärmung für den problemlosen Betrieb des Motors notwendig werden können.

Ether

Bei Ethern handelt sich um Kohlenwasserstoffverbindungen, die über eine oder mehrere Sauerstoffbrücken im Molekül verfügen, die großtechnisch bei der Reaktion von Alkoholen mit Olefinen gewonnen werden. Trotz der hohen Herstellkosten werden sie dem Benzin zur Erhöhung der Klopffestigkeit bis zu 15 Vol.-% zugemischt. Die wichtigsten Vertreter sind das MTBE (Methyltertiärbutylether), das ETBE (Ethyltertiärbutylether) und TAME (Tertiär-Amylmethylether).

3.1.3 Kraftstoffzusätze

Zur Erzielung erwünschter Wirkungen werden dem Kraftstoff Zusätze, so genannte Additive, beigemischt, wobei die zugesetzte Menge im Allgemeinen deutlich unter 1 % bleibt. Dabei erfolgt die Zugabe der Additive und etwaiger Farbstoffe in der Raffinerie meist erst bei der Befüllung der Tankwagen (Endpunktdosierung).

Alterungsschutz

Für den Alterungsschutz werden dem Kraftstoff Antioxidantien zugesetzt, die die Bildung von harzartigen und klebrigen Ablagerungen („gum") durch Oxidation olefinischer Kohlenwasserstoffe mit Luftsauerstoff verhindern sollen. Zum Einsatz kommen Phenole und aromatische Amine.

Reinhalte- und Ablagerungsschutz

Die eingesetzten Reinhaltesubstanzen („Detergent") sollen die Bildung von Ablagerungen verhindern und bestehende Ablagerungen im Ansaugsystem und Brennraum auflösen oder aufweichen. Dabei sind die Anforderungen an die Additivchemie zur Reinhaltung des Ansaugsystems, insbesondere des Einlasskanalbereiches, und der Ablagerungsminimierung im Brennraum unterschiedlich. Während in Europa für Benzin meist Additive auf POA-Basis (Poly-Olefin-Amine) dem Benzin zugesetzt werden, kommen in den USA und Japan überwiegend PEA (Poly-Ether-Amine) zum Einsatz.

Korrosionsschutz

Die für den Korrosionsschutz verwendeten Korrosionsinhibitoren bilden auf den metallischen Flächen einen dünnen Schutzfilm, welcher den direkten Kontakt von Wasser und somit die Korrosion wirksam unterbindet. Eingesetzt werden Ölsäureamide, Petroleumsulfonate oder Petroleumphosphate.

3.1.4 Gasförmige Kraftstoffe

Neben flüssigen Kraftstoffen kommen beim Ottomotor auch gasförmige Kraftstoffe zum Einsatz.

Flüssiggas (LPG, Liquified Petroleum Gas)

Unter Flüssiggas versteht man das Gasgemisch aus den Hauptkomponenten Propan (C_3H_8) und Butan (C_4H_{10}), das bei der Gewinnung von Rohöl und beim Raffinerieprozess anfällt (maximal bis etwa 4 %). Es lässt sich bei Raumtemperatur bei einem Druck von etwa 20 bar verflüssigen, was die Speicherung im Fahrzeug erheblich erleichtert. Ähnliche Anforderungen an das Verdichtungsverhältnis und ähnliche optimale Zündwinkel erlauben einen vergleichbar einfachen bivalenten Betrieb durch Installation eines Gas-Luft-Mischers im Ansaugsystem des Motors (siehe Abschn. 4.2.1).

Erdgas (CNG, Compressed Natural Gas)

Erdgas ist ein weltweit natürlich vorkommender Energieträger und besteht zu 75–90 % aus Methan (CH_4) und zu geringeren Anteilen aus Stickstoff (N_2), Ethan (C_2H_6) und CO_2. Die

Verteilung des Gases erfolgt über Pipelines. Für die fahrzeugseitige Speicherung wird das Erdgas an der Abfüllstelle (z. B. Tankstelle) auf etwa 200 bar komprimiert und in den Fahrzeug-Druckbehälter gefördert. Trotzdem ist der volumetrische Speicherbedarf bei gleichem Energieinhalt gegenüber Benzin etwa um einen Faktor 4 höher. Das günstige H/C-Verhältnis von etwa 4 : 1 gegenüber etwa 1,75–1,9 : 1 bei herkömmlichem Benzin ergibt vergleichsweise sehr günstige CO_2-Emissionen. Große Unterschiede in der Gaszusammensetzung und damit der thermodynamischen Eigenschaften und eine fehlende Normung erschweren auf der technischen Seite die Einführung von Erdgas als Treibstoff. Andererseits wird durch die geringere Besteuerung (beispielsweise in Deutschland bis 2020 festgelegt) die Verbreitung von Erdgasfahrzeugen durch den Gesetzgeber besonders gefördert.

Wasserstoff

Wasserstoff (H_2) ist der einzige kohlenstofffreie Energieträger und es entstehen daher während der Verbrennung auch keine CO_2-Emissionen. Der sehr hohe Heizwert und auch die überaus schnelle Verbrennung machen ihn zunehmend auch für den ottomotorischen Einsatz interessant. Die Dichte bei Umgebungszustand beträgt weniger als ein Zehntel von Luft und stellt bei der Speicherung, insbesondere im mobilen Umfeld, eine erhebliche Herausforderung dar. Die geringe Dichte und die sehr weiten Zündgrenzen des Wasserstoff-Luft-Gemisches erfordern eigene Sicherheitsmaßnahmen, um unkontrollierte Reaktionen zu verhindern.

Erst die Herstellung aus regenerativen Energiequellen wie Sonnen- und Windenergie, aber auch aus Biomasse macht Wasserstoff als den „Kraftstoff der Zukunft" für Verbrennungsmotoren und Brennstoffzellen vom energetischen Standpunkt her interessant und bei weiterer Verknappung der fossilen Brennstoffe konkurrenzfähig.

3.2 Eigenschaften

Die physikalischen Eigenschaften des Kraftstoffes werden durch die Zusammensetzung aus den verschiedenen Komponenten bestimmt. Für den Betrieb des Motors und die dabei entstehenden Abgase sind einige Eigenschaften des Kraftstoffes besonders dominant, sodass in Normen und Gesetzen diese wichtigen physikalischen und chemischen Eigenschaften und Kenngrößen reglementiert werden.

3.2.1 Flüssige Kraftstoffe

Siedetemperatur und Siedeverlauf

Die Anzahl der Kohlenstoffatome bestimmt maßgeblich die Siedetemperatur, während der Struktureinfluss gering ist. Für ottomotorische Kraftstoffe sind Molekülgrößen bis etwa 12 Kohlenstoffatome relevant (Abb. 3.2a). Während es für Einzelkomponenten jeweils diskrete Siedetemperaturen gibt, kann für einen flüssigen Kraftstoff, der sich ja aus sehr vielen Einzelverbindungen zusammensetzt, nur ein Siedeverlauf angegeben werden (Abb. 3.2b).

Für den motorischen Betrieb ist ein ausgewogener Verlauf der Siedekurve enorm wichtig, da das Verdampfungsverhalten des Kraftstoffes und damit das Betriebs- und Emissionsverhalten sehr wesentlich beeinflusst wird. Das Kaltstartverhalten wird durch das Verdampfungsverhalten bei niedrigen Temperaturen bestimmt, was auch bei der gesetzlichen Kraftstoffspezifikation berücksichtigt wird, indem Winterkraftstoff eine höhere Verdampfungsrate in diesem Temperaturbereich zugestanden wird. Kraftstoffe mit einer Siedelücke, das heißt mit zu wenig Komponenten im mittleren Siedebereich, führen zu schlechterem Fahrverhalten. Das Siedeende, das maß-

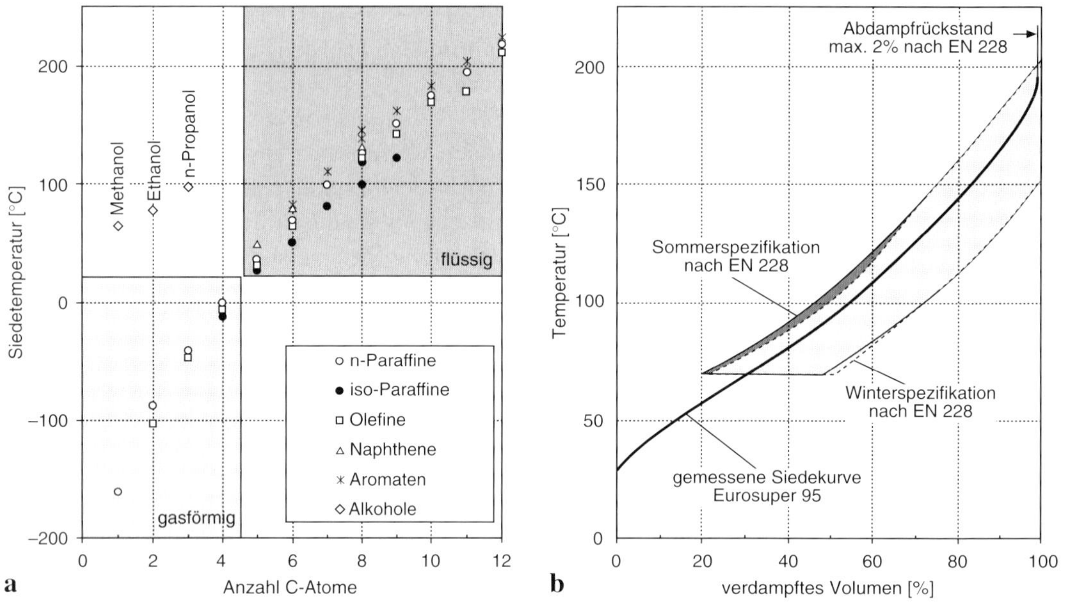

Abb. 3.2. Siedeverhalten von Kraftstoffen [3.1]: **a** Siedetemperatur von Kohlenwasserstoffen, **b** Siedeverlauf von Benzin

geblich das Ölverdünnungs- und Ablagerungsverhalten im Motor beeinflusst, ist für Sommer- und Winterspezifikation gleich.

Dampfdruck

Das Verdampfungsverhalten des Kraftstoffes wird neben dem Siedeverlauf auch vom Dampfdruck beeinflusst. Der gemessene Dampfdruck ist jener bei 37,8 °C (100 °F) gemessene Druck, bei dem es zum Verdampfen des Kraftstoffes kommt („Reid-Dampfdruck“). Der Wert für die Sommerspezifikation ist daher geringer, d.h., der Kraftstoff verdampft nur bei größerem Unterdruck.

Verdampfungswärme

Durch den Verdampfungsvorgang wird der umgebenden Luft und den umgebenden Bauteilen Wärme entzogen und es kommt zu einer Abkühlung der Gemischtemperatur. Die Verdampfungswärme von Benzin liegt etwa bei 400–500 kJ/kg, während für Alkohole bei Normzustand ein Vielfaches berücksichtigt werden muss (Methanol 1110 kJ/kg und Ethanol 845 kJ/kg).

Dichte

Die Dichte des Kraftstoffes wird ebenfalls sehr stark von der Struktur der Moleküle und vom Kohlenstoffanteil beeinflusst (Abb. 3.3 a). Ringförmige Moleküle (Naphthene und Aromaten) haben infolge des kompakten Molekülaufbaus die höchsten Dichtewerte.

Der zulässige Dichtebereich nach der europäischen Norm EN 228 liegt zwischen 720 und 775 kg/m^3 und wird durch das Mischen verschieden schwerer Verbindungen erzielt.

Flammpunkt und Zündtemperatur

Der Flammpunkt charakterisiert jene Temperatur bei Normumgebungsdruck, bei der aus einem offenen Gefäß verdampfender Kraftstoff durch Fremdzündung eine helle Flamme ergibt, jedoch

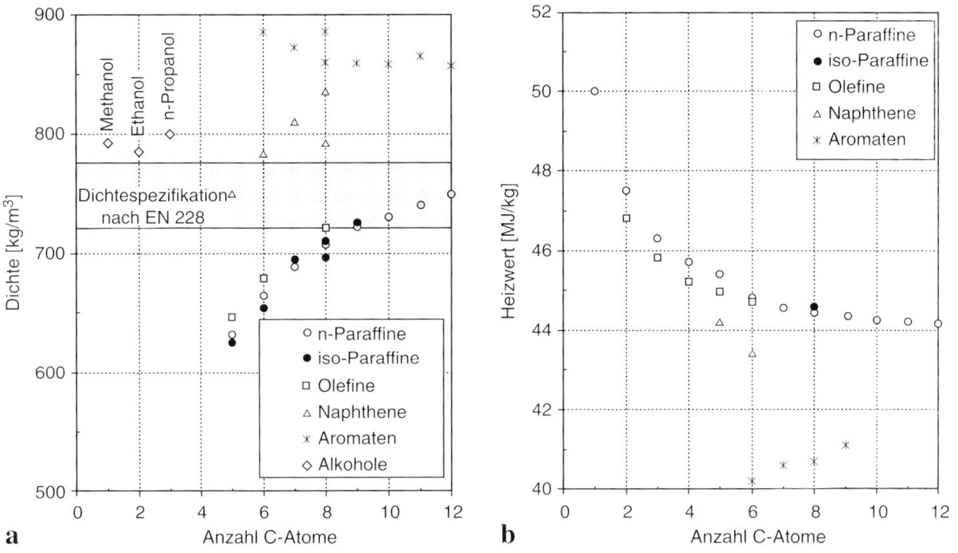

Abb. 3.3. Physikalische Eigenschaften von HC-Verbindungen [3.1]: **a** Dichte, **b** Heizwert

nicht von selbst weiterbrennt und folglich erlischt. Dagegen definiert die Zündtemperatur jene Temperatur, bei der sich Kraftstoff in einem offenen Gefäß von selbst entzündet. Von Bedeutung sind beide Größen bei der Kennzeichnung der Kraftstoffe und für die Einteilung in Gefahrenklassen. Benzin liegt in der höchsten Gefahrenklasse, da der Flammpunkt unterhalb von 20 °C liegt. Die Zündgrenzen selbst liegen für konventionellen flüssigen Ottokraftstoff volumenbezogen zwischen 0,6 und 8 Vol.-% in Luft.

3.2.2 Heizwert und Gemischheizwert

Der Heizwert wird durch kalorische Messungen unter genau definierten Bedingungen ermittelt. Bei in Verbrennungsmotoren üblichen Vorgängen wird der untere Heizwert (Wasser im Abgas liegt dampfförmig vor) verwendet, der bei konstantem Volumen ermittelt wird. Neben der Anzahl der beteiligten H- und C-Atome hat die Molekülstruktur einen Einfluss auf den Heizwert des Kraftstoffes (Abb. 3.3 b). Die Werte liegen bei reinen Kohlenwasserstoffen zwischen 40,2 MJ/kg für Benzol (C_6H_6) und etwa bei 50 MJ/kg für Methan (CH_4).

Für den Motorbetrieb spielt der so genannte Gemischheizwert die entscheidende Rolle, da hier die eingebrachte Brennstoffenergie auf das angesaugte Gemischvolumen oder angesaugte Luftvolumen bezogen wird. Für den gemischansaugenden Ottomotor ergibt sich unter Verwendung der in Abschn. 8.2.1 definierten Größen somit eine Abhängigkeit von der Dichte des Gasgemisches ρ_G, dem unteren Heizwert des Kraftstoffes H_u, dem stöchiometrischen Luftbedarf L_{st} und dem Luftverhältnis λ, wobei die Luftfeuchtigkeit nur bei einer genauen Bestimmung des Gemischheizwertes mit berücksichtigt werden muss:

$$H_G = \frac{m_B H_u}{V_G} = \frac{m_B H_u \rho_G}{(m_L + m_B)} = \frac{m_B H_u \rho_G}{m_B(\lambda L_{st} + 1)} = \frac{H_u \rho_G}{\lambda L_{st} + 1}. \tag{3.1}$$

Bei luftansaugenden Benzin-Direkteinspritzmotoren wird für die Bestimmung des Gemischheizwertes auf das angesaugte Luftvolumen bezogen:

$$\overline{H}_G = \frac{m_B \cdot H_u}{V_L} = \frac{m_B \cdot H_u \cdot \rho_L}{m_B \cdot \lambda \cdot L_{st}} = \frac{H_u \cdot \rho_L}{\lambda \cdot L_{st}}. \tag{3.2}$$

Für den Gemischheizwert ergibt sich ein starker Einfluss des Luftverhältnisses, der in Abb. 3.4a dargestellt ist. Bei Luftverhältnissen $\lambda < 1$ ergibt sich infolge des Luftmangels nur noch eine unvollständige Verbrennung, bei der die gesamte vorhandene Luft an der Verbrennung vollständig teilnimmt. Berücksichtigt man zusätzlich das chemische Gleichgewicht des Verbrennungsgases mit, ergeben sich leicht höhere Werte. Obwohl Benzol (C_6H_6) einen kleineren Heizwert als Methan (CH_4) besitzt, ergibt sich ein höherer Gemischheizwert, da der Molekülzusammensetzung entsprechend weniger Luftmasse zur vollständigen Verbrennung benötigt wird.

Vergleicht man den Gemischheizwert verschiedener Brennstoffe, ergeben sich trotz sehr unterschiedlicher Heizwerte sehr ähnliche Werte (Abb. 3.4b). Insbesondere die direkte Einbringung von gasförmigen Kraftstoffen nach dem Einlassschluss ermöglicht eine erhebliche Anhebung des Gemischheizwertes. Nicht zuletzt dieser Umstand macht die direkte Einblasung von Wasserstoff zu einem sehr interessanten Verbrennungskonzept.

Für den Fahrzeugeinsatz müssen neben den thermodynamischen Aspekten auch die Anforderungen der fahrzeugseitigen Speicherung betrachtet werden. Während die Reichweite des Fahrzeuges von der mitgeführten Kraftstoffenergie entscheidend abhängt, sind für die Speicherung das erforderliche Gesamtvolumen und die sich daraus ergebende Gesamtmasse von Kraftstoff und Kraftstoffbehälter zu bewerten. Das in Abb. 3.5 dargestellte Diagramm zeigt ausgehend von Benzin den Vergleich der Anforderungen verschiedener Kraftstoffe und Speicherarten hinsichtlich Gesamtvolumen und Gesamtmasse.

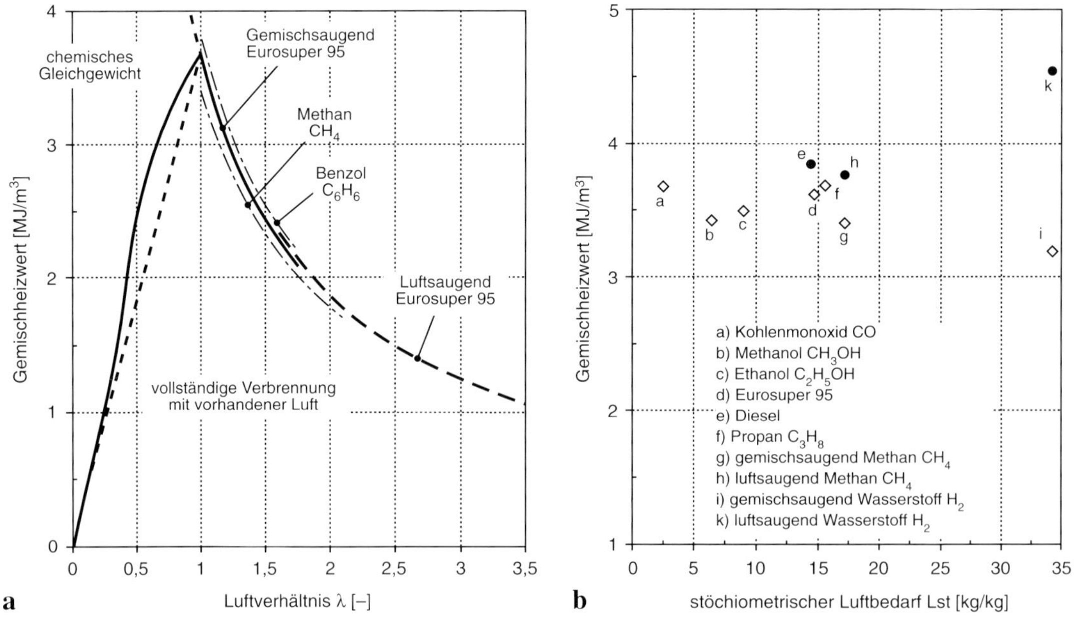

Abb. 3.4. Gemischheizwert: **a** Funktion des Luftverhältnisses, **b** Funktion des stöchiometrischen Luftbedarfs

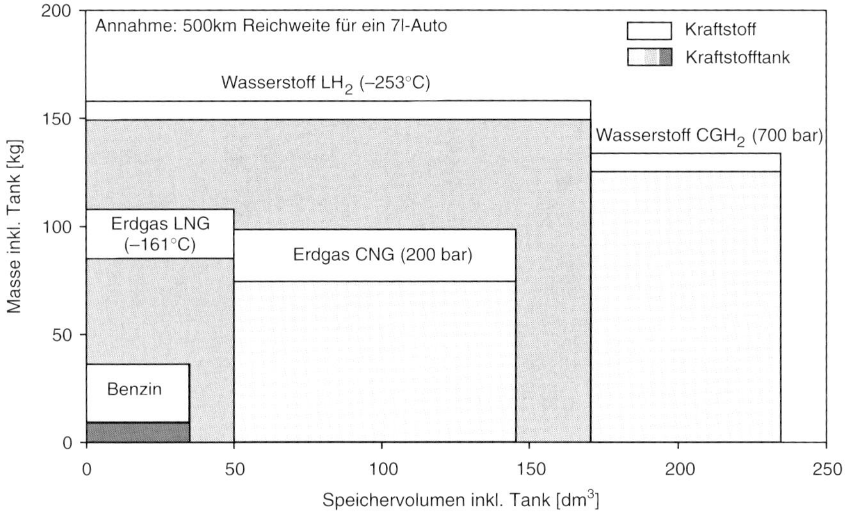

Abb. 3.5. Vergleiche von fahrzeuggebundenen Speichersystemen [3.3]

Die jeweils weiß hinterlegte Fläche repräsentiert das Kraftstoffvolumen und die Kraftstoffmasse für eine Reichweite von etwa 500 km. Die grauen Flächen zeigen im Wesentlichen die dazu benötigte Kraftstoffbehältermasse, wobei sich zeigt, dass Druckbehälter gegenüber Kältetanks zwar weniger Gewicht besitzen, dafür aber größere Volumen des Kraftstoffes aufzunehmen haben. Für den mobilen Einsatz sehr günstig sowohl hinsichtlich Volumen also auch Gewicht zeigt sich hier der konventionelle Benzin-Kraftstoff.

3.2.3 Zündwilligkeit und Klopffestigkeit

Die Neigung zur Selbstzündung eines Kraftstoffes wird durch die Zündwilligkeit charakterisiert. Ottokraftstoff soll geringe Zündwilligkeit besitzen, sodass die im Normalfall von der Zündquelle ausgehende Flammenfront alle Gemischteile im Brennraum erfasst, bevor es zu unkontrollierter Selbstzündung, dem so genannten Klopfen mit den einhergehenden typischen ausgeprägten Druckanstiegen und Gasdruckschwingungen, kommt.

Die Klopffestigkeit definiert nun die Sicherheit gegen das Auftreten von Selbstzündung, wobei als Maß die Oktanzahl verwendet wird. Die Bestimmung der Oktanzahl erfolgt beim Betrieb in einem genormten Einzylinder-Prüfmotor, bei dessen Betrieb die Klopfintensität des jeweiligen Kraftstoffes ermittelt wird und diese einem Vergleichsgemisch aus n-Heptan (Oktanzahl 0) und Isooktan (Oktanzahl 100) mit der gleichen Klopfintensität gegenübergestellt wird.

Zur Beschreibung der Klopffestigkeit haben sich die Kennzahlen ROZ (Research-Oktanzahl) und MOZ (Motor-Oktanzahl) etabliert. Erstere wird beim Betrieb des Prüfmotors bei Volllast, konstantem Zündwinkel und variablem Verdichtungsverhältnis ermittelt. Bei der Motor-Methode wird bei angehobener Drehzahl der Zündwinkel als Funktion des jeweils aktuellen Verdichtungsverhältnisses eingestellt und das Gemisch auf etwa 150 °C vorgewärmt. Die MOZ-Werte von gebräuchlichen Kraftstoffen sind niedriger als die ROZ-Werte.

Die Molekülstruktur, gekennzeichnet durch Kettenlänge, Kompaktheit und Verzweigungen, beeinflusst das Selbstzündverhalten von Kohlenwasserstoffen maßgeblich (Abb. 3.6).

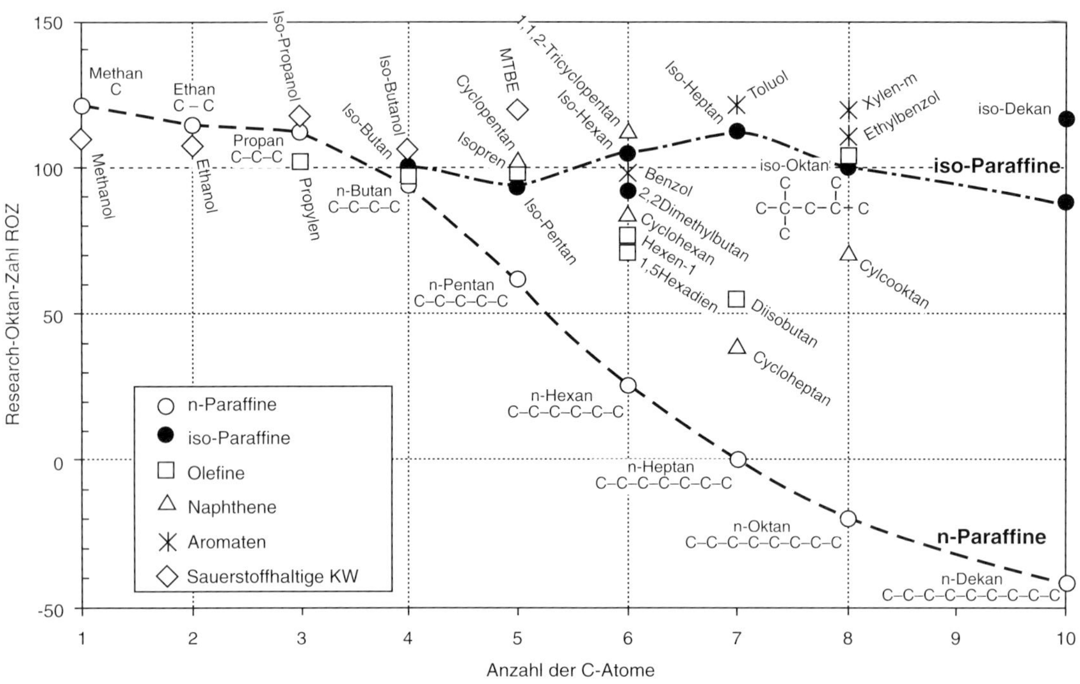

Abb. 3.6. Oktanzahl von HC-Verbindungen [3.4]

Die negativen Werte stammen von Molekülen, die noch zündwilliger als n-Heptan sind. Die gewünschte Klopffestigkeit des Kraftstoffes wird über die entsprechende Zusammensetzung an Kohlenwasserstoffen erreicht. Zusätzlich werden oft sehr hochoktanige Verbindungen, wie etwa Ether (MTBE) oder Alkohole (siehe Abschn. 3.1.2), dem Kraftstoff beigemischt.

3.2.4 Gesetzliche Anforderungen an Otto-Kraftstoffe

Die Anforderungen an die Kraftstoffqualität sind in Normen festgelegt, wobei im Hinblick auf immer strengere Abgasgrenzwerte enge Toleranzbereiche erforderlich sind und die Tendenz einer weltweiten Vereinheitlichung der verschiedenen Kraftstoffsorten erkennbar wird [3.5].

Grundsätzlich werden in allen gesetzlichen Anforderungen an Otto-Kraftstoff die Klopffestigkeit, die Dichte, das Verdampfungsverhalten oder die Flüchtigkeit und ausgewählte Stoffe und Komponentengruppen reglementiert (Tabelle 3.1). So wird in absehbarer Zeit schwefelarmer oder schwefelfreier Otto-Kraftstoff in den Industrieländern verfügbar sein, der die Effizienz und Langzeitstabilität der stöchiometrischen und mageren Abgasreinigungsanlagen verbessert.

Um die fahrzeugseitigen Emissionen weiter zu reduzieren, wird in bestimmten Gebieten der Vereinigten Staaten „**reformulated gasoline**“ angeboten. Durch die Eigenschaften des Kraftstoffes sollen die Verdampfungsverluste beim Betanken und beim Betrieb des Fahrzeuges reduziert sowie die organischen Verbindungen im Abgas minimiert werden.

Dazu werden niedrige Dampfdruckwerte und ein ebenfalls niedriges Siedeende für den Kraftstoff festgeschrieben.

Um die giftigen Abgasemissionen wie etwa polyzyklische Kohlenwasserstoffe zu verringern, wird der Benzolgehalt auf maximal 1,3 %, der Gesamtaromatengehalt auf 26 % im Som-

Tabelle 3.1. Kraftstoffanforderungen [3.5]

Parameter	Einheit	EU EN 228	USA ASTM D4814	Kalifornien CaRFG Ph3	WWFC-Empfehlung [a]
Klopffestigkeit					
Normal	ROZ/MOZ	91/82,5			91/82,5
Super	ROZ/MOZ	95/85			95/85
Super Plus	ROZ/MOZ	98/88			98/88
Unleaded Fuel	(ROZ + MOZ)/2		>87		
Dichte	kg/m^3	720–775			715–770
Dampfdruck (RVP)	kPa				
Sommer, min./max.		45/60			45/60
Winter, min./max.		60/90			75/90
max.				∼44–48	
Verdampfungsraten S/W					
verdampft bei 70 °C	min. Vol.-%	20–48/22–50			15–45/45–60
verdampft bei 100 °C	min. Vol.-%	47–71/50–71			50–60/55–70
verdampft bei 150 °C	min. Vol.-%	75/75			
verdampft bei 180 °C	min. Vol.-%				85
10% verdampft bei	min.–max. °C		50–70		70/50
50% verdampft bei	min.–max. °C		77–121	95–104	77–110/77–100
90% verdampft bei	max. °C		185–190	146–165	130–190/130–175
Siedeende (FBP) S/W	max. °C	205	225		215/195
Abdampfrückstand	max. Vol.-%	2	2	2	1
Kohlenwasserstoffe	max. Vol.-%				
Olefingehalt		18,0	11,5–22,2	4–10	10,0
Aromatengehalt		35,0	31,2–44,2	22–35	35,0
Benzolgehalt		1,0	1,3	0,7–1,1	1,0
Sauerstoffgehalt	max. Mass.-%	2,7	3,5	1,8–2,2	2,7
Sauerstoffträger	max. Vol.-%				
Methanol		3			
Ethanol		5			
Isopropyl-Alkohol		10			
Tertbutyl-Alkohol		7			
Isobutyl-Alkohol		10			
Etherverbg. mit $C \geq 5$		15			
andere O_2-Träger		50			
Schwefelgehalt	max. ppm				
Status 2005		50	30–300	15–30	10
ab 1. 1. 2009		10			

[a] WWFC, World Wide Fuel Charta, Status 12/2002

mer und 32 % im Winter begrenzt, der Anteil an Sauerstoff auf maximal 2,1 % angehoben; und eine geeignete Additivierung des Kraftstoffes zur Ablagerungsreduktion ist zwingend vorgeschrieben.

3.3 Herstellung von Otto-Kraftstoffen

3.3.1 Herstellung aus Mineralöl

Ein Großteil des Otto-Kraftstoffes wird durch Destillation aus dem Rohöl und anschließende Veredelung gewonnen. Dabei wird ein Teil der Destillationsprodukte durch Cracken und Reformieren in andere Verbindungen umgewandelt, die sich besser für die Verwendung im Ottomotor eignen. Aus schweren Kohlenwasserstoffen werden leichtere hergestellt und klopffreudigere in klopffestere umgewandelt. Die Zusammensetzung und Dichte des Rohöls variiert je nach Fördergebiet sehr stark. Neben den Kohlenwasserstoffverbindungen, die den überwiegenden Anteil darstellen, kommen ein geringerer Anteil Schwefel, Sauerstoff und Stickstoff und meist auch Spuren von Schwermetallen (z. B. Vd, Ni) hinzu. Durch Auftrennen und Umformen gelingt es, bestimmte Komponentengruppen in mehr oder weniger großem Umfang herzustellen. Die jeweiligen Kraftstoffsorten gehen aus den anschließenden Dosier- und Mischvorgängen („Blending") hervor. Die für die Benzinherstellung wesentlichen Arbeitsschritte und deren typisches Zusammenspiel in einer Raffinerie sind in Abb. 3.7 dargestellt.

Rohöldestillation

Dabei wird das Rohöl durch Erhitzen im Röhrenofen und abschließendes Auskondensieren im Fraktionierturm (fraktionierte Destillation) in unterschiedlichen Siedebereichen aufgetrennt. Die Gasphase wird weiter in die Gastrennung geleitet, während der Destillationsrückstand in einem weiteren Destillationschritt unter Vakuum aufgetrennt wird.

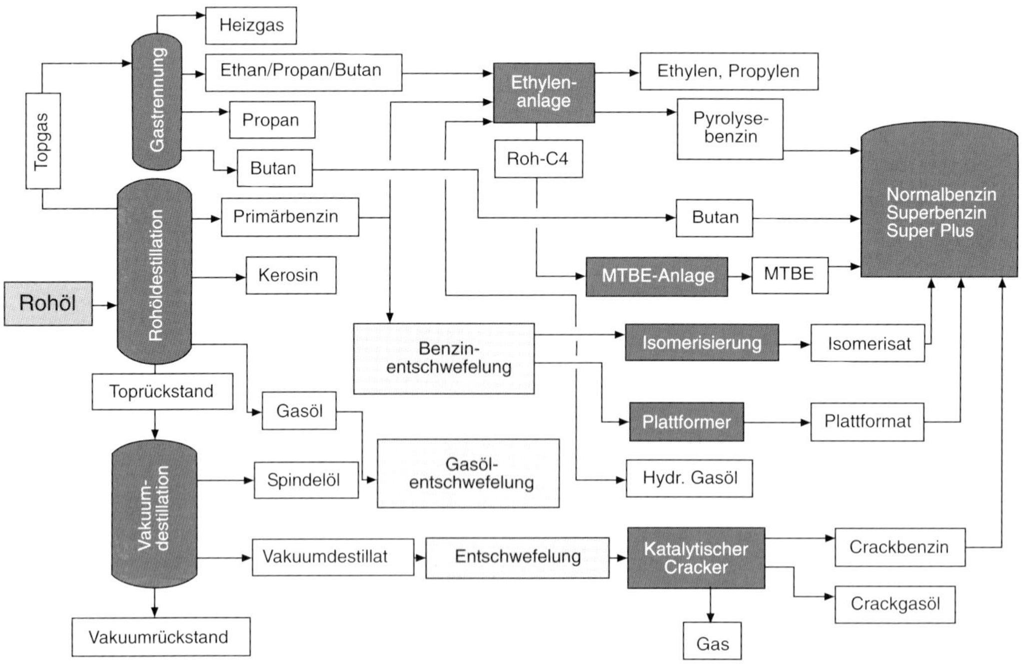

Abb. 3.7. Fließschema zur Benzinherstellung in der Raffinerie Wien-Schwechat (OMV)

Entschwefelung
Ein nächster sehr wichtiger Schritt stellt in neuerer Zeit die Entschwefelung der verschiedenen Destillationsprodukte dar. Im Hydrofining-Prozess wird der Schwefel mit Wasserstoff verbunden und aus dem Benzin abgeschieden.

Ethylenanlage
In der Ethylenanlage erfolgt die Umwandlung von niedermolekularen gasförmigen n-Paraffinen, Primärbenzin und von Gasöl in Pyrolysebenzin und den Olefinen Ethylen und Propylen, die in weiterer Folge als Ausgangsstoff zur Herstellung von Chemikalien und Kunststoffen Anwendung finden. Ein kleiner Teil wird ausgehend von Butadien und Methanol weiter zur Erzeugung von MTBE verwendet, das zur Erhöhung der Klopffestigkeit dem Benzin zugemischt wird.

Isomerisierung
Dieser Verfahrensschritt dient weniger der Herstellung leicht siedender Produkte, sondern es handelt sich vielmehr um eine tiefergehende Strukturänderung, um die Oktanzahl anzuheben. Dabei erfolgt mit Hilfe eines Platinkatalysators auf Zeolithbasis eine Umgruppierung von Atomen oder Molekülgruppen, um aus leichtflüchtigen, geradkettigen Paraffinen zündunwilligere Isoparaffine herzustellen.

Plattformer (Reformer)
Bei Temperaturen um etwa 500 °C und einem Druck um 8 bar werden unter Einsatz eines Platinkatalysators vorwiegend aus niederoktanigen Naphthenen und langkettigen n-Paraffinen höheroktanige Aromaten in einem Dehydrationsschritt erzeugt.

Katalytisches Cracken
Unter Einsatz eines Katalysators (Aluminiumsilikat [Zeolith] als Ionenaustauscher) und Temperaturen um 450 °C werden große Moleküle durch Aufbrechen von –C–C- oder –C–H-Bindungen in kleinere Moleküle, Olefine und Aromaten, umgewandelt, die dann gasförmig oder flüssig als Crackbenzin und Cracköl vorliegen.

Das eigentliche Benzin wird anschließend durch gezieltes Mischen (Blending) der einzelnen Raffinerieprodukte hergestellt.

Der thermische Wirkungsgrad des Raffinerieprozesses liegt um 90 %, das heißt, dass etwa ein Zehntel der im Rohöl gespeicherten Energie bei der Benzinherstellung verbraucht wird.

3.3.2 Alternative Herstellmethoden für flüssige Kraftstoffe

Im Rahmen der Verfügbarkeit gewinnen erneuerbare Energien auch für den mobilen Einsatz immer mehr an Bedeutung (Abb. 3.8). Trotzdem werden Kraftstoffe auf Basis von Kohlenwasserstoffen auch in absehbarer Zeit bei der mobilen ottomotorischen Anwendung dominieren, jedoch wird jener Anteil zunehmen, der nicht unmittelbar aus Erdöl erzeugt wird. Synthetisch hergestellte Kraftstoffe können weiters noch in zwei Kategorien unterteilt werden, wobei so genannte Synfuels aus fossilen und so genannte Sunfuels aus erneuerbaren Ausgangsstoffen erzeugt werden.

Kohle, Ölsand und Ölschiefer
Interessant sind Verfahren, die aus festen Brennstoffen wie Kohle, aber auch Ölsand und Ölschiefer die Herstellung von Benzin erlauben. Aus Kohle lassen sich flüssige Kraftstoffe (CTL,

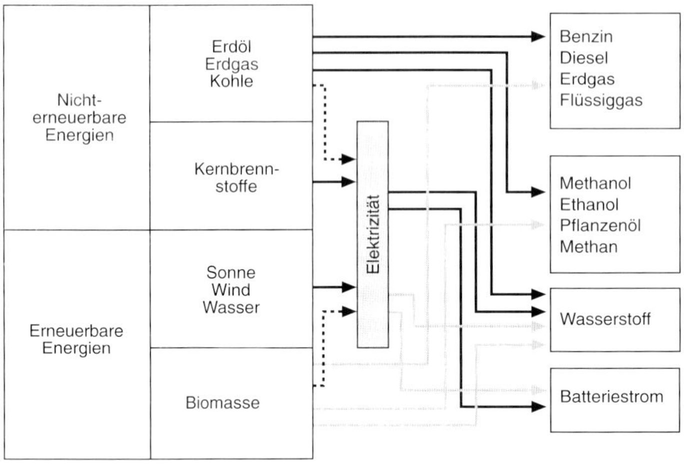

Abb. 3.8. Kraftstoffe für den mobilen Antrieb

Coal to Liquid) über zwei Verfahren herstellen. Bei der Hydrierung wird dem Kohlepulver bei hoher Temperatur und Druck Wasserstoff zugeführt, der sich dann an den Kohlenstoffatomen in Form von C_nH_{2n} anlagert. Die zweite Methode führt über die Vergasung der Kohle mit Wasserdampf, bei der im Wesentlichen CO und H_2 als Zwischenprodukt (Synthesegas) entstehen. In einem weiteren Syntheseschritt werden dann die flüssigen Kohlenwasserstoffe oder Alkohole hergestellt. Der dazu notwendige Energieeinsatz ergibt einen thermischen Wirkungsgrad von unter 60 %, sodass die Wirtschaftlichkeit im Vergleich zum konkurrierenden Rohöl immer wieder neu bewertet werden muss.

Erdgas (Gas to Liquid, GTL)

Mittlerweile werden bereits großtechnisch flüssige Kraftstoffe aus Erdgas hergestellt. In einem ersten Schritt werden unter Druck und Temperatur die Synthesegase CO und H_2 hergestellt, die dann anschließend an einem Eisenkatalysator (Hochtemperaturprozess) oder einem Kobaltkatalysator (Niedertemperaturprozess) zu synthetischen Kohlenwasserstoffen umgewandelt werden. Dieser Vorgang wird Fischer–Tropsch-Synthese genannt. Anschließend werden über herkömmliche Raffinerieprozesse (Fraktionierung, Cracking usw.) der Aufbau und die Zusammensetzung des synthetischen Kraftstoffes eingestellt.

Biomasse (Biomass to Liquid, BTL)

Eine Möglichkeit, die globalen CO_2-Emissionen nachhaltig zu senken, bieten Kraftstoffe, die aus regenerativen Quellen wie etwa Biomasse erzeugt werden (Sunfuel). Dabei eignen sich als Ausgangsstoff alle zucker-, stärke- und cellulosehaltigen Produkte. Biokraftstoffe der ersten Generation wie Ethanol werden beispielsweise durch Fermentation (Gärung) von Biomasse, z. B. aus Zuckerrohr, wie sie in Brasilien schon seit längerer Zeit großtechnisch angewendet wird, erzeugt. Biokraftstoffe der zweiten Generation, deren Eigenschaften stark an konventionelle Benzin- und Dieselkraftstoffe angelehnt sind, werden über Vergasung der Biomasse (organische Abfälle und Reste und in zunehmenden Maße Pflanzen aus Energie-Anbau) in Synthesegas und anschließend mittels Fischer–Tropsch-Synthese hergestellt. Die gewünschte Zusammensetzung wird wiederum über konventionelle Raffinerieprozesse erzielt. Der auf Biomasse basierende Kraftstoffanteil, der technisch sinnvoll realisierbar ist, bleibt auf Grund der verfügbaren Anbaufläche auch langfristig begrenzt.

3.3.3 Bereitstellung von Wasserstoff

Die Erzeugung von Wasserstoff kann auf sehr unterschiedliche Weise erfolgen. In der chemischen Industrie wird er seit langem großtechnisch aus gasförmigen oder leicht verdampfbaren Kohlenwasserstoffen wie etwa Erdgas oder Propan mittels Dampfreformierung gewonnen. Aus Biomasse lässt sich Wasserstoff über Gärprozesse und anschließende Reformierung oder über Vergasungsprozesse gewinnen. Das größte zukünftige Potential stellt elektrischer Strom dar, mit dem sich Wasserstoff aus Wasser abspalten (Elektrolyse) lässt. Mittelfristig wird hier Strom aus Kernkraftwerken verwendet werden. Langfristig sind allerdings nur regenerative Energiequellen zur Stromerzeugung (Wasser, Wind oder Sonne) ökologisch sinnvoll.

Für die fahrzeugseitige Speicherung werden zurzeit zwei Konzepte verfolgt, während Metallhydridspeicher, bei denen H_2 an Metalllegierungen angelagert wird, auf Grund des hohen Gewichts und der geringen Speichermenge nicht für Fahrzeuge interessant sind. Die erfolgversprechenden Möglichkeiten sind die Speicherung in flüssiger Form (LH_2) bei etwa $-253\,^\circ C$ in hochisolierten Tanks und die Lagerung als Druckwasserstoff (CGH_2) bei etwa 700 bar. Der energetische Aufwand zur Bereitstellung ist zwar für den komprimierten Wasserstoff geringer, allerdings ist das dazu erforderliche Speichervolumen und das Gewicht deutlich höher als beim flüssigen Wasserstoff, wobei das Volumen für beide ein Vielfaches gegenüber flüssigen Kohlenwasserstoffen beträgt. Die Möglichkeit, den Fahrzeug-Kraftstofftank als beliebiges Freiform-Gebilde auszuführen, geht verloren, da infolge der Anforderungen an ein günstiges Verhältnis der Oberflächen zum Volumen und bei Druckspeichern an die Stabilität des Tanks die Tankform auf zylindrische oder kugelförmige eingeschränkt wird.

3.3.4 Energie- und Emissionsbilanzen – „Well to Tank“

Für die gesamtheitliche Betrachtung des Kraftstoffumsetzwirkungsgrades („Well to Wheel“) ist der neben der direkten Umsetzung des Kraftstoffes am Fahrzeug („Tank to Wheel“) auch der Energieeinsatz bei der Herstellung, Verteilung und Speicherung des Kraftstoffes („Well to Tank“) mit einzubeziehen. Neben der rein energetischen Betrachtung über den Wirkungsgrad werden auch die für den Treibhausgaseffekt verantwortlichen Emissionen mit bewertet. Aus den drei wichtigsten Treibhausgasen (CO_2, Methan [CH_4] und N_2O) wird über Wichtungsziffern GWP (Global Warming Potential) die CO_2-äquivalente Treibhausgasemission berechnet. Der zur Herstellung der Anlagen erforderliche einmalige Energieeinsatz und die entsprechenden Treibhausgas-Emissionen werden dabei nicht berücksichtigt [3.6, 3.7].

Ein Vergleich verschiedener Kraftstoffe für den mobilen Antrieb hinsichtlich energetischen Einsatzes bei der Bereitstellung und der dabei anfallenden CO_2-äquivalenten Treibhausgase verschiedener Kraftstoffe ist in Abb. 3.9 dargestellt [3.6]. Die vier Primärenergieträger sind konventionelles Erdöl und Erdgas, Biomasse und elektrischer Strom, dessen Erzeugung einerseits aus dem heutigen EU-weiten Kraftwerksmix (EU-Mix: fossil, nuklear und erneuerbar, Status 2003) oder aus rein regenerativen Quellen wie Wasser, Wind und Sonne erfolgt.

Konventionelle Otto-Kraftstoffe wie Benzin oder CNG haben einen hohen „Well-to-Tank“-Wirkungsgrad bei relativ geringen Treibhausgas-Emissionen. Alle aus Erdgas gewonnenen alternativen Kraftstoffe (FT-Benzin, nach dem Fischer–Tropsch-Verfahren hergestelltes Benzin) zeigen zum Teil erheblich höhere Emissionen und einen deutlich intensiveren Energieeinsatz bei der Bereitstellung.

Aus Biomasse gewonnene Kraftstoffe zeichnen sich auf Grund des photosynthetischen Vorgangs beim Pflanzenwachstum durch negative CO_2-Emissionen aus, besitzen allerdings nur

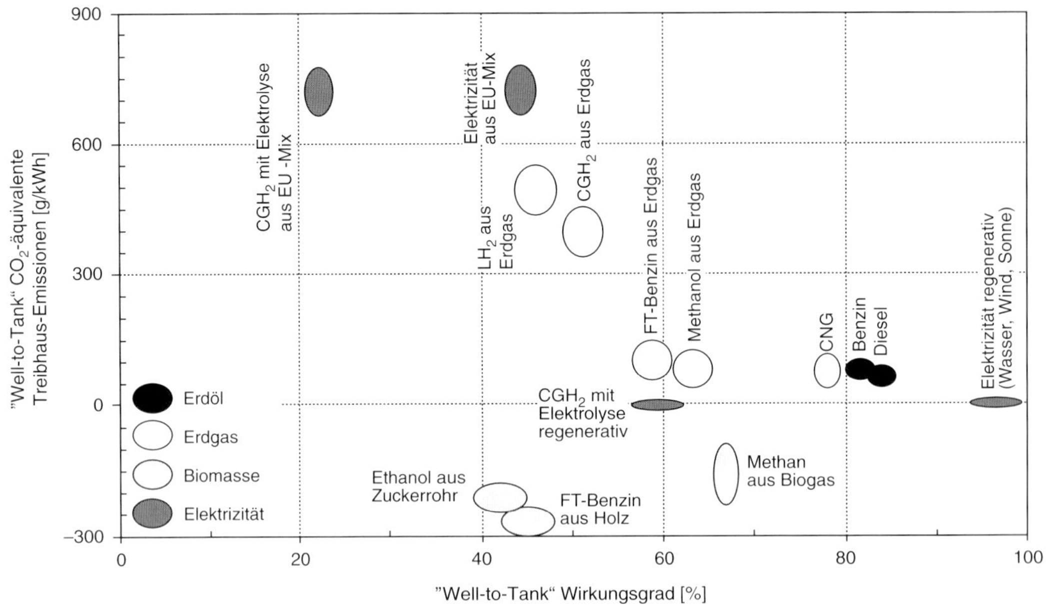

Abb. 3.9. „Well-to-Tank"-Vergleich verschiedener Kraftstoffe

bescheidene Gesamtwirkungsgrade. Elektrizität aus der „Steckdose" und auch daraus elektrolytisch erzeugter Wasserstoff ergeben sowohl energetisch als auch im Hinblick auf Klimaschutz sehr unattraktive Werte, während Strom aus regenerativen Quellen naturgemäß sehr günstige Emissionen, verbunden mit akzeptablen Wirkungsgraden aufweist.

4 Gemischbildung

Die Bereitstellung eines brennbaren Kraftstoff-Luft-Gemisches ist die wesentliche Aufgabe bei der Gemischbildung. Diese kann im Gegensatz zum Dieselmotor zeitlich und örtlich entkoppelt vom anschließenden Verbrennungsvorgang stattfinden. Die Gemischbildung beim Ottomotor setzt sich aus den vier Aufgaben zusammen [4.1]:

Gemischdosierung (Menge und Zusammensetzung)
Gemischaufbereitung (Zerstäubung, Verdampfung, Vermischung)
Gemischtransport
Gemischverteilung

Die Dosierung erfolgt bei elektronisch gesteuerten Gemischbildnern über die Einspritzdauer abhängig von der geforderten Motorleistung und dem gewünschten Luftverhältnis. Die Gemischaufbereitung setzt sich aus dem Zerstäubungsvorgang, der durch den Gemischbildner bewerkstelligt wird, und aus der daran anschließenden Verdampfung und Vermischung mit Luft zusammen. Der Gemischtransport bezieht sich auf konventionelle Ottomotoren mit Kraftstoffzuführung ins Saugrohr, aus dem anschließend das Gemisch in den Brennraum strömt, wo es weiter homogenisiert wird. Versorgt nur ein Gemischbildner mehrere Zylinder, wie zum Beispiel bei der Zentraleinspritzung, dann spielt die Gemischverteilung zwischen den Zylindern eine entscheidende Rolle bei Leistung, Emission und Verbrauch. Bei Ottomotoren mit Direkteinspritzung entfällt der Gemischtransport über das Saugsystem, da der Kraftstoff im Brennraum direkt zugeführt wird. Allerdings wird hier die lokale Gemischverteilung im Brennraum über den Einspritzzeitpunkt gesteuert. Auf Grund der geringen Zeiten zwischen Einspritzung und Zündung wird die nachfolgende Verbrennung sehr stark vom Einspritzvorgang und Gemischbildungsvorgang selbst beeinflusst.

Nach dem Ort der eigentlichen Kraftstoffzumessung und Vermischung mit der Luft kann die Gemischbildung in eine äußere und innere eingeteilt werden. Die äußere lässt sich dann weiter in eine zentrale Gemischbildung mit nur einem Gemischbildner und in eine dezentrale Gemischbildung mit zylinderindividuellem Gemischbildner darstellen (Abb. 4.1).

4.1 Grundlagen der Gemischbildung

4.1.1 Zerstäubung

Während oder nach dem Austritt des flüssigen Kraftstoffes aus der Düse erfolgt eine Zerteilung in einzelne Tropfen. Bei niederviskosen Flüssigkeiten wird für die Schaffung neuer Tropfenoberflächen Energie benötigt, die überwiegend durch die Oberflächenspannung des Kraftstoffes bestimmt wird. Diese minimale Zerstäubungsenergie ist unter realen Bedingungen sehr klein gegenüber der kinetischen und inneren Energie, die dem Kraftstoff beim realen Zerstäubungsprozess zugeführt wird. Die Zerstäubung des zusammenhängenden flüssigen Kraftstoffes kann

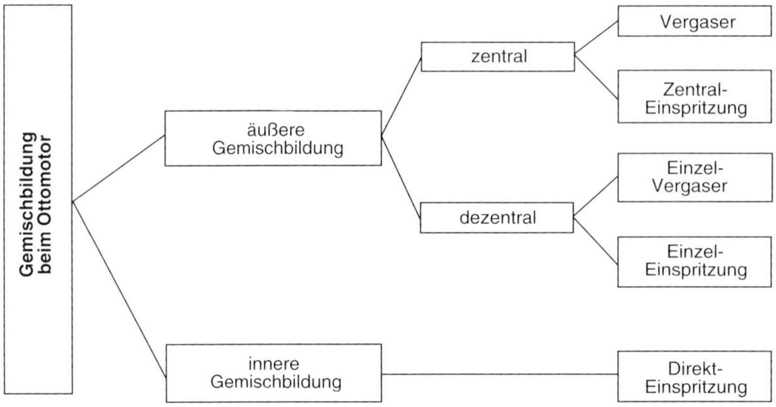

Abb. 4.1. Übersicht Gemischbildung beim Ottomotor

durch Geschwindigkeits- und Fliehkraftzerstäuber erfolgen; letztere basieren auf dem Zerfall des flüssigen Kraftstoffes infolge der Einwirkung von Massenkräften (Fliehkräften). Die bei Ottomotoren eingesetzten Gemischbildungssysteme arbeiten nahezu ausschließlich auf Basis der Geschwindigkeitszerstäubung.

Zur physikalischen und mathematischen Beschreibung der auftretenden Strömungsvorgänge haben sich dimensionslose Kennzahlen bewährt. Die Reynoldszahl Re beschreibt das Verhältnis von Trägheitskraft zu Zähigkeitskraft in der Düse und ist für das ausgebildete Strömungsprofil in der Düse bis zum Austritt maßgeblich:

$$\mathrm{Re} = \frac{v_{\mathrm{rel}} d_{\mathrm{T}} \rho_{\mathrm{Fl}}}{\eta_{\mathrm{Fl}}}. \tag{4.1}$$

Die Ohnesorgezahl Oh beschreibt die physikalischen Eigenschaften des Kraftstoffes, Oberflächen- und Zähigkeitskräfte, welche den Strahlzerfall maßgeblich beeinflussen:

$$\mathrm{Oh} = \frac{\eta_{\mathrm{Fl}}}{\sqrt{(\sigma_{\mathrm{Fl}} \rho_{\mathrm{Fl}} d_{\mathrm{T}})}}. \tag{4.2}$$

Für den weiteren Zerfall des Flüssigkeitstropfens (Sekundärzerfall) werden aerodynamische Wechselwirkungen zwischen Tropfenoberfläche und Umgebungsmedium dominierend. Die Weberzahl We beschreibt das Verhältnis der Trägheitskräfte des umgebenden Mediums und der Oberflächenspannungskräfte des Kraftstoffes:

$$\mathrm{We} = \frac{\rho_{\mathrm{Luft}} v_{\mathrm{rel}}^2 d_{\mathrm{T}}}{\sigma_{\mathrm{Fl}}}. \tag{4.3}$$

Eine Möglichkeit der Unterteilung verschiedener Zerstäubungsmethoden ergibt sich aus der Art der Energiezufuhr [4.1]: Druckzerstäubung (die zu zerstäubende Flüssigkeit wird mit einer Geschwindigkeit in das umgebende gasförmige Medium gespritzt; die erforderliche Energie, die dann beim Einspritzvorgang in kinetische Energie des Kraftstoffes umgewandelt wird, wird in Form von Kraftstoffdruck bereitgestellt) und Druckluftzerstäubung (die erforderliche Energie wird der Gasströmung entnommen, um den praktisch ruhenden flüssigen Kraftstoff zu zerstäuben [z. B. Vergaser]).

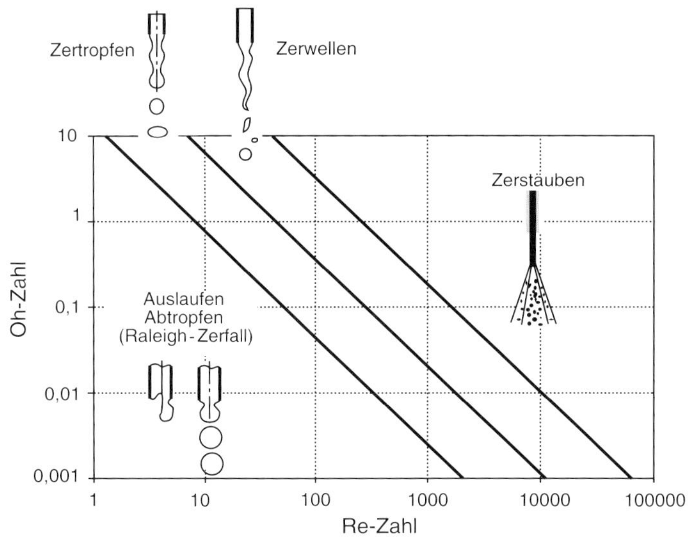

Abb. 4.2. Formen des Strahlzerfalls (Ohnesorge-Diagramm) [4.3]

Druckzerstäubung

Der Strahlzerfall ergibt sich in Abhängigkeit von den am Düsenaustritt herrschenden Bedingungen wie Austrittsgeometrie, Strahlgeschwindigkeit und -turbulenz (insbesondere in radialer Richtung), Kavitationserscheinungen innerhalb der Düse und aus den physikalischen Eigenschaften des Kraftstoffes und des umgebenden Mediums. Die unterschiedlichen Formen des aus einer Düse flüssig austretenden Strahles, wie sie sich mit steigender Geschwindigkeit vom Zertropfen über das Zerwellen bis zur Zerstäubung einstellen, sind in Abb. 4.2 dargestellt (Auslaufen und Abtropfen spielen beim Einspritzvorgang keine nennenswerte Rolle [4.2]). Bei niedriger Geschwindigkeit dominiert der Einfluss der Oberflächenspannung; die sich stochastisch einstellenden Abschnürungen von Tropfen aus dem Strahl werden als Raleigh-Zerfall bezeichnet. Bei höheren Geschwindigkeiten spielen aerodynamische Wechselwirkungen die entscheidende Rolle; der Tropfenaufbruch aus der flüssigen Oberfläche wird infolge der Druckabsenkung der beschleunigten Strömung über den Wellenbergen verursacht und wird häufig als Kelvin–Helmholtz-Instabilität bezeichnet. Weitere aerodynamische Zerfallsmechanismen werden durch Deformationen und Schwingungen und die so genannte Raleigh–Taylor-Instabilität verursacht, wobei letztere infolge hochfrequenter Geschwindigkeitsänderungen an der Flüssigkeitsoberfläche zum Strahlzerfall führt.

Für den motorischen Einspritzvorgang wesentlich ist der Zerstäubungsvorgang, da dieser erst die erforderliche Kraftstoffoberfläche für die Verdampfung und die Durchmischung mit Luft schafft, wie sie in weiterer Folge im Verbrennungsprozess benötigt wird.

Der Zerstäubungsvorgang setzt sich aus zwei Abschnitten zusammen. Beim so genannten Strahlaufbruch wird zuerst ein Flüssigkeitsstrahl erzeugt, aus dem dann bei ausreichend großer Strahlgeschwindigkeit und -turbulenz Flüssigkeitsteilchen unterschiedlichster Form herausgetrennt werden (Primärzerfall). Dieser Vorgang wird entscheidend vom Turbulenzzustand der Düsenströmung beeinflusst (Abb. 4.3).

Bei stark kavitierenden Innenströmungen wie etwa bei modernen Dieselhochdruckeinspritzsystemen erfolgt ein Teil der Zerstäubung bereits im Spritzloch (Abb. 4.3 a), wobei die Tropfengrößen sehr viel kleiner als der Spritzlochdurchmesser sind. Das in Abb. 4.3 b dargestellte Modell

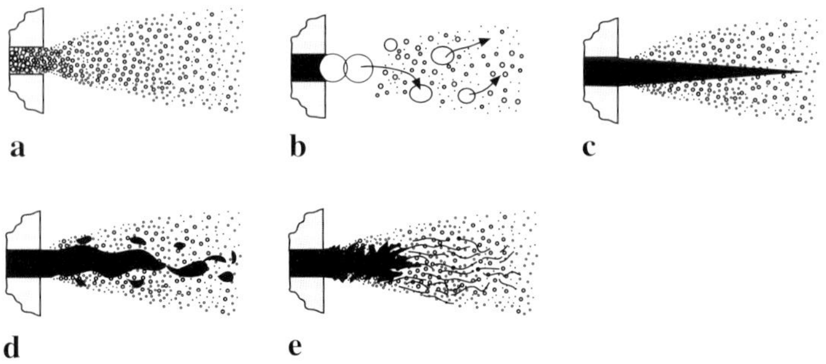

Abb. 4.3a–e. Physikalische Modelle des Strahlaufbruchs (Primärzerfall) [4.4]

wird sehr häufig als Modellvorstellung bei der numerischen Simulation herangezogen. Der die Spritzlochmündung verlassende Tropfendurchmesser entspricht dem Spritzlochdurchmesser („Blob-Injection"). Entsprechend dem Strömungszustand und der Wechselwirkung mit der Umgebung erfolgt dann ein mehr oder weniger schneller Zerfall in kleinere Tropfen. Die Modelle in Abb. 4.3c–e gehen von einem intakten Flüssigkeitskern aus, wie er meist bei ottomotorischen Gemischbildnern zu finden ist. Je nachdem wie stark der Turbulenzaustausch mit der Umgebung ist, erfolgt der Zerfall des flüssigen Kerns in Tropfen und Ligamente.

Bei Einspritzventilen mit hohlkegeligem Einspritzstrahl (z. B. Drallinjektoren bei Benzin-DI) wird zunächst eine konische Flüssigkeitslamelle gebildet. Der weitere Zerfall dieser Lamelle erfolgt durch aerodynamisches Zerwellen in Ligamente und weiter in Tropfen. Die größten Tropfen befinden sich im Strahlkern, während die kleineren Tropfen diesen ringstrahlförmig umgeben.

Bei Überschreiten einer kritischen Weberzahl $5 \leq We \leq 12$ kann Tropfenzerfall eintreten. Eine sehr anschauliche Einteilung und Darstellung des sekundären Tropfenzerfalls stammt von Pilch und Erdmann [4.5]. Abhängig von der Größe der jeweiligen Weberzahl ergeben sich phämenologisch unterschiedliche Zerfallsmechanismen (Abb. 4.4).

Der erste Zerfallsmechanismus, $12 < We < 18$, wird als Schwingungszerfall bezeichnet. Daran anschließend bis zu einer Weberzahl von 45 tritt dann der so genannte Blasenzerfall auf. Dabei verformt sich der Tropfen zu einer Scheibe, die sich bei weiterer Verformung zu einer Halbblase verformt, zerplatzt und dabei viele kleine Tropfen generiert. Ist die Weberzahl größer als 45, kommt es zum so genannten Keulen- und Blasenzerfall, und bei $We > 100$ dominiert die Grenzschichtabstreifung. Dabei werden die entstehenden kleinen Tropfen durch Abscheren von Ligamenten aus den großen Tropfen herausgelöst. Bei $We > 350$ erfolgt der sekundäre Tropfenzerfall durch an der Oberfläche der Primärtropfen induzierte kurzwellige Oberflächenstörungen, die bei Überschreiten einer kritischen Amplitude zu herausgelösten kleineren Tropfen zerfallen, was als Wellenabstreifung bezeichnet wird. Bei weiterer Erhöhung der Weberzahl schließlich führen langwellige Störungen zum so genannten Catastrophic Breakup, bei dem eine massive instabile Tropfenverformung den mehrstufigen Zerfall in jeweils kleinere Fragmente und Tropfen einleitet, die dann ihrerseits kaskadenartig weiter zerfallen. Bei ottomotorischen Gemischbildnern ist die maximale Weberzahl typischerweise kleiner als 900.

Bei einem gegebenen Druckverhältnis jeweils für Luft und für Benzin ergibt sich eine erheblich größere Relativgeschwindigkeit infolge des Dichteunterschiedes für das gasförmige Medium. Dieses Faktum bewirkt eine besonders gute zusätzliche Zerstäubung des während des Ansaugvorganges ins Saugrohr eingespritzten Kraftstoffes am Einlassventilspalt bei kleinen Ventilhüben.

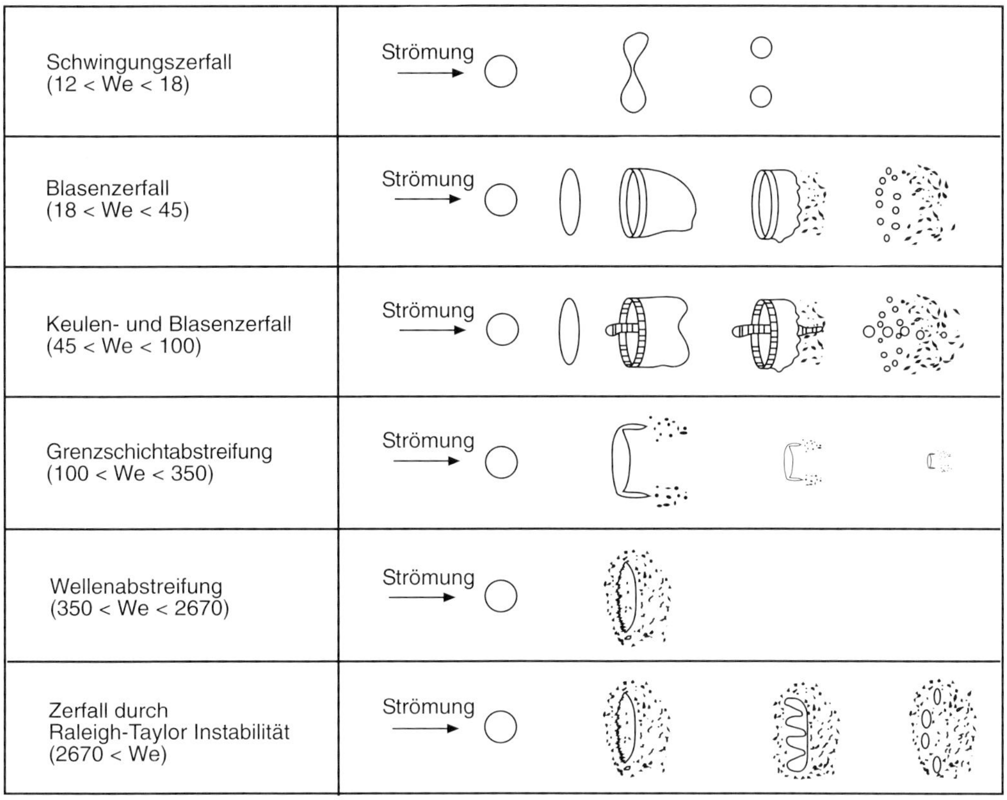

Abb. 4.4. Einteilung der Tropfenzerfallsmechanismen (Sekundärzerfall) [4.5]

Zusammenfassend ergeben sich bei der Druckzerstäubung vier Haupteinflussfaktoren, die für den Zerfallsvorgang maßgeblich sind:

- Austrittsgeschwindigkeit und Turbulenzniveau des flüssigen Strahles (Kraftstoffdruck)
- Austrittsgeometrie der Düse (Querschnitt, Form, Längen/Durchmesser-Verhältnis)
- Kraftstoffeigenschaften (Dichte, Oberflächenspannung und Zähigkeit)
- Zustandsgrößen des umgebenden Gasmediums (Druck, Temperatur)

Die Temperaturen von Kraftstoff und Ansaugluft haben einen gewissen Einfluss beim Zerstäubungsvorgang selbst, spielen aber erst in der anschließenden Verdampfung eine dominierende Rolle. Kavitationsvorgänge, wie sie in Lochströmungen in Dieseleinspritzanlagen und nachfolgend einen großen Einfluss auf den Primärzerfall haben, spielen bei konventionellen Saugrohreinspritzinjektoren keine Rolle. Bei weiterer baulicher Annäherung von Injektoren für Otto-Direkteinspritzung an Dieselinjektoren mit Mehrlochanordnung und weiterer Einspritzdrucksteigerung muss die Kavitation allerdings in die Betrachtung für den Zerstäubungsvorgang auch bei ottomotorischen Gemischbildnern mit einbezogen werden.

Druckluftzerstäubung

Während bei der Einspritzung sowohl beim primären als auch beim sekundären Tropfenzerfall die Druckzerstäubung dominiert, spielt beim Vergaser die Druckluftzerstäubung die entscheidende Rolle.

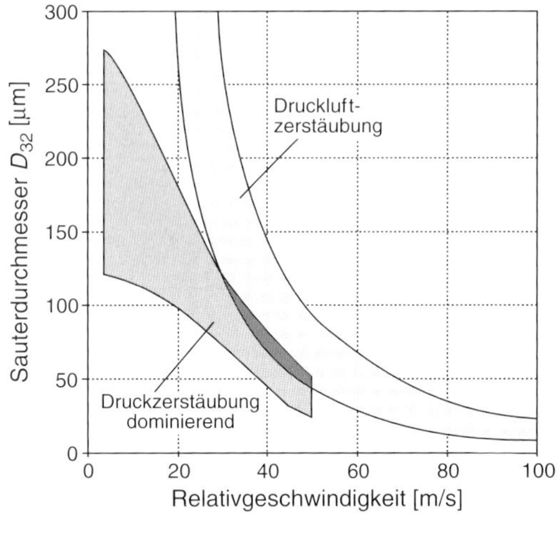

Abb. 4.5. Tropfendurchmesser bei vorwiegender Druck- oder Druckluftzerstäubung in Abhängigkeit von Relativgeschwindigkeit [4.6]

Die in der Strömung steckende Energiedichte, welche für die Zerstäubung verantwortlich zeichnet, ist bei Druckzerstäubung infolge der höheren Dichte des Kraftstoffes erheblich größer (Abb. 4.5). Daher ergeben sich besonders bei niedrigen Relativgeschwindigkeiten bei der Druckzerstäubung deutlich kleinere Tropfen.

4.1.2 Charakterisierung von Tropfenspektren

Für die quantitative Beurteilung der Zerstäubungsqualität werden die stationären und instationären Tropfenspektren des jeweiligen Gemischbildners herangezogen. Die Darstellung der Tropfengrößenverteilung erfolgt sowohl als Häufigkeits- als auch als Volumenverteilung (Abb. 4.6).

Die Häufigkeitsverteilung gibt den visuellen Eindruck des Einspritzstrahles wieder, während die Volumenverteilung die bessere Wahl für die Darstellung der Zerstäubungsgüte ist, da die wenigen größeren Einzeltropfen, die in der Häufigkeitsverteilung nur untergeordneten Einfluss haben, entsprechend ihres überproportionalen Volumenanteils Berücksichtigung finden.

Um vereinfacht Vergleiche zwischen verschiedenen Verteilungsfunktionen durchführen zu können, werden Tropfenspektren auf charakteristische „mittlere" Tropfendurchmesser eines Ersatzgemisches zusammengefasst, das ausschließlich aus diesen gleich großen Tropfen besteht. Dabei stimmt dieses Ersatzgemisch möglichst genau hinsichtlich Tropfenanzahl, Summe der Durchmesser, gesamter Oberfläche oder gesamtem Volumen der Tropfen mit dem tatsächlichen

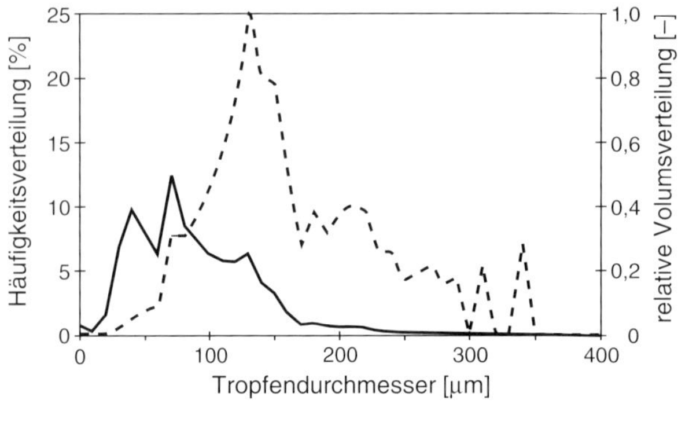

Abb. 4.6. Relative Darstellung eines gemessenen Tropfenspektrums. Volle Linie, Häufigkeitverteilung; strichlierte Linie, relative Volumenverteilung

Tabelle 4.1. Definition mittlerer Tropfendurchmesser

Mittlerer Tropfendurchmesser	Symbol	Definition	Beschreibung
Geometrisch	D_{10}	$\sum nd_\mathrm{T} / \sum n$	Mittlerer Durchmesser
Oberflächenbezogen	D_{20}	$\sqrt{\sum nd_\mathrm{T}^2 / \sum n}$	Durchmesser mit einer mittleren Oberfläche aller Tropfen
Volumenbezogen	D_{30}	$\sqrt[3]{\sum nd_\mathrm{T}^3 / \sum n}$	Durchmesser mit einem mittleren Volumen (= Masse) aller Tropfen
Volumen/Oberflächen-bezogen (Sauterdurchmesser)	D_{32}	$\sum nd_\mathrm{T}^3 / \sum nd_\mathrm{T}^2$	Durchmesser mit dem mittleren Volumen/Oberflächen-Verhältnis aller Tropfen
Volumendichteverteilung (De-Brouckere- oder Herdan-Durchmesser)	D_{43}	$\sum nd_\mathrm{T}^4 / \sum nd_\mathrm{T}^3$	Durchmesser der mittleren Volumendichteverteilung aller Tropfen

Tropfen-Luft-Gemisch überein. Es lassen sich darauf aufbauend unterschiedliche „mittlere" Tropfendurchmesser definieren (Tabelle 4.1).

Die relativen Verteilungen für Häufigkeit, Oberflächen und Volumen sind in Abb. 4.7 a zusammen mit den entsprechenden „mittleren" Tropfendurchmessern dargestellt. Wenige Tropfen mit großem Durchmesser beeinflussen zwar nur unwesentlich die relative Häufigkeitsverteilung, gehen aber maßgeblich in die Oberflächenverteilung und ganz besonders in die relative Volumenverteilung ein. Der Sauterdurchmesser D_{32} (Abb. 4.7 b) hat als Vergleichsgröße die größte Bedeutung erlangt, da er durch das charakteristische Verhältnis von Volumen zu Oberflächen den Aufbereitungszustand des Einspritzstrahles am besten beschreibt.

Um einzelne sehr große Tropfen in einem „mittleren" Tropfendurchmesser nicht überzubewerten, wird gelegentlich auch der Durchmesserwert jener Tropfengröße, bei der 90 % des betrachteten Tropfenvolumens berücksichtigt wird, herangezogen. Dieser Wert wird daher entsprechend mit DV90 bezeichnet.

Neben den stationären Zerstäubungseigenschaften des Gemischbildners spielen bei der Bewertung auch der Öffnungsvorgang und besonders der Schließvorgang eine wichtige Rolle (Abb. 4.8).

Am Beginn und am Ende des Einspritzvorganges stehen infolge der stärkeren Drosselung am zu messenden Nadelsitz des Gemischbildners geringere Geschwindigkeiten zur Zerstäubung zur

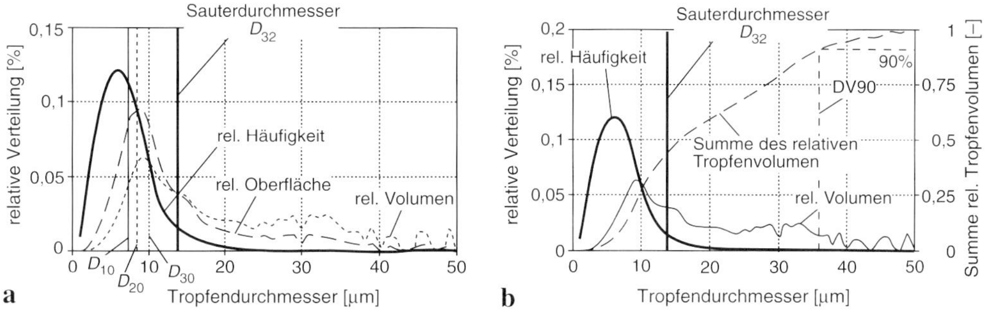

Abb. 4.7a, b. Charakterisierung des Tropfenspektrums eines Benzin-DI-Injektors

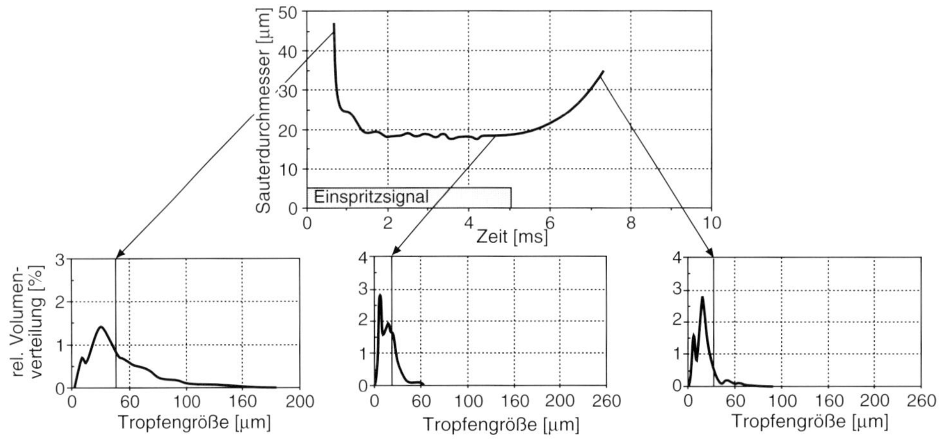

Abb. 4.8. Instationäres Tropfenspektrum beim Einpritzvorgang [4.7]

Verfügung. Dabei wird das Ohnesorge-Diagramm (siehe Abb. 4.2) in horizontaler Richtung mit der Ausbildung der typischen Strahlzerfallsformen durchschritten.

4.1.3 Verdampfung

Während des Einspritzvorganges und daran anschließend kommt es zum Übergang vom flüssigen in den gasförmigen Zustand. Die durch den Zerstäubungsvorgang verursachte Oberflächenvergrößerung (typischerweise über 2 Größenordnungen) hilft, den Prozess des Phasenüberganges entsprechend zu beschleunigen. Grundsätzlich kann in zwei parallel auftretende Vorgänge unterschieden werden:

- Verdunstung – sie liegt vor, wenn die Kraftstofftemperatur unterhalb der Siedetemperatur des Kraftstoffes liegt und keine bewusste Wärmezufuhr stattfindet;
- Verdampfung – liegt die Kraftstofftemperatur bei oder über der Siedetemperatur, so findet ein schnellerer Übergang von flüssiger in gasförmige Phase unter Wärmezufuhr statt, diese Energiezufuhr wird zur Erhöhung der inneren Energie des Kraftstoffes verwendet.

Auf Grund der kurzen zur Verfügung stehenden Zeitspannen wird bei der Gemischbildung der Prozess des Phasenüberganges fast ausschließlich von der Verdampfung dominiert. Entscheidenden Einfluss auf den Verdampfungsvorgang haben die Umgebungsbedingungen, Druck, Temperatur und Gaszusammensetzung. In einem Gemisch aus Luft und flüssigem Kraftstoff findet Verdampfung so lange statt, bis es durch den Molekülaustausch zwischen den Phasen zu einem Gleichgewichtszustand kommt. Zu jedem Druck gehört eine bestimmte Temperatur, bei der eine Flüssigkeit verdampft. Bezeichnender Weise werden die Größen im Allgemeinen Dampf- oder Sättigungsdruck und Siede- oder Sättigungstemperatur genannt. Bei reinen Kohlenwasserstoffverbindungen ist dieser Zusammenhang eindeutig durch die Dampfdruckkurven beschrieben. Bei üblichen Kraftstoffen handelt es sich um ein Gemisch aus vielen unterschiedlichen Kohlenwasserstoffkomponenten mit zum Teil sehr unterschiedlichem Siedeverhalten. Durch die molekulare Interaktion der verschiedenen Einzelkomponenten untereinander verwandelt sich das Verdampfungsverhalten jeder einzelnen Komponente vom Siedepunkt zu einer spezifischen Verdampfungslinie, die sehr stark von der jeweiligen Konzentration bestimmt wird. Bemerkenswert dabei

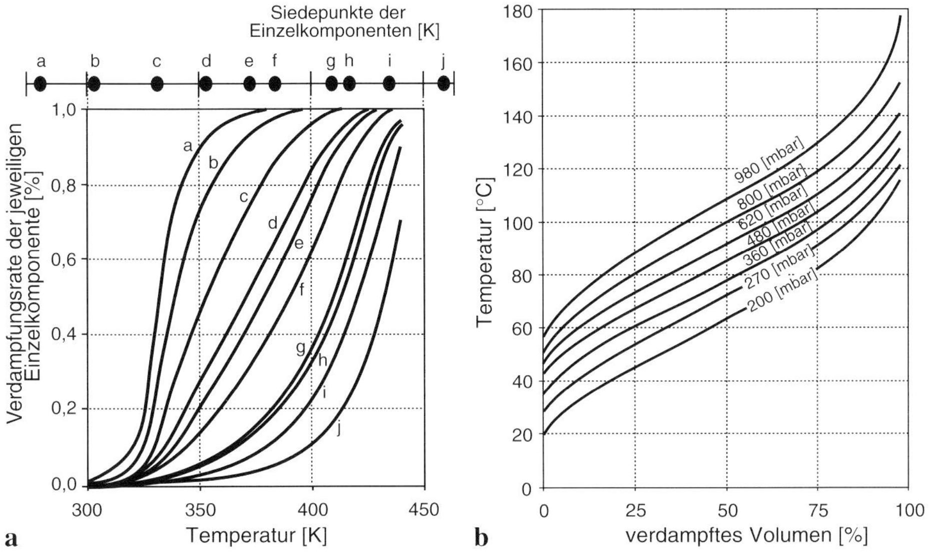

Abb. 4.9. Verdampfungsverhalten von Kraftstoffen: **a** simuliertes Verdampfungsverhalten eines 10-Komponentenkraftstoffes [4.8], **b** Siedeverlauf eines Ottokraftstoffes bei verschiedenen Drücken [4.9]

ist, dass die höher siedenden Komponenten schon bei niederen Temperaturen zu verdampfen beginnen, während sich gleichzeitig das Verdampfen der leichter siedenden Komponenten zu höheren Temperaturen hin verschiebt (Abb. 4.9 a). Das sich in Summe ergebende Verdampfungsverhalten des Kraftstoffes bei einem vorgegebenen Druckniveau wird schließlich als Siedeverlauf bezeichnet (Abb. 4.9 b).

Im realen Motorbetrieb sind die Bedingungen für die Erreichung des Gleichgewichtszustandes allerdings nicht gegeben, da die zur Verfügung stehende Zeit viel zu kurz ist. Der jeweilige Aufbereitungszustand wird wesentlich durch die Verdampfungsgeschwindigkeit bestimmt. Bei vorgegebener flüssiger Kraftstoffoberfläche wird der Phasenübergang von der Differenz des Sättigungspartialdruckes in unmittelbarer Nähe der Flüssigkeitsoberfläche und dem Partialdruck in der Luft entscheidend bestimmt. Die Verdampfung kann zusätzlich durch die Relativgeschwindigkeit zwischen Kraftstoffoberfläche und Luft beschleunigt werden, da es dadurch zu einer Absenkung des Partialdrucks über der Kraftstoffoberfläche kommt und so der konvektive Stoff- und Wärmeaustausch begünstigt wird. Ebenso beschleunigt eine Erhöhung der Luft- oder der Kraftstofftemperatur den Verdampfungsvorgang.

Es gelten die analogen Zusammenhänge für den Wärme- und den Stoffübergang, die jeweils aus den Kraftstoffeigenschaften (Wärmeleitfähigkeit, Wärmekapazität, Diffusionskoeffizient, Dichte und Viskosität) einerseits und aus dem Strömungszustand an der Phasenübergangsgrenze andererseits berechnet werden, da dieser den Wärmeübergangs- und den Stoffübertragungskoeffizienten über die Reynoldszahl maßgeblich beeinflusst. Kleinere Tropfen verdampfen infolge der größeren spezifischen Oberfläche leichter und damit schneller als größere Tropfen (Abb. 4.10).

Bei Betrachtung der gesamten Tropfenlebensdauer – vom Einspritzvorgang bis zum völligen Verdampfen – kommt im realen Motorbetrieb noch die Aufheizphase des Kraftstofftropfens hinzu.

Bei realen Kraftstoffen kommt es während des Verdampfungsvorganges zu einer Entmischung durch das schnellere Verdampfen der leicht siedenden Komponenten. Für übliche Ottokraftstoffe mit niederer Viskosität werden im Zuge des Konzentrationsausgleiches innerhalb des Tropfens

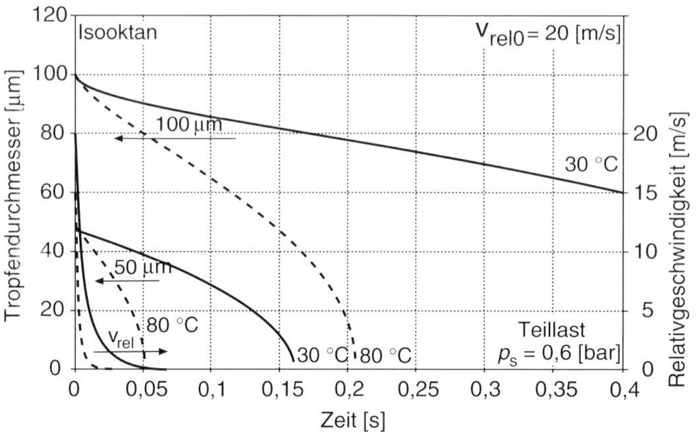

Abb. 4.10. Simulierte Tropfenverdampfung

eben diese Komponenten immer wieder neu in die Randzonen transportiert, wodurch auch der Wärme- und Stoffaustausch mit dem umgebenden Medium beeinflusst werden.

Wegen der Anlagerung von flüssigem Kraftstoff an Wandungen im Saugrohr, aber auch im Brennraum selbst, muss auch der Verdampfung aus diesem Bereichen heraus Augenmerk geschenkt werden. Die schnellste Verdampfung des im Wandfilm gespeicherten Kraftstoffes liegt dann vor, wenn die Wandtemperatur etwa 40–50 °C über der Siedetemperatur der jeweiligen Kraftstoffkomponente liegt [4.1]. Darüber hinaus ergibt sich infolge des Leidenfrost-Effektes wieder eine Abnahme der Verdampfungsgeschwindigkeit. Besonders günstige Verhältnisse für die Verdampfung im Ansaugsystem ergeben sich während der Ventilüberschneidungsphase, wenn heißes Restgas vom Zylinder in den oder die Einlasskanäle rückströmt und es zu einer sehr intensiven turbulenten Vermischung zwischen dem von Einlassventilen und dem Kanal abgelösten Wandfilm und dem heißen Gas kommt.

Der Verdampfungsvorgang von Tropfen im Brennraum selbst ist durch sich stark ändernde Verdampfungsbedingungen in der Ansaug- und Kompressionsphase gekennzeichnet. Während der Einlassphase ist die Zylinderinnenströmung vergleichsweise hoch und die Turbulenz für den Wärme- und Stoffaustausch dominierend. Während des Verdichtungsvorganges kommt es zu einem starken Temperatur- und Druckanstieg, wobei hier nun die Temperaturdifferenz die treibende Größe für die Verdampfung darstellt. Auch hier erfolgt das Verdampfen der leichter siedenden Komponenten im flüssigen Kraftstofftropfen zuerst und es kommt ebenfalls zu einem Anstieg der schwerer siedenden Anteile im Tropfen. Die Bedingungen für die Verdampfung verbessern sich aber im Zuge des Verdichtungsvorganges, da sich die erforderliche Verdampfungswärme unter dem Einfluss der höheren Temperatur und Druck naturgemäß verringert und dabei die Temperaturerhöhung der Zylinderladung gegenüber der Drucksteigerung dominiert. Trotz der vergleichsweise hohen Temperaturen im Brennraum können flüssige Kraftstoffanteile bis zur Verbrennung bestehen, wie zum Beispiel beim Schichtbetrieb mit sehr später Einspritzung des flüssigen Kraftstoffes oder aber auch bei ungünstigen kalten Motorbetriebsbedingungen, die dann in weiterer Folge zu Diffusionsverbrennung mit einhergehender Rußbildung führen können.

4.1.4 Numerische Methoden zur Berechnung der Gemischbildung

Im Entwicklungsprozess moderner Verbrennungsmotoren ist der Einsatz von numerischen Verfahren zur Vorausberechnung und Analyse des motorischen Verhaltens unabdingbar. Insbesondere der zunehmende Anteil von Ottomotoren mit Direkteinspritzung macht eine durchgängige simulatorische Betrachtung der Gemischbildung, beginnend bei der Düseninnenströmung und weiter bei den danach ablaufenden Vorgängen der Strahlausbildung, notwendig, wie sie beim Dieselmotor schon seit einiger Zeit im Einsatz ist.

Modellierung der Zerstäubung

Für die Ermittlung der charakteristischen Tropfendurchmesser und Tropfengrößenspektren werden aufwändige optische Messverfahren (Abschn. 4.4.1) oder aber empirische Ansätze verwendet. Diese Größen werden dann in weiterer Folge in dreidimensionalen Strömungssimulationen als Eingangswerte und als Anfangsbedingungen eingesetzt. Während beim Dieselmotor verschiedene numerische Ansätze für die Zerstäubung, ausgehend von der Düseninnenströmung und dem Spritzloch, abgeleitet und auch entsprechend angewandt werden [4.10], wird beim Ottomotor die Einspritzung überwiegend durch Vorgabe gemessener Tropfenspektren, die sich am Injektoraustritt einstellen, charakterisiert. Dies liegt begründet an der einfacheren Messbarkeit des Zerstäubungsverhaltens, da einerseits die Dichte des Strahls im Vergleich zum Dieselmotor wesentlich geringer ist und andererseits die Umgebungsbedingungen, in die eingespritzt wird, beim Ottomotor, mit Ausnahme des geschichteten Betriebes, sehr viel näher an den einfacher zu behandelnden Umgebungsbedingungen liegen. Die numerische Behandlung des Filmzerfalls bei Hohlkegeldüsen, die bei ottomotorischen Gemischbildnern häufig Anwendung finden, bereitet einigen Aufwand und ist zurzeit noch nicht zuverlässig gelöst.

Ein älterer empirischer Ansatz für kreisrunde, zylindrische Druckdüsen stammt von Tanasawa und Toyoda [4.11] und dient zur Ermittlung des mittleren Sauterdurchmessers D_{32}, der in relativ einfacher Weise gebildet werden kann und zur Unterstützung des Verständnisses der Einflussgrößen beiträgt:

$$\frac{D_{32}}{D_{\mathrm{inj}}} = 20\left(\mathrm{We}^{1/2}\right)\left(\frac{\rho_{\mathrm{Fl}}}{\rho_{\mathrm{Luft}}}\right)^{1/4}(1 + 3{,}31\mathrm{Oh}). \tag{4.4}$$

Die wesentlichen Einflussgrößen sind der Düsenquerschnitt (kreisförmig angenommen), die Weberzahl als Maß für den Tropfenzerfall infolge aerodynamischer Effekte und zwei Terme, wobei einer den Dichteeinfluss zwischen dem Kraftstoff und der gasförmigen Umgebung gesondert berücksichtigt und der zweite über die Ohnesorgezahl den Kraftstoffeinfluss noch stärker einbringt.

Für jeweils konstante Volumenströme ergeben sich in Abhängigkeit vom kreisrunden Düsenquerschnitt Sauterdurchmesser D_{32}, die durch die Größe des Düsendurchmessers dominiert werden (Abb. 4.11). Die Erfüllung der Kontinuitätsgleichung bedingt eine entsprechend starke Anhebung der Kraftstoffaustrittsgeschwindigkeit und damit verbunden klarerweise auch des treibenden Kraftstoffdruckes.

In der dreidimensionalen Simulation des Aufbruchverhaltens unter motorischen Bedingungen werden überwiegend so genannte Ratenansätze zur Beschreibung des Strahl- und Tropfenzerfalls verwendet. Der Ansatz basiert auf der Annahme, dass die Radiusabnahme infolge des Tropfenzerfalls bis zu einem stabilen Grenzradius R_{s} durch eine Aufbruchszeitkonstante τ beschrieben werden kann:

$$\mathrm{d}R/\mathrm{d}t = -(R - R_{\mathrm{s}})/\tau\,. \tag{4.5}$$

Der jeweilige physikalische Mechanismus für den Aufbruch bestimmt die charakteristischen Zeitskalen des Vorganges, aus denen dann die relevante Aufbruchszeitkonstante bestimmt wird.

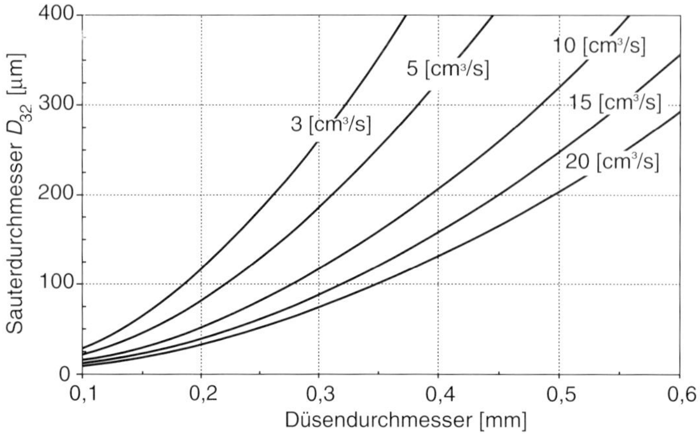

Abb. 4.11. Simulierte Sauterdurchmesser für unterschiedliche Kraftstoffvolumenströme nach Tanasawa und Toyoda (Gl. (4.4)). Kraftstoff: Dichte 750 kg/m^3, Oberflächenspannung 0,025 N/m, dynamische Viskosität 0,000450 Pa s. Umgebungsluft: Druck 1013 mbar

Die dimensionslose Aufbruchszeitkonstante für den Tropfenaufbruch ist definiert als jene Zeit, in welcher der gesamte Tropfenzerfall bis zum Erreichen des Grenzradius R_S stattfindet.

Der Tropfenzerfall ist durch den Grenzradius begrenzt, der je nach Aufbruchsmodell aus Strömungsgrößen (Reynolds-, Weberzahl) und Kraftstoffeigenschaften (Ohnesorgezahl) abgeleitet wird.

Die zurzeit gebräuchlichsten aerodynamischen Aufbruchsmodelle für Ottomotoren in mehrdimensionalen Simulationsprogrammen sind das WAVE-, das FIPA- und das TAB-Modell [4.12].

Die bestimmende Größe für das WAVE-Modell ist die Störwellenbildung infolge von Kelvin–Helmholtz-Instabilitäten an der Flüssigkeitsoberfläche, die zu zwei Aufbruchsregimen führen, einem für große Geschwindigkeiten (Kelvin–Helmholz-Instabilität) und einem für kleine Geschwindigkeiten, bei dem es zu einem achsensymmetrischen Abschnüren der Tropfen, dem so genannten Raleigh-Zerfall kommt. Nachdem die „Parent-Tropfen" einen gewissen prozentuellen Massenverlust erlitten haben, werden „Child-Tropfen" mit dem aktuellen Tropfenradius initialisiert, die dann wiederum in das Modell als Anfangswerte einfließen. Das WAVE-Modell unterscheidet nicht zwischen Primär- und Sekundärzerfall. Das FIPA-Modell verwendet die phämenologische Beschreibung von Erdmann und Pilch [4.6] für den Sekundärzerfall, während der Primärzerfall über das WAVE-Modell beschrieben wird.

Das TAB-Modell baut auf die Kräfte am flüssigen Element auf, die zu einer dynamischen Verformung und Schwingung führen. Diese Schwingung wird analog einem Feder-Masse-Schwingungssystem beschrieben, die Geschwindigkeit der neu entstehenden Tropfen wird dabei aus der Oszillationsenergie abgeleitet. Die entstehende Tropfengröße der Child-Tropfen wird aus einer Energiebilanz vor und nach dem Zerfall bestimmt. Mit Hilfe dieses Modells lässt sich beispielsweise der Einspritzvorgang eines Hohlkegelstrahls beschreiben [4.13].

Ein anderer Ansatz zur Beschreibung des Strahlaufbruchs ist durch die vollständige Direkte Numerische Simulation (DNS, Direct Numerical Simulation) möglich. Dabei wird die Information über das flüssige „Gebiet" in Form von Grenzflächen oder als Form der Fluidverteilung im Gitter abgespeichert und ebenso transportiert. Damit lassen sich einfacher als mit anderen Methoden die Zerteilungsprozesse und Kollisionsvorgänge beschreiben. Nachteilig ist der enorme Rechenzeitaufwand, sodass der praktische Einsatz dieser Verfahren bei motorischen Berechnungen bislang gering ist. Eine Mittelstellung nimmt die Grobstruktursimulation (LES, Large Eddy Simulation) ein, bei der die Strömungsgrößen in eine auflösbare Grobstruktur („grid scale") und nichtauflösbare Feinstruktur („subgrid scale") aufgeteilt werden. Die Grobstruktur wird direkt mit den Navier–Stokes-Gleichungen berechnet und lediglich der nicht aufgelöste Teil wird über Feinstrukturmodelle abgebildet. Damit wird der überwiegende Anteil der turbulenten Fluktuationen direkt berechnet und lediglich ein geringer Anteil des turbulenten Energiespektrums unterliegt einem Modellierungsfehler. Dieses Verfahren ist insbesondere für die Berechnung des primären Strahlaufbruchs interessant.

Modellierung der Gemischbildung

Der Vorgang der motorischen Gemischbildung verbindet den Strahlausbildungsvorgang mit den motorischen Randbedingungen, die in intensiver Wechselwirkung zueinander stehen. Der Aufbruchsvorgang des Einspritzstrahls ist stark an die Düseninnenströmung und die vom Einspritzstrahl induzierte oder bereits im Saugrohr oder Zylinder vorhandene Strömung gekoppelt, sodass dieser nicht allein durch die Modellierung des Aufbruchmechanismus an der flüssigen Kraftstoffoberfläche beschrieben werden kann. Für die Behandlung der turbulenzbestimmenden Aufbruchsmechanismen ist die genaue Modellierung der Düseninnenströmung notwendig, während für die aerodynamischen Mechanismen die Koppelung zur motorischen Gasströmung erforderlich ist.

Die Interaktion zwischen Strahl und Umgebung wird zurzeit überwiegend durch das so genannte Diskrete Tropfen-Modell (DDM, Discrete Droplet Model) bewerkstelligt. Eine größere Anzahl von gleichen Tropfen wird dabei in eine große Anzahl Tropfenklassenpakete („parcels") zusammengefasst, die sich jeweils durch gleiche Eigenschaften auszeichnen. Die Strahlcharakterisierung in Tropfenklassenpakete und die zugehörigen Geschwindigkeiten am Düsenaustritt stammen für ottomotorische Berechnungen meist aus Messungen oder seltener auch aus Simulationsberechnungen. Das betrachtete Strömungsgebiet wird in gewohnter Weise in nicht überlappende Kontrollvolumen unterteilt, für die dann die Erhaltungsgleichungen in Euler'scher Darstellung (ortsfestes Koordinatensystem) für Masse, Impuls, Energie und Turbulenz gelöst werden. Die Flugbahnen und Verdampfungsraten werden mittels Langrange'schem Verfahren (mitbewegtes tropfengebundenes Koordinatensystem) für jeden Tropfen berechnet. Die Ausbildung von Relativgeschwindigkeiten zwischen Tropfen und Umgebungsmedium verursacht einen Impulstransfer durch Reibungskräfte, welcher wiederum bei der Berechnung des aerodynamischen Aufbruchs Berücksichtigung findet. Dabei wird eine geringe Dichte des Einspritzstrahls vorausgesetzt, sodass ein ausreichend großer Abstand zwischen den Tropfen vorhanden ist. Die Koppelung mit der Gasphase erfolgt über Quellterme, die den jeweiligen Impuls-, Energie- und Massenaustausch beschreiben. Die eingesetzten Modelle umfassen den Tropfenaufbruch, die Verteilung (Dispersion) der Tropfenphase, Kollision und Koaleszenz und die Wandinteraktion. Damit werden die Tropfenausbreitung, das Ausmaß des Impulstransfers und des Massenaustauschprozesses infolge der Tropfenverdampfung und infolge sekundären Tropfenzerfalls berechnet. Gasphase und Einspritzung werden jeweils hintereinander berechnet und dem jeweils anderen für den nächsten Berechnungsschritt zur Verfügung gestellt.

Moderne Verfahren, bei denen man den Tropfen eine eigene Tropfenphase in mehreren Tropfengrößenklassen zuordnet und dann für diese und für die Gasphase jeweils einen vollständigen Satz von Erhaltungsgleichungen gleichzeitig löst, werden Euler/Euler-Verfahren genannt. Besonders interessant sind diese für den Einsatz im düsennahen Bereich eines sehr dichten Strahls und bei der Simulation von Kavitation in der Düse oder am Düsenaustritt, wie sie für die Modellierung von modernen Dieseleinspritzsystemen heute schon Anwendung findet.

4.2 Äußere Gemischbildung

Die äußere Gemischbildung ist heute zahlenmäßig immer noch die dominierende Form der Gemischbildung bei Ottomotoren. Die Zumessung des Kraftstoffes in das Saugsystem erfolgt bedarfsgerecht über Düsen und elektronisch gesteuerte Einspritzventile. Im Allgemeinen wird der Kraftstoff dabei tropfenförmig eingebracht. Die geometrischen und thermodynamischen Bedingungen bestimmen dann den weiteren Ablauf der Gemischbildung, bis der Kraftstoff in den Brennraum gelangt. Grundsätzlich ist eine gleichmäßige Vermischung des verdampften Kraftstoffes mit der angesaugten Luft (Homogenisierung) anzustreben, um bestmögliche Emissionen und niedrigen Verbrauch zu erzielen. Die meist nicht zu verhindernde Bildung eines Wandfilmes im Saugrohr ist so gering wie möglich zu halten, um ein akzeptables dynamisches Verhalten des Motors bei Last- und Drehzahländerung zu erhalten.

4.2.1 Zentrale Gemischbildung

Besitzt ein Motor nur eine Stelle im Ansaugsystem, an der die Kraftstoffzufuhr für alle Zylinder erfolgt, spricht man von zentraler Gemischbildung. Dabei ist es unerheblich, ob das durch einen Vergaser oder durch eine Einspritzvorrichtung bewerkstelligt wird. Neben der Zumessungsgüte in Form von Menge und Aufbereitungsqualität spielt in weiterer Folge auch der Gemischtransport zu den einzelnen individuellen Zylindern und die sich daraus ergebende Gemischverteilung eine entscheidende Rolle.

Die unzureichende Dynamikfähigkeit der Systeme mit zentraler Gemischbildung mit dem vergleichsweise großem Wandfilmanteil und oftmals ungenügender Verteilungsqualität erforderten bei weiter gestiegenen Anforderungen hinsichtlich Emissionen und Verbrauch den Einsatz zylinderindividueller Gemischbildner, wie sie heute überwiegend im Pkw-Bereich anzutreffen sind.

Vergaserprinzip

Der Vergaser ist der klassische Vertreter der Druckluftzerstäubung, ist aber mittlerweile nur mehr in Nischenanwendungen bei Motorrad- und Kleinmotoren anzutreffen. Er übernimmt drei Grundfunktionen der ottomotorischen Gemischbildung: die mengenmäßig richtige Zumessung der Kraftstoffmenge zur Luft, die Zerstäubung des Kraftstoffes und die Zumessung der Gemischmenge, um damit verbunden die Leistungsabgabe zu steuern (Abb. 4.12).

Die wesentlichen Bestandteile sind im Kraftstoffpfad die Schwimmerkammer mit Schwimmer zur Aufrechterhaltung eines konstanten Kraftstoffniveaus und die Verbindungsleitung zur Venturidüse, in welcher die Hauptdüse sitzt. Im Luftpfad sind als Hauptteile das Ansaugrohr mit der eingebauten Venturidüse (Lufttrichter) zur Unterdruckerzeugung und eine Drosselvorrichtung zur Steuerung der Gemischmenge zu nennen.

Die Vergasergleichung lässt sich aus den Durchflussgleichungen für den Kraftstoff- und Luftpfad ableiten. Ausgehend von der Bernoulli-Gleichung (Energiegleichung), aus der man die Geschwindigkeit erhält, ergeben sich für Luft (kompressible, isentrope Strömung) und Kraftstoff folgende Gleichungen:

$$\dot{m}_{\mathrm{Luft}} = \alpha_{\mathrm{Venturi}} A_{\mathrm{Venturi}} \rho_{\mathrm{Luft}} \sqrt{\frac{2 p_0}{\rho_{\mathrm{Luft}}}} \psi \qquad (4.6)$$

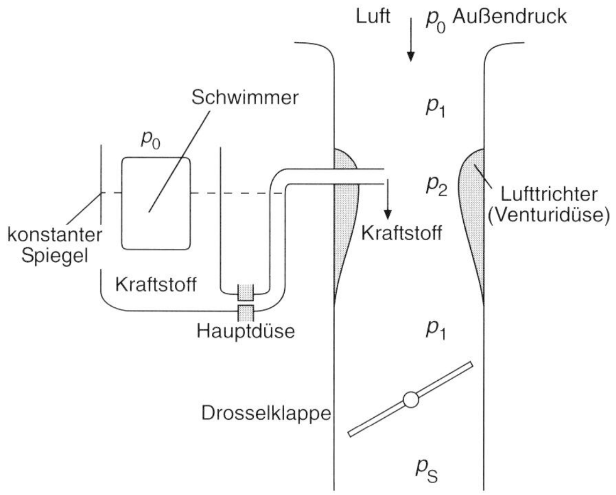

Abb. 4.12. Schema eines Vergasers

mit der Durchflussfunktion ψ für isentrope Strömung

$$\psi = \sqrt{\frac{\kappa}{\kappa - 1}\left[\left(\frac{p_2}{p_0}\right)^{2/\kappa} - \left(\frac{p_2}{p_0}\right)^{(\kappa+1)/\kappa}\right]}; \tag{4.7}$$

für die Kraftstoffmasse gilt:

$$\dot{m}_K = \alpha_{\text{Düse}} A_{\text{Düse}} \rho_K \sqrt{\frac{2(p_0 - p_2)}{\rho_K}}. \tag{4.8}$$

Mit der Annahme, dass die Druckdifferenzen im Kraftstoff- und Luftpfad gleich sind, ergibt sich für das Mischungsverhältnis M zwischen Kraftstoff- und Luftmasse

$$M = \frac{\dot{m}_{\text{Luft}}}{\dot{m}_K} = \frac{\alpha_{\text{Venturi}}}{\alpha_{\text{Düse}}} \frac{A_{\text{Venturi}}}{A_{\text{Düse}}} \sqrt{\frac{\rho_{\text{Luft}}}{\rho_K}} \sqrt{\frac{p_0}{p_0 - p_2}} \psi. \tag{4.9}$$

Während die geometrischen Abmessungen der Hauptdüse und des Venturiquerschnittes konstant bleiben, ändern sich die restlichen Terme. Die Durchflusszahl der Venturidüse bleibt über den typischen Reynoldszahlenbereich, in welchem der Vergaser betrieben wird, annähernd konstant (Abb. 4.13 a), dagegen ändert sich die Durchflusszahl der Hauptdüse zum Teil erheblich (Abb. 4.13 b).

Die Strömungsgeschwindigkeit in der Hauptdüse liegt im Allgemeinen im Bereich von 1 bis 6 m/s [4.14]. Die Reynoldszahl bezogen auf die engste Stelle (Kalibrierquerschnitt) liegt dabei in der Nähe des Übergangsbereichs von laminarer zu turbulenter Strömung. Neben dem Durchflusszahlenverhältnis ändert sich auch das Dichteverhältnis. Die maximal ansaugbare Luftmasse wird von der Größe des Venturiquerschnittes und der Schallgeschwindigkeit der Luft bestimmt.

Um ein annähernd konstantes Mischungsverhältnis oder Kraftstoff-Luft-Verhältnis über dem Betriebsbereich des Motors zu gewährleisten, sind daher verschiedene zusätzliche Systeme und Regelkreise entwickelt worden. Dazu zählen etwa das Leerlaufsystem, Volllast- und Beschleu-

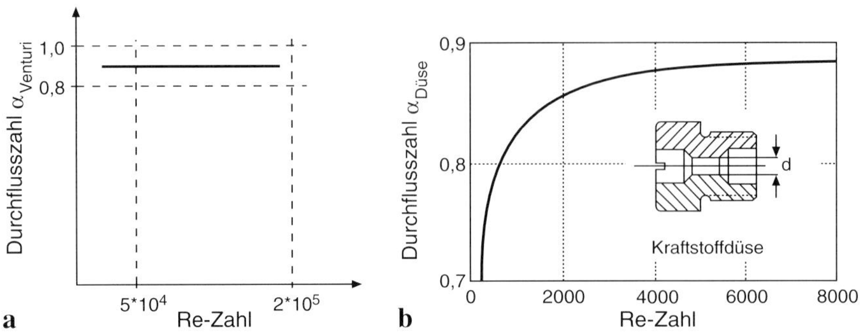

Abb. 4.13. Änderungen der Durchflusszahlen: **a** Venturidüse [4.14], **b** Hauptdüse [4.9]

nigungsanreicherung, Höhenkompensation und das Startsystem, die in Abschn. 5.1 eingehender beschrieben werden.

Zentraleinspritzung

Bei der Zentraleinspritzung ist nun an Stelle des zentral angeordneten Vergasers eine Einspritzvorrichtung vorgesehen. Die Zumessung kann nun über Zumessschlitze (kontinuierlich) oder aber über die Ansteuerdauer eines elektrischen Magnetventils in der Einspritzdüse (intermittierend) erfolgen. Die Menge des eingespritzten Kraftstoffes wird aus der gemessenen Ansaugluftmasse abgeleitet. Um eine optimale Gemischaufbereitung zu erzielen, erfolgt die Einspritzung in Bereiche hoher Luftgeschwindigkeiten, wie beispielsweise auf die Drosselklappe (Abb. 4.14).

Verbessert werden kann die Gemischbildung durch eigens im Ansaugsystem angebrachte Heizflächen, an denen der eingespritzte Kraftstoff beschleunigt verdampfen kann [4.15]. Die große räumliche Distanz zu den einzelnen Zylindern macht auch bei der Zentraleinspritzung eine ausgeprägte Beschleunigungsanreicherung notwendig, da die genaue zeitliche Zuordnung zu den Arbeitszyklen der jeweiligen Zylinder fehlt und im Allgemeinen nennenswerte Kraftstoffmengen im Wandfilm gespeichert sind.

Gaseinbringung im Saugrohr

Das unter Druck stehende Flüssiggas wird aus dem Flüssiggastank über das Absperrventil zum Verdampfer und Druckregler geleitet, in dem das flüssige Gas verdampft und der Druck reduziert

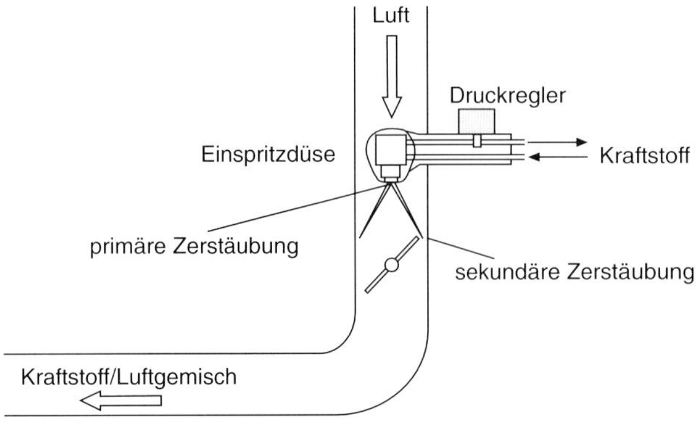

Abb. 4.14. Schematische Darstellung bei Zentraleinspritzung

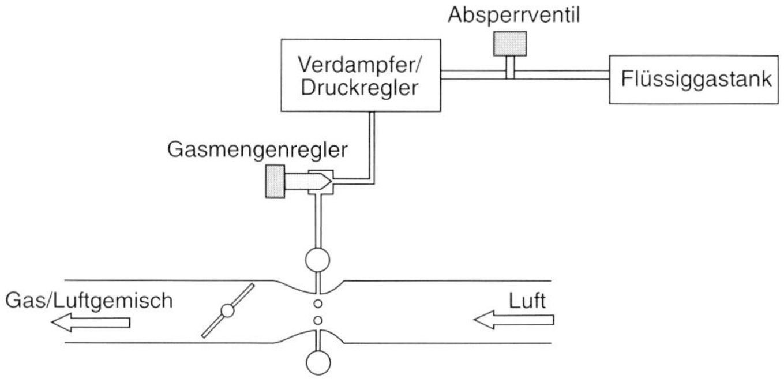

Abb. 4.15. Zentrale Zumessung von gasförmigem Kraftstoff

wird. Die Gaszumessung erfolgt über den Gasmengenregler, der von der elektronischen Motorsteuerung entsprechend den Anforderungen an Last und Gemischzusammensetzung angesteuert wird (Abb. 4.15).

Der Gaseintrag in das Saugrohr erfolgt über ein Venturirohr, ähnlich wie beim Vergaser, allerdings erfolgt hier eine möglichst gleichmäßige Zufuhr über den Umfang, um bestmögliche Vermischung mit der angesaugten Frischluft sicherzustellen. Das Fehlen der flüssigen Phase erleichtert die Homogenisierung, allerdings bedingt das Einbringen des Gasvolumens eine Reduktion des maximal möglichen, auf den Umgebungszustand bezogenen Luftaufwandes.

Wird das Gas gasförmig gespeichert (CNG, Compressed Natural Gas), kann die Zufuhr in das Saugrohr zentral (ähnlich Abb. 4.15) oder aber auch in neueren Applikationen dezentral über geeignete Einblaseventile in den Saugkanal des jeweiligen Zylinders erfolgen (siehe Abb. 5.11 a).

Gemischtransport und Verteilung bei zentraler Gemischbildung

Bei der äußeren Gemischbildung sind im Saugrohr auf dem Weg in den Brennraum nebeneinander unterschiedliche Kraftstoffzustände, tropfenförmig, gasförmig und Wandfilm, anzutreffen. Durch die zentrale Anordnung des gemeinsamen Gemischbildners ergeben sich entsprechend lange Wege zu den jeweiligen Zylindern für den im Allgemeinen tropfenförmig eingebrachten flüssigen Kraftstoff. Die geometrische Ausbildung des Ansaugtraktes in Form eines Rohrsystems mit Krümmungen und Verzweigungen hat wesentlichen Einfluss auf die Form der Durchströmung und somit in weiterer Folge für Gemischtransport und die Gemischverteilung zwischen den Zylindern. Als Strömungsformen für den Kraftstoff ergeben sich die Nebelströmung des verdampften Kraftstoffes oder kleiner Tropfen und die Filmströmung des örtlich aufgebauten Wandfilmes, wobei diese sich deutlich langsamer in Richtung Brennraum bewegt. Daneben erfolgen noch mehr oder weniger intensive Verdampfungs- und Kondensationsvorgänge, die sehr stark von der lokalen Temperatur und Strömungssituation im Saugsystem abhängen. Eine Übersicht der Phasenübergänge im Saugrohr und Brennraum ist Abb. 4.16 dargestellt.

Kraftstoffdampf und Gasströmung

Der Kraftstoffdampf erfüllt die Forderungen nach raschem Gemischtransport sowie gleichmäßiger Verteilung. Die sich einstellenden Unterschiede zwischen Liefergrad und jeweiliger Luftzahl sind daher sehr gering und im Allgemeinen vernachlässigbar. Entmischungsvorgänge von Luft und Kraftstoffdampf kommen wegen der hochgradig turbulenten Strömungen im Saugrohr, der geringen zur Verfügung stehenden Zeiten und der geringen Dichteunterschiede praktisch nicht vor.

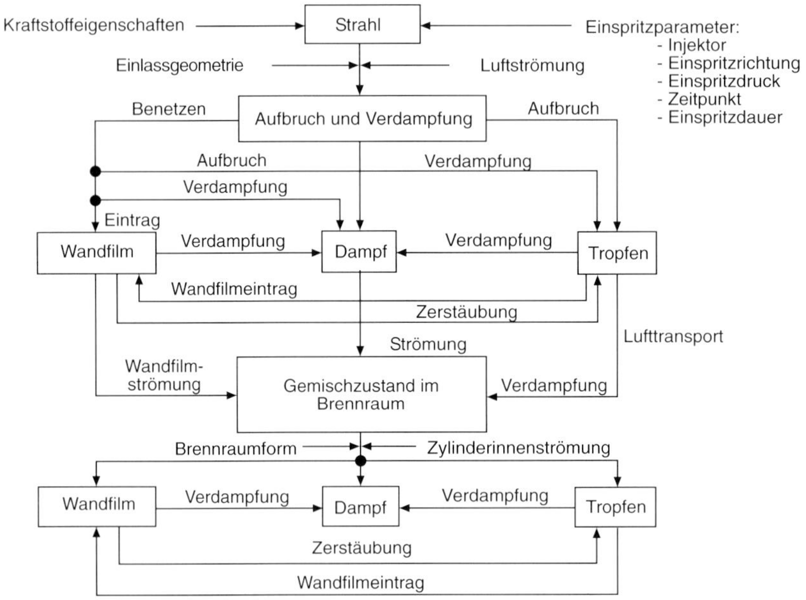

Abb. 4.16. Phasenübergänge im Saugrohr bei äußerer Gemischbildung [4.16]

Kraftstofftropfen

Im Allgemeinen liegen neben der gasförmigen Phase auch Kraftstofftropfen vor, die auf Grund der stark unterschiedlichen Massenträgheiten zu erheblich abweichendem Strömungsverhalten führen, was in weiterer Folge sehr wohl eine Entmischung bewirken kann.

Die am Einzeltropfen wirkenden Beschleunigungskräfte werden durch den Luftwiderstand verursacht, welcher seinerseits eine quadratische Funktion der sich einstellenden Relativgeschwindigkeit zwischen Gas und Tropfen ist. Die konkurrierende volumenbezogene Massenträgheit und der querschnittsbezogene Luftwiderstand ergeben daher eine lediglich lineare Abhängigkeit der Tropfenbahn vom Tropfendurchmesser. Das in Abb. 4.17 dargestellte Ergebnis einer Simulation im Vierzylindersaugrohr eines Vergasermotors unterstreicht den dominierenden

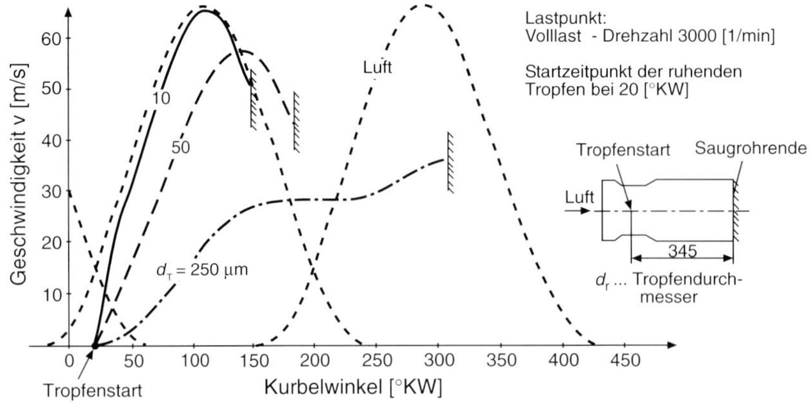

Abb. 4.17. Einfluss des Tropfendurchmessers auf die Tropfenbewegung im Saugrohr eines Vierzylindermotors mit zentralem Vergaser [4.17]

Einfluss der Zerstäubungsgüte; lediglich die kleinsten Tropfen vermögen der Luftströmung (kurz strichliert dargestellt) saugsynchron zu folgen, während die großen Tropfen beim Erreichen des Saugrohrendes nur mehr geringen Bezug zur zylinderselektiven Luftgeschwindigkeit zeigen.

Übereinstimmend wird in der Literatur der Grenzdurchmesser für Kraftstofftropfen, die der Gasströmung um jede Umlenkung folgen, mit kleiner als 10 μm angegeben. Oberhalb dieses Wertes kann sich Wandniederschlag bilden. Insbesondere in der Volllast und im volllastnahen Bereich bei zentraler Gemischbildung steigt die Anforderung an die Zerstäubungsgüte des Gemischbildners, da die sekundäre Zerstäubung an der weitgehend offenen Drosselklappe fehlt. Ebenso steigt bei höheren Drehzahlen die Notwenigkeit für kleine Tropfen, um Wandniederschlag (Wandfilm) zu verhindern, da zwar die Gasgeschwindigkeit steigt, jedoch das „beschleunigend" wirkende Zeitintervall wesentlich geringer wird, und es somit zu einer Verschiebung der Grenzdurchmesser zu kleineren Werten kommt.

Neben dem Folgen der Strömung spielt auch der Phasenübergang vom Tropfen in die Gasphase eine wichtige Rolle. Die Temperatur hat einen dominanten Einfluss, während der jeweilige Saugrohrunterdruck eine geringere Bedeutung besitzt (Abb. 4.18).

Für die konstruktive Gestaltung des Saugrohrs ergibt sich daher die Anforderung nach möglichst wenigen Umlenkungen, die ihrerseits mit geringer Richtungsänderung und entsprechend großen Krümmungsradien ausgestattet sind. Die Beheizung von Stellen, wo es trotzdem nicht gelingt, großen Wandniederschlag zu verhindern, ist wünschenswert und verbessert das dynamische Verhalten bei Laständerung.

Wandfilm

Der ungünstigste Phasenzustand des Kraftstoffes im Saugsystem ist der des flüssigen Wandfilms, der sich infolge von Tropfen-Wand-Interaktion formiert. Die Strömungsgrößen und Stoffeigenschaften des Tropfens bestimmen dabei entscheidend die Vorgänge im Wandfilm und wandfilmnahen Bereich.

Eine phänomenologische Darstellung der Tropfen-Wand-Interaktion ist in Abb. 4.19 abgebildet. Die auftreffenden Tropfen werden dabei teilweise im Wandfilm aufgenommen oder aber auch wieder reflektiert, wobei es hier meist zu einer Verkleinerung der abprallenden Tropfen kommt. Die Größe des aus dem Wandfilm herausgelösten Flüssigkeitsteiles, aus dem sich dann wieder ein Tropfen formiert, hängt sehr wesentlich vom Verhältnis des eintreffenden Tropfendurchmessers zur

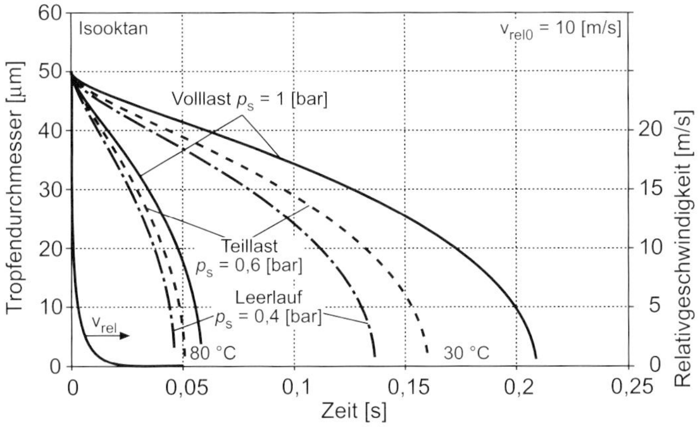

Abb. 4.18. Simulierte betriebspunktabhängige Tropfenverdampfung

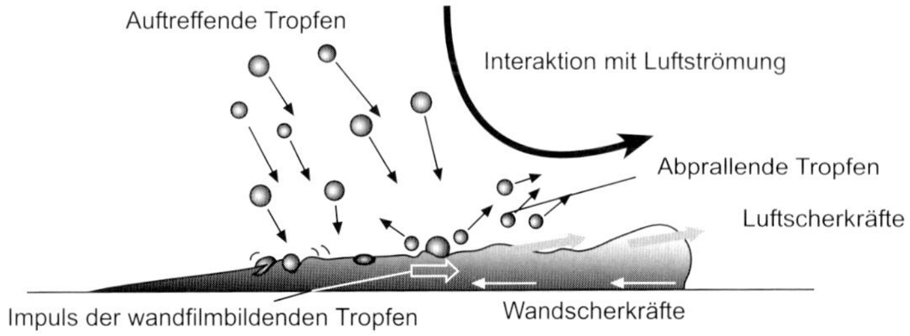

Abb. 4.19. Phämenologisches Modell zur Wandfilmströmung [4.18]

lokalen Wandfilmdicke ab. Ist die Dicke des Wandfilms allerdings deutlich größer als die des auftreffenden Tropfens ($>1{,}35d$), kann der herausgelöste Tropfen wiederum die gleiche Tropfengröße annehmen. Der Winkel der abprallenden Tropfen ist im Vergleich zum Auftreffwinkel flacher, wobei eine glatte Oberfläche die größte Richtungsänderung verursacht [4.18].

Die sich ausbildende mittlere Wandfilmgeschwindigkeit kann aus der in Richtung parallel zur Wand gebildeten Kräftebilanz der aufprallenden und abprallenden Tropfen, der Scherkräfte infolge der Wandschubspannungen und der an der Phasengrenze angreifenden Luftscherkräfte gebildet werden. Neben dem tropfeninduzierten Herauslösen von abprallenden Tropfen können sich bei sehr hohen Luftscherkräften während des Ansaugvorganges infolge des sich kurzzeitig einstellenden instabilen Zustandes, der so genannten „überkritischen Filmströmung", Tropfen aus den Wellenkämmen des Wandfilms herauslösen.

In der dreidimensionalen Simulation werden der Wandfilm und die Gasströmung als Zweiphasenströmung behandelt. Innerhalb des Films wird die Gleichung für die Massenerhaltung gelöst, die die jeweilige Dicke bestimmt. Dabei werden neben dem konvektiven Massentransport auch Massenveränderungen infolge von Verdampfung, auftreffende und abprallende Tropfen berücksichtigt. Über die Impulsgleichung kann das Geschwindigkeitsprofil in der Filmströmung errechnet werden.

Neben der direkten Bildung von Wandfilm durch flüssige Kraftstofftropfen kann es auch bei sehr guter Zerstäubungsgüte des Gemischbildners zur Ausbildung oder Vergrößerung des Wandfilms kommen, wenn nämlich die sich einstellende Gemischtemperatur unterhalb der Gemischsättigungstemperatur liegt. Der Gemischsättigungszustand ist abhängig vom Motorbetriebspunkt und stellt sich entsprechend der Umgebungszustände im Motor ein (Abb. 4.20). Unterhalb dieser Temperatur kommt es zur Kondensation eines Teiles des bereits verdampften Kraftstoffes, bis

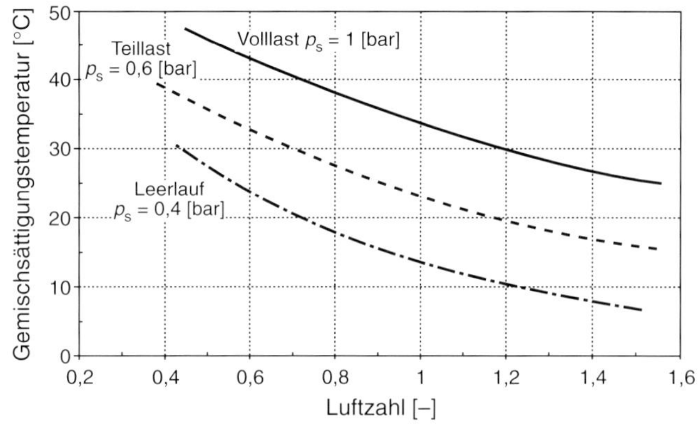

Abb. 4.20. Betriebspunktabhängiger Gemischsättigungszustand [4.19]

sich wieder ein Gleichgewichtszustand des gasförmigen Gemischanteiles einstellt. Das sich daraus ergebende Luftverhältnis ist von der Gemischtemperatur, dem Saugrohrdruck und dem Strömungszustand abhängig.

Die im Saugrohr vorhandene stark turbulente, pulsierende Strömung begünstigt die Verdampfungsneigung des flüssigen Kraftstofffilms durch Verbesserung der Konvektionsbedingungen an der Kraftstoffoberfläche. Eine Beheizung entsprechender kritischer Bereiche im Saugrohr kann die gespeicherte Wandfilmmasse erheblich verringern und das dynamische Verhalten insbesondere hinsichtlich Emissionen verbessern. Messungen bei Motoren mit Zentraleinspritzung und kaltem Motor haben etwa eine im Saugrohr-Wandfilm gespeicherte Kraftstoffmasse von bis zu 10 Arbeitsspielen ergeben [4.20]. Im warmen Motor verringerte sich dieser Wert auf etwa 3 Arbeitsspiele.

Gelangt der gesamte im Saugrohr eingebrachte Kraftstoff gasförmig in den Brennraum, ergeben sich jedoch bei Volllastbetrieb durch den verringerten Liefergrad infolge des Kraftstoffdampfvolumens Nachteile bei der Leistungsausbeute. Zur Erzielung eines optimalen Füllungsverhaltens ist es trotzdem vorteilhaft, einen Teil des Kraftstoffes im Saugrohr zu verdampfen, da die der Umgebung entzogene Verdampfungswärme eine Temperaturabsenkung bewirkt und es folglich zu einer Dichteerhöhung des angesaugten Gemisches, verbunden mit einem höheren Liefergrad, kommt. Ein warmes oder sogar beheiztes Saugrohr ist durch die Wärmeabgabe an das angesaugte Gemisch hinsichtlich eines hohen Liefergrades nachteilig.

Die am Wandfilm durch die Gasströmung angreifenden Kräfte bestimmen auch die räumliche Verteilung und Dicke des Wandfilms. Bei Strömungsumlenkung wird der Wandfilm durch Sekundärströmungseffekte verstärkt an der Innenseite von Strömungsumlenkungen aufgebaut (Abb. 4.21).

Querschnittssprünge, scharfe Kanten und Ecken sollten bei der Konstruktion der Sauganlage vermieden werden, da es dabei meist zu Strömungsablösungen kommt, die neben einem erhöhten Druckverlust auch Wandfilmansammlungen im Ablösungsgebiet verursachen. Der Kraftstoff aus einem Ablösegebiet kann meist nur durch Verdampfungsvorgänge, unter anderem bei Lastwechsel, aus diesem abtransportiert werden. Bei einem Kanalverlauf über zwei Teile hinweg ist daher zu beachten, dass ein etwaiger Kanalversatz über konstruktive Maßnahmen wie etwa angefaste Auffangflächen im stromabwärts befindlichen Teil berücksichtigt wird und sich keine in die Strömung hineinragenden Ecken oder Kanten ergeben.

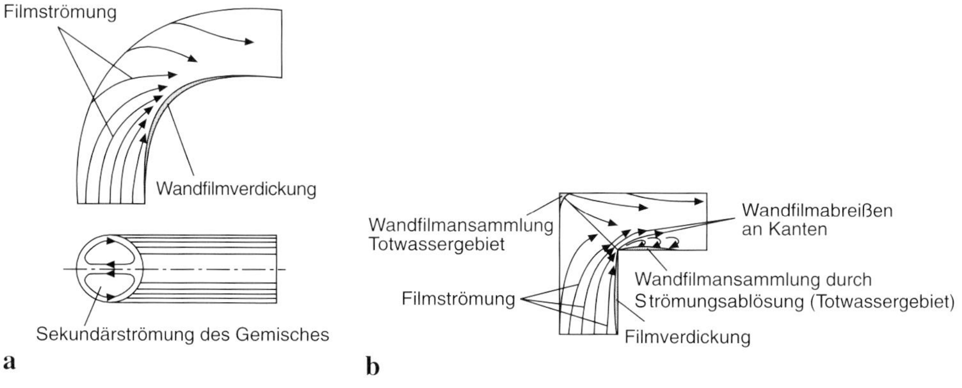

Abb. 4.21. Gemischströmung und Wandfilmansammlung [4.21]: **a** Krümmer, **b** Kniestück

4.2.2 Dezentrale Gemischbildung

Bei dezentraler Gemischbildung erfolgt die Zugabe des Kraftstoffes in den Ansaugkanal unmittelbar vor dem Einlassventil. Diese Art der Gemischbildung erlaubt eine hohe Dynamik und ist heute beim konventionellen Pkw-Ottomotor üblich. Durch die nahe Lage zum Einlassventil erfolgt der Gemischtransport unmittelbar in den Zylinder und der Wandfilmanteil ist deutlich reduziert. Die Gemischverteilung zwischen den Zylindern spielt keine Rolle mehr, da das Luftverhältnis nur noch über den zylinderindividuellen Liefergrad und die jeweils eingespritzte Kraftstoffmenge gesteuert wird.

Saugrohr-Einzeleinspritzung

Mit der Einspritzung unmittelbar vor jedem Zylinder können die prinzipbedingten Nachteile der zentralen Gemischbildung weitgehend vermieden werden. Der Gemischbildner wird entweder im Saugrohr stromaufwärts des Zylinderkopfflansches oder bei neueren Konstruktionen direkt in den Zylinderkopf angeordnet (Abb. 4.22).

Die kontinuierliche Einspritzung, bei der die Einspritzmenge über einen Kraftstoffmengenteiler mechanisch abhängig von der angesaugten Luftmenge eingestellt wird, spielt heute keine Rolle mehr. Die sequentielle Einspritzung, bei der die zylinderselektive Ansteuerung über elektrische Steuersignale an die Einspritzventile erfolgt, erlaubt den Eingriff auf die Kraftstoffmenge über die Ansteuerdauer, und durch den Beginn der Ansteuerung kann die Einspritzung zeitlich optimal angepasst werden.

Die Ausrichtung des Einspritzstrahles bei sequentieller Einspritzung erfolgt mit der Zielvorgabe, minimale direkte Wandbenetzung im Ansaugkanal durch den Einspritzstrahl zu erzielen und optimale Bedingungen für die Einspritzung bei offenem Einlassventil zu schaffen. Das Strahlbild des Einspritzorgans wird an die Erfordernisse der Zylinderkopfkonstruktion angepasst. Bei Vierventilmotoren werden daher die zwei Ansaugkanäle durch ein Einspritzorgan bedient, das vorzugsweise den Einspritzstrahl in die zwei Richtungen aufteilt.

Gemischaufbereitung und Gemischtransport

Die Vorgänge beim Gemischtransport bei dezentraler Gemischbildung sind sehr stark vom Ladungswechsel beeinflusst. Die Mechanismen beim Gemischtransport, wie sie für zentrale Gemischbildung in Abschn. 4.2.1 dargestellt wurden, behalten prinzipiell ihre Gültigkeit; auch hier besteht im Ansaugkanal das Luft-Kraftstoff-Gemisch aus flüssigen Tropfen, bereits verdampften Anteilen und ausgebildetem Wandfilm.

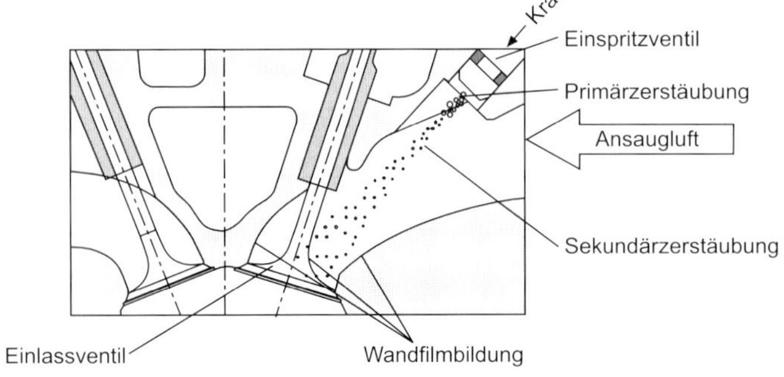

Abb. 4.22. Saugrohr-Einzeleinspritzung

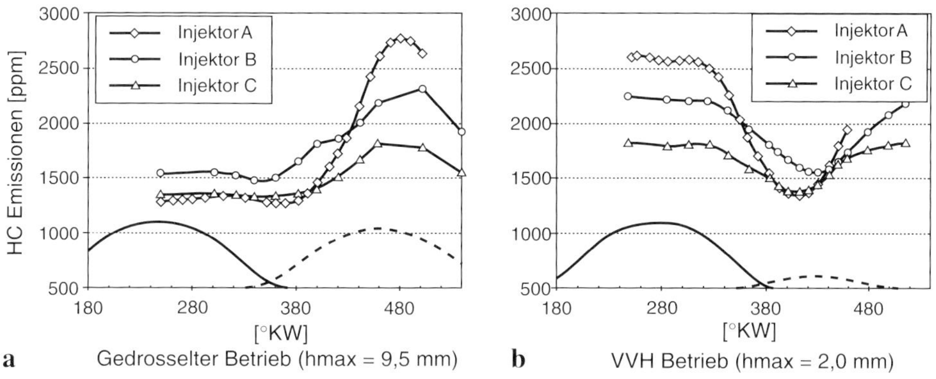

Abb. 4.23. Einfluss des Einspritzzeitpunktes (Ansteuerende) auf stationären Motorbetrieb [4.22]: **a** gedrosselter Betrieb mit Einlassventilhub von 9,5 mm, **b** vollvariabler Ventilhub (VVH) mit Einlassventilhub von 2,0 mm

Der Einspritzzeitpunkt relativ zu den Einlasssteuerzeiten und das Ausrichten des Einspritzstrahls oder der -strahlen, das als Injektor-Targeting bezeichnet wird, bestimmen die in den Brennraum eingebrachte Aufbereitungsqualität und somit in weiterer Folge auch den nachfolgenden Verbrennungsablauf. Wird der Kraftstoff während geschlossener Einlassventile in den Ansaugkanal eingespritzt, spricht man von „closed valve injection"; bei der so genannten „open valve injection" sind hingegen die Einlassventile während des Einspritzvorganges geöffnet (saugsynchron). Die geringere Zeit für die Gemischaufbereitung durch das unmittelbare Ansaugen des überwiegend tropfenförmigen Kraftstoffes in den Brennraum kann im stationären Motorbetrieb bei konventioneller Ventilsteuerung zu instabilerer Verbrennung, ungünstigen Emissionen und erhöhtem Verbrauch führen. Die primäre Zerstäubungsqualität spielt daher bei dieser Einspritzstrategie insbesondere bei kalten Motorbetriebsbedingungen eine entscheidende Rolle (Abb. 4.23 a). Wegen des dargestellten Zusammenhanges hat sich zur Beschreibung des Einspritzzeitpunktes bei Saugrohreinspritzung das Ansteuerende (EOI, end of injection) etabliert.

Während des Öffnens der Einlassventile kommt es abhängig vom Lastpunkt und von den jeweiligen Ventilsteuerzeiten zu einem kurzzeitigen Rückblasen von heißem Restgas in das Ansaugsystem, bevor der eigentliche Ansaugvorgang beginnt. Während dieser Phase kann am Einlassventil und im Einlasskanal vorgelagerter, flüssiger Kraftstoff in das Ansaugsystem zurückgeschleudert werden, womit sich die kraftstoffbenetzte Oberfläche und damit der Wandfilmanteil deutlich vergrößert. Beim Ansaugvorgang selbst kommt es insbesondere bei kleinen Einlassventilhüben und großen Druckdifferenzen zwischen Brennraum und Einlasskanal zu einer sehr wirkungsvollen sekundären Zerstäubung des flüssigen Kraftstoffes am Ventilspalt. Bei Ventilsteuerungen mit variablem Ventilhub ändert sich daher die Abhängigkeit vom Einspritzzeitpunkt beim Teillastbetrieb grundsätzlich [4.22]; so können bei Teillast und im leerlaufnahen Bereich bei reduziertem Ventilhub ausgezeichnete Aufbereitungsgüten und vergleichsweise günstige HC-Emissionen mit saugsynchroner Einspritzung erzielt werden (Abb. 4.23 b), während der Wandfilmanteil gering bleibt.

Beim transienten Betrieb kommt nun die geringere gespeicherte Wandfilmmasse bei Einspritzung bei offenem Einlassventil vorteilhaft ins Spiel. Beim sprunghaften Öffnen der Drosselklappe kommt es zu einem Anstieg des Luftverhältnisses (Ausmagern), da im Saugrohr zu wenig gespeicherter Wandfilm vorliegt (Abb. 4.24).

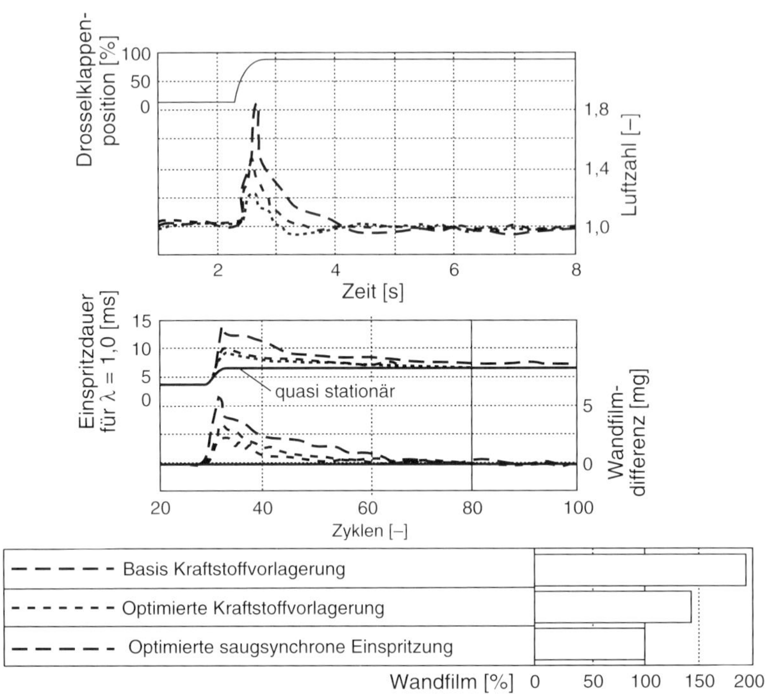

Abb. 4.24. Vergleich verschiedener Saugrohr-Einspritzstrategien bei positivem Lastsprung [4.23]

Bei Nichtberücksichtigung der gespeicherten Kraftstoffmasse im Ansaugkanal ergeben sich Abweichungen des Luftverhältnisses, und es kann bei großen Abweichungen neben Schwankungen im Drehmoment sogar zu Verbrennungsaussetzern kommen. Erfolgt die Einspritzung bei offenen Einlassventilen, so ergeben sich günstigere Verhältnisse in Bezug auf das dynamische Verhalten, allerdings muss die erhöhte erforderliche Aufbereitungsgüte über das Einspritzventil selbst und/oder über motorseitige Maßnahmen wie etwa angepasste erhöhte Ladungsbewegung bereitgestellt werden. Für die optimierte saugsynchrone Einspritzung ergibt sich eine geringere und weniger lang andauernde Abweichung des Luftverhältnisses vom vorgegebenen Wert.

Der heute übliche homogene stöchiometrische Motorbetrieb wird über eine vorgesteuerte Kraftstoffmasse eingestellt, welche über ein Füllungssignal (Luftmassensensor oder auch Saugrohrdrucksensor) und die Drehzahl ermittelt wird. Abweichungen vom Sollwert $\lambda = 1{,}0$ werden über die Lambdasonde festgestellt und über die jeweilige Einspritzdauer kompensiert. Um genügend schnell dynamische Gemischfehler infolge des Kraftstoffwandfilms ausregeln zu können, werden daher in modernen Motorsteuerungen Wandfilmmodelle verwendet, die eine genauere Beschreibung des dynamischen Verhaltens ermöglichen. Diese Modelle basieren auf der Massenbilanz im Saugrohr (Abb. 4.25).

Parameter des Wandfilmodelles sind die Niederschlagsrate x, welche den direkten Eintrag des eingespritzten Kraftstoffes in den Wandfilm beschreibt, und die Verdampfungszeitkonstante $\tau_{\text{Verdampfung}}$, die das vom Saugrohrzustand abhängige Abdampfverhalten charakterisiert. Die sich daraus ergebende Kompensation besteht aus einem linearen Glied und einem exponentiellen Zusatzterm. Es ergibt sich eine Mehrmenge bei Beschleunigungsvorgängen, um den Wandfilmaufbau mit abzudecken, während bei negativen Lastsprüngen eine entsprechende Reduktion der

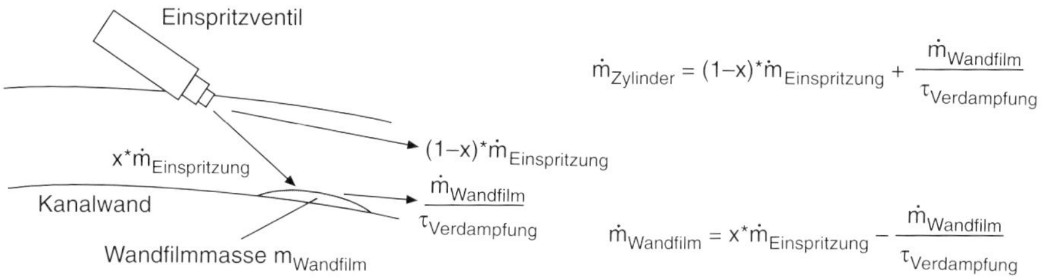

Abb. 4.25. Wandfilmmassenbilanz im Saugrohr

Einspritzmenge bis hin zum Ausblenden der Einspritzung (z. B. Schubabschaltung) notwendig sein kann. Durch die unvermeidlichen Totzeiten der beteiligten Systeme (Abgaslaufzeiten, Sondentotzeiten) kommt, unabhängig von der Art der Füllungserfassung, die Zumessung der Einspritzung stets zu spät, da die ermittelte richtige Einspritzmenge für einen vergangenen Arbeitszyklus berechnet wurde und nicht unbedingt für den momentanen Zyklus richtig ist. Um dieses Manko auszugleichen, wird die Füllung für den jeweiligen Zyklus vorausberechnet; dieser Vorgang wird als Prädiktion der Füllung bezeichnet. Die Einspritzmenge wird dann entsprechend für diesen Wert berechnet, sodass sich auch im instationären Betrieb weitgehend ein konstantes vorgegebenes Luftverhältnis realisieren lässt.

Neben dem Zeitpunkt der Einspritzung wird durch die Ausrichtung des Einspritzstrahles die Wandfilmbildung entscheidend beeinflusst, wie es in Abb. 4.26 beispielhaft für einen Vierventilmotor dargestellt ist.

Die genaue Festlegung des Injektortyps und der Ausrichtung der Einspritzstrahlen wird im Zuge der thermodynamischen Entwicklung des jeweiligen Motors durchgeführt. Besonders beim Zweiventilmotor, aber auch beim Vierventilmotor spielt die Ausrichtung des Einspritzstrahls und die Interaktion der Einspritzung mit der Zylindereinströmung eine entscheidende Rolle für die Homogenisierung und gleichmäßige Verteilung des Gemisches im Brennraum. Eine nicht optimale Gestaltung des Einspritzprozesses und mangelhafte Abstimmung mit der Zylinderinnenströmung kann zuweilen Zylinderwandanlagerung von flüssigem Kraftstoff verursachen, die in weiterer

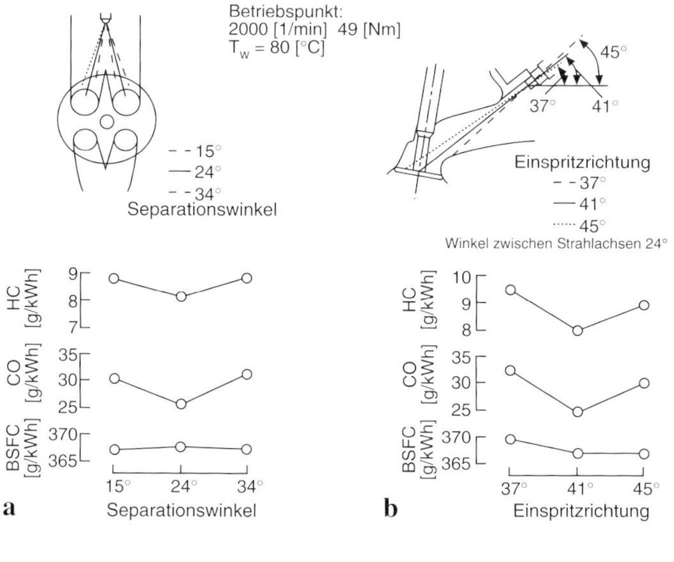

Abb. 4.26. Einfluss des Injektor-Targeting auf Emissionsverhalten [4.24]: **a** Separationswinkel, **b** Einspritzrichtung

Folge zu ausgeprägter Ölverdünnung und sehr hohen HC-Emissionen insbesondere bei kalten Motorbetriebsbedingungen führt.

4.3 Innere Gemischbildung

In den letzten Jahren gewann die innere Gemischbildung in Form der direkten Einspritzung zunehmend an Bedeutung. Die unterschiedlichen Bedingungen im Brennraum beim Einspritzvorgang erfordern den Einsatz neu entwickelter Einspritzventile, die bei deutlich höheren Einspritzdrücken etwa bei 40–200 bar betrieben werden und damit in der Lage sind, auch bei höheren Gegendrücken, verursacht durch den Kompressionsvorgang, noch entsprechende Zerstäubungsgüte darzustellen. Prinzipbedingt kann man den inneren Gemischbildungsvorgang in den homogenen und geschichteten Arbeitsprozess einteilen. Während beim homogenen Betrieb die Zustände im Brennraum und Zylinder ähnlich dem der Saugrohreinspritzung sind, liegen im geschichteten Betrieb der Gegendruck und auch die Temperatur im Brennraum während der Einspritzung zum Teil deutlich über der Umgebungsbedingung und müssen daher entsprechend bei der zyklentreuen Zumessung und Zerstäubung mit deutlich verkürzter Aufbereitungszeit berücksichtigt werden. Es haben sich unterschiedliche Düsenkonzepte für die Hochdruckflüssigkeitseinspritzung etabliert: Drallinjektoren, Mehrlochinjektoren und nach außen öffnende Düsennadeln. Daneben gibt es Gemischeinblasesysteme, die einen Teil der Gemischbildung vorab in einer Mischkammer bewerkstelligen, und dann das Gemisch in den Brennraum blasen. Eine detaillierte Darstellung der unterschiedlichen Systeme erfolgt im Kap. 5.

4.3.1 Zylinderströmung und Einspritzung

Die deutlich verkürzten Zeiten zur Gemischaufbereitung bei der direkten Einspritzung des Kraftstoffes erfordern neben erhöhtem injektorseitigem Aufwand auch eine genaue Abstimmung der notwendigen Ladungsbewegung. Besonders im Schichtbetrieb wird abhängig vom Brennverfahren eine gerichtete Ladungsbewegung benötigt, um den Gemischtransport zum Zündort sicherzustellen und gleichzeitig mit dem während der Kompressionsphase im Allgemeinen auftretenden Turbulenzzerfall der Zylinderinnenströmung die Gemischaufbereitung zu verbessern.

Drei unterschiedliche Zylinderinnenströmungsformen, Drall-, Tumble- und Quetschflächenströmung, sowie ihre Kombinationen kommen bei Verbrennungsmotoren zum Einsatz. Die Drallströmung ist charakterisiert durch eine zylinderparallele Rotationsbewegung der Ladung, die während der Kompressionsphase ihre Lage beibehält. Bei der Tumbleströmung ist die Rotationsachse horizontal und verändert je nach Kolbenposition den charakteristischen Durchmesser der „Tumble-Walze". Die Quetschflächenströmung entsteht gegen Ende des Verdichtungstaktes, wenn die Annäherung von Kolben und zylinderkopfseitigem Brennraum im Bereich lokal kleiner Abstände ($<1{,}2$ mm) eine intensive Strömung erzwingt, die gleich nach dem oberen Totpunkt dann wieder zu einer entsprechenden Strömungskomponente in umgekehrter Richtung führt.

Im Homogenbetrieb, bei Einspritzung während des Ansaugvorganges, ist die Interaktion des Einspritzstrahles mit der großflächigen Strömungsstruktur begrenzt. Die Strömungsbeeinflussung beschränkt sich auf den unmittelbaren Strahlbereich und führt im Allgemeinen zu einer Reduktion der Gasgeschwindigkeit, allerdings kommt es infolge des zusätzlichen Impulseintrages durch den tropfenförmigen Kraftstoff zu einer Erhöhung des Turbulenzniveaus (Abb. 4.27).

Die nennenswerte Erhöhung der mittleren Turbulenzintensität durch den Einspritzvorgang selbst führt zu einem Anstieg der turbulenten Flammenausbreitungsgeschwindigkeit. Vorausset-

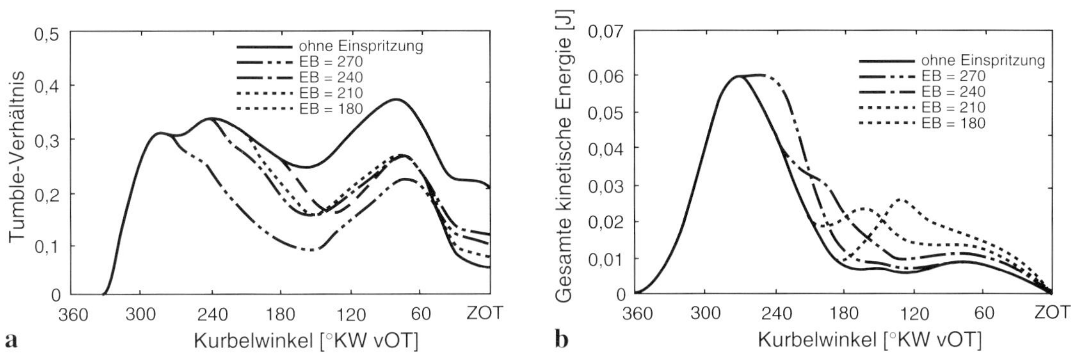

Abb. 4.27. Einfluss des Einspritzzeitpunktes [4.25]: **a** simulierter Verlauf des Tumble-Verhältnisses, **b** simulierter Verlauf der kinetischen Energie

zung allerdings ist eine vergleichbare Qualität der Homogenisierung, die bei später Einspritzung infolge der kürzeren Gemischbildungszeiten im Allgemeinen ungünstiger wird.

4.3.2 Mischungsprozess

Bei direkter Einspritzung in den Brennraum eines Motors und Verdampfung des flüssigen Kraftstoffes kommt es zu einem Absenken der Zylinderladungstemperatur, weil die dazu erforderliche Verdampfungswärme der unmittelbaren Umgebung (Zylinderladung) entzogen wird (Abb. 4.28).

Diese Dichteerhöhung kann dabei zu einer Erhöhung des Liefergrades abhängig von Einspritzzeitpunkt und Drehzahl von 2–5 % führen. Um eine vollständige Verdampfung und eine vergleichsweise günstige Homogenisierung zu erzielen, sollte die Interaktion mit der einströmenden Luft sehr intensiv sein; Einspritzposition und -richtung spielen daher eine entscheidende Rolle, um das volle Potenzial auszunutzen.

Neben der Erhöhung der Zylinderfüllung führt die Abkühlung der eingesetzten Ladung auch zu einer Verringerung der Selbstzündungsneigung. Damit lässt sich das geometrische Verdichtungsverhältnis entsprechend anheben, was zu einer Wirkungsgradsteigerung im gesamten Betriebsbereich führt. Generell ist im Homogenbetrieb eine geringe Wandbenetzung insbesondere auch der Einlassventile, Zylinderbuchse und Kolben anzustreben, um übermäßige Rußemission und eventuelle Ölverdünnung zu verhindern.

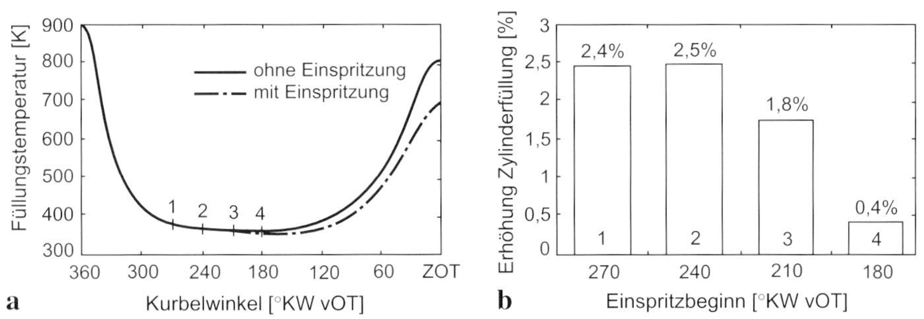

Abb. 4.28. Kraftstoffverdampfung bei direkter Einspritzung [4.25]: **a** simulierte Absenkung der Ladungstemperatur, **b** simulierte Erhöhung der Zylinderfüllung

Im geschichteten Motorbetrieb wird während des Kompressionsvorganges eingespritzt. Die Zustände, Temperatur und Gegendruck im Brennraum, ändern sich daher entsprechend. Der Einspritzvorgang und die nachfolgende Gemischaufbereitung müssen darauf abgestimmt werden. Durch den räumlichen Abstand zwischen Einspritz- und Zündort muss noch der Gemischtransport sichergestellt werden. Neben der Anforderung an ein gut aufbereitetes Kraftstoff-Luft-Gemisch tritt noch die Forderung nach örtlicher Begrenzung mit kleiner Übergangszone (Diffusionszone) zu reiner Luft hinzu. Die Breite der Diffusionszone wird im Wesentlichen vom Zeitpunkt der Einspritzung bis zur Zündung, dem Strömungs- und Turbulenzniveau und von der Ausbildung des Einspritzstrahls selbst bestimmt. Insbesondere der Einspritzstrahl muss für die unterschiedlichen Bedingungen im Brennraum ein dem Brennverfahren angepasstes Verhalten in Bezug auf Strahlbreite und Eindringverhalten aufweisen.

Das in Abb. 4.29 dargestellte typische Verhalten eines Drallinjektors kommt den Anforderungen eines wandgeführten Brennverfahrens, bei dem Brennraumoberflächen zum Gemischtransport und zur Stabilisierung der Schichtung verwendet werden, entgegen. Bei Erhöhung des Gegendruckes, was einem späterem Einspritzbeginn gleichkommt, wird die Strahlweite verringert. Die zur Vermischung mit der Luft verbleibende Oberfläche wird minimiert und der für den Gemischtransport notwendige Impuls in der Mitte konzentriert bereitgestellt.

Die Vermischung mit der umgebenden Luft erfolgt am effektivsten im Übergangsbereich, wo die höchsten Geschwindigkeitsdifferenzen zwischen Strahl und umgebender Luft die sekundäre Zerstäubung fördern und die Verdampfungsraten infolge des zusätzlichen Lufteintrages (Entrainment) in den Strahlkegel entsprechend hoch sind. Bei strahlgeführten Brennverfahren ist eine vom Gegendruck unabhängige Strahlausformung erforderlich, da der Zündort bei konventionellen Zündsystemen ebenfalls örtlich konstant bleibt. Daher sind für solche Brennverfahren Mehrlochinjektoren und Injektoren mit nach außen öffnender Ventilnadel gut geeignet (Abb. 4.30).

Beim Mehrlochinjektor kann durch die Lochgeometrie und -anordnung die Zerstäubung und Penetration, aber auch die räumliche Ausbildung des Gemischgebietes gesteuert und damit den Erfordernissen des Brennverfahrens angepasst werden (Abb. 4.30a). Die Mischung mit dem umgebenden Gas erfolgt an den jeweiligen Einzelstrahlen, deren Primäraufbruch überwiegend durch Instabilitäten infolge hochfrequenter Oberflächenwellen verursacht wird. Beim nach

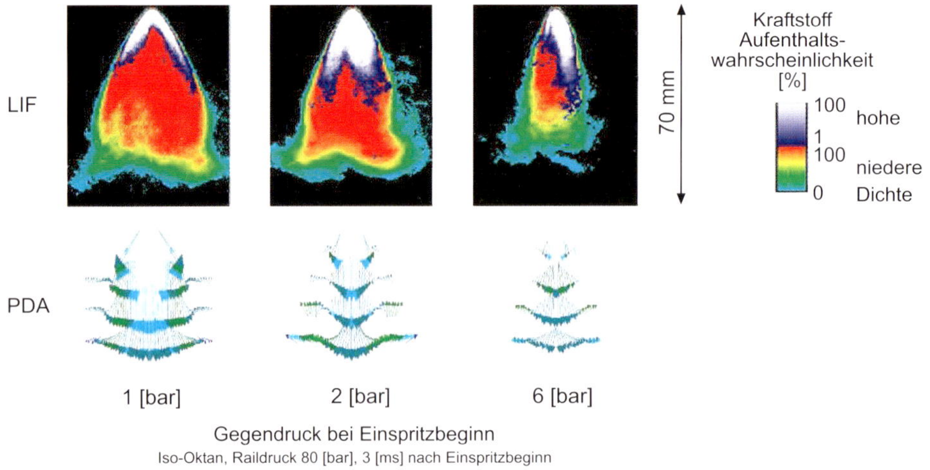

Abb. 4.29. Gegendruckverhalten eines Benzin-DI-Drallinjektors

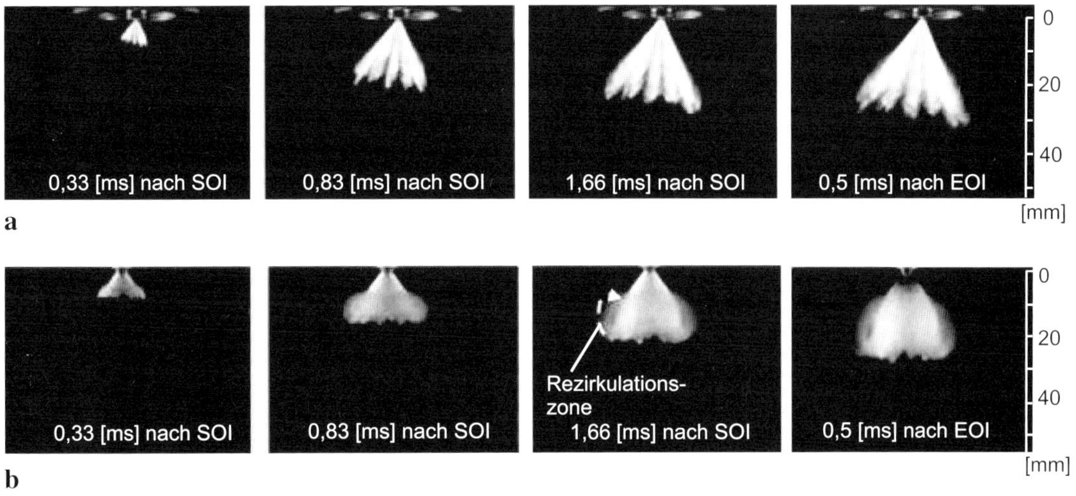

Abb. 4.30. Strahlausbildung bei gegendruckunabhängigen Gemischbildnern (Gegendruck 8 bar, Raildruck 150 bar): **a** Mehrlochinjektor (12 Löcher) mit einer dem Brennnverfahren angepassten Strahlrichtung, **b** nach außen öffnender Kegelstrahlinjektor. SOI, Einspritzbeginn; EOI, Einspritzende

außen öffnenden Kegelstrahlinjektor erfolgt der Primäraufbruch innerhalb und außerhalb des sich ausbildenden Kegelstrahls. Verstärkt werden die auftretenden Instabilitäten an der jeweiligen Kegeloberfläche durch die sich stromabwärts verjüngende Strahldicke. Bei passender geometrischer Ausbildung der Ventilgeometrie kann eine stabile außerhalb des geometrischen Strahlkegelwinkels liegende Rezirkulationszone erzeugt werden (Abb. 4.30b), die sehr gut die Robustheitsanforderungen von strahlgeführten Brennverfahren erfüllt.

Die Gemischaufbereitung hat die höchste Qualität, solange der flüssige Kraftstoff in der Luft verteilt vorliegt und dort verdampft. Eine übermäßige und unbeabsichtigte Benetzung von Bauteilen soll jedenfalls grundsätzlich verhindert werden.

4.3.3 Interaktion des Einspritzstrahls mit einer Wand

Der größte Teil der eingespritzten Tropfen wird verdampft, bevor er mit einer Wand in Berührung kommt. Besonders bei großen und schnellen Tropfen gelingt es allerdings nicht gänzlich, einen Wandkontakt zu verhindern. Bei wandgeführten Brennverfahren hat man sich diesen Umstand zu Nutze gemacht und benützt die Kolbenoberfläche zur Umlenkung der Luftströmung und des eingespritzten Kraftstoffes hin zum Zündort, der üblicherweise in der Mitte des Brennraumes liegt.

Die Luftströmung hat zwar einen sichtbaren Einfluss auf die Strahlausbildung, aber nur geringen Einfluss auf die Ausbildung des „flüssigen Abdruckes“ auf der Umlenkfläche (Abb. 4.31).

Oberhalb eines Abstandes von 5–8 mm zur Wand kommt es zu keiner direkten Beeinflussung des Einspritzstrahles infolge einer Interaktion mit der Wand. Innerhalb dieser Zone kommt es zur Ausbildung eines typischen rückwärtsdrehenden, torusförmigen Wirbels, der die Ausbreitung des reflektierenden Strahles bremst. Die Größenverteilung der von der Wand reflektierten Tropfen ist zu kleineren Werten hin verschoben.

Solange die Wandtemperatur unterhalb der Leidenfrosttemperatur (>230 °C für Benzin) bleibt, hat sie auf die unmittelbare Interaktion mit der Wand nur geringen Einfluss, die dabei vor sich

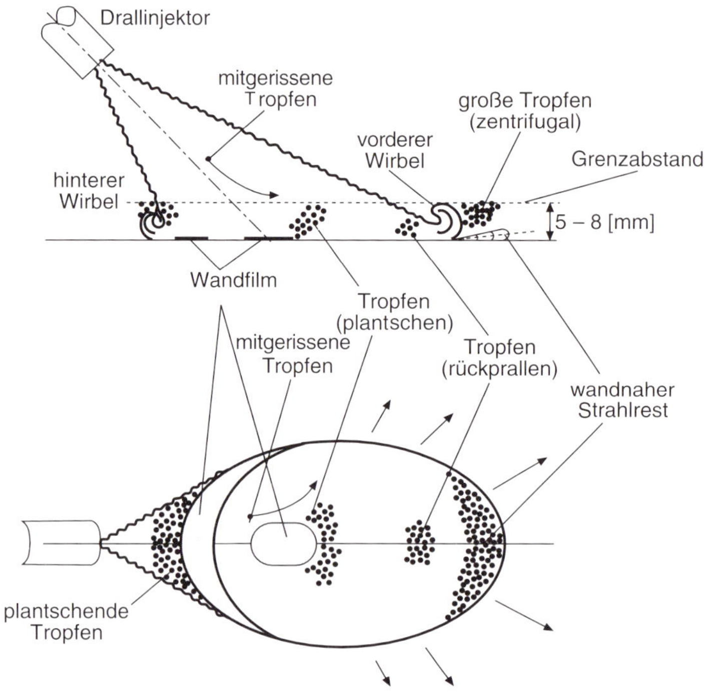

Abb. 4.31. Schematische Darstellung der Strahl-Wand-Interaktion mit Drallinjektor [4.26]

gehende konvektive Aufheizung des Kraftstoffes allerdings unterstützt die nachfolgende Verdampfung des Strahles recht erheblich (Abb. 4.32).

Die Ausbildung eines Wandfilms im Brennraum hängt sehr stark von der Kraftstofftemperatur und jeweiligen Wandtemperatur ab und ist generell unerwünscht.

Bei wandgeführten Brennverfahren beträgt für einen mittleren Teillastpunkt die im Kolbenwandfilm gespeicherte flüssige Kraftstoffmasse etwa 1–3 % der jeweils eingespritzten Kraftstoffmasse. Die korrespondierende Filmdicke dazu ist etwa 1–2 µm. Generell besteht eine gute Korrelation zwischen gespeicherter Wandfilmmasse und Rußemission, während für die Kohlenwasserstoff-

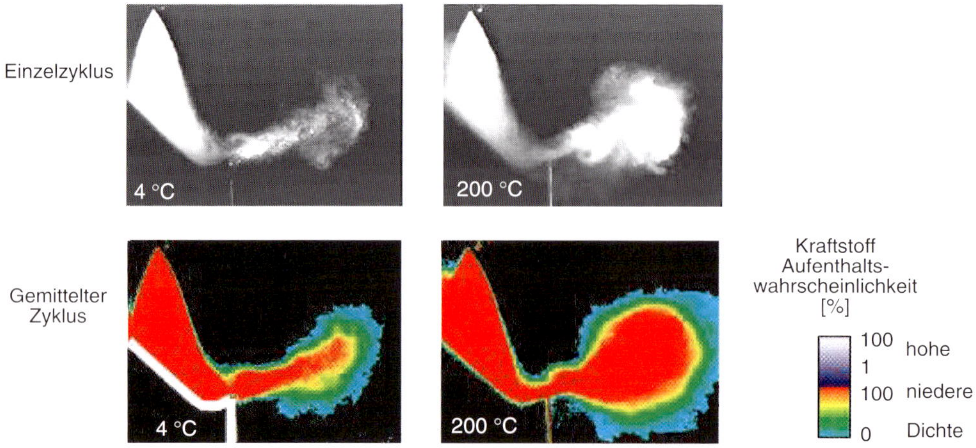

Abb. 4.32. Temperatureinfluss auf Strahl-Wand-Interaktion

emission kein direkter Zusammenhang erkennbar ist [4.27]. Ablagerungen auf der brennraumseitigen Kolbenoberfläche verzögern auf Grund ihres strukturbedingten Kraftstoffspeichervermögens den Verdampfungsprozess, obwohl die mittlere Oberflächentemperatur im Allgemeinen höher ist.

4.4 Charakterisierung der Gemischbildung

Die am Gemischbildungsprozess beteiligten Elemente und die Interaktion mit den motorischen Geometrien und Parameter bestimmen die Qualität der Gemischbildung. Die Charakterisierung umfasst daher den Gemischbildner selbst, den motorischen Einspritzprozess und den anschließenden Aufbereitungs- und Verdampfungsvorgang bis hin zur Verbrennung. Der Ablauf der Verbrennung und die sich daraus ergebenden motorischen Ergebnisse (Emission und Verbrauch) selbst sind schlussendlich der Gradmesser für die Qualität der Gemischbildung, werden aber hier nicht weiter behandelt.

Das Luftverhältnis als Maß für die Gemischbildungsgüte wird ebenfalls im Weiteren nicht behandelt, da es im Allgemeinen durch die Zumessgenauigkeit, d. h. die Länge des jeweiligen Einspritzvorganges, bestimmt wird. Abweichungen können somit leicht durch Anpassung der Einspritzdauer ausgeglichen werden.

4.4.1 Einspritzstrahl

Je näher sich der Ort der Kraftstoffeinbringung beim Brennraum des Motors befindet, desto geringer werden die zur Verfügung stehenden Aufbereitungszeiten und desto größer wird im Allgemeinen die Anforderung an die Aufbereitungsqualität des Gemischbildners.

Die Vermessung des Einspritzstrahles erfolgt meist in optisch zugänglichen Messeinrichtungen, in denen unterschiedliche Umgebungsbedingungen eingestellt werden können und die nach jedem Einspritzvorgang gespült werden. Als Medien kommen im Allgemeinen Einkomponentenkraftstoffe wie n-Heptan oder Isooktan zum Einsatz, die ein reproduzierbares gut dokumentiertes Verhalten besitzen. Während für Saugrohreinspritzventile der typische Einsatzbereich vom Unterdruck im Leerlauf bis hin zum Ladedruck im aufgeladenen Betrieb von etwa 0,3–2,2 bar bei Raumtemperatur reicht, ergeben sich für Einspritzventile für Direkteinspritzung und Schichtbetrieb deutlich unterschiedlichere Anforderungen. Die Umgebungsbedingungen liegen hierbei für die Temperatur bei bis zu maximal 500 °C und für den Gegendruck bei bis zu 25 bar. Um die Explosionsgefahr während der Untersuchungen zu minimieren, wird oftmals als inertes Gas Stickstoff verwendet.

Optische Vermessung

Die optische Vermessung des Einspritzstrahles gibt ein sehr brauchbares Bild zur qualitativen Einordnung des Gemischbildners. Bestimmt werden spezifisch je nach Einsatzgebiet und der motorischen Anforderung bestimmte geometrische Größen wie etwa Strahlwinkel, Strahlaufweitung, Strahlrichtung. Auch das Eindringverhalten (Penetration) kann als wichtige Größe bei der Charakterisierung des Gemischbildners aus den optischen Messungen abgeleitet werden. Die Messungen erfolgen im Auf- oder Gegenlichtverfahren mit stroboskopischer Beleuchtung, um eine genauere zeitliche Zuordnung des jeweiligen Strahlbildes zur erhalten. Die Definition der einzelnen geometrischen Größen ist sehr stark herstellerabhängig und bislang hat sich keine einheitliche Messvorschrift und Nomenklatur durchgesetzt.

Ein Beispiel für eine Einrichtung zur optischen Strahlbetrachtung ist in Abb. 4.33 dargestellt.

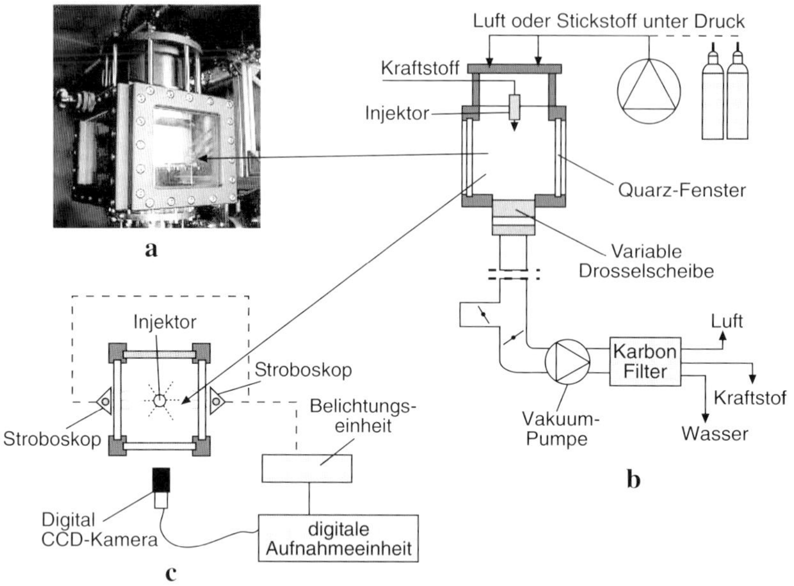

Abb. 4.33. Optische Strahlvermessung: Strahlkammer (**a**), Messaufbau zur Strahlvermessung (**b**), doppelseitig beleuchtete Auflichtaufnahme (**c**)

Die Auswertung oder die digitale Weiterverarbeitung erfolgt nach der Aufnahme und ist üblicherweise automatisiert.

Massenverteilung

Für die Bewertung der Massenverteilung im Strahl wird die Paternator- oder Matrix-Messung eingesetzt (Abb. 4.34). Dabei wird der eingespritzte Kraftstoff in Sammelröhrchen, die gleichmäßig über den Querschnitt unterhalb des Injektors verteilt sind, gesammelt und dann der Füllstand mittels gravimetrischer, optischer oder auch elektrischer Messmethoden bestimmt. Besonders bei unsymmetrischen Strahlformen, wie z. B. bei Mehrlochinjektoren für Saugrohreinspritzung, ist die Kenntnis der Massenverteilung zur richtigen Spezifikation und Auswahl des Gemischbildners unumgänglich.

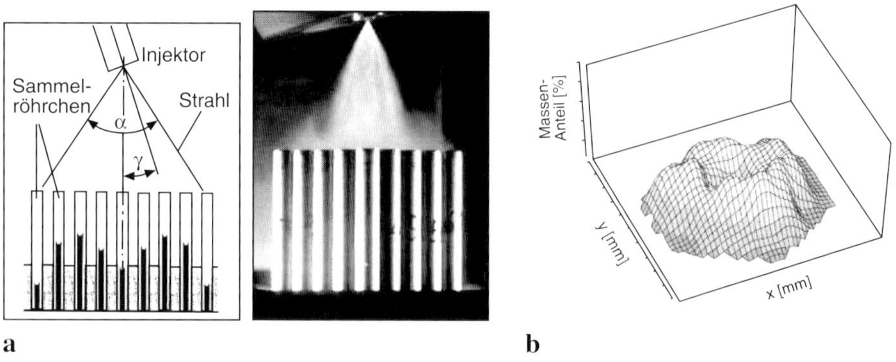

Abb. 4.34. Massenverteilungsmessung (Paternator): **a** Messprinzip, **b** Messergebnis einer Verteilungsmessung eines Drallinjektors mit 6 Drallkanälen

Der Abstand zwischen Injektor und Sammelröhrchen wird vom zu untersuchenden Gemischbildner und dessen geplantem Einsatz bestimmt. Bei Injektoren für Direkteinspritzung beträgt der Abstand typischerweise 30–50 mm, bei Injektoren für Saugrohreinspritzung ist er auf Grund der geänderten geometrischen Randbedingungen entsprechend größer.

Tropfengrößen

Bei der Charakterisierung von Gemischbildnern spielt die Bestimmung der Tropfengrößen und -verteilung eine entscheidende Rolle. Im Wesentlichen haben sich zwei optische Verfahren zur Tropfengrößenbestimmung ottomotorischer Gemischbildner durchgesetzt. Mit dem Streulichtverfahren und dem Phasen-Doppler-Partikel-Anemometer (PDPA) können die Tropfengrößen, mit zweiterem zusätzlich auch noch die Tropfengeschwindigkeit bestimmt werden.

Streulichtverfahren

Basierend auf dem Prinzip der Fraunhofer-Beugung können die Tropfengrößen eines nicht zu dichten Strahles bei Unter- und Überdruck ermittelt werden („Laser Diffraction"). Dabei wird monochromatisches Licht (z. B. HeNe-Laser) auf den Einspritzstrahl gerichtet. Tropfen gleicher Größe beugen an ihrer Oberfläche auf gleiche Art das Laserlicht, das dann weiter über ein optisches Linsensystem auf den Messschirm geleitet wird. Mit der Annahme einer kugelförmigen Tropfengestalt ergibt sich beim Empfänger ein charakteristisches, rotationssymmetrisches Beugungsbild, das über eine örtlich aufgelöste Intensitätsmessung (Ringdetektor) Aufschluss über die jeweilige Tropfengröße gibt (Abb. 4.35).

Über den halbkreisförmigen Ringdetektor werden mittels Photodioden die Intensitäten für verschiedene Größenklassen ermittelt, deren typische Anzahl bei etwa 40 liegt und ein Tropfengrößenspektrum von 0,5–2000 µm abdeckt. Bei zu dichten Einspritzstrahlen kommt es zu einer zu starken Abschwächung des optischen Signals, sodass die Ergebnisse unbrauchbar werden.

Phasen-Doppler-Partikel-Anemometrie

Die PDPA ist ebenfalls ein optisches Messverfahren und dient zur Messung des Durchmessers und der Geschwindigkeit von kugelförmigen Partikeln in einem kleinen Messvolumen ($<0{,}5\ mm^3$), in welches zwei Lichtstrahlen der gleichen Lichtquelle (Laserlicht) optisch eingekoppelt sind. Ein Tropfen, der durch den Laserstrahl im Messvolumen fliegt, streut das Licht. Auf Grund der Tropfengeschwindigkeit wird die Frequenz des gestreuten Lichtes leicht verändert (Doppler-

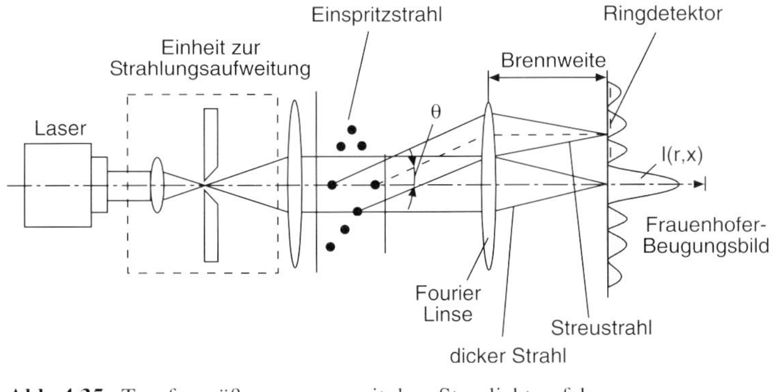

Abb. 4.35. Tropfengrößenmessung mit dem Streulichtverfahren

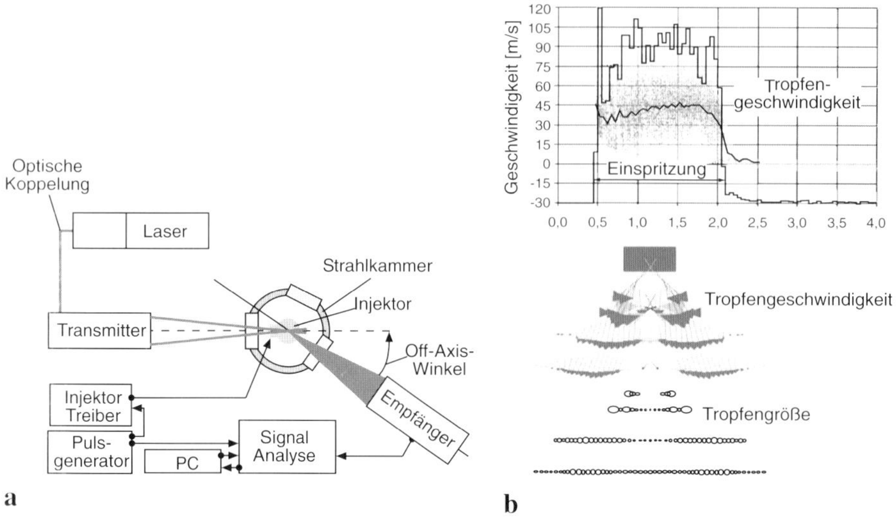

Abb. 4.36. Tropfengrößenmessung mit PDPA: **a** Messaufbau, **b** Messergebnis

Effekt). Aus der Frequenzverschiebung und der Lichtfrequenz lässt sich die Geschwindigkeit ermitteln. Die Tropfengröße wird über das Streulicht, das zwei Photodioden im Empfänger aufnehmen, und die jeweilige Phasenverschiebung der Signale ermittelt. Die gleichzeitige Verwendung zweier Lichtfrequenzen erlaubt die Bestimmung des Durchmessers und die Messung von zwei Geschwindigkeitskomponenten. Der Winkel zwischen der Vorwärtsrichtung der Laserstrahlen und den Photodioden im Empfänger wird als Off-Axis-Winkel bezeichnet und beträgt etwa 30° (Abb. 4.36a).

Bei einer Strahlvermessung wird nun der Einspritzstrahl örtlich und zeitlich hochaufgelöst charakterisiert, indem das Messvolumen an verschiedenen Stellen des Strahls (vorzugsweise beim symmetrischen Strahl in einer radialen Schnittebene) positioniert und mit einer hohen Datenerfassungsrate des Empfängers (bis über 100 kHz) aufgenommen wird. Die Form der Auswertung und Darstellung der Ergebnisse wird wesentlich von der Aufgabenstellung geprägt (Abb. 4.36b).

4.4.2 Gemischbildung und Motorgeometrie

Entscheidend für die Qualität der Gemischbildung ist der Einsatz des Gemischbildners in der motorrelevanten Umgebung und unter motorischen Randbedingungen. Die Optimierung des Zusammenspiels ist daher fixer Bestandteil während des ottomotorischen Entwicklungsprozesses. Aus dem mittlerweile etablierten Verfahren zur Bewertung der Gemischbildung sind untenstehend drei Vertreter exemplarisch dargestellt, die bei der Lösung der typischen Optimierungsaufgaben bei der externen und der internen Gemischbildung heute bereits standardmäßig im Entwicklungsablauf eingesetzt werden.

Saugrohruntersuchung unter motorischen Randbedingungen

Bei der Saugrohruntersuchung wird mit einem endoskopischen Zugang der Einspritzvorgang im Saugrohr zeitlich aufgelöst untersucht und im Zusammenspiel mit der sich einstellenden Saugrohrströmung optimiert, mit dem Ziel, die direkte Wandbenetzung so gering wie möglich

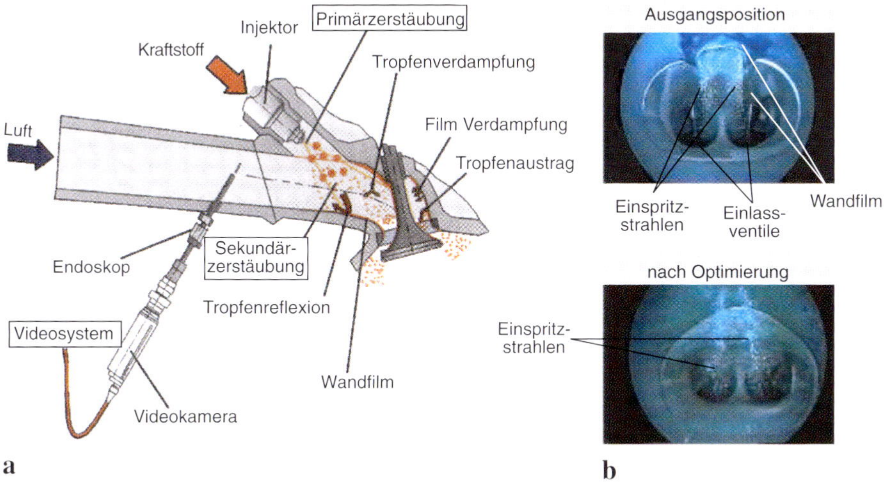

Abb. 4.37. Einspritzuntersuchung im Saugrohr: **a** Einsatz eines Endoskops, **b** Optimierung des Einspritztargetings im Saugrohr am gefeuerten Motor

zu halten (Abb. 4.37). Die Untersuchungen werden am stationären Strömungsprüfstand vorab durchgeführt und später am gefeuerten Motor verifiziert.

Die endoskopische Untersuchung kann auch zur Bewertung von Gemischbildungsvorgängen im Brennraum eines Ottomotors eingesetzt werden. In Hinblick auf die direkte Einwirkung der Verbrennung ist dafür eine entsprechende Kühlung der optischen Elemente vorzusehen.

Optische Untersuchungen am Transparentmotor

Ein sehr effizientes Entwicklungswerkzeug besonders zur Optimierung der Gemischbildung am Ottomotor mit Direkteinspritzung ist der Transparentmotor (Abb. 4.38a). Dabei werden nur geringe geometrische Modifikationen der relevanten Teile des Originalmotors vorgenommen (Glaszylinder, Kolbenfenster), um die Interaktion des Einspritzstrahles mit der Brennraumgeometrie und der Zylinderinnenströmung so realitätsnah wie möglich nachzubilden (Abb. 4.38b). Die Visualisierung der Gemischaufbereitung wird mittels eines beidseitig über den optisch zugänglichen Bereich in den Brennraum eingekoppelten Laserlichtschnittes realisiert, der bestimmte Moleküle im Kraftstoff anregt, die anschließend ein Fluoreszenzsignal emittieren (LIF, laserinduzierte Fluoreszenz), welches dann über eine Kamera mit lichtempfindlichem Halbleiterdetektor (charge-coupled device, CCD) aufgezeichnet wird (Abb. 4.38c). Mit dem Einsatz eines transparenten Kolbenfensters kann die Laserlichteinkoppelung und auch die Aufnahme aus dem Brennraum über einen Umlenkspiegel durch den Kolbenboden erfolgen.

Werden nun mehrere Zyklen jeweils zum gleichen Kurbelwinkel aufgenommen, kann daraus eine aussagefähige statistische Bewertung der zyklischen Stabilität der Gemischbildung unter annähernd realen motorischen Bedingungen abgeleitet werden (Abb. 4.39).

Bei Verwendung spezieller Kraftstoffzusätze (Exiplex-Tracer) kann simultan das Fluoreszenzsignal der flüssigen und dampfförmigen Kraftstoffphase qualitativ erfasst werden (LIEF, laserinduzierte Exiplex-Fluoreszenz), während quantitative Ergebnisse bislang noch mit einer relativ geringen Messgenauigkeit behaftet sind.

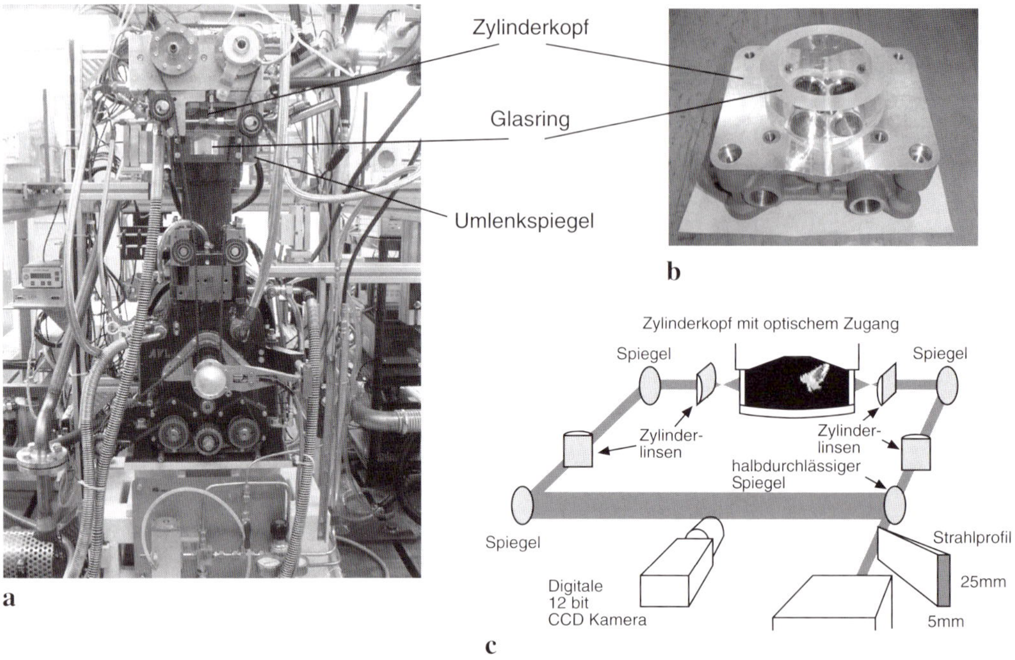

Abb. 4.38. Transparentmotor und Einsatz der Technik laserinduzierter Fluoreszenz (LIF): Transparentmotor an der TU Graz (**a**), über Glasring zugänglicher Brennraumbereich (**b**), schematische Darstellung des optischen Messaufbaues (**c**) [4.28]

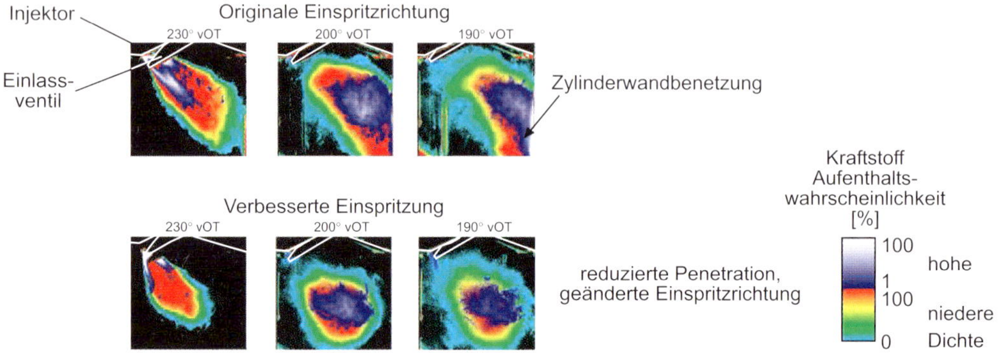

Abb. 4.39. Darstellung einer statistisch ausgewerteten LIF-Messung der Gemischbildung bei homogener Direkteinspritzung [4.29]

Beurteilung der lokalen Gemischqualität durch schnelle Gasentnahme

Das Messprinzip des Flammenionisations-Detektors (FID) wird überwiegend bei der Messung von Kohlenwasserstoffkonzentrationen eingesetzt und beruht auf der chemischen Ionisation von Kohlenwasserstoffen in einer Wasserstoffflamme, die in einem elektrischen Feld unter Zufuhr von synthetischer Luft brennt. Dabei werden positiv geladene Kohlenwasserstoffradikale und freie Elektronen gebildet. Erstere werden an der positiv geladenen Brennerdüse entladen, die Elektroden werden an der Hochspannungsanode aufgefangen. Die Messung des entstehenden Stromes zwischen positiv geladener Brennerdüse und Sammelelektrode ist proportional zur Anzahl der Kohlenstoffatome in den Kohlenwasserstoffen.

Verwendet man nun einen speziellen Messaufbau („Fast-FID“), um sehr schnelle Änderungen der HC-Konzentrationen zu detektieren, so können qualitative und quantitative Informationen über die Gemischqualität im Brennraum eines Motors gewonnen werden. Dabei strömt über eine sehr dünne Kapillare Brennraumgas laufend in eine unter konstantem Druck stehende Kammer, von der aus dann das Messgas dem FID zugeführt wird. Die Entnahmeleitung kann beispielsweise in der Massenelektrode der Zündkerze integriert sein, sodass zyklenselektiv das Gemisch am Zündort bewertet werden kann (Abb. 4.40a).

Beim Homogenbetrieb liegt das Gemisch genügend lange an der Entnahmestelle vor, sodass über die sich ergebende Signalhöhe die örtliche Luftzahl bestimmt werden kann. Im Schichtbetrieb ist wegen der sprunghaften Änderung der Gemischzusammensetzung, die zudem Mischungs- und Verdünnungsvorgängen unterliegt, lediglich eine qualitative Aussage möglich. Die hohe Messrate erlaubt allerdings eine sehr gute statistische Beurteilung insbesondere bei der Selektion von Ursachen bei Verbrennungsaussetzern.

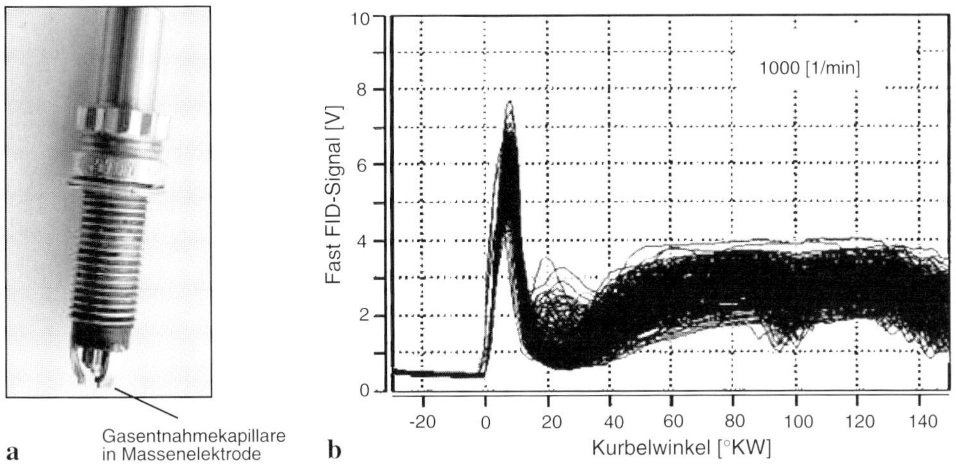

Abb. 4.40. Lokale Gemischbeurteilung durch schnelle Gasentnahme aus Brennraum [4.30]: **a** Messzündkerze, **b** Messsignal bei aussetzerfreiem Schichtbetrieb

5 Gemischbildner

Die Aufgabe des Ansaugsystems und des Gemischbildners ist es, aus der Umgebungsluft und dem Kraftstoff aus dem Kraftstofftank ein Luft-Kraftstoff-Gemisch zu bilden, das die Anforderungen des Motors im gesamten Betriebsbereich hinsichtlich Menge, Zeit und Aufbereitungsqualität erfüllt.

Seit Beginn des 19. Jahrhunderts wurden Bemühungen unternommen, flüssigen Kraftstoff zu verdampfen und anschließend mit Luft gemischt in Beleuchtungs- und Heizeinrichtungen sowie Maschinen zu verbrennen. In der zweiten Hälfte des 19. Jahrhunderts beschäftigten sich alle namhaften Motorenentwickler dieser Zeit mit dem Problem der Nutzbarmachung flüssiger Kohlenwasserstoffe. Anfänglich waren Dochtvergaser im Einsatz, die ähnlich wie bei einer Petroleumlampe den flüssigen Kraftstoff an den Ansaugstrom des Motors abgaben. 1865 reichte Siegfried Marcus eine Erfindung zur Karbonisierung der atmosphärischen Luft, den so genannten Bürstenvergaser, ein. Dieser besteht aus einem über Abgase beheizbaren Benzintank und einer darin befindlichen, vom Motor über einen Riemen angetriebenen, mit Borsten versehenen Zerstäuberscheibe, die über eine fixe Kante das aus dem Kraftstoffreservoir mitgenommene Benzin abstreift und dabei fein zerstäubt. Daneben waren Oberflächenvergaser in Entwicklung, bei denen der flüssige Kraftstoff über Abgase beheizt wurde und das verdampfte Volumen durch die angesaugte Luft abtransportiert wurde. Nachteilig war allerdings, dass immer die leichter flüchtigen Bestandteile zuerst vergast wurden, wodurch die Benzinanreicherung der Luft mit der Zeit immer magerer wurde. Vor der Wende zum 20. Jahrhundert wurde das System des Schwimmers für gleich bleibende Benzinhöhe im Vergaser eingeführt. Mit der Einführung des Spritzdüsenvergasers wurde ebenfalls vor der Jahrhundertwende ein weiterer wesentlicher Bestandteil des heutigen Vergasers realisiert, nämlich die Zumessung des flüssigen Kraftstoffes über Düsen. Die weitere geschichtliche Entwicklung ist durch die Erweiterung der Funktionalitäten über mechanische, hydraulische und elektrische Systeme gekennzeichnet.

Die steigenden Anforderungen an den Gemischbildner hinsichtlich zeitlicher und quantitativer Genauigkeit konnten durch die fixen geometrischen Abmessungen nur mehr mit erheblich komplexerem mechanischem und elektronischem Aufwand erfüllt werden, was schließlich auch zur fast vollständigen Verdrängung dieser Technologie im Pkw-Bereich führte. In Nischenanwendungen z. B. bei Zweirädern und Kleinmotoren ist der Vergaser nach wie vor der dominierende Gemischbildner, da er zumeist relativ einfach und fast ausschließlich mechanisch arbeitet.

Mit der Etablierung der Abgasvorschriften Mitte der siebziger Jahre begann der großindustrielle Umstieg auf Saugrohreinspritzung, zuerst mechanisch und später nach und nach elektronisch. Die Zentraleinspritzung als direkter Ersatz des Vergasers wurde recht bald von der sequentiellen, zylinderindividuellen Einzeleinspritzung abgelöst. Gegen Ende der neunziger Jahre wurde von Japan ausgehend die Direkteinspritzung auch beim Ottomotor großindustriell eingeführt. Ein grober zeitlicher Überblick über die Entwicklung der Gemischbildner für Pkw ist in Abb. 5.1 dargestellt.

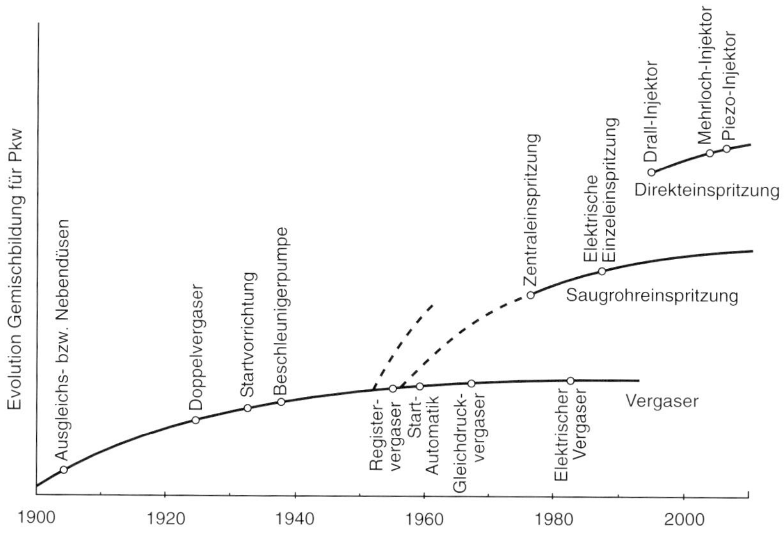

Abb. 5.1. Historische Entwicklung der ottomotorischen Gemischbildner für Pkw

5.1 Vergaser

Vergaser sind Vorrichtungen, die ohne Fremdantrieb die Zumessung der Luft- und Kraftstoffmenge abhängig vom gewünschten Betriebspunkt bewerkstelligen. Dabei wird die erforderliche Energie zur Zumessung und Aufbereitung bzw. Zerstäubung des Kraftstoffes aus der in den Motor strömenden Luft entnommen, indem im Vergaser die Strömungsverhältnisse derart gesteuert werden, dass ein definierter Unterdruck die Zumessung der gewünschten Kraftstoffmenge über verschiedene Düsen ermöglicht. Ist die vergasertypische Erzeugung des Differenzdruckes aus einem Luftstrom und seine unmittelbare Umsetzung in einen Kraftstofffluss durch eine fixe geometrische Ausbildung der Luftseite gegeben, spricht man von einem Festlufttrichtervergaser. Demgegenüber steht der Vergaser mit veränderlichem Lufttrichterquerschnitt, bei dem der Unterdruck erzeugende Querschnitt verändert werden kann.

Entsprechend den unterschiedlichen Einbauverhältnissen haben sich verschiedene Vergaserbauarten etabliert. Beim Fallstromvergaser, welcher die typische Pkw-Anwendung darstellt, ist die Luftführung durch den Vergaser vertikal von oben nach unten, beim Flachstromvergaser horizontal und beim Schrägstromvergaser, der überwiegend bei Hochleistungsmotoren Einsatz fand, schräg nach unten angeordnet.

Der gesteigerte Luftmassendurchsatz bei Mehrzylindermotoren wird durch Doppel- oder Registervergaser abgedeckt. Insbesondere Registervergaser weisen im Teillastbetrieb hinsichtlich der Zerstäubung Vorteile auf, da in weiten Bereichen nur eine Vergaserstufe wirkt und die Öffnung der zweiten Stufe erst bei höheren Luftmassendurchsätzen meist unterdruckgesteuert erfolgt.

5.1.1 Einfacher Kraftfahrzeug-Vergaser

Der schematische Aufbau eines Einfach-Vergasers ist in Abb. 5.2 dargestellt. An Hand dessen erfolgt im Weiteren eine Erläuterung der wesentlichen Grundfunktionen.

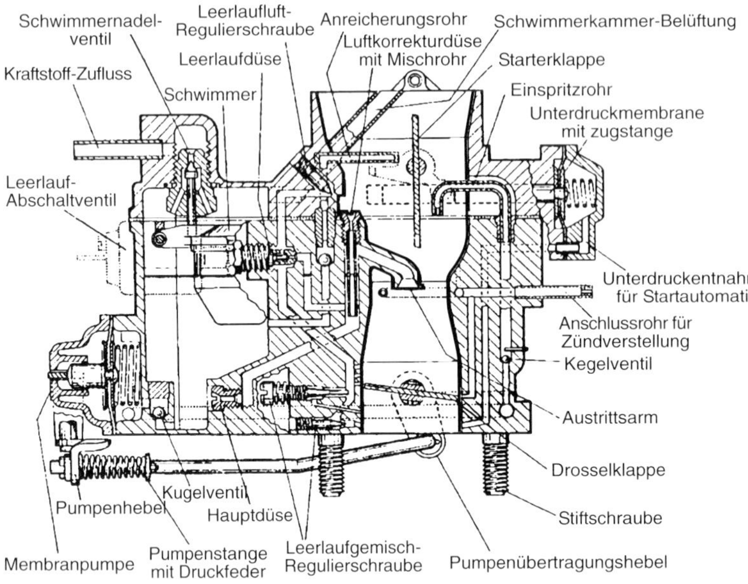

Abb. 5.2. Schema eines Fallstromvergaser (Solex 30 PICT-2) [5.1]

Konstanthaltung des Kraftstoffniveaus

Der von der Kraftstoffpumpe in das Schwimmergehäuse geförderte Kraftstoff wird bei Fahrzeugvergasern durch eine Einrichtung bestehend aus Schwimmer und Schwimmernadelventil derart gesteuert, dass das Kraftstoffniveau konstant bleibt. Für die Auslegung der Niveauregulierung ist es daher wichtig, die im Betrieb auftretenden Störgrößen auf das Schwimmersystem zu berücksichtigen, um gleichmäßiges Zumessverhalten zu erzielen. Unter diese Störgrößen fallen etwa die Trägheitskräfte bei Kurvenfahrt, bei Beschleunigungen und Verzögerungen, der Einfluss der Lage des Fahrzeuges insbesondere bei seitlicher Schräglage oder bei Steigungen in Längsrichtung und Störgrößen vom Kraftstoffsystem selbst, wie etwa Schwingungen und Ähnliches. Neben der Niveau-Regulierung durch ein Schwimmersystem sind auch noch Regulierungen durch Überlauf- und Membransysteme bekannt.

Hauptdüsensystem

Im Normalbetrieb wird die Gemischzusammensetzung über das Hauptdüsensystem (siehe Vergasergleichung 4.9) bestimmt. Die Kraftstoffgrundmenge wird über die Hauptdüse dosiert, die Luftgrundmenge über die Venturidüse (Lufttrichter). Die Luftkorrekturdüse wirkt als Ausgleichsdüse, die einer Anfettung des Gemisches bei steigendem Luftdurchsatz entgegenwirkt. Steigt der Unterdruck im Lufttrichter, erfolgt ein Absinken des Kraftstoffspiegels im mit radialen Bohrungen versehenen Mischrohr, wodurch mehr Luft dem angesaugten Kraftstoff zugegeben werden kann. Damit kann das unterschiedliche Durchströmungsverhalten der Venturi- und Hauptdüse teilweise ausgeglichen werden (siehe Abb. 4.13). Die Übergabe des aus dem Mischrohr austretenden Gemisches an die Ansaugluft erfolgt im Lufttrichter über einen Austrittsarm oder auch über einen so genannten Vorzerstäuber, der eine bessere Aufbereitung des Kraftstoffes durch eine gezielte Strömungsführung im Mündungsbereich des Gemisches ermöglicht.

Leerlaufsystem

Bei weitgehend geschlossener Drosselklappe kann infolge des fehlenden Unterdruckes im Lufttrichter kein Kraftstoff über das Hauptdüsensystem gefördert werden, sodass ein zweites unabhängiges Düsensystem diesen Motorbetriebsbereich abdecken muss. Der Kraftstoff wird der Leerlaufluft über die Leerlaufdüse zugemessen, die bei neueren Vergasern elektrisch verschließbar ausgeführt ist. Die mengenmäßige Zumessung des Gemisches erfolgt über eine oder mehrere Leerlaufgemischregulierschraube(n). Die Einstellung der Leerlaufdrehzahl erfolgt über die Anstellung der Drosselklappe, womit die angesaugte Luftmenge dosiert wird.

Übergangsystem (Bypass-System)

Das Übergangsystem verbessert die Kraftstoffförderung beim Übergang vom Leerlaufbetrieb in den Normalbetrieb, bei dem die wesentliche Kraftstoffzumessung über die Hauptdüse erfolgt. Durch die Bypass-Bohrung(en) im Bereich unmittelbar stromauf der Drosselklappe wird das Leerlaufsystem im Leerlaufbetrieb belüftet. Bei zunehmender Drosselklappenöffnung hört zunächst die Belüftung auf und mehr Kraftstoff wird über das Leerlaufsystem angesaugt. Bei weiterer Öffnung der Drosselklappe wird Gemisch auch über die Bypass-Bohrung(en) an die Ansaugluft abgegeben.

Anreicherungssystem

Anreicherungssysteme bieten eine zusätzliche Möglichkeit, das Vergaserverhalten abzustimmen. Meist wird die Hauptdüse für die Teillast optimal ausgelegt und die erforderliche Gemischmenge für den Volllastbetrieb durch ein Anreicherungssystem bereitgestellt. Die Kraftstoffzumessung erfolgt bei einfachen Systemen über eine kalibrierte Bohrung (Anreicherungsdüse) im Anreicherungsrohr, bei aufwändigeren Ausführungen über ein schaltbares Anreicherungsventil im Hauptdüsensystem.

Beschleunigungsanreicherung

Um genügend Kraftstoff für den Beschleunigungsvorgang, einerseits für eine optimale Luftzahl des Gemisches und andererseits zum Aufbau des Wandfilms, kurzfristig zur Verfügung zu stellen, wird meist eine mechanisch betätigte Beschleunigungspumpe verwendet. Über Pumpengestänge und -hebel wird eine Membranpumpe betätigt, die den zusätzlich benötigten Kraftstoff über das Einspritzrohr der Ansaugluft zugibt.

Starteinrichtung

Der beim Startvorgang erzeugte Unterdruck im Saugrohr reicht nicht aus, die erforderliche Gemischmenge bereitzustellen, weder über das Hauptdüsensystem noch über das Leerlaufsystem. Meist wird zwischen Luftfilter und Lufttrichter eine Starterklappe (Vordrossel) angeordnet, die den Bereich des Unterdruckes stromaufwärts über den Lufttrichter hinweg verlegt und somit eine Gemischzumessung über das Hauptdüsensystem ermöglicht. Die Betätigung der Starterklappe (Choke) bei gleichzeitig leicht geöffneter Drosselklappe erfolgt von Hand über Kabelzug oder durch automatische Einrichtungen, die temperatur- und unterdruckabhängig die Einstellung der Starterklappe vornehmen.

5.1.2 Elektronischer Vergaser

Die Entwicklung der elektronischen Vergaser erfolgte, um die mechanisch nur noch schwer darstellbaren Verfeinerungen der Zumessfunktion des Vergasers wie etwa beim und nach dem Kaltstart oder die Lambda-Regelung bewerkstelligen zu können. Die grundlegenden mechanischen Systeme des Vergasers wie Hauptsystem und Vordrossel, Leerlauf- und Übergangssystem, Schwimmersystem und Drosselklappe bleiben unverändert, jedoch werden Stelleingriffe auf die Drosselklappe und Vordrossel durch elektrische Aktuatoren realisiert, die ihrerseits über ein elektronisches Steuergerät angesteuert werden.

5.1.3 Gleichdruckvergaser

Der Gleichdruckvergaser ist ein Vergaser mit veränderlichem Lufttrichterquerschnitt, bei dem sich die Größe des freigegebenen Luftquerschnittes an der erforderlichen Ansaugluftmenge einstellt. Die Steuerung des Lufttrichterquerschnittes erfolgt über einen Kolben, der auf der Hinterseite eine mit einer Membran abgedichtete Unterdruckkammer aufweist, die ihrerseits über eine Ausgleichsbohrung mit dem Trichterquerschnitt in Verbindung steht (Abb. 5.3).

Bei Öffnung der Drosselklappe sinkt der Unterdruck infolge eines höheren Luftdurchsatzes und der Unterdruck hebt gegen den Widerstand der Kolbenfeder den Kolben an. Der Kraftstoff strömt durch Hauptdüse, Düsenhalter und Nadeldüse, die im unteren Bereich als Mischrohr ausgebildet sein kann. Die Kraftstoffdosierung erfolgt durch die Nadeldüse, deren kegelförmig ausgebildete Nadel im Kolben befestigt ist. Die Anwendung von Gleichdruckvergasern beschränkt sich heutzutage auf Motorräder.

5.1.4 Schiebervergaser

Bei kleinvolumigen Moped- und Motorradmotoren kommen heute noch sehr einfache Schiebervergaser zum Einsatz. Der seilzugbetätigte Schieber gibt den Vergaserdurchlass, der auch gleichzeitig der Lufttrichterquerschnitt ist, frei und bestimmt daher die angesaugte Gemischmenge (Abb. 5.4).

Über das Zusammenspiel von Hauptdüse, Nadeldüse und Düsennadel wird die Gemischzusammensetzung im Normal- und Volllastbetrieb bestimmt, während im Leerlauf die Einstellung der

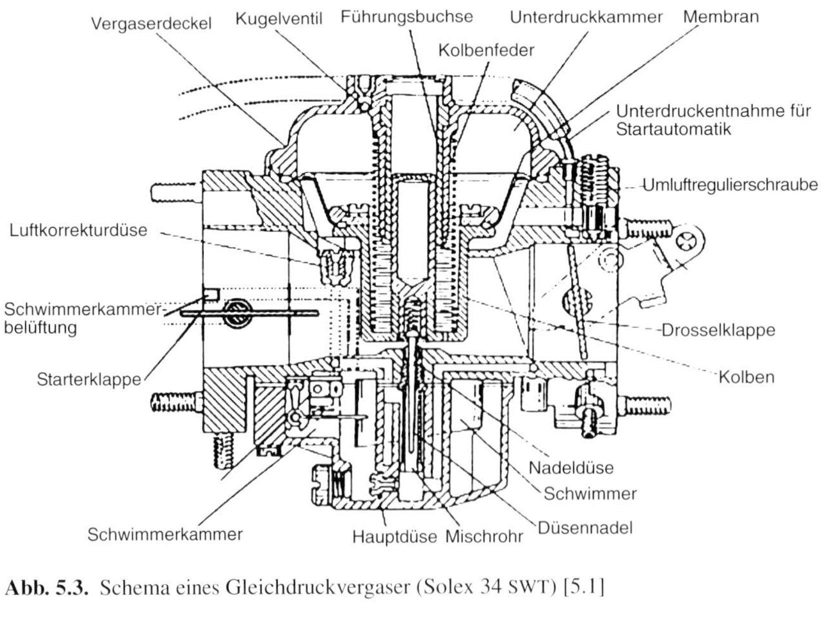

Abb. 5.3. Schema eines Gleichdruckvergaser (Solex 34 SWT) [5.1]

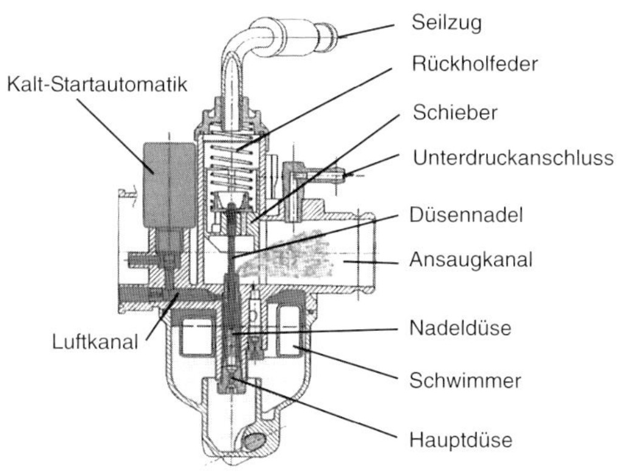

Abb. 5.4

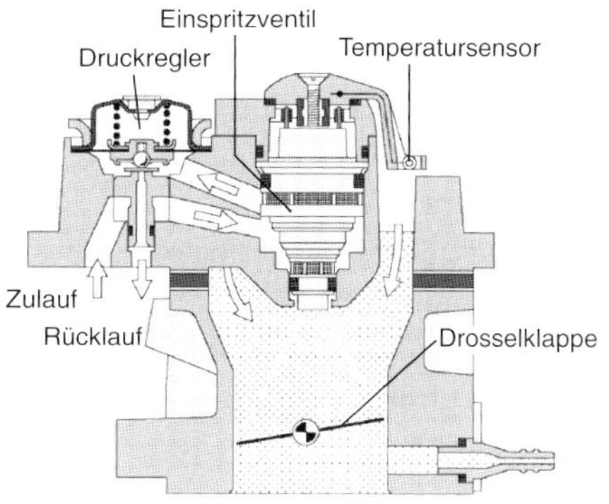

Abb. 5.5

Abb. 5.4. Schiebervergaser für Zweiradanwendung [5.2]

Abb. 5.5. Schema eines Einspritzaggregates für Zentraleinspritzung (Bosch) [5.3]

Luftzahl über die Leerlaufdüse und Luftregulierschraube erfolgt. Die Leerlaufdrehzahl selbst wird mittels Gasschieberstellschraube eingestellt, die den durch den Schieber freigegebenen Mindestquerschnitt definiert.

5.2 Zentraleinspritzung

Bei der Zentraleinspritzung (SPI, single-point injection) ist das elektronisch angesteuerte Einspritzventil an zentraler Stelle unmittelbar vor der Drosselklappe angebracht. Die Strahlform des Einspritzventils ist derart angepasst, dass in den Bereich zwischen Drosselklappe und Gehäuse des Einspritzaggregates gespritzt wird und damit eine sehr gute sekundäre Zerstäubung infolge der hohen lokalen Luftgeschwindigkeiten realisiert werden kann (Abb. 5.5).

Typische Einspritzdrücke liegen zwischen 0,7–1,2 bar und werden durch ein im Einspritzaggregat integriertes mechanisches Kraftstoffdruckregelsystem konstant gehalten. Infolge dieses geringen Kraftstoffdruckes und möglicher Dampfblasenbildung ist die Durchströmung des Einspritzventils absolut notwendig. Die Grundeinspritzmenge, die intermittierend in der Frequenz der Zündfolge eingespritzt wird, wird als Funktion der Motordrehzahl und Motorlast (Drosselklappenwinkel, Saugrohrdruck oder Luftmasse) aus Kennfeldern interpoliert, die im Motorsteuergerät hinterlegt sind. Die unbefriedigende Dynamikfähigkeit der Zentraleinspritzung führte zu deren Ablösung durch die Einzelzylindereinspritzung (MPFI, multipoint fuel injection).

5.3 Saugrohr-Einzeleinspritzung

Die heute gängige Kraftstoffeinbringung erfolgt zylinderselektiv durch Einspritzen des Kraftstoffes in den Einlasskanal unmittelbar vor das oder die Einlassventile. Während für Motoren mit jeweils nur einem Einlassventil pro Zylinder eine kegelförmige Einspritzstrahlstruktur zum Einsatz kommt, werden bei Mehrventilmotoren die Einspritzstrahlen derart angeordnet, dass die austretenden Strahlen jeweils ein Einlassventil versorgen.

5.3.1 Aufbau eines Saugrohr-Einspritzventils

Ein modernes Saugrohreinspritzventil besteht im Wesentlichen aus einem Ventilgehäuse mit elektrischem Anschluss und zugehöriger Stromspule, einer federvorgespannten längsbeweglichen Ventilnadel mit formschlüssig angebundenen Magnetanker und einem Ventilsitz mit Spritzlochscheibe (Zumessplatte) (Abb. 5.6).

Der unter Druck (2,5–5 bar) stehende Kraftstoff wird aus dem Kraftstoffverteilrohr („Rail") entnommen und strömt über ein in den Einlaufbereich des Injektors eingeschobenes Filtersieb, das das Einspritzventil vor Verschmutzung schützt. Die Abdichtung erfolgt normalerweise über einen O-Ring, für extrem emissionsarme Motoren werden auch O-ringlose Verschraubungen zwischen Kraftstoffverteilrohr und Injektoren eingesetzt. Bei nicht bestromter Spule drücken der Kraftstoffdruck und die Feder die kugelförmige Ventilnadelspitze auf den meist kegelförmigen Ventilsitz und sorgen damit für eine Abdichtung zum Saugrohr hin. Bei Bestromung der Spule wird durch das indizierte Magnetfeld der Magnetanker inklusive Ventilnadel angezogen (50–100 µm), sodass Kraftstoff über den freigegebenen Ventilsitzquerschnitt ausströmen kann. Die Strahlausrichtung und -aufbereitung wird bei modernen Einspritzventilen durch die meist von außen auf den Ventilsitz aufgebrachte Spritzlochscheibe (Zumessplatte) mit ihren Spritzlöchern bestimmt.

5.3.2 Zumessung und Aufbereitung

Spritzlochzumessung

Das heute überwiegend angewendete Zerstäubungsprinzip beruht auf der Druckzerstäubung an Mehrlochdüsen, deren Löcher in der Spritzlochscheibe integriert sind. Die Anordnung und Ausrichtung der Spritzlöcher ermöglicht eine weitgehende Anpassung der entstehenden Strahlstruktur an die Erfordernisse des Motors.

Die Qualität der primären Zerstäubung hängt in hohem Maße von der Spritzlochanzahl und dem damit verbundenen Einzellochquerschnitt und dem treibenden Kraftstoffdifferenzdruck ab (Abb. 5.7).

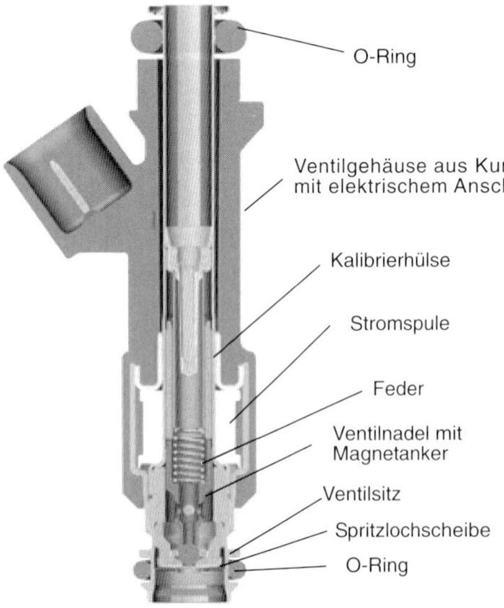

Abb. 5.6. Aufbau eines modernen Saugrohreinspritzventils (Delphi)

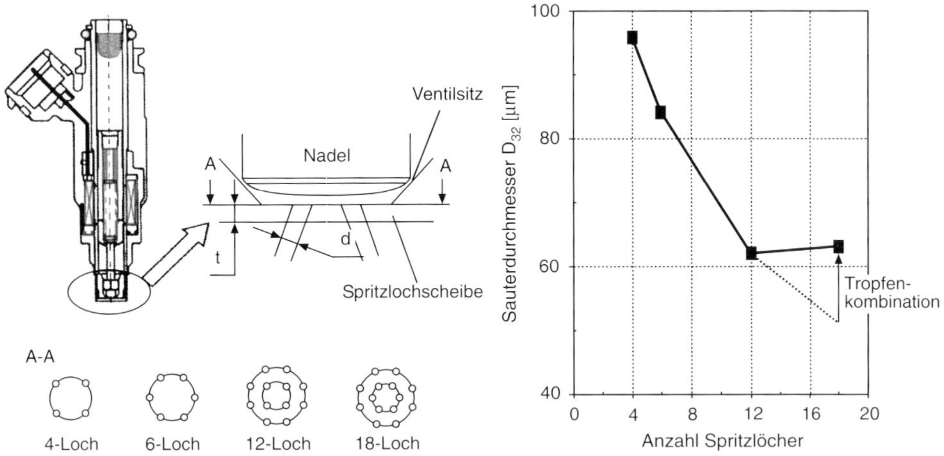

Abb. 5.7. Einfluss der Spritzlochanzahl auf Tropfengröße [5.5]

Die Spritzlochanzahl ist in den letzten Jahren kontinuierlich gestiegen, wobei die minimalen Lochdurchmesser im Bereich von 0,10 mm liegen. Ein weiterer wichtiger Parameter ist das Verhältnis zwischen Lochdurchmesser und Länge des Spritzloches (Durchmesser-Längen-Verhältnis), welches für gute Zerstäubung möglichst groß sein sollte. Durch eine gezielte Bearbeitung des mündungsseitigen Spritzloches mittels eines Erodierprozesses (beispielsweise eine Anfasung) kann bei gegebener Spritzlochscheibendicke durch das größere Durchmesser-Längen-Verhältnis eine erhebliche Zerstäubungsverbesserung erzielt werden. Daneben kann noch durch gezielte Strömungsbeeinflussung im Ventilsitzbereich unmittelbar vor der Spritzlochscheibe, wie zum Beispiel durch Strömungsumlenkung mit damit verbundener Turbulenzerhöhung und symmetrischem Einströmen, das primäre Strahlaufbruchsverhalten verbessert werden. Die Strömungsumlenkung lässt sich über eine geeignete Gestaltung des Ventilsitzbereiches, der Nadelspitzengeometrie und des Totvolumens [5.6], aber auch durch mehrschichtig aufgebaute Spritzlochscheiben erzielen [5.7–5.9].

Neben der Optimierung des Düsendesigns ermöglicht eine Erhöhung des Einspritzdruckes eine merkliche Verkleinerung des Tropfenspektrums (Abb. 5.8) und eine entsprechende Verkürzung der Einspritzdauer, die insbesondere beim Kaltstart Emissionsvorteile bietet.

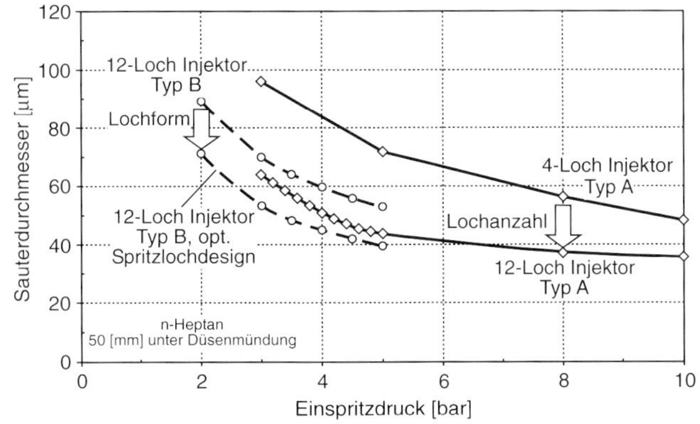

Abb. 5.8. Einfluss des Einspritzdrucks auf Zerstäubungsgüte [5.5]

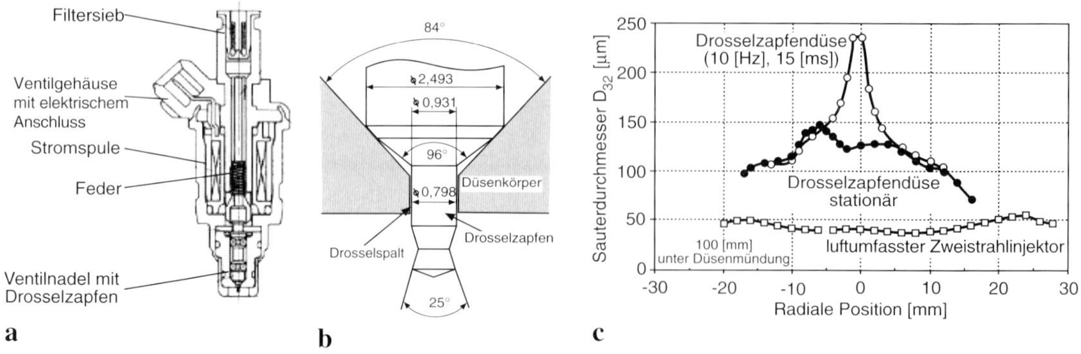

Abb. 5.9. Gemischaufbereitung mit Drosselzapfendüse: **a** Systemlayout [5.10], **b** Düsendetail [5.10], **c** Beispiel für Aufbereitungsverhalten [5.11]

Bezogen auf gleiche Durchflussrate ist eine zusätzliche Verbesserung der Zerstäubung erzielbar, da diese Anpassung über eine Verkleinerung der einzelnen Spritzlochquerschnitte erfolgen kann.

Drosselzapfen-Ringspaltzumessung

Mit einer ebenfalls nach innen öffnenden Ventilnadel arbeitet die Drosselzapfendüse, deren Name von der zapfenförmigen Verlängerung der Ventilnadel herrührt (Abb. 5.9 a). Die Zumessung und Aufbereitung wird durch den im Spritzloch während der Einspritzung verbleibenden Drosselzapfen bewerkstelligt. Die Form des Drosselzapfens und die Spaltdicke bestimmen die Ausbildung und Charakteristik des Einspritzstrahles (Abb. 5.9 b). Während sich bei stationärem Durchströmen annähernd ein Hohlkegelstrahl unmittelbar unterhalb des Drosselzapfens ausbildet, führt bei getaktetem Einspritzen die Öffnungs- und Schließphase der Ventilnadel zu einer verhältnismäßig ungünstigen Aufbereitung insbesondere im Kernbereich des Einspritzstrahles (Abb. 5.9 c).

Der geometrische Aufbau und die axiale Bewegung der Ventilnadel ergeben ein rotationssymmetrisches Strahlbild in Achsenrichtung des Injektors. Sehr sensibel reagiert die Tropfengrößenverteilung auf die Toleranz der Zentrierung und die sich daraus ergebende Spaltgrößenverteilung entlang des Umfangs des Drosselzapfens.

Drallaufbereitung

Bei der Zerstäubungstechnik mittels Drall wird dem Kraftstoff unmittelbar vor dem Ventilsitz ein hoher Drallimpuls aufgeprägt, der beim Verlassen des Spritzloches zur Ausbildung eines flüssigen Hohlkegelmantels führt, welcher dann infolge von Instabilitäten und Oberflächenwellen weiter in Tropfen zerfällt. Die Stärke des erzeugten Drehimpulses bestimmt die Ausbildung des Kegelwinkels und die Qualität der Aufbereitung. Mit einem Adapter, der unmittelbar vor dem Drallinjektor angebracht wird, können auch zweitstrahlige Strahlstrukturen dargestellt werden [5.12]. Da dieses Prinzip der Strahlaufbereitung bei Injektoren für Direkteinspritzung sehr oft zur Anwendung gelangt, erfolgt eine genauere Beschreibung in Abschn. 5.4.1.

Einspritzventil mit Luftumfassung

Eine weitere sehr wirkungsvolle zusätzliche Verbesserung der Zerstäubung kann mit Hilfe von intensiver Luftströmung erzielt werden, die entweder durch eine eigene Luftdruckversorgung

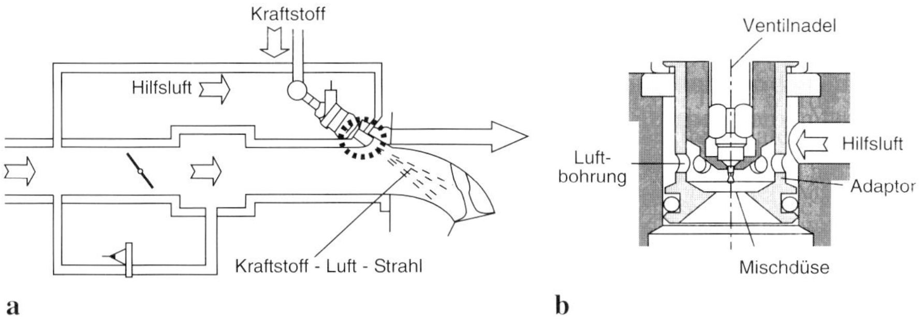

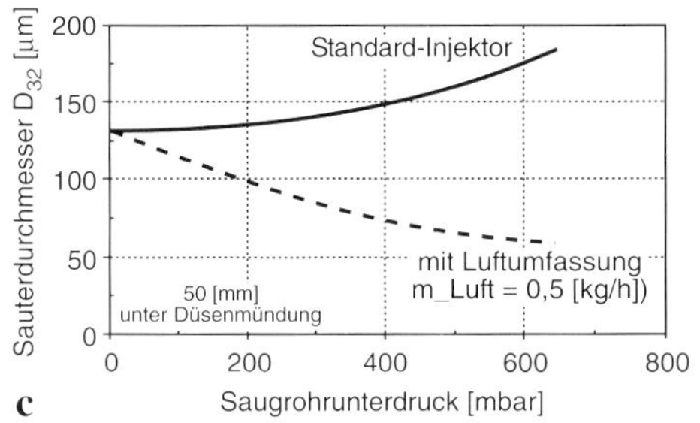

Abb. 5.10. Gemischaufbereitung mit Luftumfassung: **a** Systemlayout [5.13], **b** Düsendetail [15.13], **c** Beispiel für Aufbereitungsverbesserung [5.8]

oder aber aus dem Saugrohrunterdruck generiert wird. Dabei wird die Hilfsluft zur Unterstützung der Zerstäubung aus dem Ansaugsystem vor der Drosselstelle entnommen und direkt an die Düsenmündung des am Einspritzventil angebrachten Adapters herangeführt (Abb. 5.10a, b).

Die an der Mischdüse herrschenden hohen Gasgeschwindigkeiten und -turbulenzen unterstützen die Zerstäubung sehr nachhaltig, wobei sich bei steigender Last (abnehmender Drosselung) die Wirkung der Luftumfassung verringert (Abb. 5.10c).

Das System der Luftumfassung kann grundsätzlich unabhängig vom Prinzip der primären Zerstäubung angewandt werden. Eine breite Einführung scheiterte bislang wegen der höheren Systemkomplexität, der sich mit dem Unterdruck verändernden Strahleigenschaften und wegen der höheren Kosten in Relation zum sich ergebenden Nutzen.

Alternative Aufbereitung

Neben den bereits dargestellten Methoden der Aufbereitung gibt es noch eine ganze Menge weiterer Ansätze, von denen hier nur noch zwei kurz beschrieben werden, die allerdings den Weg in die Serie noch nicht gefunden haben.

Eine sehr wirkungsvolles Verfahren, die Aufbereitungsgüte erheblich zu verbessern, besteht in der Aufheizung des Kraftstoffes, sodass es beim Einspritzvorgang an der Injektormündung selbst zu einem schlagartigen Verdampfen der leichtsiedenden Kraftstoffkomponenten kommt („Flash-Boiling"). Je höher die Kraftstofftemperatur ist, desto wirkungsvoller ist der Aufbereitungsvorgang, wobei jedoch Voraussetzung ist, dass nach dem Drucksprung das Zweiphasengebiet (Nassdampf) der jeweiligen Kraftstoffkomponente erreicht wird [5.14].

Eine weitere interessante Methode zur Zerstäubung stellt die Ultraschallzerstäubung dar. Der über einen konventionellen Injektor zugemessene Kraftstoff wird in ein Gehäuse geleitet, aus welchem der Kraftstoff dann am Umfang eines mit einer Ultraschallfrequenz (40–80 kHz) oszillierenden Stabes herausgefördert wird. Je höher die Frequenz, desto kleiner das entstehende Tropfenspektrum, während der Strahlimpuls selbst vernachlässigbar gering bleibt [5.15].

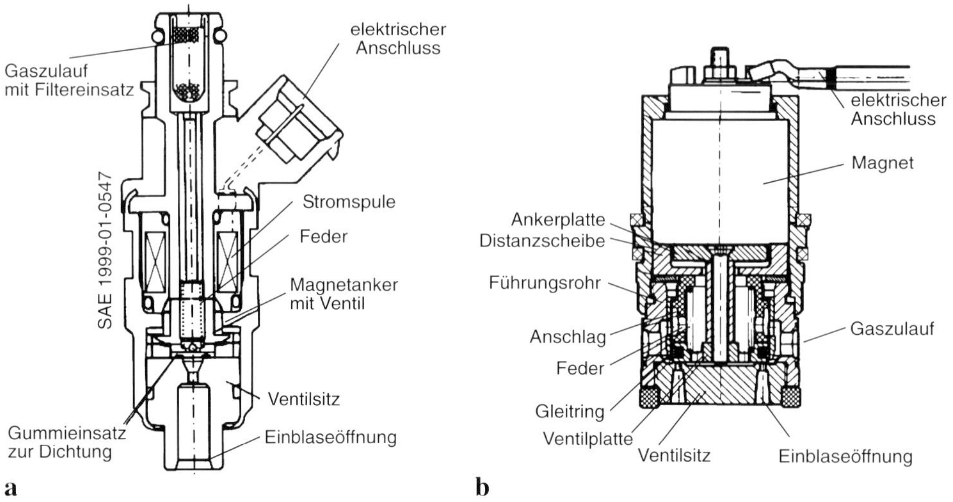

Abb. 5.11. Einblaseventile für gasförmige Kraftstoffe: **a** Einblaseventil für Erdgas (compresssed natural gas), **b** Einblaseventil für Wasserstoff [5.32]

5.3.3 Einblaseventil für gasförmige Kraftstoffe

Prinzipiell sind die bei der Gaseinblasung verwendeten Einblaseventile baugleich mit den Saugrohreinspritzventilen, lediglich die freien Strömungsquerschnitte im Ventil sind entsprechend den größeren volumetrischen Durchflusserfordernissen des Gases angepasst. Dem ebenfalls vergrößerten Ventilsitz ist keine Zerstäubungseinheit mehr nachgeschaltet, sodass sich unmittelbar an den Ventilsitz anschließend ein einziger Einblasestrahl (Abb. 5.11a) oder mehrere Einblasestrahlen (Abb. 5.11b) ausbilden. Der Systemdruck bei Erdgasmotoren liegt zwischen 4–8 bar, während bei der äußeren Gemischbildung mit Wasserstoff der Druck im Gasverteilrohr („Gasrail") bei heutigen Anwendungen zwischen 2–6 bar beträgt.

Für Wasserstoff ist auf Grund der geringeren Dichte der erforderliche Querschnitt vergleichsweise groß, weshalb hierzu schnell schaltende Magnetventile mit einer Ventilplatte, die mehrere einlasskanalseitige Bohrungen verschließt, zum Einsatz kommen.

5.3.4 Elektrische Ansteuerung und Durchflussverhalten

Die elektrische Energiebereitstellung zur Betätigung des Ankers und der Ventilnadel erfolgt direkt über die Batterie oder das Fahrzeugbordnetz, indem über eine On-Off-Endstufe der Injektor auf Masse kurzgeschlossen wird. Die Widerstandswerte der Stromspule im Injektor liegen einheitlich zwischen 10 und 15 Ω. Durch die elektrische Endstufe wird der Aufbau und Abbau des Magnetfeldes gesteuert, wobei auf geringe Öffnungs- und Schließzeiten der Ventilnadel geachtet wird (Abb. 5.12a). Die Entwicklungsbestrebungen in diesem Bereich zielen daher auf eine Verbesserung des Magnetkraftaufbaus und eine Reduktion der bewegten Massen (z. B.Ventilnadelmasse). Durch die beim Öffnen und Schließen relativ kleinen Flächen unterhalb der Nadelhubkurve ist es möglich, die Zumessung der Kraftstoffmasse direkt proportional über die Dauer des angelegten elektrischen Ansteuerimpulses zu steuern. Bei Saugrohreinspritzung wird

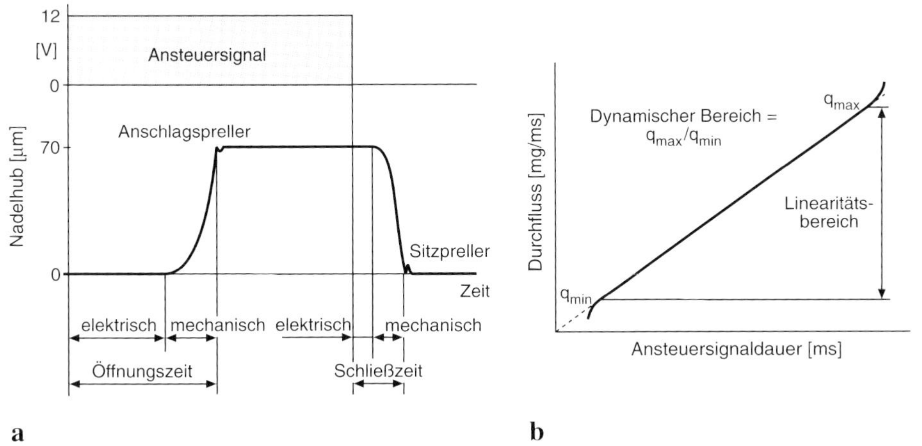

Abb. 5.12. Definitionen des Durchflussverhaltens eines Einspritzventils: **a** Nadelhubcharakteristik, **b** Durchflussverhalten (SAE J1832)

bei einer Wiederholrate von 10 ms (entspricht 100 Hz) das Ansteuersignal schrittweise verlängert und der jeweilige Durchfluss ermittelt (Abb. 5.12b).

Als dynamischer Bereich des Injektors (LFR, linear flow range) wird das Verhältnis zwischen maximalem und minimalem Durchfluss bezeichnet, bei denen gerade noch ein linearer Zusammenhang zur Ansteuersignaldauer besteht. Die lineare Kennlinie zwischen diesen beiden Punkten wird im Steuergerät abgelegt. Der Einfluss durch Öffnen und Schließen der Ventilnadel führt bei ganz kurzen Einspritzdauern zu erheblichen Abweichungen von der Linearität der Kennlinie und muss bei der Kleinstmengenauslegung des Einspritzventils für den jeweiligen Anwendungsfall berücksichtigt werden. Wird die Einspritzdauer weiter reduziert und die minimale Ansteuerzeit unterschritten, bewegt sich die Ventilnadel nur mehr im ballistischen Bereich und extreme inakzeptable Streuungen der zugemessenen Kraftstoffmenge können die Folge sein. Der minimale Kraftstoffverbrauch wird nicht im Leerlaufpunkt, sondern zum Beispiel im leichten Schubbetrieb oder während Tankentlüftungsvorgängen erreicht. Dabei ist die Linearität der Injektorkennlinie von untergeordneter Bedeutung; wichtig ist die Reproduzierbarkeit, um sowohl die Komfortansprüche des Kunden als auch die gesetzlichen Emissionsvorschriften zu erfüllen. Bei der Saugrohreinspritzung ergibt sich der erforderliche stationäre Durchflusswert des Injektors bei Systemdruck aus der maximalen Einspritzmenge und einer Einspritzdauer von maximal etwa 500° KW bei Nenndrehzahl, um in Verbindung mit dem Einströmvorgang günstige Bedingungen für die Gemischaufbereitung zu erhalten.

Die Injektorgröße wird meist möglichst klein gewählt, da im Allgemeinen mit sinkendem Stationärdurchfluss die Strahleigenschaften wie Tropfengrößen und Penetration immer günstiger für eine gute Gemischaufbereitung werden.

5.4 Benzin-Direkteinspritzung

Seit Mitte der 90er-Jahre des letzten Jahrhunderts werden verstärkt Injektoren für Pkw-Ottomotoren mit Direkteinspritzung entwickelt, wobei sich bislang noch keine einheitliche Zerstäubungstechnologie durchgesetzt hat. Es gibt daher eine Vielfalt sehr unterschiedlicher Einspritzven-

Tabelle 5.1. Klassifikationsmöglichkeiten bei Einspritzventilen für Direkteinspritzung [5.16]

Ventilbetätigung	einfach oder zweifach elektromagnetisch piezo-elektrisch hydraulisch mechanisch über Nocke
Bewegungsrichtung des Ventils	nach außen öffnend nach innen öffnend
Primärer Zerstäubungsmechanismus	Loch- oder Schlitzströmung Drallströmung Turbulenzströmung luft- oder gasunterstützt kavitationsunterstützt
Düsenkonfiguration	Drall Schlitz Mehrloch Kegelventil

tile für die Direkteinspritzung, weshalb eine Klassifizierung nach sehr unterschiedlichen Gesichtspunkten möglich ist (Tabelle 5.1).

Die zurzeit im Pkw-Bereich bereits in Serie oder in Serienentwicklung befindlichen Typen sind der Drall-, Schlitzloch- und Mehrlochinjektor mit elektromagnetischem Antrieb, der nach außen öffnende piezo-elektrisch und auch elektromagnetisch angetriebene Injektor und der ebenfalls nach außen öffnende luftunterstützte Injektor. Der vordere, dem Brennraum zugewandte Durchmesser der Einspritzdüse beträgt einheitlich etwas weniger als 8 mm.

Der zeitliche Einspritzbereich, der den statischen Durchfluss des Injektors definiert, ist bei der Direkteinspritzung deutlich stärker begrenzt als bei der Saugrohreinspritzung. Im Volllastbetrieb liegt der früheste Einspritzzeitpunkt im Bereich des oberen Totpunktes, endet im Bereich nach dem unteren Totpunkt und beträgt etwa maximal 180° KW. Zu frühes Einspritzen führt zu höheren HC-Emissionen und zu übermäßiger Kolbenwandbenetzung, die in weiterer Folge hohe Rußemissionen verursacht. Bei sehr spätem Einspritzende beim oder nach dem Einlassschließen gelingt es nicht mehr, den eingespritzten Kraftstoff vollständig zu homogenisieren, was zu ansteigenden CO-, HC- und Rußemissionen führt. Bei Einspritzstrahlen mit großer Penetration ist die Interaktion mit der Einlassströmung zu beachten, weil damit der Kraftstoffeintrag ins Motoröl über mögliche Zylinderwandbenetzung beeinflusst werden kann. Zusätzlich ist auch noch die Einspritzsituation beim Kaltstart mit dem Kraftstoffdruck des Vordrucksystems zu berücksichtigen. Ist die Hochdruckpumpe bei der niedrigen Startdrehzahl nicht in der Lage, die erforderliche Kraftstoffmenge bei höherem Druck zur Verfügung zu stellen, muss jedenfalls sichergestellt sein, dass die Einspritzdauer beendet ist, bevor der Verdichtungsdruck den Kraftstoffvordruck überschreitet und Brennraumgas in den Injektor eintreten kann. Vorteilhaft ist jedenfalls der geringere Kraftstoffbedarf für Direkteinspritzmotoren im Kaltstart, da kein Kraftstoff im Saugrohrwandfilm abgelagert wird und daher die erforderlichen Einspritzmengen im Kaltstart um bis zu 30% unter denen vergleichbarer Saugrohreinspritzmotoren liegen [5.17]. Die minimal erforderliche Einspritzmenge wird über die gleichen Betriebsbedingungen wie bei der Saugrohreinspritzung definiert.

5.4.1 Drallinjektor

Es handelt sich hier um ein nach innen öffnendes elektromagnetisch angetriebenes Ventil mit einem Drallerzeuger zur Zerstäubung, das eine weite Verbreitung gefunden hat [5.18–5.21]. Der Aufbau und die Funktion sind sehr ähnlich dem eines Saugrohreinspritzventils (Abb. 5.13 a). Der axial im Injektor zuströmende Kraftstoff erfährt eine Tangentialkomponente, die in weiterer Folge zu einer mehr oder weniger starken Drallströmung im Spritzloch führt. Von den unterschiedlichen Möglichkeiten, dem Kraftstoff den erforderlichen Drehimpuls aufzuprägen, hat sich das tangentiale Zuströmprinzip durchgesetzt (Abb. 5.13 b).

Je nach Herstellungsprozess ergeben sich leicht unterschiedliche, meist mehrteilige Drallerzeugermodule, wobei die erforderliche Drallintensität zum Darstellen der gewünschten Strahlform und der Durchfluss letztlich über die genaue Form und Querschnittsverläufe entscheiden (Abb. 5.14). Ein zur Injektorachse schräg spritzender Strahl wird über die Spritzlochausrichtung dargestellt (Abb. 5.14 a), wobei sich Knickwinkel von bis zu maximal 25° gegenüber der Injektorachse realisieren lassen.

Das typische Strahlbild eines Drallinjektors ist in Abb. 5.15 abgebildet. Die jeweilige Anwendung definiert den erforderlichen Kegelwinkel, der bei Umgebungszustand zwischen 30–105° liegt und sich bei steigendem Gegendruck verringert und den Strahl stärker bündelt. Die Größe des Vorstrahles und das Auftreten von Nachspritzern auf Grund von Sitzprellern sind konstruktionsbedingt und können über entsprechendes Design weitgehend vermieden werden.

Unsymmetrische Strahlformen können über unterschiedliche Führungslängen im Spritzloch dargestellt werden (Abb. 5.16). Die jeweils längste Führung im Spritzloch ergibt die geringste Ablenkung des Einspritzstrahles. Nachteilig ist allerdings eine über den Umfang des Kegelstrahles einhergehende unsymmetrische Zerstäubungsqualität.

Da die Einspritzzeiten eines Direkteinspritzventils stärkere Einschränkungen als die Einspritzzeiten von Saugrohreinspritzdüsen aufweisen, ist die elektrische Ansteuerung entsprechend komplexer ausgeführt. Die Einspritzventilendstufe ist stromgeregelt, sodass am Beginn des Einspritzvorganges nach einer Vormagnetisierungsphase ein hoher Strom zum schnellen Öffnen des Ventils

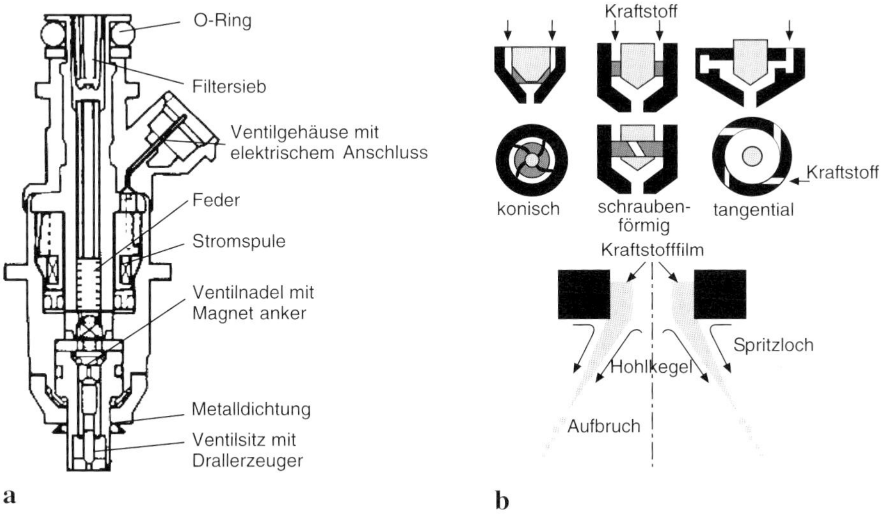

Abb. 5.13. Drallinjektor für Direkteinspritzung: **a** schematischer Aufbau [5.18], **b** Prinzipien für Drallerzeugung [5.22]

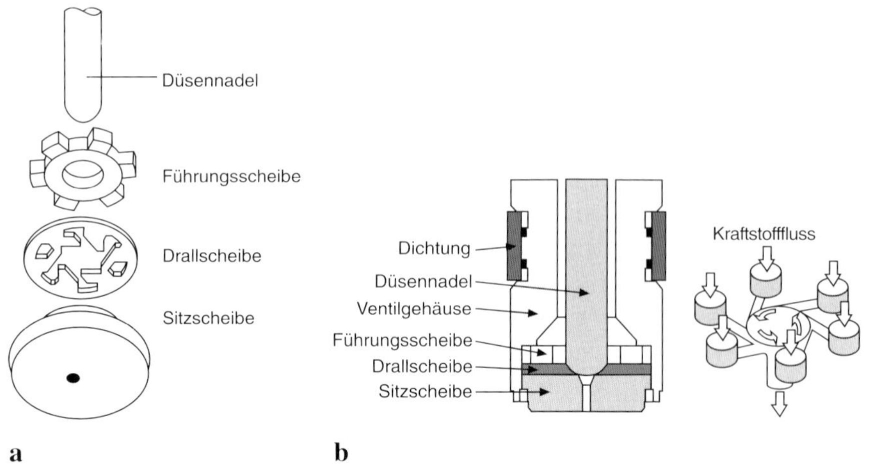

Abb. 5.14. Ausgeführte Beispiele zur Drallerzeugung: **a** Bosch HDEV [5.3], **b** Siemens Deka DI [5.20]

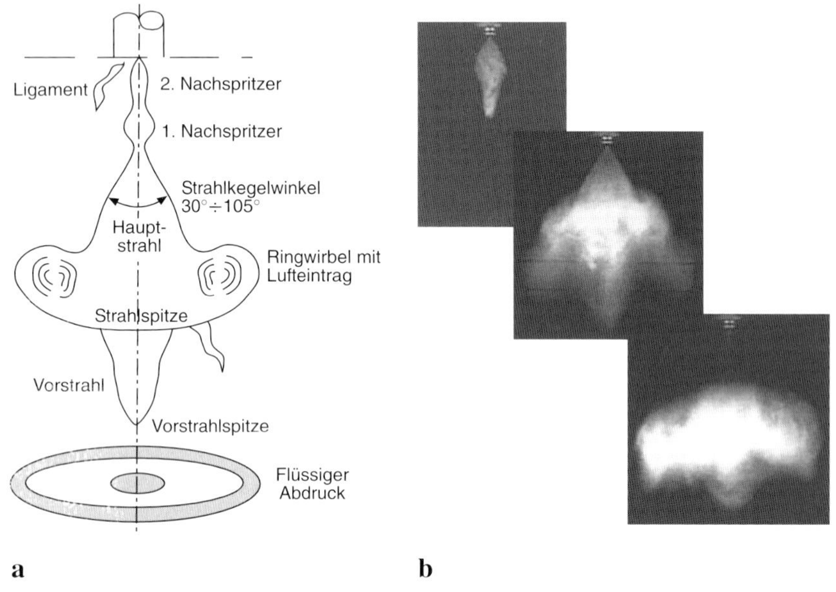

Abb. 5.15. Strahlcharakteristik eines DI-Drallinjektors: **a** schematische Strahldarstellung [5.16], **b** zeitliche Strahlentwicklung

bereitgestellt werden kann, der dann in der offenen Stellung des Ventils auf einen geringeren Ansteuerstrom abgesenkt werden kann. Wie schon bei den Saugrohreinspritzventilen ergibt sich bei konstantem Ventilnadelhub eine zur Einspritzdauer proportionale Einspritzmenge (Abb. 5.17), wobei die minimalen Einspritzdauern für elektromagnetischen Antrieb im Bereich von etwa 0,5–0,8 ms liegen. Da die zeitliche Eingrenzung der maximalen Einspritzdauer im Wesentlichen durch den Ansaugvorgang gegeben ist, sollte für Direkteinspritzventile im Gegensatz zu den Saugrohreinspritzventilen für die Definition des dynamischen Bereiches eine fixe obere Ansteuerdauer (beispielsweise 5 ms) gewählt werden.

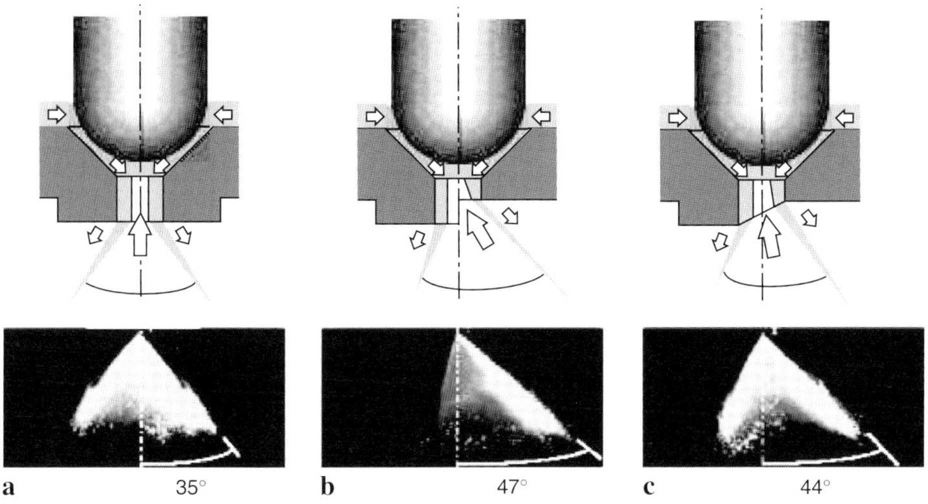

Abb. 5.16. Darstellung eines unsymmetrischen Strahles mit Drallinjektor [5.23]: **a** konventionelle Dralldüse, **b** L-Typ-Düse, **c** Kegel-Typ-Düse

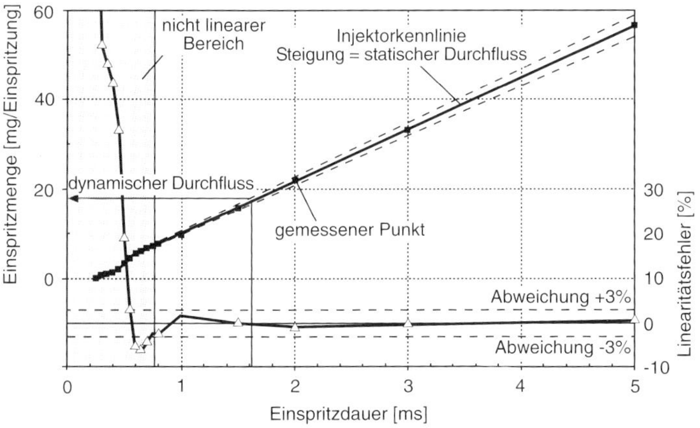

Abb. 5.17. Durchflussdiagramm für einen elektromagnetisch angetriebenen Drallinjektor

5.4.2 Injektor mit Mehrlochdüse

Die höchste Flexibilität hinsichtlich der Strahlgestaltung ermöglicht die Mehrlochdüse, bei der durch die Anzahl und Anordnung der Spritzlöcher der sich ergebende Einspritzstrahl optimal an die Erfordernisse des jeweiligen Brennverfahrens angepasst werden kann. Die Zerstäubungsqualtität wird wie bei Dieselinjektoren überwiegend durch die Strahlaustrittsgeschwindigkeit und den treibenden Kraftstoffdruck bestimmt. Die Spritzlochanzahl variiert je nach Düsenkonzept zwischen 6 und 10 (im Einzelfall bis zu 36). Die Düsengestaltung selbst ist durchaus sehr unterschiedlich (Abb. 5.19). Typisch allerdings ist das Totvolumen zwischen Ventilsitz und Spritzlochaustritt, wobei die Sitzlochdüse (Abb. 5.19b) das geringste Volumen aufweist. Der in diesem Schadraum nach dem Schließen der elektromagnetisch angetriebenen Ventilnadel gespeicherte Kraftstoff dampft über die Spritzlöcher in den Brennraum aus. Zurückbleibende Reste können zur Verkokung

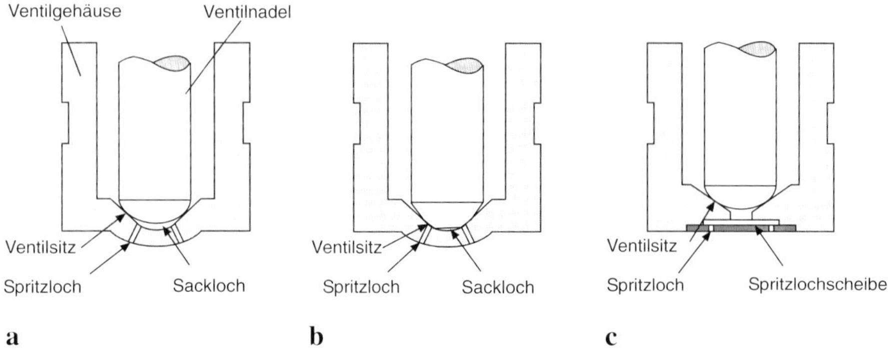

Abb. 5.18. Düsenformen bei Mehrlochinjektoren: **a** Sacklochdüse, **b** Sitzlochdüse, **c** Turbulenzdüse [5.24]

der Düse führen, weshalb eine Minimierung dieses Volumens anzustreben ist.

Durch besondere Gestaltung des Spritzlochverlaufs wie etwa Anfasung oder auch nach außen abgestufte Bohrung gelingt es, durch die kürzere Führungslänge im Spritzloch eine verbesserte Zerstäubung und eine geringere Penetration des Kraftstoffstrahles zu erreichen. Der Einsatz einer Turbulenzdüse verbessert zwar das Zerstäubungsverhalten, hat aber den Nachteil eines relativ großen verkokungsanfälligen Totvolumens.

5.4.3 Injektor mit Schlitzdüse

Eine weitere Möglichkeit, einen unsymmetrischen Strahl zu erzeugen, besteht im Einsatz einer Schlitzdüse. Während der Antrieb der Düsennadel wiederum konventionell elektromagnetisch erfolgt, wird der Differenzkraftstoffdruck nach dem Ventilsitz zwischen dem Sackloch und der Umgebung in einer sich nach außen erweiternden Schlitzöffnung (Abb. 5.19a, b) abgebaut. Die sich im Sackloch ausbildende Strömung hängt sehr stark von der Sitz- und Nadelgeometrie und der Sacklochgeometrie selbst ab (Abb. 5.19c). Im Einlaufbereich der divergierenden Düse entsteht Kavitation, die in weiterer Folge die Zerstäubung positiv beeinflusst. Der primäre Strahlzerfall selbst erfolgt über Oberflächenwellen an der sich aus der Düse herausbildenden Flüssigkeitslamelle, deren Dicke etwa die Hälfte der Schlitzdicke beträgt. Die Lamelle löst sich weiter in Ligamente auf, welche ihrerseits in Tropfen zerfallen (Abb. 5.19d). Das resultierende Tropfenspektrum ist allerdings etwas größer als das bei einer vergleichbaren Dralldüse.

5.4.4 Nach außen öffnende Düse

Ein ebenfalls bewährtes Zerstäubungskonzept bietet die nach außen öffnende Düse, die einen flüssigen Hohlkegelstrahl mit einer vergleichsweise großen Oberfläche erzeugt. Die Dicke des Hohlkegelstrahls wird am Düsenaustritt durch den Ventilhub bestimmt und nimmt stromabwärts infolge der Massenerhaltung immer mehr ab, bis der Zerfall in Tropfen einsetzt. Das erzielbare Tropfenspektrum, der Strahlwinkel und die Penetration können durch den nach außen erfolgenden Nadelhub sowie die Geometrie der Nadel und des Ventilsitzes gesteuert werden.

Eine zusätzliche Möglichkeit bietet ein Drallerzeuger stromauf der Düsenmündung, die eine weitere Reduktion der Tropfengröße unterstützt. Im Gegensatz zum Drallinjektor, der ebenfalls einen Hohlkegelstrahl generiert, ergibt sich beim Öffnen und Schließen auf Grund des kleineren Ventilspaltes eine ausgezeichnete Zerstäubungsqualität. Die größte Herausforderung stellt die

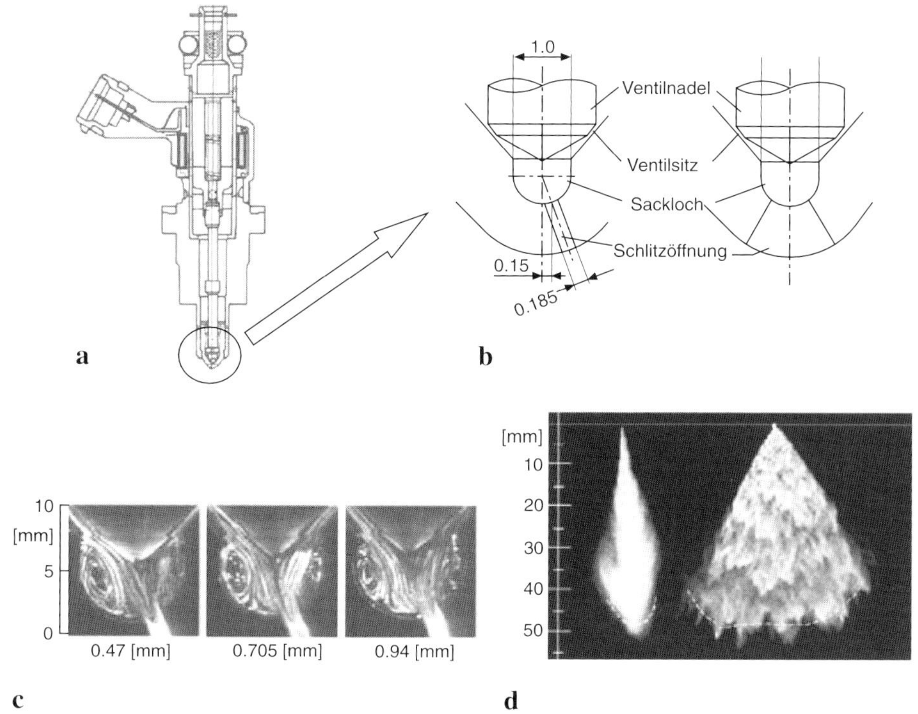

Abb. 5.19. Injektor mit Schlitzdüse (Denso): **a** schematischer Aufbau [5.25], **b** Detail Schlitzdüse [5.26], **c** Detail Sacklochströmung im 10 : 1-Modell bei unterschiedlichem Nadelhub [5.25], **d** Einspritzstrahl [5.26]

Reproduzierbarkeit des Hubes und der damit eingespritzten Kraftstoffmenge dar. Unterschiede in der Wärmeausdehnung müssen daher über Kompensationselemente ausgeglichen werden.

Die in den Brennraum hineinragende Ventilspitze erfährt während des Motorbetriebes ein großes Temperaturspektrum, durch die ständige Ventilbewegung und den damit einhergehenden Selbstreinigungseffekt ist die Gefahr für Verkokung und Ablagerungen am zumessenden Ventilspalt allerdings erheblich geringer als bei anderen Düsenformen.

Für den Antrieb der nach außen bewegten Ventilnadel sind zwei unterschiedliche Aktuatorkonzepte in Entwicklung; beim ersten Konzept erfolgt die Betätigung elektromagnetisch über ein oder zwei Spulen, während beim zweiten der piezo-elektrische Effekt zur Anwendung gelangt.

Bei Ersterem ist beispielsweise die an der Ventilnadel befestigte Ankerplatte zwischen den zwei Stromspulen derart angeordnet, dass deren Abstand untereinander den Hub der Nadel definiert. Durch die Verwendung von zwei getrennten Stromspulen wird die Öffnungs- und Schließcharakteristik verbessert, während die Schließfeder zum Zu- und Dichthalten des Ventils zur Unterstützung des Schließvorganges und zum Kompensieren von unterschiedlichen Wärmeausdehnungen von Bauteilen der Düsengruppe herangezogen wird (Abb. 5.20 a, b). Die stromaufwärts zur Düsenmündung angeordneten Drallkanäle erzeugen eine Rotationsströmung, die nach der Düsenmündung durch die verbleibende tangentiale Strömungskomponente zur besseren Zerstäubung des Kraftstoffes führt (Abb. 5.20 c). Gleichzeitig definiert der Querschnitt der Drallkanäle den statischen Durchfluss des Injektors.

Beim Piezo-Injektor ist der Aufbau gänzlich anders als bei elektromagnetisch angesteuerten Einspritzventilen. Die drei wesentlichen Funktionsgruppen, die Injektordüse, die Piezo-

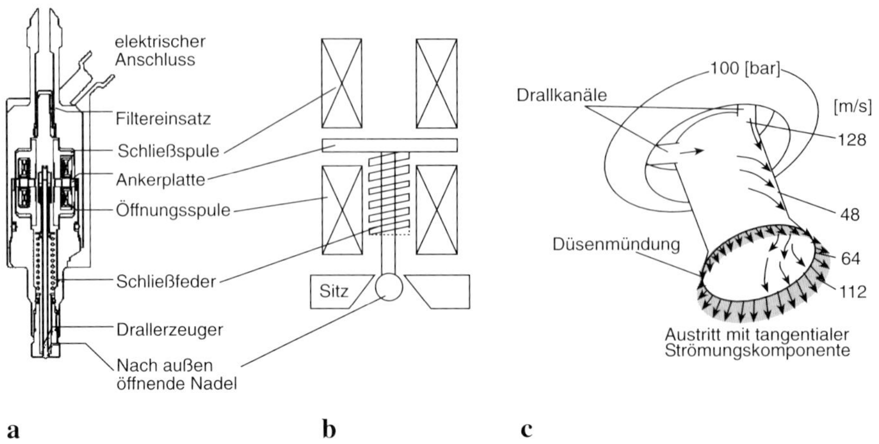

Abb. 5.20. Nach außen öffnender Injektor mit elektromagnetischem Antrieb und Drallerzeuger (Delphi): **a** schematischer Aufbau [5.27], **b** Zweispulen-Antrieb der Ventilnadel [5.27], **c** berechnete Düseninnenströmung [5.28]

Aktuatorik und das Kompensationselement sind im Injektor baulich hintereinander angeordnet (Abb. 5.21). Der Strahlkegelwinkel wird durch den Kegelwinkel der Ventilnadel und des Ventilsitzes bestimmt. Die Ventilnadel ist direkt an den Piezoaktuator angebunden, was zu einer unmittelbaren verzögerungsfreien Bewegungsumsetzung beim Öffnen und Schließen führt. Der Ventilhub ergibt sich direkt aus der Auslenkung der Piezo-Keramik. Dabei lassen sich über geeignete Ansteuerung neben dem Vollhub (<40 µm) auch Teilhübe darstellen. Typische Schaltzeiten zum Öffnen und Schließen des Ventils liegen unter 0,2 ms, wobei prinzipbedingt nur geringe Einschränkungen hinsichtlich Mehrfacheinspritzungen vorliegen. Durch die direkte Betätigung der Ventilnadel ergibt sich eine hohe Genauigkeit und Reproduzierbarkeit des Ventilhubes von Zyklus zu Zyklus. Eine wesentliche Herausforderung liegt in der Temperaturkompensation, da der Piezo-Stack eine deutlich geringere Wärmeausdehnung als das umgebende Injektorgehäuse besitzt. Im geschlossenen hydraulischen Kompensationselement werden die im Betrieb auftretenden unterschiedlichen Dehnungen, die durchaus die Größenordnung des Ventilhubes selbst annehmen können, ausgeglichen. Die sehr gute Aufbereitungsqualität mit einem Sauterdurchmesser von weniger als 15 µm, der große Linearitätsbereich infolge der kurzen Schaltzeiten und die hohe Verkokungssicherheit machen den nach außen öffnenden Injektortyp trotz der deutlich höheren Kosten für den Einsatz in geschichteten, strahlgeführten Brennverfahren interessant (Abschn. 10.8.3).

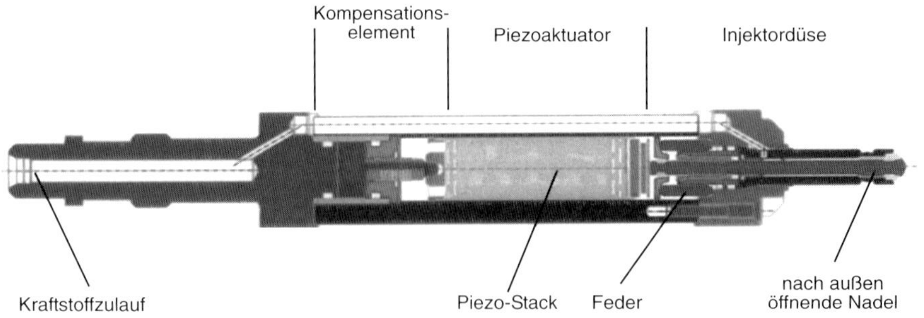

Abb. 5.21. Nach außen öffnende Düse mit piezo-elektrischem Antrieb (Siemens) [5.29]

5.4.5 Direkte Gemischeinblasung

Neben der direkten flüssigen Einbringung von Kraftstoff, bei der der primäre Strahlzerfall infolge von Turbulenzen und Tragheitskräften im Flüssigkeitsstrahl selbst erfolgt, existiert noch eine weitere Form, die direkte Gemischeinblasung. Dabei erfolgt die primäre Zerstäubung des Kraftstoffes mit Luft- oder Gasunterstützung und der Strahlzerfall selbst setzt ein, wenn die aerodynamischen Kräfte die Oberflächenspannung der Flüssigkeit übersteigen. Anfänglich wurden die Systeme für Zweitaktmotoren zur Verhinderung von Spülverlusten entwickelt und sind mittlerweile auch in Serienproduktion, während die Aktivitäten beim Viertaktmotor auf die Entwicklung strahlgeführter Brennverfahren zur Verbrauchsreduktion fokussiert sind.

Luftunterstützte Direkteinspritzung – Orbital-System

Beim so genannten Orbital-System besteht der Direkteinblasinjektor aus einem Saugrohreinspritzventil zur Zumessung der Kraftstoffmenge in eine Mischkammer, die sich im Luftinjektor befindet (Abb. 5.22a). Ein externer Kompressor pumpt Luft auf einen Druck von 6,5 bar in einen Luftsammler (Luftrail), der mit den Direkteinblasinjektoren verbunden ist. Der zeitliche Ablauf der Ansteuerimpulse des Einspritzsystems ist in Abb. 5.22b für den geschichteten Betrieb des Verbrennungsmotors dargestellt, wobei der System-Luftdruck den möglichen Einblasezeitpunkt Richtung spät und damit die Schichtungsfähigkeit begrenzt.

Die Druckluftzerstäubung ergibt infolge der kritischen Strömungsverhältnisse im Ventilsitzbereich eine ausgezeichnete Zerstäubungsgüte gepaart mit moderatem Penetrationsverhalten des Einspritzstrahles. Die größten Tropfen finden sich wegen der größeren Trägheit im äußeren Bereich des Strahlkegels und an der Spitze des Einspritzstrahles, während sich im Inneren des Strahles kleinere Tropfen und aufbereitetes Gemisch wiederfinden. Für die geometrische Ausbildung des Einspritzstrahles insbesondere im geschichteten Betrieb spielt die Düsenmündung und

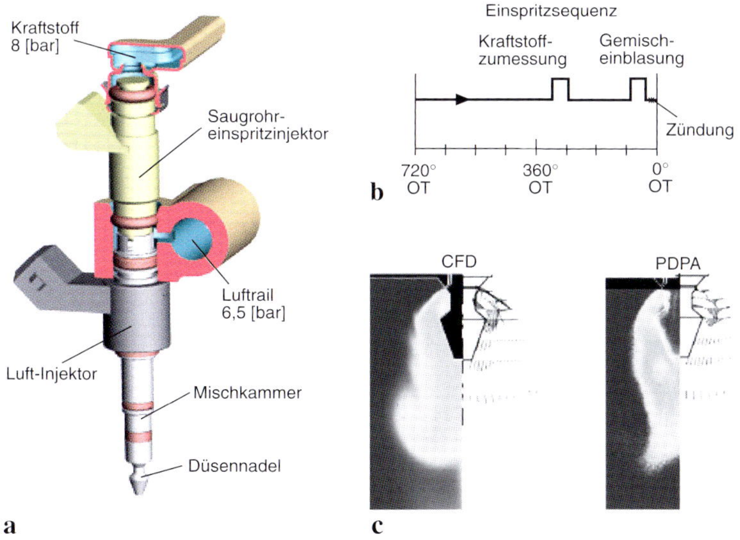

Abb. 5.22. Luftunterstützte Einspritzung von Orbital [5.30]: **a** Injektor, **b** Einspritzsequenz, **c** simulierter und gemessener Einblasevorgang

dabei insbesondere die Nadelform eine sehr entscheidende Rolle (Abb. 5.22c). Durch diese Art der Aufbereitung kommt dem Kraftstoffdruck eine geringere Bedeutung zu und kann somit von relativ günstigen Komponenten (Pumpe und Saugrohreinspritzventil) bereitgestellt werden, während für die Luftbereitstellung allerdings ein eigener Kolbenkompressor benötigt wird. Da eine Veränderung der Strahlgeometrie für strahlgeführte Brennverfahren sehr kritisch werden kann, werden bei diesen System passive und aktive Maßnahmen zur Ablagerungsreduktion angewandt, die im Wesentlichen auf die Temperatursteuerung der Injektorspitze abzielen.

Gasunterstützte Direkteinspritzung – AVL-DMI-System

Beim gasunterstützten System wird die zum Einblasen und Verdampfen des Kraftstoffes erforderliche Energie aus dem Brennraum entnommen, wobei nur ein elektrohydraulisch angetriebenes Ventil zur Einblasung und Gasentnahme verwendet wird. Der Einblasedruck wird nicht durch einen externen Kompressor erzeugt, sondern es wird komprimiertes Gas aus dem Zylinder in die Mischkammer des Einblaseventils geleitet, in welchem die Vorverdampfung des ebenfalls in diese Kammer eingebrachten Kraftstoffes erfolgt (Abb. 5.23a). Durch geeignete Wahl des Schließzeitpunktes lässt sich der Speicherdruck einstellen, sodass die Strahlform und Eindringtiefe, die sehr wesentlich vom Verhältnis des Speicherdrucks zum Zylinderdruck abhängen, damit gesteuert werden können. Abbildung 5.23b und c zeigt den zeitlichen Ablauf der Gemischbildungsvorgänge im Injektor bei geschichtetem und homogenem Motorbetrieb. Während bei diesem System kein externer Kompressor benötigt wird, ist hier jedoch ein höherer Kraftstoffdruck

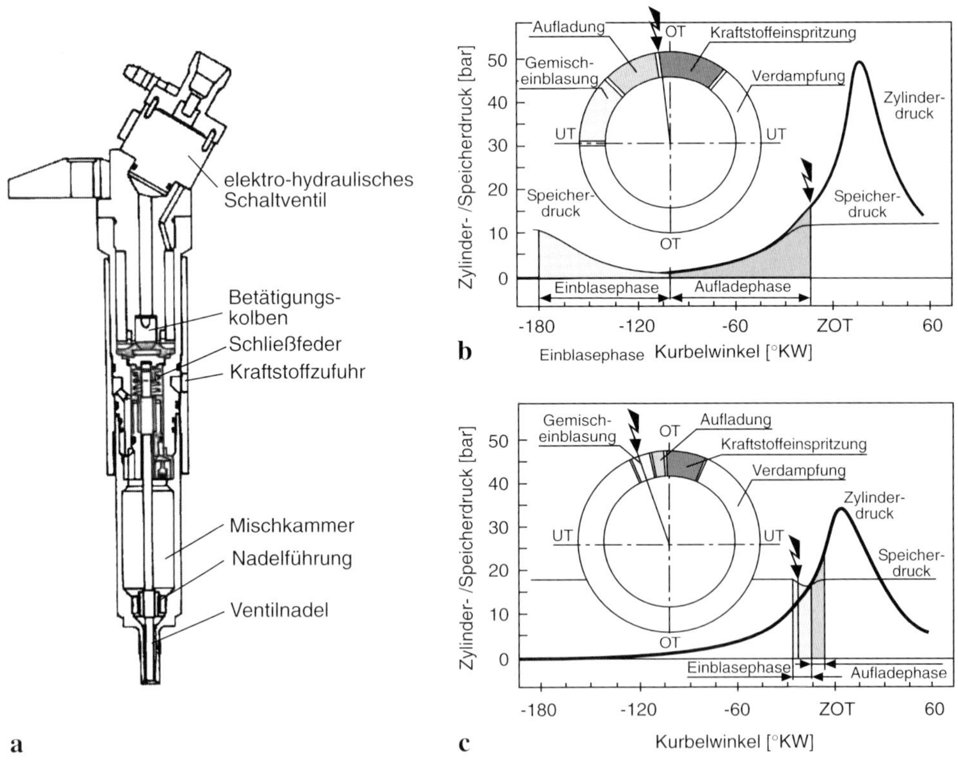

Abb. 5.23. AVL-Gemischeinblasung DMI [5.31]: **a** Aufbau des hydraulisch angetriebenen DMI-Injektors, **b** Steuerdiagramm Homogenbetrieb, **c** Steuerdiagramm Schichtbetrieb

erforderlich, um den Kraftstoff in die Mischkammer einzubringen.

5.5 Hydraulische Anforderungen an das Kraftstoffversorgungssystem

Neben dem eigentlichen Gemischbildner spielt das Kraftstoffversorgungssystem eine wesentliche Rolle, um den zuverlässigen Betrieb des Gemischbildungssystems sicherzustellen. Beim Benzinmotor werden Kraftstoffbehälter mit Verdunstungsrückhaltesystem, Kraftstoffpumpe mit Filter, Druckregler, Druckleitung und eventuelle Rücklaufleitungen, Kraftstoffverteilrohr(e), Einspritzdüsen und bei Direkteinspritzsystemen eine Hochdruckpumpe zum System gezählt. Als Werkstoffe für kraftstoffführende Teile in Einspritzdüsen, Pumpen und Verteilerrohr kommen Aluminiumlegierungen und Kunststoffe sowie rostfreie Stähle zur Anwendung. Kraftstoffe mit beigemischten Alkoholen erfordern den Einsatz hochlegierter rostfreier Stähle.

Die maximal zu fördernde Kraftstoffmenge orientiert sich am Verbrauch beim Nennleistungspunkt des Motors. Zusätzlich müssen noch mögliche Liefergradstreuungen in der Serienproduktion, aber auch eine eventuell erforderliche Anfettung des Gemisches zum Bauteilschutz mit berücksichtigt werden.

5.5.1 Niederdruck-Kraftstoffsystem

Der unter Druck stehende Kraftstoff wird von einer Elektrokraftstoffpumpe, die vorzugsweise zusammen mit dem Kraftstofffilter im Tank installiert ist, zum Kraftstoffverteiler gefördert. Bei älteren Kraftstoffsystemen ist der Druckregler am Kraftstoffrail montiert, wobei der nicht benötigte Kraftstoff drucklos zurück in den Tank gefördert wird. Der zurückgeführte erwärmte Kraftstoff führt zu einem merklichen Anstieg der Kraftstofftemperatur im Tank, was zu einer erhöhten Kraftstoffdampfbildung führt. Bei rücklauffreien („return-less") Systemen wird nur der benötigte Kraftstoff zum nicht durchströmten Kraftstoffverteiler gefördert. Der Druckregler ist in Tanknähe angeordnet, sodass die Aufheizung des rückgeführten Kraftstoffes deutlich geringer ausfällt und sich damit gesetzliche Auflagen hinsichtlich Kraftstoffverdunstung leichter erfüllen lassen. Die geringste Aufheizung des Kraftstoffes wird bei bedarfsgeregelten Systemen erzielt. Dabei wird nur mehr die vom Motor verbrauchte und die zur Druckregelung benötigte Kraftstoffmenge gefördert. Dies führt nebenbei wegen der abgesenkten Antriebsleistung zu einer entsprechenden Verbrauchsabsenkung im Fahrzyklus. Die in der Motorsteuerung integrierte elektronische Druckregelung steuert die Drehzahl der Elektrokraftstoffpumpe und wird über einen Niederdrucksensor in der Tankbaueinheit geführt. Der damit realisierbare variable Druck verbessert die Bedingungen im Heißstart und erlaubt eine Vergrößerung des dynamischen Bereiches der Einspritzdüsen, eine genauere Zumessung während des Druckaufbaus beim Startvorgang und verbesserte Diagnosemöglichkeiten.

5.5.2 Hochdruck-Kraftstoffsystem

Kraftstoffsysteme für Direkteinspritzung werden als zweistufige Systeme ausgeführt, wobei die erste Stufe im Wesentlichen der eines Niederdruck-Kraftstoffsystems entspricht. Beim eigentlichen Hochdrucksystem finden zurzeit zwei unterschiedliche Konzepte Anwendung. Während beim dauerfördernden System eine meist über die Nockenwelle angetriebene Hochdruckpumpe in Verbindung mit einem Drucksteuerventil den jeweils gewünschten Systemdruck bei konstantem Fördervolumen bereitstellt, wird beim bedarfsgeregelten System nur die jeweils benötigte Menge gefördert.

Insbesondere in der Teillast ergeben sich günstigere Verbrauchswerte infolge der geringeren Pumpenantriebsleistung und eine geringere Erwärmung des am Mengensteuerventil entspannten Kraftstoffes.

Die Fördercharakteristik der Hochdruckpumpe wird durch das Pumpenkonzept bestimmt, wobei Mehrzylinderhochdruckpumpen radialer oder axialer Bauart durch die überlappenden Förderphasen gegenüber den Einzylinderpumpen deutlich geringere Druckpulsationen im Fuel Rail verursachen. Neben der Erhöhung des Railvolumens ist für Einzylinderpumpen auch eine genaue Abstimmung der jeweiligen Einspritzvorgänge relativ zur Förderphase und der damit verbundenen Druckpulsationen insbesondere im leerlaufnahen Bereich erforderlich, um eine genaue Zumessung an jedem Einspritzventil (Gleichverteilung) zu gewährleisten.

Der durch das Hochdrucksystem abzudeckende Arbeitsbereich liegt bei heute eingesetzten Systemen zwischen 40–200 bar.

6 Ladungswechsel und Strömung

Der Ladungswechsel und die Zylinderinnenströmung haben wesentlichen Einfluss auf Volllast-, Emissions- und Akustik- sowie Verbrauchsverhalten eines Motors. Von der Gestaltung des Steuertriebes hängen in hohem Ausmaß auch die konstruktive Ausführung des Motors sowie die Herstellungskosten ab. Bei Viertakt-Motoren werden für den Ladungswechsel beinahe ausschließlich Tellerventile eingesetzt. Schiebersteuerungen, die in unterschiedlichster Form untersucht wurden und nur in wenigen Ausführungsformen Serienreife erlangten, konnten sich trotz der theoretisch günstigeren Zeitquerschnitte u. a. wegen der schwierigen Dichtfunktion und des hohen Schmiermittelbedarfes nicht etablieren.

Bei Zweitakt-Motoren kommen im Allgemeinen Schlitzsteuerung sowie bei großen Motoren ebenfalls Tellerventile zur Anwendung.

6.1 Kenngrößen des Ladungswechsels

Einige zur Charakterisierung des Ladungswechsels gebräuchliche Kenngrößen sollen in Anlehnung an DIN ISO 1940 definiert und anhand der Prinzipdarstellung der Massenaufteilung im Ladungswechsel nach Abb. 6.1 veranschaulicht werden (siehe auch [6.1]). Die Abbildung gilt grundsätzlich sowohl für Saugmotoren wie auch für Aufladung bei ventilgesteuerten wie schlitzgesteuerten Motoren. Die Abgasrückführung wird gesondert behandelt. Der Einfluss der Leckage ist in den folgenden Betrachtungen vernachlässigt.

Die gesamte während eines Ladungswechsels geförderte Luft- oder Gemischmenge wird als einströmende Ladungsmasse m_E bezeichnet und setzt sich zusammen aus der Frischladung m_{Fr}, die im Zylinderraum verbleibt, und aus der Spülmasse m_{Sp}, die während der Überschneidungsphase, ohne an der Verbrennung teilzunehmen, direkt in den Auslass abfließt:

$$m_E = m_{Fr} + m_{Sp}. \tag{6.1}$$

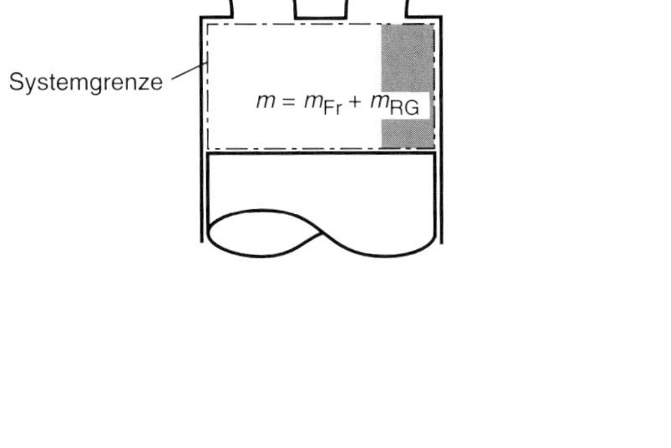

Abb. 6.1. Massenaufteilung im Ladungswechsel

Beim luftansaugenden Motor entspricht die einströmende Masse m_E der angesaugten Luftmasse m_L, bei einem Motor mit Gemischansaugung ist zusätzlich die zyklisch zugeführte Brennstoffmasse m_B in m_E enthalten. Die Spülmasse m_{Sp} ist beim Viertakt-Saugmotor wegen der in der Ventilüberschneidungsphase geringen Durchströmquerschnitte unbedeutend und wird auch bei Aufladung mit längerer Überschneidungsphase nicht sehr groß. Dagegen bedarf es vor allem beim schlitzgesteuerten Zweitakt-Motor besonderer Sorgfalt bei der Anordnung und Ausbildung der Schlitze, um die Spülmasse m_{Sp} und das am Ende des Ladungswechsels im Zylinder verbleibende Restgas in Grenzen zu halten. Die Spülmasse soll zumindest bei gemischansaugenden Motoren gering gehalten werden, weil unverbranntes Gemisch im Auspuff erhöhten Verbrauch sowie vermehrte Kohlenwasserstoffemissionen verursacht.

Die pro Zyklus angesaugte Frischladung m_{Fr} bildet zusammen mit dem im Zylinder verbliebenen oder aus dem Auspuff zurückgeflossenen Restgas m_{RG} am Beginn der Verdichtung die gesamte Zylindermasse m:

$$m = m_{Fr} + m_{RG}. \tag{6.2}$$

Die Restgasmasse wird von den Druck- und Strömungsverhältnissen, von der Motordrehzahl, dem Verdichtungsverhältnis und den Steuerzeiten bestimmt. Bei Ottomotoren mit fixen Steuerzeiten kann bei Volllast mit Restgasgehalten in der Größenordnung von etwa 5 %, in der Teillast von bis zu über 20 % gerechnet werden.

Die pro Arbeitsspiel in den Auspuff abfließende Gasmasse m_A beinhaltet die Verbrennungsgasmasse m_{VG} und die in der Überschneidungsphase direkt in den Auslasskanal strömende Spülmasse m_{Sp}. Beim gemischansaugenden Motor ist m_A gleich groß wie m_E, bei einem Motor mit Luftansaugung ist m_A um die zyklisch eingespritzte Brennstoffmasse m_B größer als m_E.

$$m_A = m_{VG} + m_{Sp}. \tag{6.3}$$

Die angeführten Größen m_E, m_{Fr}, m_{Sp}, m_{RG}, m_{VG} und m_A sind voneinander abhängig und charakterisieren den Ladungswechsel. Für eine nähere Betrachtung ist es zweckmäßig, dimensionslose Kenngrößen zu definieren.

Der Luftaufwand λ_a (auch: Luftdurchsatz) kennzeichnet die Güte des Ladungswechsels und ist definiert als Quotient aus gesamter pro Zyklus geförderter Ladungsmasse m_E zu theoretisch möglicher Ladungsmasse m_{th}:

$$\lambda_a = m_E / m_{th}. \tag{6.4}$$

Die theoretisch mögliche Ladungsmasse bedeutet eine Füllung des Hubvolumens V_h mit Ladung entweder vom Umgebungszustand (ρ_0, T_0)

$$m_{th1} = \rho_0 V_h, \quad \lambda_{a1} = m_E / m_{th1} \tag{6.5}$$

oder vom Zustand unmittelbar vor Einlass (ρ_E, T_E)

$$m_{th2} = \rho_E V_h, \quad \lambda_{a2} = m_E / m_{th2}. \tag{6.6}$$

Der Luftaufwand kann über die Messung der geförderten Ladungsmasse m_E z. B. mittels Drehkolbengaszähler oder Normblende recht genau bestimmt werden und bewertet gewissermaßen die

Güte der Kolbenmaschine als Pumpe. Dabei gilt, dass λ_{a1} ein Maß für die Verluste im gesamten Ansaugsystem und im Zylinderbereich ist und λ_{a2} nur die Verluste im Einlassventilbereich und im Zylinder berücksichtigt. Bei Aufladung wird der auf den Umgebungszustand bezogene Luftaufwand λ_{a1} je nach Aufladegrad auch Werte über 1 annehmen.

Neben der konstruktiven Ausführung des Motors, speziell der Strömungswege, beeinflussen Betriebszustand und Kraftstoff den Luftaufwand. Für einen Viertakt-Saugmotor mit voll geöffneter Drosselklappe gibt Abb. 6.2 Anhaltswerte für den Luftaufwand λ_{a1} über der mittleren Kolbengeschwindigkeit unter Berücksichtigung folgender Einflüsse: Dampfdruck des Kraftstoffs, Wärmeübergang im Einlass und Zylinderbereich, Strömungsverluste in Drosselstellen, Erreichen der Schallgeschwindigkeit, Rückschieben von Ladung in den Einlass im niederen Drehzahlbereich bei nicht variablen Steuerzeiten, gasdynamische Abstimmung von Saug- wie Auspuffsystem.

Der Liefergrad λ_l kennzeichnet den Erfolg des Ladungswechsels und ist das Verhältnis der im Zylinder verbleibenden, neu eingeströmten Frischladung m_{Fr} zur theoretischen Ladungsmasse m_{th1} oder m_{th2}:

$$\lambda_{l1} = m_{Fr}/m_{th1}\,. \tag{6.7}$$

Für den Liefergrad λ_l werden bei Viertakt-Saugmotoren ohne Drosselung Werte von mehr als 90 % erreicht. Bei Aufladung kann der auf den Umgebungszustand bezogene Liefergrad λ_{l1} Werte größer als 1 annehmen. Speziell in solchen Fällen wird der Liefergrad oft auf den Zustand im Einlass bezogen. Dieser Liefergrad wird mit λ_{l2} bezeichnet, er ist immer kleiner als 1:

$$\lambda_{l2} = m_{Fr}/m_{th2}\,. \tag{6.8}$$

Für den Grad der Aufladung gibt es verschiedene Definitionen (z. B. Erhöhung der Ladungsdichte, des Ladedruckes oder der Leistung).

Hier wird der Aufladegrad als Erhöhung der Ladungsdichte definiert:

$$\alpha = \rho_1/\rho_0 = v_0/v_1\,. \tag{6.9}$$

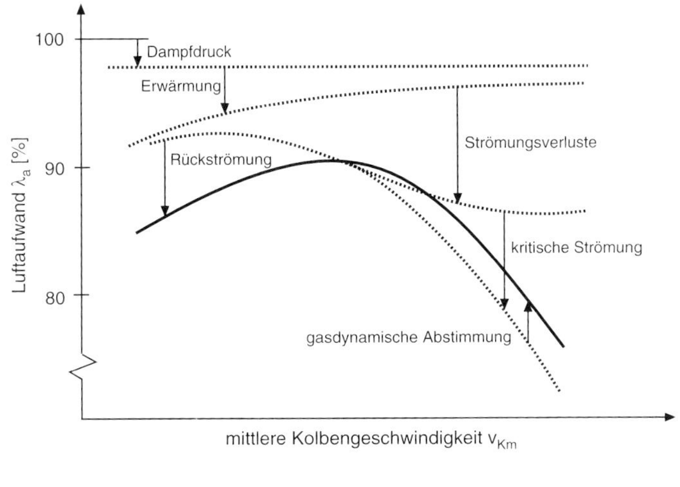

Abb. 6.2. Luftaufwand λ_{a1} über der mittleren Kolbengeschwindigkeit für Viertakt-Saugmotor mit voll geöffneter Drosselklappe [6.2]

Dabei bezeichnet der Index 0 den Außenzustand, der Index 1 den Zustand vor dem Einlassventil.

Der Fanggrad λ_f (auch: Ladegrad λ_z) ist das Verhältnis von Frischladung m_{Fr} zur gesamten angesaugten Ladungsmasse m_E und gibt somit jenen Anteil der Ladungsmasse an, der tatsächlich im Zylinder verbleibt:

$$\lambda_f = \frac{m_{Fr}}{m_E} = \frac{m_{Fr}}{m_{Fr} + m_{Sp}}. \tag{6.10}$$

Der Spülgrad λ_s stellt ein Maß für die Reinheit der Ladung dar, er ist als Quotient aus Frischladung m_{Fr} und gesamter Zylindermasse m definiert und bezeichnet somit den Frischgasanteil der Zylindermasse:

$$\lambda_s = \frac{m_{Fr}}{m} = \frac{m_{Fr}}{m_{Fr} + m_{RG}}. \tag{6.11}$$

Der Restgasanteil x_{RG} wird durch den Quotienten aus Restgas m_{RG} und gesamter Zylindermasse m gebildet:

$$x_{RG} = \frac{m_{RG}}{m} = \frac{m_{RG}}{m_{Fr} + m_{RG}}. \tag{6.12}$$

Wie unschwer zu erkennen ist, bestehen zwischen den Kenngrößen folgende Zusammenhänge:

$$\lambda_f = \lambda_{11}/\lambda_{a1} = \lambda_{12}/\lambda_{a2}, \tag{6.13}$$

$$x_{RG} = 1 - \lambda_s. \tag{6.14}$$

Die Ermittlung der Kenngrößen des Ladungswechsels ist sowohl messtechnisch wie auch rechnerisch möglich, in beiden Fällen jedoch mit Schwierigkeiten verbunden.

Die gesamte angesaugte Ladungsmasse m_E und damit der Luftaufwand λ_a können wie erwähnt durch eine Messung mit Drehkolbengaszähler oder Normblende relativ einfach und genau erfasst werden. Die Spülmasse m_{Sp} kann wie das Restgas m_{RG} nur durch aufwändige Messverfahren über chemische Analysen bestimmt werden [6.3].

Die Berechnung des Ladungswechsels dient der Bestimmung der momentan über die Steuerorgane zu- und abfließenden Massen $\mathrm{d}m_E$ und $\mathrm{d}m_A$ bzw. ihrer momentanen Integralwerte sowie der Festlegung von Verlauf und Integralwert der Zylindermasse. Für die Berechnung des Ladungswechsels kommen hauptsächlich zwei Verfahren in Frage (vgl. [6.1]):

- Liegt für die Analyse ausgeführter Motoren ein gemessener Zylinderdruckverlauf vor, kann aus diesem mittels des Energiesatzes die Änderung der Masse im Zylinder berechnet werden.
- Sind die Verläufe der Gegendrücke ansaug- und auspuffseitig aus einer Messung oder Simulationsrechnung des Gesamtsystems verfügbar, können die ein- und ausströmenden Massen und damit die Zylindermasse (sowie auch der Zylinderdruck) mit Hilfe der Durchflussgleichung berechnet werden.

6.1.1 Spülung

Die Spülmasse und das Restgas können nur durch eine eigene Berechnung der Spülung abgeschätzt werden. Auf Grund der komplizierten Strömungsverhältnisse hat diese Berechnung entweder mit Hilfe ein- oder dreidimensionaler Strömungsprogramme zu erfolgen oder sie muss auf entsprechenden Vereinfachungen basieren. Dies gilt insbesondere für den Viertakt-Motor bei großer Überschneidungsphase, hauptsächlich aber für den Zweitakt-Motor, bei dem sich die Strömungsverhältnisse je nach Spülverfahren wesentlich voneinander unterscheiden.

Spülung bei Zweitakt-Motoren

Eine schematische Darstellung der gebräuchlichsten Zweitakt-Spülungsarten zeigt Abb. 6.3. Die Berechnung der Spülung stößt wegen der komplizierten Strömungs- und Mischungsvorgänge auf Schwierigkeiten [6.3, 6.4]. Die unterschiedliche Kanalanzahl, die oft unsymmetrische Lage der Steuerschlitze und die Verwendung zusätzlicher Steuereinrichtungen wie Membranen, Drehschieber, Aufrichtkanäle, Kolbennasen u. Ä. verstärkt noch die Vielfalt der Strömungsverhältnisse [6.5]. Sind die Verläufe und Integralwerte der ausgetauschten Massen und der Zylindermasse aus einer Ladungswechselrechnung bekannt, sind die Spülmasse m_{Sp} und die Restgasmasse m_{RG} von Interesse. Die Messung der entsprechenden Größen bedarf großen Aufwands, auch eine genaue Berechnung ist nur mit mehrdimensionalen Strömungsprogrammen möglich und entsprechend zeitintensiv bezüglich Modellierung und Durchführung. Bei den meisten Untersuchungen begnügt man sich wegen des viel geringeren Zeit- und Kostenaufwands mit einer näherungsweisen Berechnung, der stark vereinfachte Annahmen zugrunde liegen [6.6, 6.7]. Diese führt allerdings nur dann auf wirklichkeitsnahe Aussagen, wenn genügend Erfahrungswerte über das zu untersuchende Spülverfahren vorliegen und eine Kontrolle der Ergebnisse anhand einer genauen Berechnung oder Messung zumindest einzelner Betriebspunkte möglich ist.

Bei der Berechnung der Spülung unter vereinfachten Bedingungen sind über den Anteil des Verbrennungsgases im Zylinder x_{VG} und über den momentanen Anteil an Verbrennungsgas im Auspuff $x_{VG,A}$ geeignete Annahmen zu treffen [6.1]. Dabei dienen die drei idealisierten Spülvorgänge nach Abb. 6.4 als Anhalt.

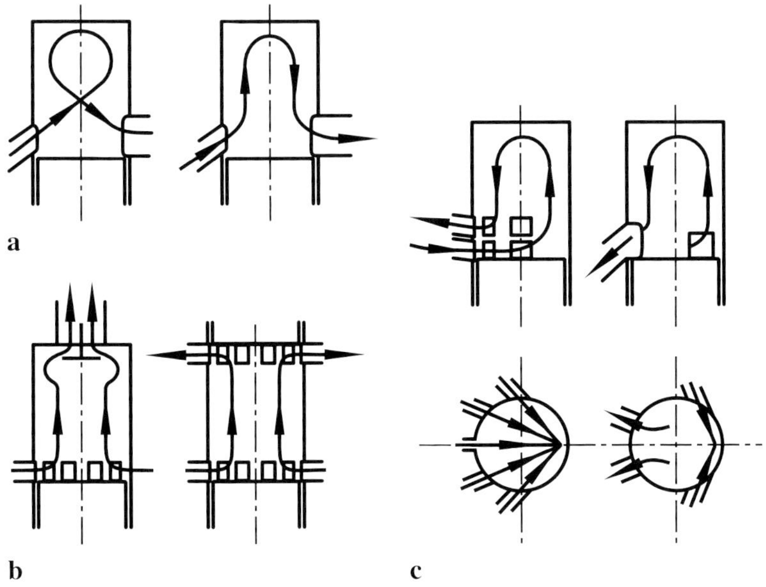

Abb. 6.3. Spülungsarten bei Zweitakt-Motoren: **a** Querspülung, **b** Längsspülung, **c** Umkehrspülung

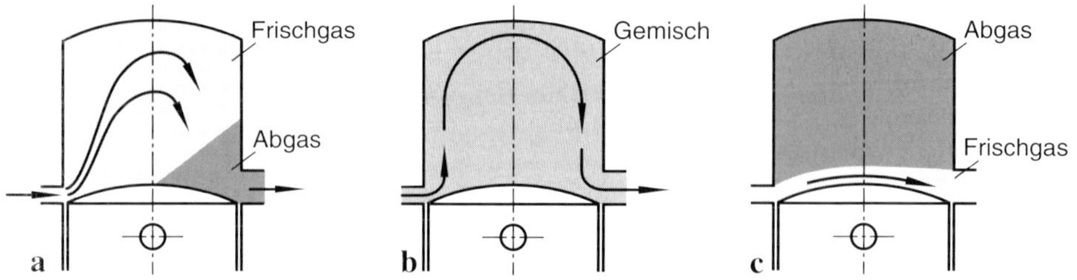

Abb. 6.4. Idealisierte Spülvorgänge: **a** Verdrängungsspülung, **b** Verdünnungsspülung, **c** Kurzschlussspülung

Die **Verdrängungsspülung** stellt den günstigsten Spülungsfall dar, das Frischgas verdrängt das Verbrennungsgas ohne Durchmischung. Die ausströmende Masse besteht zur Gänze aus Verbrennungsgas, und es gilt:

$$x_{\mathrm{VG,A}} = 1 . \tag{6.15}$$

Bei der **Verdünnungsspülung** wird angenommen, dass sich das einströmende Frischgas sofort vollständig mit dem Gas im Brennraum vermischt. Die ausströmende Masse hat daher zu jedem Zeitpunkt die gleiche Zusammensetzung wie der Zylinderinhalt, und es gilt:

$$x_{\mathrm{VG,A}} = x_{\mathrm{VG}} . \tag{6.16}$$

Den ungünstigsten Fall der Spülung stellt die **Kurzschlussspülung** dar, bei der die Frischladung direkt in den Auspuff strömt und das ganze Verbrennungsgas im Zylinder verbleibt. Dafür gilt:

$$x_{\mathrm{VG,A}} = 0 \text{ und } x_{\mathrm{VG}} = \text{konstant} . \tag{6.17}$$

Spülkurven

Zur Beurteilung der Spülung ist es üblich, in Spülkurven den Spülgrad $\lambda_{\mathrm{s}} = m_{\mathrm{Fr}}/m$ über dem Luftaufwand $\lambda_{\mathrm{a}} = m_{\mathrm{E}}/m_{\mathrm{th}}$ darzustellen. Abbildung 6.5 zeigt die Bereiche für Längs-, Umkehr- und Querspülung, woraus die deutlich geringere Spülwirkung der Querspülung ersichtlich ist. Nach $x_{\mathrm{RG}} = 1 - \lambda_{\mathrm{s}}$ ist aus dem Diagramm auch der jeweilige Restgasgehalt ersichtlich. Strichliert sind die Spülkurven der drei idealisierten Spülvorgänge Verdrängungs-, Verdünnungs- und Kurzschlussspülung eingezeichnet. Während die Spülkurven von Verdrängungs- und Kurzschlussspülung einen linearen Verlauf aufweisen, lässt sich für die Spülkurve der Verdünnungsspülung eine Exponentialfunktion ableiten (siehe [6.3]):

$$\lambda_{\mathrm{s}} = 1 - \mathrm{e}^{-\lambda_{\mathrm{a}}} . \tag{6.18}$$

Die dieser Gleichung entsprechende Spülkurve liegt zwischen Umkehr- und Querspülung und kann daher als eine Art Grenze zwischen guter und weniger guter Spülung angesehen werden. Die Annahme einer Verdünnungsspülung eignet sich gut für Vorausberechnungen, bei welchen grundsätzliche Zusammenhänge untersucht werden sollen. Mit real ausgeführten Spülverfahren ist bei Zweitakt-Motoren jedenfalls immer ein beträchtlicher Restgasgehalt verbunden.

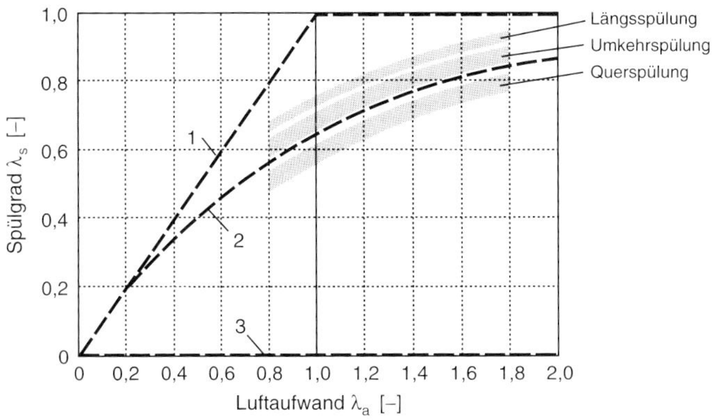

Abb. 6.5. Spülkurven idealisierter Spülvorgänge und verschiedener Spülverfahren: 1, Verdrängungsspülung; 2, Verdünnungsspülung; 3, Kurzschlussspülung

6.1.2 Abgasrückführung

Wegen ihrer temperatursenkenden Wirkung ist die Abgasrückführung in luft- wie gemischansaugenden Motoren eine effiziente innermotorische Maßnahme zur Absenkung der Stickoxidbildung (vgl. dazu Abschn. 10.2.4). Darüber hinaus lassen sich bei Ottomotoren die Drosselverluste in der Teillast verringern, womit eine verbrauchssenkende Wirkung erzielt wird [6.8]. Grenzen erfährt die Abgasrückführung durch die daraus resultierende Verschleppung der Verbrennung und die mit hohen Rückführraten einhergehenden höheren zyklischen Schwankungen des indizierten Mitteldruckes.

Zur Erhöhung des Inertgasanteils der Zylinderladung kann das Abgas bei Viertakt-Motoren intern oder extern rückgeführt werden. Bei der internen Abgasrückführung wird der Abgasgehalt der Ladung beispielsweise mittels variabler Ventilsteuerung während des Ladungswechsels variiert.

Bei Motoren ohne Nockenwellensteller und mit hohen Abgasrückführraten – damit alle Mager-Direkteinspritzkonzepte – wird externe Abgasrückführung eingesetzt, bei der Abgas dem Auslasskanal entnommen und der einströmenden Ladungsmasse beigemischt wird.

Abbildung 6.6 zeigt ein AGR-Ventil [6.9] sowie mögliche Ausführungsformen der Abgasrückführung [6.10]. Aus diesem Beispiel ist die Herausforderung und der Zielkonflikt bei der Erfüllung der in Abschn. 6.2 beschriebenen Forderungen zu ersehen: Insbesondere betreffen diese die AGR-Gleichverteilung, das Instationärverhalten sowie die Beeinflussung des Volllast-Ladungswechsels durch Einbauten und Übersprechstellen (Verbindungen, die einen Druckausgleich zwischen den Kanälen erlauben) sowie insgesamt den Bauaufwand.

Bei Einlassschluss besteht die Zylinderladung m aus der Frischladung m_{Fr} und der Abgasmasse m_{AG}. Die Abgasmasse m_{AG} setzt sich zusammen aus der bei der Spülung nicht ausgeschobenen und aus dem Auspuff rückgeströmten Restgasmasse m_{RG} sowie den intern und extern rückgeführten Abgasmengen m_{AGi} und m_{AGe}. Als Abgasgehalt x_{AG} der Ladung wird der als Restgasanteil bezeichnete Anteil der Abgasmasse m_{AG} an der gesamten Zylinderladung m definiert:

$$x_{\mathrm{AG}} = \frac{m_{\mathrm{AG}}}{m_{\mathrm{Fr}} + m_{\mathrm{AG}}} = \frac{m_{\mathrm{RG}} + m_{\mathrm{AGi}} + m_{\mathrm{AGe}}}{m}. \tag{6.19}$$

Der Abgasgehalt kann bei Abgasrückführung in der Teillast bei Ottomotoren Werte von mehr als 20 %, bei Dieselmotoren Werte von mehr als 50 % erreichen. Zur Berechnung der Stoffgrößen der

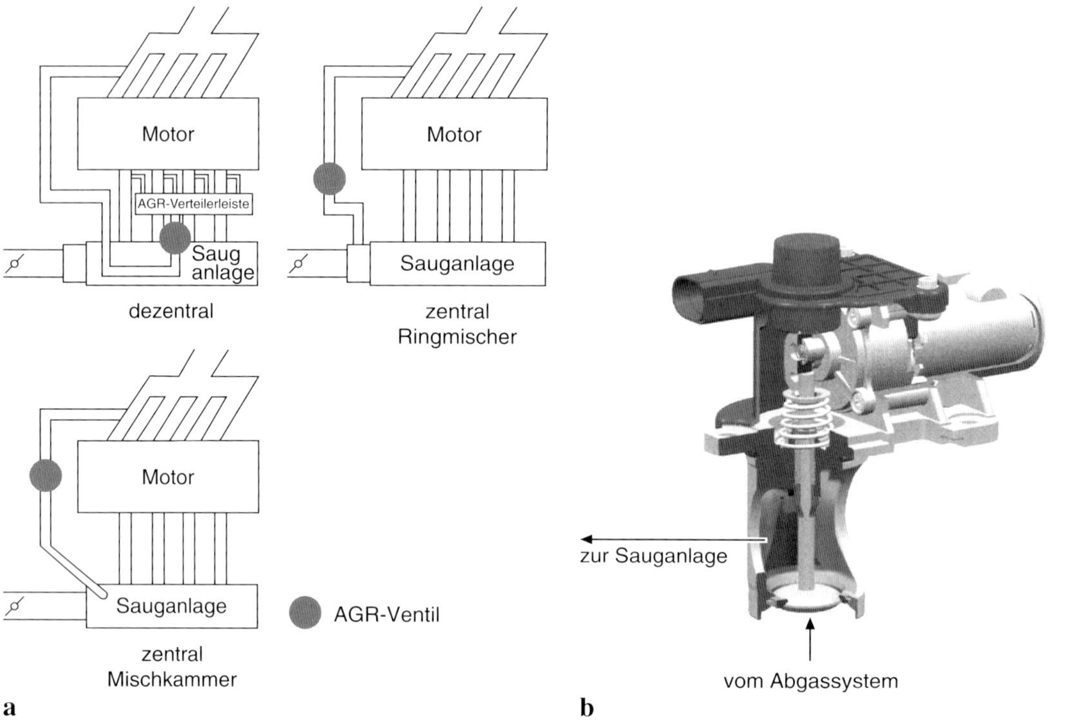

Abb. 6.6. **a** Ausgeführte Konzepte zur externen Abgasrückführung. **b** Abgasrückführungsventil (Pierburg) [6.9]

Zylinderladung sind gegebenenfalls die unterschiedlichen Temperaturen des internen und externen Abgasmassenstroms zu berücksichtigen.

Die genaue Bestimmung der einzelnen Anteile der Abgasmasse erweist sich als schwierig. Die Mengen an Restgasmasse und intern rückgeführtem Abgas können aus der Berechnung der Spülung abgeschätzt werden, deren Genauigkeit aber, wie zuvor ausgeführt, von den verwendeten Spül- und Mischungsmodellen abhängt. Für die externe Abgasrückführung ist es üblich, eine externe Abgasrückführrate x_{AGe} als Verhältnis von extern rückgeführter Abgasmenge m_{AGe} zu gesamter einströmender Ladungsmasse m_{E} zu definieren. Mit der Frischladung m_{Fr} und der Spülmasse m_{Sp} gilt (vgl. Abb. 6.1):

$$x_{\mathrm{AGe}} = \frac{m_{\mathrm{AGe}}}{m_{\mathrm{E}}} = \frac{m_{\mathrm{AGe}}}{m_{\mathrm{Fr}} + m_{\mathrm{Sp}} + m_{\mathrm{AGe}}}. \tag{6.20}$$

Manchmal wird die externe Abgasrückführrate anstatt auf die einströmende Ladungsmasse m_{E} auch auf die ausgeschobene Gasmenge m_{A} oder auf die gesamte Zylinderladungsmasse m bezogen.

Da die sonst üblichen Messverfahren zur Massenbestimmung wegen der hohen Temperaturen und der Verschmutzung auf Schwierigkeiten stoßen, wird die extern rückgeführte Abgasmasse m_{AGe} oder die externe Abgasrückführrate x_{AGe} oft durch die Messung des CO_2-Gehalts im Saugrohr, im Abgas und in der Umgebungsluft bestimmt. Die CO_2-Massenbilanz im Saugrohr liefert:

$$[CO_2]_{\mathrm{A}}\dot{m}_{\mathrm{AGe}} + [CO_2]_{\mathrm{L}}(\dot{m}_{\mathrm{Fr}} + \dot{m}_{\mathrm{Sp}}) = [CO_2]_{\mathrm{E}}(\dot{m}_{\mathrm{Fr}} + \dot{m}_{\mathrm{Sp}} + \dot{m}_{\mathrm{AGe}}). \tag{6.21}$$

Dabei bezeichnen $[CO_2]_A$, $[CO_2]_L$ und $[CO_2]_E$ die in Prozent trocken angegebenen CO_2-Konzentrationen im Abgas, in der Umgebungsluft und im Saugrohr, $\dot{m}_{Fr}$, $\dot{m}_{Sp}$ und $\dot{m}_{AGe}$ sind die Massenströme an Frischgas, Spülmasse und rückgeführtem Abgas. Nach Umformung erhält man für die externe Abgasrückführrate x_{AGe}:

$$x_{AGe} = \frac{1}{(\dot{m}_{Fr} + \dot{m}_{Sp})/\dot{m}_{AGe} + 1} = \frac{[CO_2]_E - [CO_2]_L}{[CO_2]_A - [CO_2]_L}. \tag{6.22}$$

Im praktischen Betrieb erfolgt die Bestimmung des Abgasgehalts oft näherungsweise aus der Differenz der zugeführten Frischladungsmassen. Nimmt man vereinfachend an, dass die Ladungsmasse m von der (gekühlten) Abgasrückführung unabhängig gleich bleibt, gilt bei Betrieb ohne und mit Abgasrückführung:

$$m = m_{Fr1} + m_{RG1} = m_{Fr2} + m_{RG2} + m_{AGi} + m_{AGe}. \tag{6.23}$$

Bei Vernachlässigung der Restgasmasse m_{RG1} wird daraus:

$$x_{AG} = \frac{m_{Fr1}}{m} - \frac{m_{Fr2}}{m}. \tag{6.24}$$

Dies entspricht der Differenz der Spülgrade.

6.2 Auslegung

Für die Auslegung und Konzeptionierung eines Ladungswechsel-Gesamtsystemes sind neben den im Abschn. 6.1 beschriebenen Kenngrößen bei der praktischen Umsetzung zumeist eine Vielzahl weiterer Funktionen zu berücksichtigen und zu erfüllen.

Diese sind auf der Ansaugseite:
Grob- und Feinfilterung der Rohluft
(Teil-)Abscheidung von Wasser und Schnee; erforderlichenfalls Watfähigkeit des Fahrzeuges
Luftmengen(massen)erfassung
eventuell Lufttemperatur und -druckerfassung
Lastregelung mit Drosselung
Aufladeaggregat-Einbindung
Restgassteuerung bei äußerer AGR
Gleichverteilung und Unterstützung der Gemischbildung
günstiges dynamisches Verhalten bei Lastwechsel (Volumina!)
Einspeisung von Gasen aus Blow-By und Tankentlüftungssystem
Minderung des Ansauggeräuschs

Im Motor sind dies:
Erzeugung einer gewünschten Ladungsbewegung im Zylinder
Lastregelung und Restgassteuerung über Ventiltrieb
(Verteilung und Zuführung von Sekundärluft)

Auf der Abgasseite sind dies:
Abgasreinigung (Katalysator)
λ-Erfassung für Motorregelung und Diagnostik

allenfalls AGR-Entnahme und ATL
Geräuschdämpfung, Klangbildgestaltung
(Thermomanagement bei Speicher-Katalysator)

Die beschriebenen Forderungen sollen bei möglichst geringem Druckabfall erfüllt werden, wobei die Saugseite wesentlich sensibler zu betrachten ist. Selbstverständlich ist die Erfüllung der geforderten Dauerhaltbarkeit, package- und kostenseitiger Randbedingungen und gesetzlicher Auflagen.

Fast immer werden wegen der für die Konzeptauslegung und die Hauptkennwerte essenziellen Ladungswechselkenngrößen sowie der oben genannten Anforderungen bereits sehr früh im Entwicklungsprozess umfangreiche Simulationsrechnungen angestellt.

Die dafür kommerziell verfügbaren ein-(und drei-)dimensionalen Simulationswerkzeuge sind sehr gut geeignet, eine Vorauslegung des Ladungswechselsystemes und der Einzelkomponenten vorzunehmen. Nach Vorliegen erster ausgeführter Motoren und ihrer Druckverläufe in Zylinder, Ein- und Auslassseite können Spülung und Restgasgehalt genauer berechnet werden.

Während für die Vorauslegung in den meisten Fällen eine eindimensionale Modellierung recht gute Aussagen bereitstellen kann, ist für die genaue Darstellung von Ladungsbewegung, Anströmung und Druckverlust luft- und abgasführender Komponenten, Abgasverteilung in AGR-Systemen etc. eine dreidimensionale Modellbildung und Simulation erforderlich.

In diesen Fällen können mit einer gekoppelten 1-D- und 3-D-Simulation wesentlich bessere Ergebnisse erzielt werden. Dabei werden Bauteile mit komplexer Geometrie dreidimensional in das 1-D-Berechnungsmodell eingefügt; an den Schnittstellen werden die Randwerte jeweils an den anderen Programmteil übergeben.

6.3 Wellendynamische Aufladeeffekte

Ohne Einsatz eines Verdichters ist eine Selbstaufladung des Motors, die Schwingrohr- und die Resonanzaufladung, möglich [6.42]. Durch das periodische Öffnen der Einlassventile des Motors werden im Saugrohr Schwingungen angeregt, die je nach Phasenlage und Frequenz drehzahlabhängig den Liefergrad erhöhen oder absenken [6.11]. Diese Schwingungen können durch die so genannte Impulsaufladung noch deutlich verstärkt werden. Dabei werden, wie in Abschn. 6.4.4 beschrieben, elektrisch schnell schaltbare Klappen im Saugrohr eingesetzt, um die durch Kolben- und Ventilbewegung hervorgerufenen Druckwellen zu verstärken [6.12] (siehe Abb. 6.24). In ähnlicher Weise werden wellendynamische Effekte auch beim Druckwellenlader genutzt. Dabei wird die Saugarbeit des Kolbens in kinetische Energie der Gassäule und diese in Verdichtungsarbeit der Zylinderladung umgewandelt.

6.3.1 Schwingrohraufladung

Physikalisch wird bei der Schwingrohraufladung der Aufladeeffekt von Druckwellen genutzt, die in den Saugrohren vom Ansaugverteiler oder bei Einzelrohren vom offenen Rohrende zu den einzelnen Zylindern laufen (Abb. 6.7 a). Durch die Saugwirkung des abwärts gehenden Kolbens läuft nach dem Öffnen des Einlasses eine Unterdruckwelle in das Saugrohr und wird am offenen Rohrende als Überdruckwelle reflektiert. Die Saugrohrlänge muss nun so abgestimmt sein, dass bei einer gewünschten Drehzahl die reflektierte Überdruckwelle das Einlassventil erreicht, wenn die Saugwirkung des Kolbens nachlässt. Diese Druckwelle sorgt auch dafür, dass, kurz bevor der Einlass schließt, das Rückströmen aus dem Zylinder verringert wird.

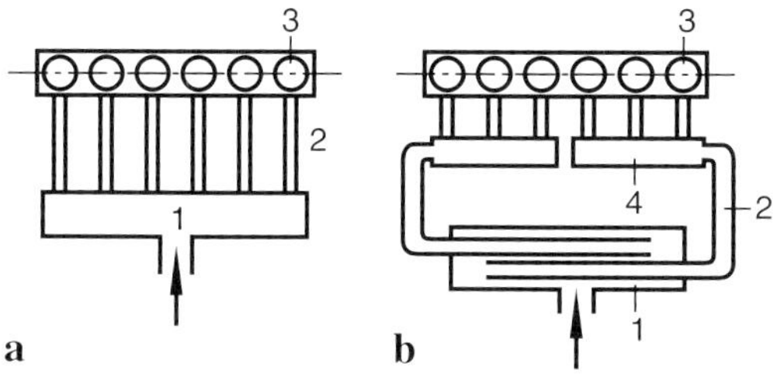

Abb. 6.7. Schema der Schwingrohr- (**a**; 1, Ansaugverteiler; 2, Schwingrohr; 3, Zylinder) und Resonanzaufladung (**b**; 1, Ausgleichsbehälter; 2, Resonanzrohr; 3, Zylinder; 4, Resonanzbehälter) [6.1]

Die Saugrohrabstimmung kann durch abgestimmte Auspuffrohre unterstützt werden. Die beim Öffnen des Auslasses angeregte Druckwelle wird am offenen Rohrende reflektiert und kommt als Unterdruckwelle zum Zylinder zurück. Wird die Leitungslänge so dimensioniert, dass die reflektierte Unterdruckwelle kurz vor dem Schließen des Auslassventils für niedrigen Gegendruck sorgt, so kann mehr Restgas ausgeschoben werden, wodurch sich die Zylinderladung erhöht. Verwirklicht wird die Schwingrohraufladung in erster Linie bei Fahrzeugmotoren mit Saugrohreinspritzung in Form von Schaltsaugrohren (zumeist in Stufen [siehe Abschn. 10.2.2], neuerdings auch kontinuierlich veränderbar [siehe Abb. 10.7] [6.13]) und vor allem bei Saug-Rennmotoren, wodurch deutliche Leistungssteigerungen erzielt werden.

6.3.2 Resonanzaufladung

Bei der Resonanzaufladung wird ein schwingungsfähiges Behälter-Rohr-System saugseitig an mehrere Zylinder angeschlossen und geometrisch so ausgelegt, dass die periodischen Saugzyklen der Zylinder mit der Eigenfrequenz des Behälter-Rohr-Systems übereinstimmen (Abb. 6.7b). Dies hat zur Folge, dass alle angeschlossenen Zylinder bei Resonanzdrehzahl eine Aufladung im Vergleich zum reinen Saugmotor erfahren.

Die Resonanzaufladung hat kombiniert mit der Abgasturboaufladung praktische Bedeutung erlangt, weil dadurch die Drehmomentschwäche des Motors bei reiner Abgasturboaufladung im unteren Drehzahlbereich wesentlich verringert werden kann.

Die Dimensionierung optimierter Saugsysteme kann vereinfacht über die Theorie der linearen Wellenausbreitung erfolgen. Die Erfassung der Vorgänge kann über eine eindimensionale Ladungswechselberechnung erfolgen, bei der die Geometrie mit Elementen wie Rohren, Volumina, Blenden etc. aufgebaut wird und mit deren Verknüpfung und unter Berücksichtigung von Widerstandsbeiwerten ein 1-D-Modell erstellt wird. Die erforderlichen Kennzahlen werden aus Versuchen oder 3-D-Berechnungen gewonnen.

6.3.3 Auslegungsbeispiele

Anhand einiger Beispiele soll die dynamische Einlasssystemoptimierung mit Hilfe der eindimensionalen gasdynamischen Berechnung veranschaulicht werden. In Abb. 6.8 ist schematisch die typische Motorkonfiguration eines Mehrzylinder-Saugmotors dargestellt. Für die Systemoptimierung sind folgende Parameter abzustimmen:

Volumen des Einlasssystems
Länge und Durchmesser der so genannten Vorrohre 2 und 3 zum Sammler
Länge und Durchmesser der Saugrohre 4 bis 9 vom Sammler zu den Zylindern
Zusammenschaltung oder Trennung der beiden Sammler

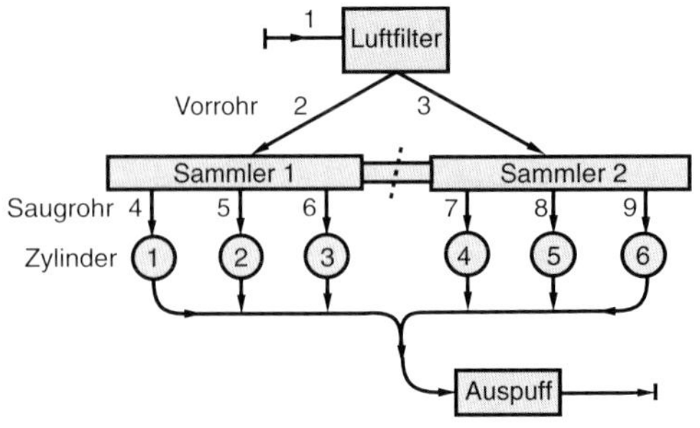

Abb. 6.8. Schematische Motorkonfiguration eines Sechszylinder-Saugmotors

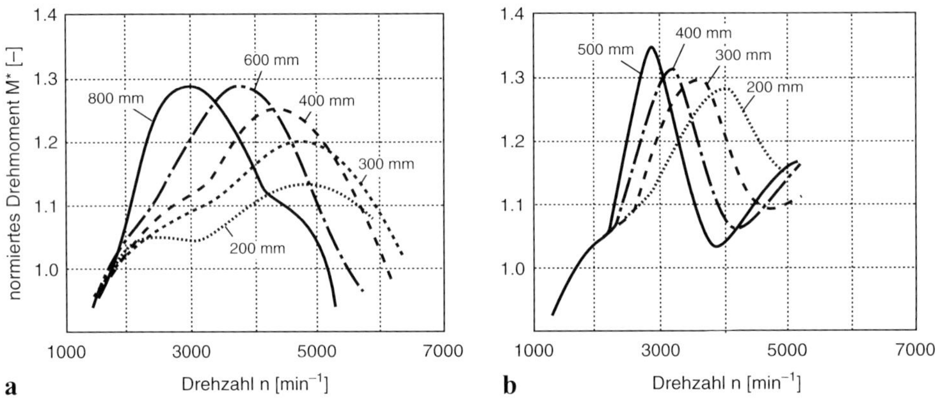

Abb. 6.9. Verlauf des normierten Drehmoments über der Drehzahl für unterschiedliche Längen der Saugrohre (**a**) und der Vorrohre (**b**) eines Sechszylinder-Ottomotors entsprechend Abb. 6.8 [6.1]

Bei Saugmotoren mit hoher spezifischer Leistung kommt der Optimierung des Einlasssystems auf Grund der hohen Drehzahlen besondere Bedeutung zu. Um die Auswirkung der Auslegung zu quantifizieren, zeigt Abb. 6.9a die Veränderung des normierten Drehmomentverlaufs über der Drehzahl bei verschiedenen Längen der Saugrohre, Abb. 6.9b die Auswirkung unterschiedlicher Vorrohre.

Durch längere Vorrohre und eine Trennung in zwei Sammler lässt sich der Luftaufwand im niederen Drehzahlbereich steigern, durch ein in Abb. 6.8 punktiert angedeutetes Schaltsystem für einen gemeinsamen oder zwei getrennte Sammler und die entsprechende Abstimmung der Rohrlängen kann schließlich eine besonders vorteilhafte Kombination erreicht werden. In Abschn. 10.4 ist ein Beispiel für die komplexe und effektive Kombination von Schwingrohr- und Resonanzaufladung bei einer schaltbaren Sauganlage sowie des damit erreichbaren Volllastverhaltens für einen Sechszylinder-Reihenmotor dargestellt.

6.4 Aufladung

Die vorrangige Aufgabe der Aufladung besteht in einer wesentlichen Verbesserung der Drehmoment- und Leistungscharakteristik von Verbrennungskraftmaschinen. Damit verbunden sind Vorteile wie

kleinerer Raumbedarf des Motors bei gleicher Motorleistung
Möglichkeit zum Downsizing und damit Verbrauchssenkung

besseres Leistungsgewicht
geringerer Preis je Leistungseinheit
bessere Höhentauglichkeit durch Teilkompensation der abnehmenden Luftdichte

Bei Dieselmotoren bewirkt die Aufladung weitere Verbesserungen

beim Wirkungsgrad des Motors (vor allem bei Abgasturboaufladung)
in den Schadstoffemissionen
in der Geräuschemission

Wegen dieser Vorteile wird die Aufladung heute bei Großmotoren, Nutzfahrzeugen und Pkw-Dieselmotoren fast immer angewendet. Bei Ottomotoren besteht jedoch mit der Klopfgrenze eine wesentliche Einschränkung. Diese bedingt fast immer eine Verringerung des Verdichtungsverhältnisses mit den damit verbundenen Nachteilen im Wirkungsgrad sowie zumeist aufwändige Maßnahmen.

Wegen der substanziellen Vorteile hinsichtlich Volllast- und Höhenverhalten begannen erste Versuche mit Aufladung ebenfalls sehr früh, praktisch zu Beginn der Motorenentwicklung 1885 [6.14]. Prototypanwendungen und erste Serien starteten in den zwanziger Jahren mit mechanischen Aufladeaggregaten in Flug- und Sportmotoren bei Mercedes-Benz [6.15] und Fiat [6.16] zur Steigerung der Höhenleistung und für den Renneinsatz.

Eine extreme Entwicklung nahm die Aufladetechnologie bei militärischen Anwendungen von Ottomotoren in Flugzeugen im zweiten Weltkrieg mit mehrstufiger mechanischer Aufladung [6.17, 6.18] sowie im Rennsport [6.16, 6.19]. Obwohl damit herausragende Volllastwerte realisiert werden konnten, blieb die Aufladung bei Ottomotoren lange Zeit auf wenige Sonderfälle begrenzt: So konnten früh mit mechanischer Aufladung Mitteldrücke bis 30 bar erreicht werden (Abb. 6.10). Mit Turboaufladung konnten die Mitteldrücke bis annähernd 60 bar [6.19] gesteigert werden. Abbildung 6.11 zeigt den 1,5-Liter-Vierzylinder-BMW-Formel-1-Motor aus dem Jahr 1983 (Bohrung 89,2 mm, Hub 60 mm). Dieser entwickelte bei Drehzahlen bis 11.000 min^{-1} und einem Luftverhältnis λ von etwa 0,8 eine Leistung von bis zu 1060 kW. Diese Werte wurden mit Ladedrücken über 5 bar und Zylinderdruckmaxima über 250 bar erreicht und nur kurzzeitig mechanisch beherrscht. Die erste Serienanwendung der Turboaufladung im Pkw-Ottomotor erfolgte 1962 in den Vereinigten Staaten im Chevrolet „Corvair-Monza“ und Oldsmobile „Jetfire“.

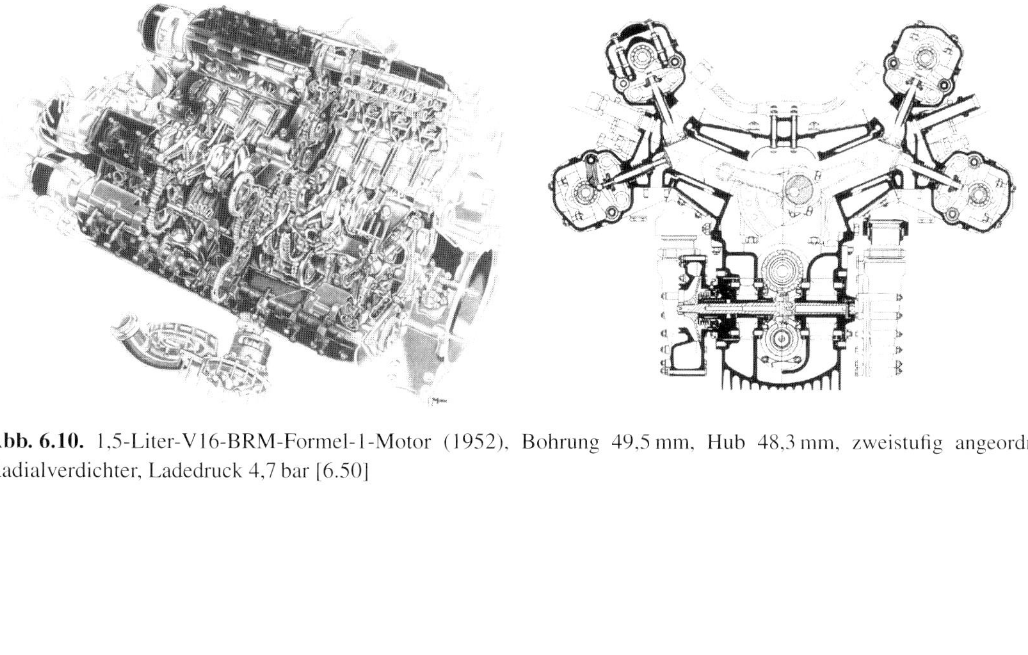

Abb. 6.10. 1,5-Liter-V16-BRM-Formel-1-Motor (1952), Bohrung 49,5 mm, Hub 48,3 mm, zweistufig angeordnete Radialverdichter, Ladedruck 4,7 bar [6.50]

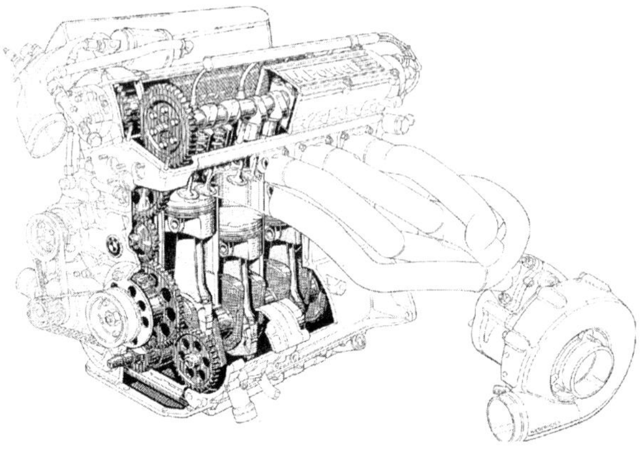

Abb. 6.11. 1,5-Liter-Vierzylinder-Reihenmotor BMW Formel 1 (1983) mit 700 kW/dm³ [10.3]

Der Einsatzbereich des Ladermotors bei Pkw-Ottomotoren konnte in den letzten Jahren mit der Weiterentwicklung der Ladereinheiten, vor allem hinsichtlich verbessertem Ansprech- und Beschleunigungsverhalten, einwandfreier Beherrschung der höheren thermischen Belastung sowie nicht zuletzt durch Senkung der Kosten ausgeweitet werden. Bezüglich konstruktiver Lösungen und spezieller Probleme der Aufladung sei auf die einschlägige Literatur verwiesen [6.14, 6.20–6.22, 6.43].

Bei Stationär-Ottomotoren ist die Turboaufladung seit langem als Serientechnologie etabliert, hier werden in Serie bereits Ladedrücke über 5 bar realisiert. Mit Erdgas in Kombination mit Magerbetrieb lassen sich damit hervorragende Emissions-, Wirkungsgrad- und Volllastwerte erzielen (siehe Abschn. 10.2), von weiter gesteigerten Aufladegraden ist auszugehen. Die begrenzenden Größen stellen dabei Abgastemperatur und Spitzendruck dar. Abbildung 6.12 zeigt exemplarisch

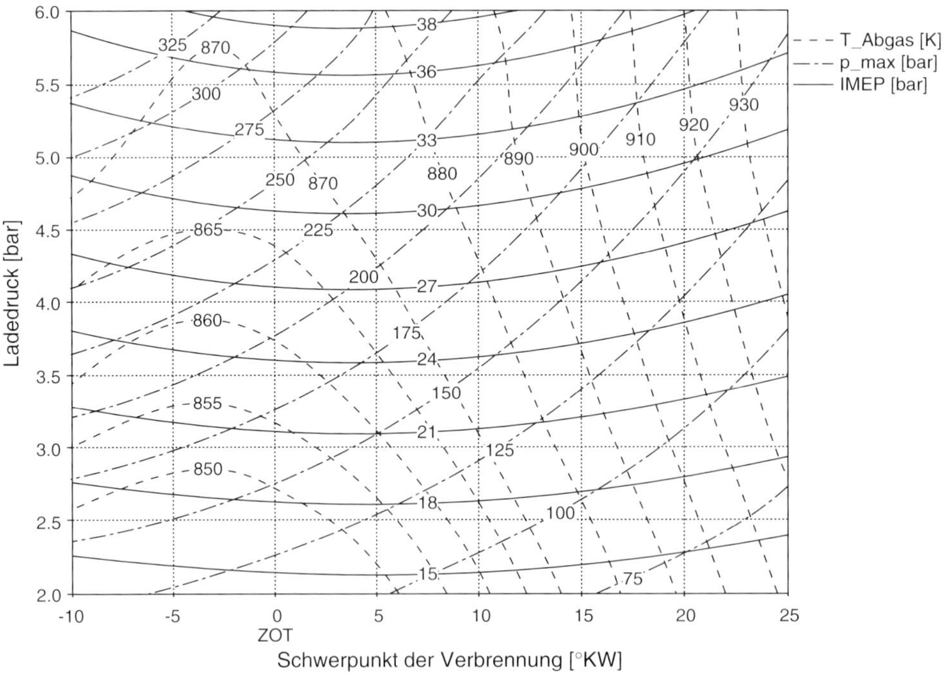

Abb. 6.12. Simulation von Hochaufladung (Großgasmotor, Kraftstoff Erdgas, $\lambda \sim 2$) [6.19]

für einen Stationärmotor mit Gasbetrieb das Ergebnis einer Simulation von Extremaufladung mit Abhängigkeit von Ladedruck, Verbrennungsschwerpunkt und indiziertem Mitteldruck p_i [6.19].

Bei Fahrzeug-Ottomotoren werden in Großserie heute sowohl die mechanische Aufladung [6.21] als auch die Turboaufladung [6.22] eingesetzt; von einer deutlich steigenden Verbreitung der Turboaufladung bei Pkw-Ottomotoren, insbesondere in Verbindung mit Direkteinspritzung, kann in den kommenden Jahren ausgegangen werden. Die Gründe dafür liegen neben der verbesserten Turboladertechnologie vor allem in der Möglichkeit hoher Aufladegrade und damit zur CO_2-Minderung und Verbrauchssenkung über Downsizingkonzepte [6.23].

Pkw-Dieselmotoren konnten mit Direkteinspritzung und Hochaufladung (teilweise zweistufig) [6.24] in den letzten Jahren hervorragende Fahrleistungen auf dem Niveau von Hochleistungs-Ottomotoren erzielen; die Verteidigung der ursprünglichen Fahrdynamikdomäne des Ottomotors setzt eine Leistungssteigerung voraus, die grundsätzlich sowohl über Hochdrehzahlkonzepte als auch über Aufladung erfolgen kann. Während für exklusive Hochleistungsfahrzeuge beide Wege beschritten werden [6.25, 6.26], führen bei Großserienfahrzeugen vor allem die Kostenaspekte zur beinahe ausschließlichen Wahl der (Turbo-)Aufladung zur Leistungssteigerung.

Mit der Gesamtauslegung des Antriebsstranges können die Funktionseigenschaften in weiten Grenzen beeinflusst werden: Abhängig von Motorgröße, Aufladegrad und Antriebsstrang kann die Volllastverbesserung entweder nur in Fahrleistung umgesetzt werden oder eine Lastpunktverschiebung mit beträchtlichen Verbrauchspotenzialen realisiert werden [6.44]. Um diese Potenziale auch in hohem Ausmaß ausschöpfen zu können, sind Maßnahmen zur Beherrschung der stärkeren Klopfneigung – wie Ladeluftkühlung, Direkteinspritzung, Miller-Verfahren – sowie zur Verbesserung des Anfahr- und Ansprechverhaltens Konzepte wie kombinierte Aufladung mit mechanisch/elektrisch unterstütztem Ladedruckaufbau, Impulsaufladung etc. umzusetzen (siehe auch Abschn. 6.4.3).

Für das **Zusammenwirken von Motor und Aufladesystem** kann das Prinzipbild in Abb. 6.13 herangezogen werden. Die aufladetechnischen Forderungen an das Ladesystem werden durch den für eine geforderte Motorleistung notwendigen Luftdurchsatz, das dafür erforderliche Druckverhältnis und durch den Einsatz des aufgeladenen Motors bestimmt [6.44]. Überschlägig lässt sich der erforderliche Luftdurchsatz L_P, bezogen auf die Leistungseinheit, aus der Beziehung

$$L_P = \frac{\dot{m}_L}{P_e} = \frac{\dot{m}_B}{P_e} \lambda L_{st} = b_e \lambda L_{st} \tag{6.25}$$

ermitteln, wobei für den spezifischen Kraftstoffverbrauch b_e Erfahrungswerte ähnlicher Motoren eingesetzt werden können. In dieser Gleichung bedeuten L_P den bezogenen Luftdurchsatz in kg/kWh, $\dot{m}_L$ den Luftdurchsatz in kg/h, $\dot{m}_B$ die eingebrachte Brennstoffmasse in kg/h, λ das Luftverhältnis (gebildet aus Zylinderluft- und Spülluftmasse), L_{st} den stöchiometrischen Luftbedarf (ca. 14,7 kg Luft/kg Kraftstoff für Benzin), P_e die effektive Leistung in kW und b_e den effektiven spezifischen Kraftstoffverbrauch in g/kWh.

Beim Viertakt-Motor ergibt sich der Volumenstrom aus der angesaugten und der während der Ventilüberschneidung durchgespülten Masse.

Die Auswahl eines Laders oder Ladersystems erfolgt nun so, dass die für einen gewünschten Momentenverlauf des Motors erforderliche Frischladung für den ganzen Drehzahlbereich vom Lader bestmöglich aufgebracht wird.

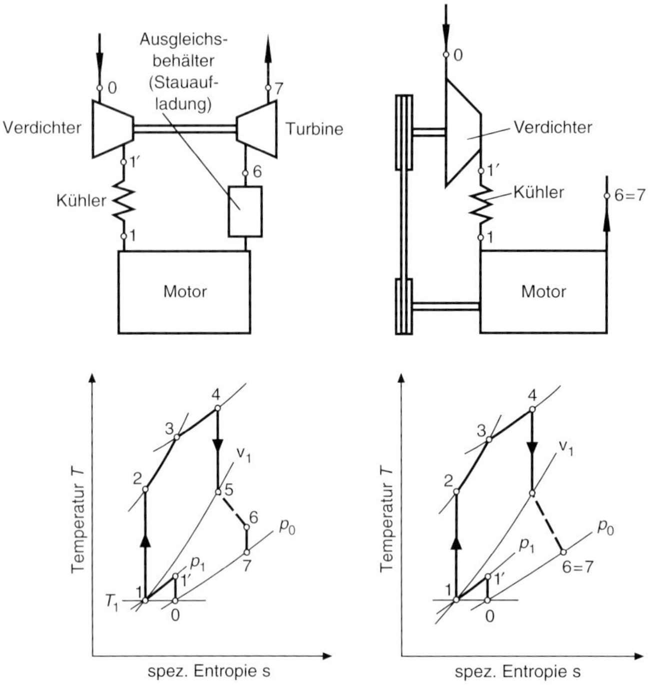

a **b**

Abb. 6.13. Einstufige Aufladekonzepte, Schema und *Ts*-Diagramm. **a** Abgasturboaufladung, **b** mechanische Aufladung. 0, Zustand vor Verdichter; 1′, Zustand nach Verdichter und im Einlassbehälter; 1, Zustand nach Ladeluftkühler; 6, Zustand vor Turbine und im Auslassbehälter; 7, Zustand nach Turbine [6.1]

Die Schemata beider in Abb. 6.13 dargestellten Aufladungskonzepte enthalten einen **Ladeluftkühler**. Die Verdichtung der Ansaugluft führt zwangsläufig zu einer Temperaturerhöhung, die, abgesehen von der Wärmeabgabe durch die Verdichterwandungen, vom Druckverhältnis und vom Verdichterwirkungsgrad bestimmt wird. Diese Temperaturerhöhung vermindert den Aufladegrad und führt darüber hinaus zu erhöhten Prozesstemperaturen mit allen damit verbundenen Nachteilen (Klopfen, thermische Belastung, NO_x-Emissionserhöhung). Die durch Ladeluftkühlung erreichbare Temperaturabsenkung ist von der Kühlmitteltemperatur und vom Kühlerwirkungsgrad abhängig. Der Kühlerwirkungsgrad η_{LLK} errechnet sich aus dem Verhältnis der tatsächlichen zur theoretisch möglichen Wärmeabfuhr:

$$\eta_{LLK} = \frac{T_{2e} - T_2}{T_{2e} - T_K}. \tag{6.26}$$

Darin sind T_{2e} die Ladelufteintrittstemperatur, T_2 die Ladeluftaustrittstemperatur und T_K die Kühlmedium-Eintrittstemperatur.

Die Ladeluftkühlung bringt im Wesentlichen die folgenden Vorteile.

Die Leistung aufgeladener Motoren wird erhöht, weil bei gleichem Verbrennungsluftverhältnis entsprechend der größeren Ladungsmasse mehr Kraftstoff umgesetzt werden kann.

Eine niedrigere Ladungstemperatur am Verdichtungsbeginn führt zu niedrigerer Temperatur während des gesamten Arbeitsspiels und somit zu geringerer thermischer Belastung der Bauteile.

Beim Ottomotor wirkt sich die Ladelufttemperatur entscheidend auf die erzielbare Leistung aus, da durch diese Temperatur auch die Klopfneigung beeinflusst wird. Abhängig von der Ladelufttemperatur sind dem Ladedruck und damit auch der Leistungserhöhung Grenzen gesetzt.

Die bei höherer Leistung prozentuell geringeren mechanischen Verluste führen zu einem verringerten Kraftstoffverbrauch.

Die NO_x-Emission sinkt bei niedrigeren Prozesstemperaturen.

6.4.1 Mechanische Aufladung

Bei der mechanischen Aufladung (Abb. 6.13b) wird der Lader vom Motor angetrieben, Motor- und Laderdrehzahl haben entweder ein festes oder ein über ein Getriebe festlegbares Übersetzungsverhältnis. Mechanische Lader arbeiten entweder nach dem Verdrängerprinzip, wie Schraubenverdichter, Roots-Gebläse [6.21], Flügelzellenrad, Spirallader und Hubkolbenlader [6.27], oder nach dem Prinzip der Strömungsmaschinen [6.17, 6.28], wie Radial- oder Axialgebläse.

Die Prinzipdarstellung in Abb. 6.14 zeigt einen Pkw-Motor mit mechanischer Aufladung mittels Verdrängerlader – Bauart Eaton [6.21], der in hohen Stückzahlen hergestellt wird. Abbildung 6.15 stellt die in einem exklusiven Fahrzeug realisierte mechanische Aufladung mit einem Strömungslader – einem Radialverdichter – dar [6.28].

Waren in den Anfängen der Aufladung ausschließlich mechanische Lader im Einsatz, so werden diese zunehmend durch Abgasturbolader verdrängt. Mechanische Lader werden heute eher als Roots-, Schrauben- oder Flügelzellenlader für Pkw-Motoren und andere Motoren kleinerer Baugröße verwendet. Roots- oder Flügelzellenlader sind nur bis zu einem relativ niedrigen Druckverhältnis von zirka 1,6 wirtschaftlich einsetzbar, haben aber den Vorteil, dass das erreichbare Druckverhältnis weitgehend unabhängig von der Drehzahl ist, sodass also bereits bei niedriger Drehzahl hohe Aufladegrade erreicht werden. Außerdem bringt der verzögerungsfreie Druckaufbau durch die starre Koppelung mit dem Motor Vorteile beim Beschleunigungsverhalten, die besonders beim Pkw-Antrieb zum Tragen kommen.

In Abb. 6.16 ist das Druckverhältnis-Volumenstrom-Kennfeld eines Viertakt-Motors im Kennfeld eines Roots-Laders dargestellt. Das erforderliche Übersetzungsverhältnis zwischen der Drehzahl des Motors und der des verwendeten Laders wird so bestimmt, dass beim Volllastpunkt

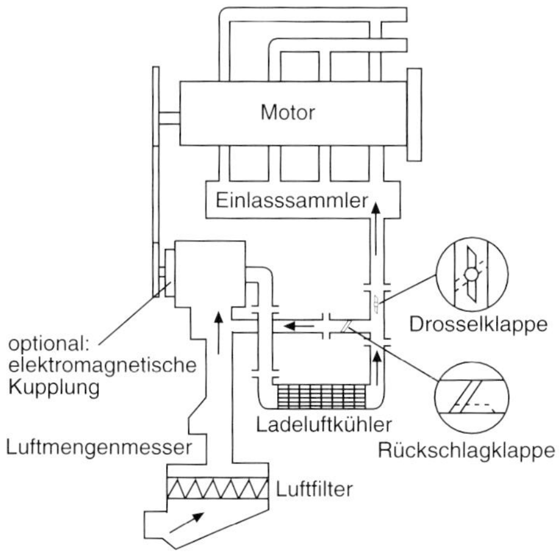

Abb. 6.14

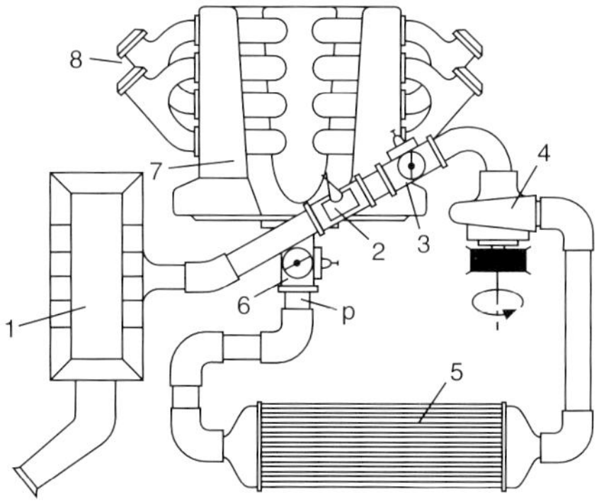

Abb. 6.15

Abb. 6.14. Mechanische Aufladung mit Rootsverdichter [6.21]

Abb. 6.15. Mechanische Aufladung mit Radialverdichter [6.28]. 1, Luftfilter; 2, Luftmassenmesser; 3, Ladedrucksteller; 4, mechanischer Radialverdichter; 5, Ladeluftkühler; 6, Motordrosselklappe; 7, Valvetronic; 8, Abgastemperatursensor

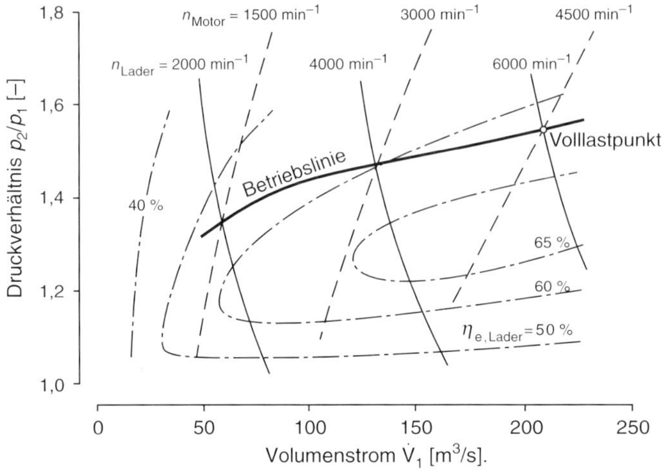

Abb. 6.16. Betriebslinie eines Viertakt-Motors im Kennfeld eines Roots-Laders

das gewünschte – durch das erforderliche Motormoment bedingte – Druckverhältnis (in Abb. 6.16 mit einem Kreis gekennzeichnet) erreicht wird. Bei festgelegtem Übersetzungsverhältnis zwischen Motor und Lader sind alle weiteren Betriebspunkte im Kennfeld durch die Schnittpunkte der jeweiligen Drehzahllinien n_{Lader} und n_{Motor} bestimmt.

Eine Sonderform der mechanischen Aufladung ist die Aufladung über das Kurbelgehäuse. Diese nutzt bei einem Viertakt-Motor die doppelte Frequenz der Verdrängung durch die Kolbenunterseite für die Aufladung. Diese Idee ist keineswegs neu, sie wurde bereits zu Beginn der Dieselmotorentwicklung von Rudolf Diesel verfolgt, vor allem die Schwierigkeiten mit der Schmierung des Kurbelgehäuses und der Abscheidung des Schmieröls und der hohe Ölverbrauch haben aber einen Serieneinsatz bisher vereitelt. In Verbindung mit kleinvolumigen Zweiradmotoren wird dieses Konzept aber mit dem Ziel eines Serieneinsatzes wieder aufgegriffen und weiterentwickelt (Abb. 6.17) [6.27, 6.29].

6.4.2 Abgasturboaufladung

Die Abgasturboaufladung (ATL) ist das am meisten, bei Großmotoren ausschließlich angewendete und am vielseitigsten einsetzbare Aufladesystem (vgl. Abb. 6.13 a).

Zum einen sind die Wirkungsgrade von Turbine und Verdichter durch die Entwicklungen über viele Jahre noch erheblich verbessert worden, zum anderen können mit ATL hohe Druckverhältnisse mit großen Durchsatzspannen erreicht werden.

Im Gegensatz zur mechanischen Aufladung ist die Drehzahl des Abgasturboladers und damit der Ladedruck nicht unmittelbar durch ein starres Übersetzungsverhältnis von der Motordrehzahl abhängig. Der Betriebspunkt des Turboladers stellt sich als Gleichgewichtszustand zwischen Verdichter- und Turbinenleistung ein.

Da im Fahrzeugbetrieb ein hohes Motormoment im mittleren Drehzahlbereich erwünscht ist, erfolgt die Auslegung des Turboladers so, dass bereits bei niedrigen Motordrehzahlen ein hoher Ladedruck erreicht wird. Daher wird bei diesen Anwendungen abgasseitig ein Abblaseventil (Wastegate) angeordnet, welches das wirksame Druckgefälle von der Turbine begrenzt, sodass der Ladedruck entsprechend dem gewünschten Verlauf geregelt werden kann. Gegenüber der bei Dieselmotoren zielführenden Verdichterauslegung mit hohen Wirkungsgraden bei großen Druckverhältnissen, der in einem eingeschränkten Massenstrombereich erreicht wird, ist bei Ottomotoren

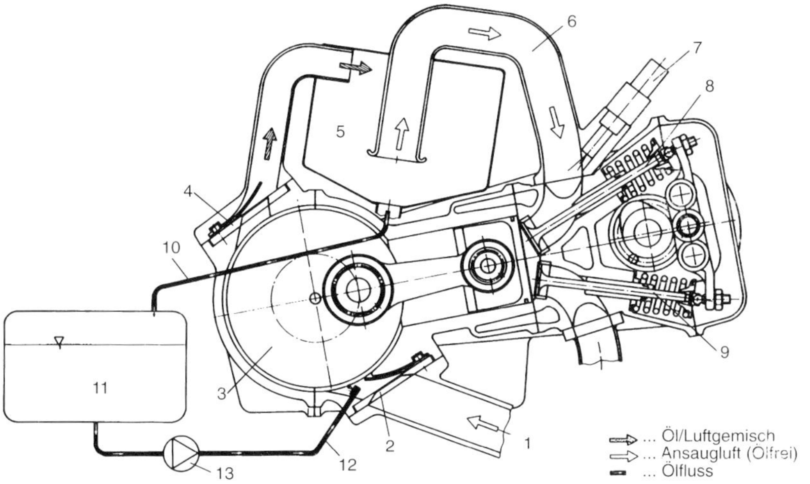

Abb. 6.17. Konzept für Zweiradmotor mit Kurbelgehäuseaufladung [6.29]. 1, Ansaugluft; 2, Einlassmembran; 3, Kurbelgehäuse; 4, Austrittsmembran; 5, Ölabscheider; 6, Einlasskanal; 7, Einspritzventil; 8, Einlassventil; 9, Auslassventil, 10, Ölrücklauf; 11, Öltank; 12, Ölzumessleitung; 13, Ölpumpe

der infolge Drosselregelung und Drehzahlspanne große Massenstrombereich von großer Bedeutung, auch wenn der Druckverhältnisbereich begrenzt bleibt. Abbildung 6.18 zeigt ein typisches Kennfeld eines Radialverdichters für einen Pkw-Motor mit 2 Liter Hubraum. Die bei Dieselmotoren häufig gewählte Turboladerausführung mit variabler Turbinengeometrie (VTG), bei der

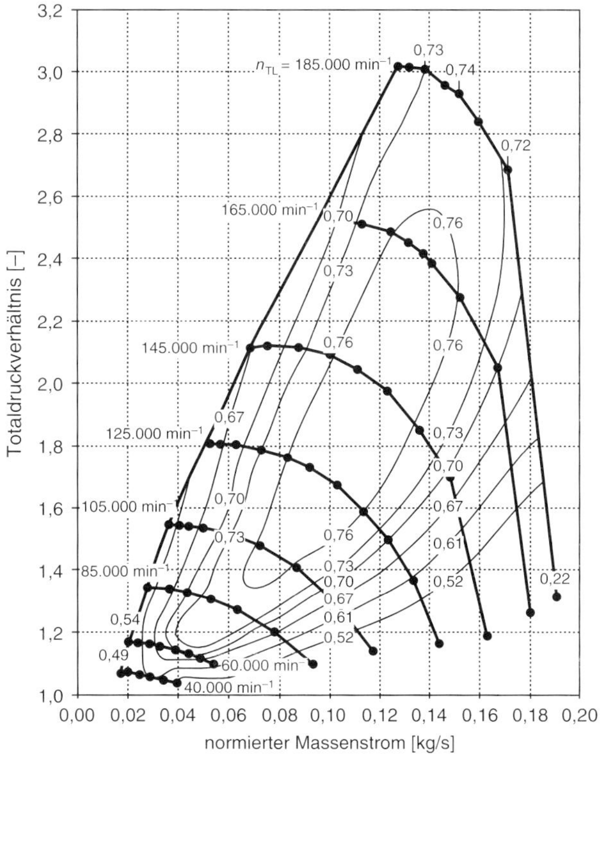

Abb. 6.18. Kennfeld eines Radialverdichters

ein verstellbares Schaufelgitter die Strömungsgeschwindigkeit und -richtung beeinflusst, wäre ein weiterer wesentlicher Schritt, um die Ladedrücke bereits bei niedrigeren Drehzahlen zu steigern und besseres Ansprechverhalten zu erhalten. Leider ist derzeit die Temperaturbeständigkeit dieser Turbolader noch nicht ausreichend für einen breiten Serieneinsatz bei Ottomotoren, welcher Abgastemperaturen bis zu 1050 °C bedeutet. Wegen des hohen Potenzials werden bei Turboladerherstellern mit diesem Ziel ebenso wie zu den in Abschn. 6.4.3 angeführten aufladetechnischen Maßnahmen intensive Forschungs- und Entwicklungsaktivitäten unternommen; eine erste Serienanwendung in einem exklusiven Sportwagen erfolgte bereits [6.50].

Damit auch die kinetische Energie in Form von Druckwellen besser genutzt werden kann, kann der Zufluss zum Turbinenrad durch eine so genannte Zwillingsstromturbine erfolgen, bei der das Turbinengehäuse in zwei Zulaufspiralen (Abb. 6.19 b) [6.45] aufgeteilt wird. Das Prinzip zeigt Abb. 6.19 a.

Bei der Abstimmung von Motor und Turbolader ist das Hauptaugenmerk auf die Anpassung des Verdichters an die Schlucklinien des Motors zu richten, weil die Turbine normalerweise über einen größeren Durchsatzbereich mit guten Wirkungsgraden arbeitet, als dies beim Verdichter der Fall ist. Die im Motorbetrieb auftretenden Durchsatzlinien sollten im Verdichterkennfeld so liegen, dass der häufigste Einsatz möglichst im Wirkungsgradoptimum erfolgt.

Dabei sollte der gesamte Betriebsbereich so liegen, dass einerseits ein ausreichender Sicherheitsabstand zur Pumpgrenze gewährleistet ist und andererseits noch im Bereich einigermaßen guter Wirkungsgrade gearbeitet wird. Der Abstand zur Pumpgrenze ist notwendig, weil sonst bereits geringe Druckschwankungen im Einlasssystem, verringerte Durchsatzmengen bei verschmutzten Filtern oder der Höhenbetrieb das Pumpen, d. h. Instabilitäten im Verdichterbetrieb, verursachen können. Bei Motoren für Generatorantrieb wird man die entsprechenden Schlucklinien so in das Kennfeld legen, dass sich möglichst hohe Verdichterwirkungsgrade ergeben.

Ein viel versprechendes Konzept ist die Kombination von Benzin-Direkteinspritzung mit Aufladung, das bereits bei den Höchstleistungsflugmotoren vielfach eingesetzt wurde, um – neben anderen Vorteilen – die Klopffestigkeit und damit die möglichen Aufladungsgrade zu steigern [6.17]. Das günstigere Klopfverhalten ist eine Folge der entzogenen Verdampfungswärme des direkt eingebrachten Kraftstoffes sowie geringer Restgasanteile infolge einer guten Zylinderspülung, da deutlich größere Ventilüberschneidungen ohne Verbrauchsnachteile möglich sind.

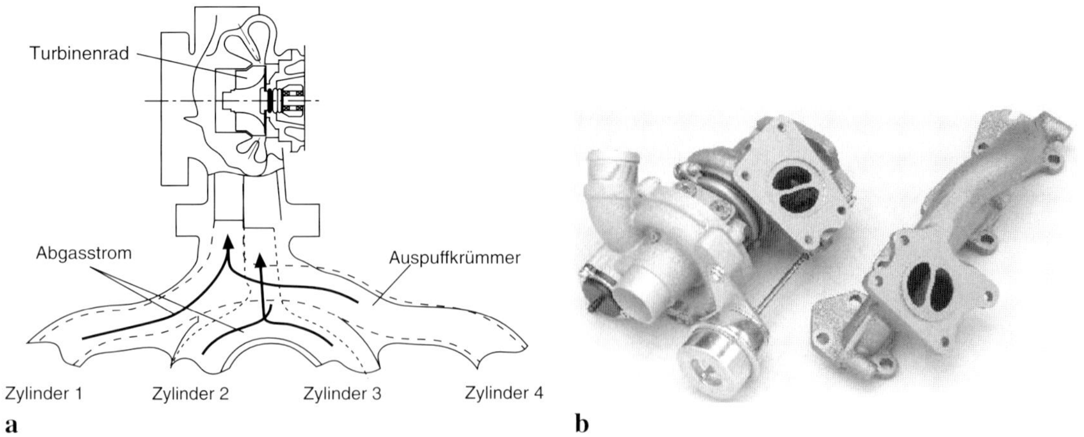

a b

Abb. 6.19. **a** Prinzip „Twin Scroll". **b** Turbolader für Vierzylinder-Ottomotor mit „Twin Scroll" (BMW/PSA) [6.45]

Diese Voraussetzungen führen mit ATL zu einer besonders sinnvollen Konfiguration als Fahrzeugantrieb, die zunehmend Eingang in die breite Serienanwendung finden wird (Abb. 6.20) [6.22].

Besondere Synergieeffekte können darüber hinaus mit der Kombination von Direkteinspritzung mit ATL und variablen Steuerzeiten erschlossen werden [6.30]: Damit können die Vorteile des Durchspülens von Frischluft während des Ladungswechsels weiter ausgebaut werden, darüber hinaus kann mit der höheren Spülluftmenge eine günstigere Betriebsweise des Verdichters – weiter entfernt von der Pumpgrenze – sichergestellt werden. Abbildung 6.21 zeigt die damit bei einem Fahrzeugmotor dargestellten Ladedruckverhältnisse bereits bei niedrigen Motordrehzahlen. Eine derartige Ausführung wird aus diesen Gründen trotz des Mehraufwandes weitere Verbreitung finden, umso mehr, da diese Vorteile auch mit Schichtbetrieb in der Teillast sinnvoll kombiniert werden können.

6.4.3 Erweiterte Turboaufladung

Um die bestehenden, aus der Kombination einer Strömungsmaschine mit einer Kolbenmaschine resultierenden Schwachstellen wie Anfahrschwäche, Low-End-Torque sowie Ansprechverhalten zu verbessern oder zu kompensieren, werden derzeit mehrere aufladetechnische Maßnahmen untersucht und entwickelt:

- Kombination mit mechanischem Lader (Abb. 6.22) [6.31]
- zweistufige Aufladung und Registeraufladung [6.14, 6.47]
- elektrisch unterstützte Aufladung [6.37, 6.48] entweder mit einem elektromotorgetriebenen Strömungsverdichter in Reihenschaltung (Abb. 6.23a) oder mit einem an der Turboladerwelle angekoppelten E-Motor (Abb. 6.23b) [6.32] (für beide Verfahren ist es neben dem erheblichen zusätzlichen Bauaufwand vor allem die mit der Kapazität des Bordnetzes limitierte elektrische Versorgung, die bisher eine Serienanwendung verhinderte)
- Kombination mit Impulsaufladung [6.33]

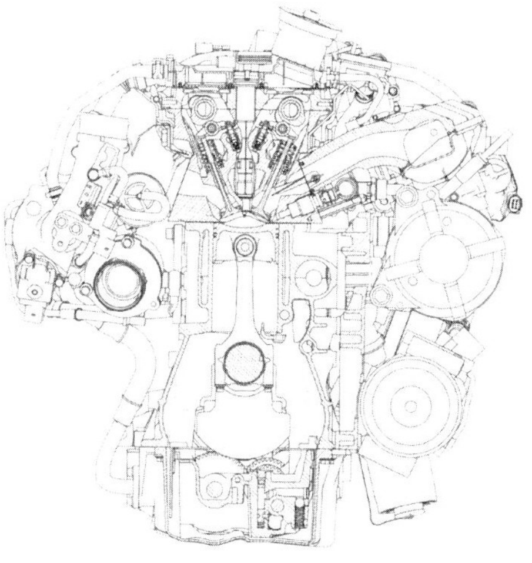

Abb. 6.20

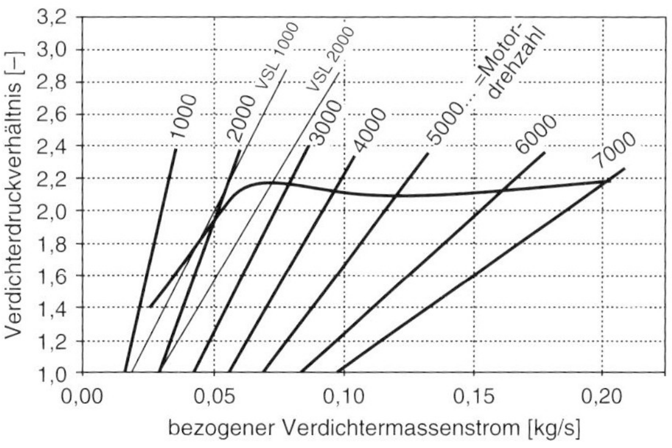

Abb. 6.21

Abb. 6.20. Audi-2,0-TFSI mit Direkteinspritzung und ATL [6.22]

Abb. 6.21. Verdichterdruckverhältnisse bei Pkw-Motor mit Direkteinspritzung und variablen Steuerzeiten [6.30]. VSL, Verdichterschlucklinie

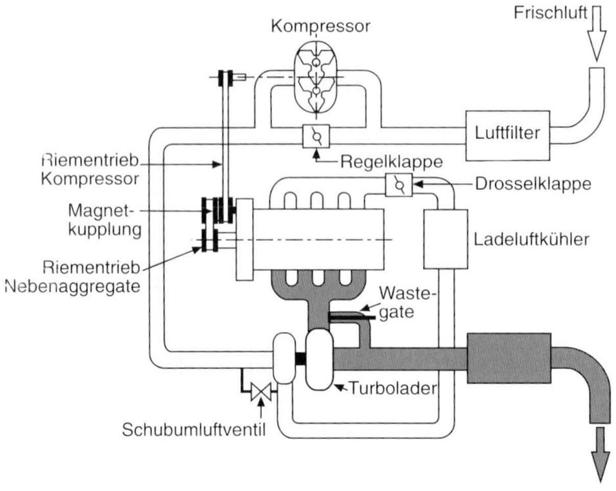

Abb. 6.22

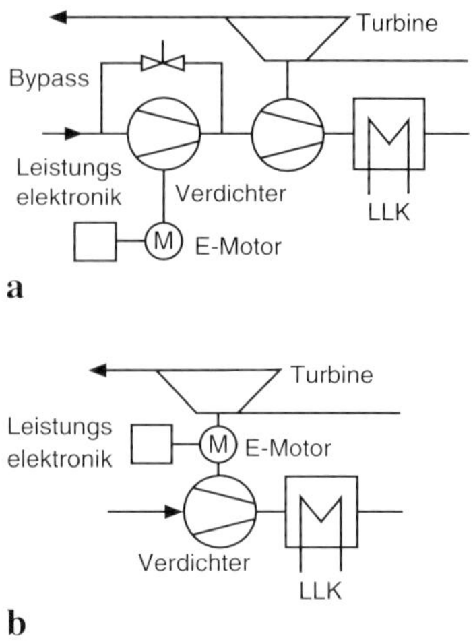

Abb. 6.23

Abb. 6.22. Kombination von mechanischem Lader und Turbolader (VW) [6.31]

Abb. 6.23. Elektrisch unterstützte Aufladung mit elektromotorgetriebenem Strömungsverdichter (**a**) oder mit an Turboladerwelle angekoppeltem Elektromotor (**b**). LLK, Ladeluftkühler

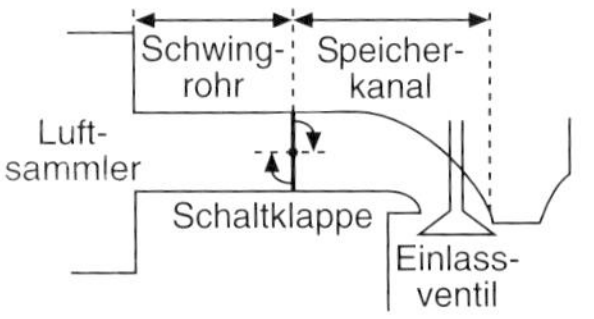

Abb. 6.24. Impulsaufladung

6.4.4 Impulsaufladung

Mit Impulsaufladung werden Konzepte bezeichnet [6.12, 6.34], bei denen die gasdynamischen Effekte beim Ladungswechsel bei Schwingrohr- oder Resonanzaufladung ohne zusätzlichen Verdichter verstärkt werden. Dazu wird in die Sauganlage nahe dem Einlassventil ein sehr schnell schaltendes Ventil (beispielsweise ähnlich ausgeführt wie eine Drosselklappe) eingebaut. Eine prinzipielle Darstellung zeigt Abb. 6.24.

Bei der Kolbenabwärtsbewegung nach dem Ladungswechsel-OT entsteht ein Unterdruck im Zylinder, da das Zusatzventil geschlossen bleibt. Dieser Unterdruck wird kurz vor dem UT durch schlagartiges Öffnen des Impulsladeventiles in kinetische Energie der Gassäule im Einlasskanal umgewandelt. Damit kann die Füllung gegenüber konventionellem Betrieb insbesondere im unteren Drehzahlbereich deutlich gesteigert werden.

Da die Betätigung der Impulsladeventile entkoppelt vom Ventiltrieb und zeitlich vollkommen variabel ist, ist damit eine variable Einstellung möglich. Wichtig für die Funktion dieser Ventile, für die seriennahe Muster bestehen [6.12, 6.34], sind die schnellen Schaltzeiten, weitgehende Dichtheit, geringer Energiebedarf und gute geometrische Integrationsmöglichkeiten.

6.5 Strömung im Motor

Der Ablauf des Gemischbildungs- und Verbrennungsprozesses im Ottomotor wird in sehr hohem Maße durch die Strömungsstruktur im Saugrohr und Zylinder beeinflusst.

Diese Strömungsstruktur wird von einer großen Anzahl von Einflussgrößen bestimmt. Von großer Bedeutung beim Viertakt-Motor sind dabei die während des Einlasstaktes ausgebildeten Wirbel sowie deren Entwicklung während der Kompressionsphase. Beim Zweitakt-Motor dominiert der Spülvorgang die Ausbildung der Zylinderinnenströmung, sodass hier neben der Strömung durch die Überströmkanäle auch der durch den Auslasskanal strömende Frischgas- und Abgasmassenstrom eine wesentliche Rolle spielt. Bezüglich der daraus und aus verschiedenen Spülkonzepten resultierenden Besonderheiten in Funktion und Simulation sei auf Abschn. 10.11 verwiesen.

Für den Verbrennungsprozess selbst ist der Strömungszustand gegen Ende des Verdichtungshubes entscheidend, der von den Wirbelstrukturen und ihrem Zerfall in kleine turbulente Strukturen während des Verdichtungshubes geprägt wird.

Da die Strömung im Zylinder wesentlich durch den Einströmvorgang geprägt ist und essenzielle Bedeutung für den Verbrennungsvorgang und damit Wirkungsgrad, Klopfverhalten und Schadstoffemission eines Motors hat, besteht großes Interesse an ihrer Beschreibung. Obwohl die zeitabhängigen Strömungsstrukturen in Saugrohr und Zylinder zumindest bereits vereinfacht numerisch abgebildet werden können, bereitet die exakte messtechnische Erfassung und Verifizierung im realen Motorbetrieb noch große Schwierigkeiten, eine Erfassung der Grobstruktur ist mit beträchtlichem Aufwand verbunden.

Um zumindest für den Ansaugvorgang und die Verdichtungsphase im geschleppten Betrieb experimentelle Ergebnisse zu erhalten, werden grundlegende Untersuchungen mit Wasseranalogie-Strömungsmodellen sowie am geschleppten Motor mit PIV (particle image velocimetry) und LDA (Laser-Doppler-Anemometrie) durchgeführt [6.35].

Informationen über das makroskopische Strömungsfeld können auch mit optisch zugänglichen Transparentmotoren gemacht werden, wobei diese aufwändigen Untersuchungen häufig mit Laserlichtschnittverfahren und in Verbindung mit Gemischbildungsfragen angestellt werden. Somit können neben der Ladungsbewegung auch Kraftstoffeinbringung, -verdampfung sowie Beeinflussung des Strömungsfeldes und die Gemischverteilung erfasst werden.

Grundsätzlich werden zwei verschiedene globale Arten der Ladungsbewegung unterschieden – Drall und Tumble. In beiden Fällen handelt es sich um Drehbewegungen um eine Achse, deren Lage jedoch grundsätzlich unterschiedlich ist (Abb. 6.25). Beim Drall fällt diese Achse mit der Zylinderachse zusammen, beim Tumble steht diese Achse senkrecht auf die Zylinderachse.

Dieser Unterschied führt dazu, dass beim realen Arbeitsspiel einerseits auf Grund der geometrischen Randbedingungen der Drall während des Kolbenhubes erhalten bleibt, andererseits aber der Tumble mit Annäherung des Kolbens an den Zylinderkopf weitgehend in komplexe Strömungsstrukturen und schließlich Turbulenzen zerfällt. Häufig treten beide Grundformen gleichzeitig in vermischter Form auf: Eine Drallkomponente entsteht nämlich bei jeder unsymmetrischen Anordnung des Einlasskanales oder der Einlasskanäle, die fast immer bei Zweiventilmotoren und in geringem Ausmaß bei Vierventilmotoren besteht.

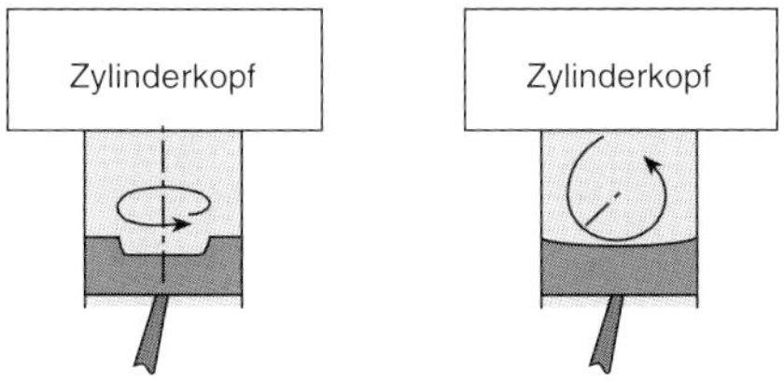

a b

Abb. 6.25. Ladungsbewegung – Drall (**a**) und Tumble (**b**)

Besonders bei DI-Ottomotoren mit wandgeführten Brennverfahren (Abschn. 10.7) oder Magermotoren wird fallweise ein Kanalkonzept mit einem abschaltbaren Kanal realisiert, um den Drall variabel und bei Bedarf hoch zu gestalten. Für die Beschreibung und Darstellung eines derartigen Konzeptes siehe Abschn. 10.3 und Abb. 10.13.

Eine weitere Möglichkeit besteht in einer ungleichen Gestaltung des Öffnungshubes der beiden Einlassventile sowie einer einseitigen Teilabschirmung des Ventils zur Strömungsführung bei geringen Ventilhüben, die als Phasing und Masking bezeichnet wird (siehe auch Abschn. 10.3) [6.36]. Der gezielte, zum Teil variable Tumbleerzeuger spielt bei Ottomotoren eine große Rolle, insbesondere bei Motoren mit Aufladung, um Klopffestigkeit und Brenngeschwindigkeit zu steigern (Abb. 6.20) [6.22, 6.37]. Für weitere Konzepte und Ausführungen zur variablen Ladungsbewegung siehe Abschn. 10.3.

Da die oben angeführten grundlegenden Untersuchungen zur detaillierten, ortsaufgelösten Erfassung des Strömungsfeldes bei realen Arbeitsspielen und am geschleppten Motor mit großem Aufwand verbunden und nicht für eine größere Anzahl von Teilen geeignet sind, wurden Messmethoden zur raschen und einfachen Charakterisierung der einlasskanalgenerierten Strömung entwickelt [6.1, 6.38–6.40]. Abbildung 6.26 zeigt verschiedene Möglichkeiten zur Bewertung von Drall und Tumble am Strömungsprüfstand. Im rechten Bildteil ist ein von Tippelmann (Neuenstadt, Deutschland) entwickeltes Messsystem zur gleichzeitigen Drall- und Tumblemessung („Momentenmessgerät“) dargestellt.

Dass diese „integralen“ Messverfahren entsprechend Abb. 6.26 nur eine eingeschränkte Charakterisierung der realen motorischen Strömungsverhältnisse geben können, geht aus dem Umstand der stationären Randbedingung und der Reduzierung auf einen Kennwert hervor. Aus Abb. 6.27 kann ein mit Laser-Doppler-Anemometrie ermitteltes typisches Geschwindigkeitsprofil für zwei Einlasskanäle entnommen werden, die den gleichen integralen Tumblekennwert, jedoch ein deutlich unterschiedliches Geschwindigkeitsprofil des Strömungsfeldes [6.40] aufweisen.

Aus Abb. 6.28 geht der auf Basis einer CFD-Simulation ermittelte Verlauf der turbulenten, kinetischen Energie im gesamten Brennraum über die Ansaug- und Verdichtungsphase für ein konventionelles Brennverfahren sowie eine Variante mit turbulenzerzeugendem System entsprechend Abb. 10.18 [10.14] hervor.

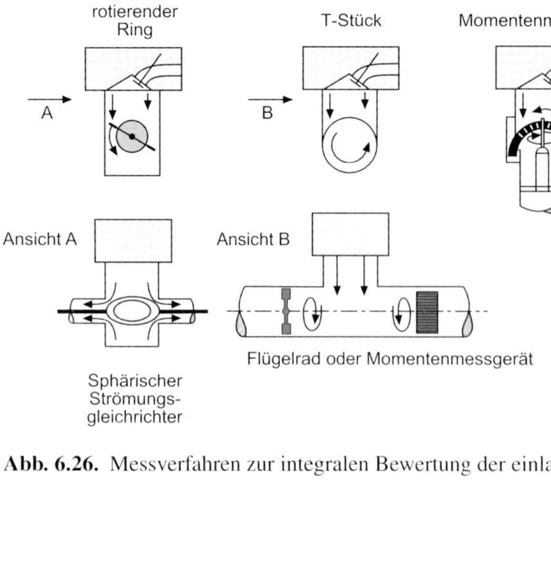

Abb. 6.26. Messverfahren zur integralen Bewertung der einlasskanalgenerierten Strömung

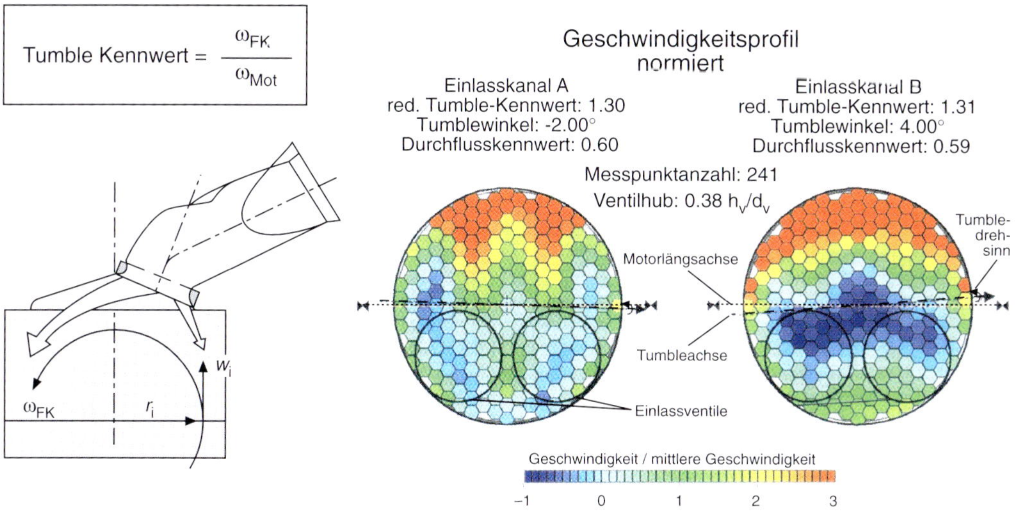

Abb. 6.27. Tumblekennwert und Geschwindigkeitsprofil [6.40]

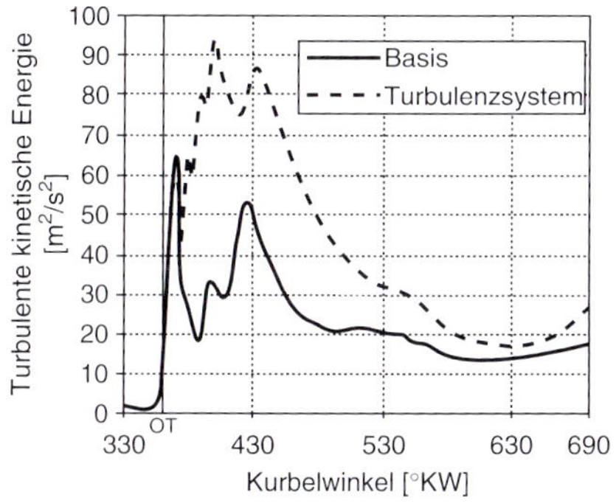

Abb. 6.28. Turbulente kinetische Energie der Zylinderladung

Zur gezielten Beeinflussung der Ladungsbewegung und Turbulenz im Brennraum sowie am Zündort wurden unterschiedliche Konzepte erdacht und auf rechnerischer Basis bewertet, als Beispiel seien hier Ergebnisse aus Lit. 6.41 in Abb. 6.29 dargestellt.

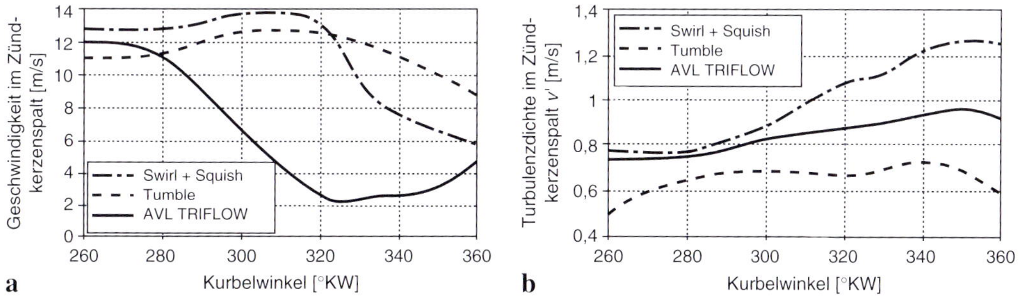

Abb. 6.29a, b. Ladungsbewegung verschiedener Brennverfahren [6.41]

7 Zündung und Entflammung

Im konventionellen Ottomotor wird das verdichtete Gemisch im Allgemeinen durch eine Zündquelle zu einem vorgegebenen Zeitpunkt entflammt und daran anschließend verbrannt. Der Beginn des normalen Verbrennungsvorgangs im Ottomotor geht somit von einem Zündort aus und setzt sich aus folgenden Abschnitten zusammen:

- Zündung und Einleitung der Flamme
- Entflammung
- Beginn der turbulenten Flammenausbreitung

Der Ablauf der frühen Verbrennung wird wesentlich von den elektrische Eigenschaften der Funkenentladung, der Zündkerze, der Gemischzusammensetzung, vom thermodynamischen Zustand im Brennraum zum Zündzeitpunkt, dem Brennraum, der makro- und mikroskopischen Ladungsbewegung usw. bestimmt. Erschwerend kommt noch die wechselseitige Beeinflussung hinzu, die eine eindeutige quantitative Bestimmung des individuellen Einflusses jedes einzelnen Parameters verhindert. Eine wesentliche Anforderung an die Zündung ist allerdings, unter allen Bedingungen den Verbrennungsvorgang in Gang zu bringen und die Phase der Entflammung zu optimieren.

Die heute dominierende Zündungsform ist die Hochspannungs-Funkenentladung, während alternative Zündsysteme nur eine untergeordnete Rolle spielen. Die homogene Selbstzündung, bei der die Einleitung der Verbrennung durch chemische Reaktionen im Brennraum erfolgt, wird im Kap. 8 erörtert.

7.1 Grundlagen der Funkenzündung

Die Erfahrung, dass auch ein elektrischer Funke ein brennbares Gemisch entzünden kann, führte am Anfang des letzten Jahrhunderts zur Entwicklung der Hochspannungsmagnetzündung. Das von einem Funken erzeugte Plasma, damit bezeichnet man das ionisierte, hocherhitzte Gasvolumen in der Funkenstrecke, muss dabei soviel Energie besitzen, dass die über die Oberfläche des Plasmakerns abgeführte Energie den Energiegewinn der chemischen Reaktionen in der Oberfläche nicht überschreitet und so zu einem stabilen Flammenwachstum führt.

7.1.1 Zündvorgang

Der Zündfunke kann nur bei ausreichend wirksam vorhandener Hochspannung von einer Elektrode auf die andere durchschlagen. Der Verlauf der elektrischen Größen Spannung und Strom ist für eine konventionelle Spulenzündung, welche das am häufigsten angewandte Zündsystem im automotiven Bereich ist, schematisch in Abb. 7.1 dargestellt [7.1].

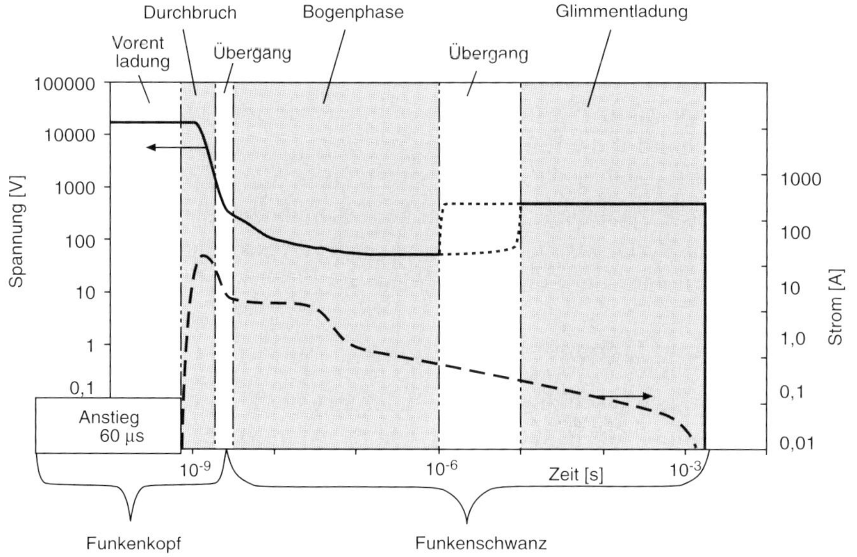

Abb. 7.1. Schematischer Verlauf der Spannung und des Stromes bei konventioneller Spulenzündung [7.1]

Die erste Phase des Zündvorganges, der eigentliche Durchbruch, findet in einer extrem kurzen Zeit (ca. 10^{-8} s) statt. Innerhalb dieser Zeit bildet sich kurzzeitig ein extrem leitfähiger Plasmakanal mit einem Durchmesser von etwa 40 µm und einer Plasmatemperatur von bis zu 60.000 K. Der damit verbundene Druckanstieg (bis zu 250 bar) führt zu einer überkritischen Expansion mit einhergehender Abkühlung. Während dieser Abkühlphase wird die Ionisations- und Dissoziationsenergie in thermische Energie übergeführt.

Grundlage für die Entstehung des Plasmakanals bildet die Theorie der Stoßionisation. Ein Ion oder ein Elektron wird infolge des zwischen den Elektroden der Zündkerze anliegenden elektrischen Feldes auf seiner „freien" Weglänge beschleunigt, bis es auf ein anderes Gasmolekül stößt. Bei genügend hoher aufgenommener kinetischer Energie wird das Gasmolekül ionisiert (Stoßionisation), wobei die neu entstehenden Ionen wiederum durch das anliegende elektrische Feld beschleunigt werden und ihrerseits auf weitere Moleküle stoßen. Der lawinenartige Anstieg der Ladungsträger zwischen den beiden Elektroden führt in weiterer Folge zur Bildung des extrem leitfähigen Plasmakanals. Die dabei notwendige Durchbruchsspannung ist eine nahezu lineare Funktion der Gasdichte in der Funkenstrecke und des Elektrodenabstandes und lässt sich durch das Gesetz von Paschen berechnen [7.2]. Je höher die Gasdichte, desto kürzer ist die zur Beschleunigung der Ladungsträger zur Verfügung stehende „freie" Weglänge, sodass die erforderliche Durchbruchsspannung (d. i. Zündspannung) ansteigt. Mit der Annahme, dass der Durchbruch zwischen den Elektroden stattfindet und die Gase ideales Verhalten haben, kann nach Lit. 7.3 der Radius und die Temperatur im Plasmakanal unmittelbar nach dem Durchbruch bei gegebenem Elektrodenabstand abgeschätzt werden.

Dem Durchbruchsvorgang folgt die Bogenentladung, welche sich schon im Bereich von Mikrosekunden abspielt. Die elektrische Energie dient zur thermischen Dissoziation der Gasmoleküle. Die Temperatur stabilisiert sich zwischen 4000 und 10.000 K und wird von den Transportprozessen, Wärmeleitung und Diffusion im Plasmakanal und dessen stetiger Vergrößerung maßgeblich beeinflusst. In der Glimmentladungsphase betragen die Temperaturen typischerweise etwa 3000 K und Wärmeleitungs- und Diffusionsvorgänge dominieren die Ausdehnungsgeschwindigkeit und die Größe des Plasmavolumens. Dabei wird die chemisch gebundene Energie unmittelbar an der Oberfläche des Plasmakanals freigesetzt und unterstützt das Wachstum des Plasmavolumens, wobei letztlich eine große Plasmaoberfläche mit hohen Temperaturen und einer großen Dichte an Radikalen vorteilhaft für die Entflammung ist.

Motorische Gasströmungen im Bereich der Funkenstrecke können nun zu diesem Zeitpunkt schon die Funkeneigenschaften beeinträchtigen. Die mittlere Geschwindigkeit in der Funkenstrecke der Elektrode führt zu einer Verlängerung des Plasmakanals (Auswandern des Funkens) und gleichzeitig auch zu einer Verkürzung der Funkenbrenndauer.

7.1.2 Entflammungsphase und Flammenkernbildung

Unmittelbar an den Durchbruchsvorgang anschließend beginnt an der Oberfläche des Plasmakanals die Entflammung, deren erste Phase durch die Bildung eines Flammenkerns gekennzeichnet ist. Ein Wachsen des Flammenkerns ist nur möglich, wenn die elektrische Energiezufuhr und die Energiezufuhr infolge der chemischen Umwandlung den Wärmeverlust an die angrenzenden Oberflächen der Zündkerze übersteigen.

Um ein tieferes Verständnis der physikalischen Vorgänge bei der Flammenkernbildung zur erhalten und auch die quantitative Auswirkung bestimmter Parameter zu bewerten, ist es hilfreich, dies an Hand eines thermodynamischen Modells abzuleiten (Abb. 7.2).

Auf der Grundlage der Anwendung des ersten Hauptsatzes auf den Flammenkern lässt sich die Energiebilanz ableiten, die die Zufuhr der elektrischen Energie über den Zündfunken, die Zufuhr von Masse und Energie infolge der Verbrennung, die Volumsänderung und den Wärmeverlust über die Zündkerzenkontaktfläche berücksichtigt.

Für die Änderung der inneren Energie des Flammenkerns $\mathrm{d}U$ gilt

$$\frac{\mathrm{d}U}{\mathrm{d}t} = \frac{\mathrm{d}E_{\mathrm{Fu}}}{\mathrm{d}t} + h_{\mathrm{v}}\frac{\mathrm{d}m_{\mathrm{v}}}{\mathrm{d}t} - p\frac{\mathrm{d}V}{\mathrm{d}t} - \frac{\mathrm{d}Q_{\mathrm{WV}}}{\mathrm{d}t}, \tag{7.1}$$

wobei die Änderung der Flammenkernmasse über die Kontinuitätsgleichung gebildet wird:

$$\frac{\mathrm{d}m_{\mathrm{v}}}{\mathrm{d}t} = \frac{\mathrm{d}}{\mathrm{d}t}(\rho_{\mathrm{v}} V_{\mathrm{v}}) = \rho_{\mathrm{u}} A_{\mathrm{Fl}}(s_{\mathrm{t}} + s_{\mathrm{Pl}}). \tag{7.2}$$

Die Größe der turbulenten Flammengeschwindigkeit s_{t} wird am Beginn der Entflammung, wenn die Flammenkerngröße im Vergleich der integralen Längenskala noch klein ist, maßgeb-

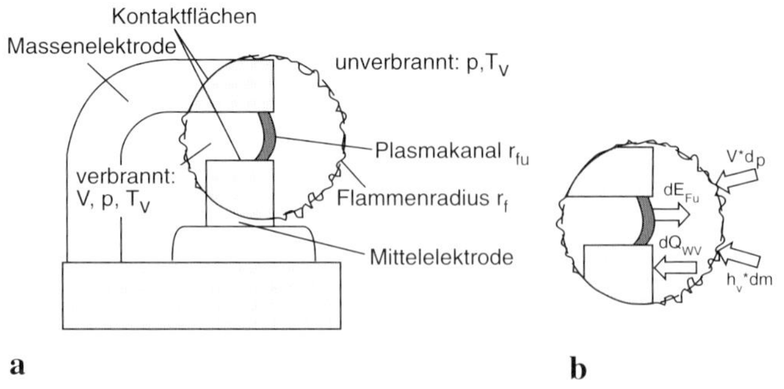

Abb. 7.2. Thermodynamisches System zur Modellierung der Flammenkernbildung [7.4]: **a** schematische Modelldarstellung, **b** Energieflüsse

lich von der laminaren Flammengeschwindigkeit und dem hochfrequenten Anteil des Turbulenzspektrums bestimmt. Bei Abmagerung oder Verdünnung der Ladung nimmt die laminare Flammengeschwindigkeit stark ab; dabei reagiert diese auf Änderung der Ladungstemperatur stärker als auf Druckänderungen. Der vom Plasmazustand herrührende Anteil s_{Pl} ergibt sich aus der elektrischen Energiezufuhr und der damit verbundenen thermischen Expansion.

Die über den Zündfunken eingebrachte Energie geht mit unterschiedlichem Wirkungsgrad in das Plasma über. Während der Durchbruch infolge der kurzen Zeit nur geringe Wärmeverluste aufweist, zeigen die nachfolgenden Phasen geringeren Wirkungsgrad, um Plasma und ionisierte Moleküle zu erzeugen (Tabelle 7.1).

Die im ersten Teil des Zündfunkens von $<1\,\mu s$, dem so genannten Funkenkopf, übertragene elektrische Energie ergibt sich über die Energiegleichung für einen Kondensator aus der Zündspannung und den Kapazitäten der Zündkerze und des Zündkabels. Typische Werte für Zündkerzenkapazitäten C_{Kerze} liegen im Bereich von 10–100 pF, während die Spannung U_{Fu1} in dieser Zeit etwa 50–100 V beträgt.

$$E_{Fu1} = \frac{(C_{Kerze} + C_{Kabel})V_{Fu1}}{2}. \tag{7.3}$$

Während des zweiten Teiles des Zündfunkens, des so genannten Funkenschwanzes, treten Ströme zwischen 1 und 100 mA und Spannungen von 200–1000 V auf, wobei die Stromstärke infolge der Entladung der Zündspule kontinuierlich abfällt. Die Energie wird aus den gemessenen Strom- und Spannungsverläufen ermittelt, wobei die Spannungen im unmittelbaren Nahbereich der Elektroden einen typischen Abfall (Fallspannung) erleiden, sodass die für die Energiebetrachtung des Flammenkerns zur Verfügung stehende Spannung (Säulenspannung $V_{Säule}$) um etwa 40 % geringer ausfällt [7.4].

$$E_{Fu2} = \int_0^t V_{Säule} I_{Fu}\,dt. \tag{7.4}$$

Der Term $p\,dV$ in Gl. 7.1 gibt die Volumsänderungsarbeit an, die zur Expansion des Flammenkerns aufgewendet werden muss.

Der Verlust durch den Wärmeübergang Q_{WV} vom Flammenkern zur Oberfläche der Zündkerze kann über die Wärmetransportgleichung berechnet werden:

$$Q_{WV} = \alpha A_{Kontakt}(T_v - T_{Kerze}). \tag{7.5}$$

Typische Werte für den Wärmeübergangskoeffizienten liegen im Bereich zwischen 150 und 250 W/m^{2}K [7.5]. Die Kontaktfläche des Flammenkerns $A_{Kontakt}$ zur Kerze hin wird erheblich durch

Tabelle 7.1. Energieverteilung und Wirkungsgrade bei typischer Funkenzündung nach May [7.1]

Charakteristikum	% Energie bei:		
	Durchbruch	Bogenphase	Glimmentladung
Wärmeübertragung	5	45	70
Strahlungsverlust	<1	5	<1
Plasmawirkungsgrad	94	50	30

die Ausbildung der Elektrodengeometrie beeinflusst. Eine Verkleinerung der Elektrodenoberfläche ermöglicht jedenfalls eine Erhöhung der Grenzen für Ladungsverdünnung.

Die mittlere Strömungsgeschwindigkeit in der Funkenstrecke beeinflusst den Transportvorgang des Flammenkerns in Strömungsrichtung und ist meist mit einer Verkleinerung der unmittelbaren Zündkerzenkontaktfläche verbunden. Nachteilig wirkt sich das Einbringen von unverbrannten kalten Gemischteilen in das Reaktionsgebiet aus, was höhere Wärmeverluste mit sich bringt. Zum Erreichen sehr hoher Ladungsverdünnung haben sich unter motorischen Bedingungen geringe Strömungsgeschwindigkeiten von <8 m/s als optimal erwiesen [7.6].

Turbulenz beeinflusst den Entflammungsvorgang maßgeblich. Zum einen wird die Bildung neuer Flammenoberflächen durch Faltvorgänge beschleunigt und die Durchmischung und der Transport von reaktionsfreudigen Radikalen in der Flammenfront gefördert, und zum anderen wird durch den gesteigerten Wärmeübergang an die Zündkerzenoberfläche und die erhöhten Diffusionsverluste in das umgebende unverbrannte Gas das weitere Wachstum des Flammenkerns behindert, was am Anstieg der minimalen Zündenergie erkennbar ist (Abb. 7.3). Abhängig von der Drehzahl beginnt ab etwa 0,5–1 mm Flammenkernradius die Einwirkung der Turbulenz auf den Flammenkern. Erreicht die Größe des Flammenkerns die des lokalen integralen Längenmaßes, ist die turbulente Flammenfront voll ausgebildet und die großflächige Turbulenzstruktur dominiert die weitere Flammenausbreitung [7.7].

Ist die mittlere Geschwindigkeit in der Funkenstrecke zu hoch, kommt es zum Abreißen des Funkens und bei ausreichend vorhandener Energie in der Spule zum Wiederzünden. Umgekehrt kann dieser Effekt bei genauer Kenntnis der elektrischen Größen aber auch zur Bestimmung der Strömungsgeschwindigkeit im Zündkerzenbereich herangezogen werden [7.8].

Die Funkendauer selbst hat eine sehr wichtige Rolle beim Ausdehnen der Laufgrenze des Motors bei Magerbetrieb oder bei Restgasverdünnung (Abb. 7.4.) Die elektrische Energiezufuhr über eine längere Zeitdauer hinweg ermöglicht, den Effekt der geringeren laminaren Brenngeschwindigkeit und die meist ebenfalls vorhandene Gemischinhomogenität besser zu kompensieren, da über eine längere Zeit Energie dem Flammenkern zugeführt wird. Eine längere

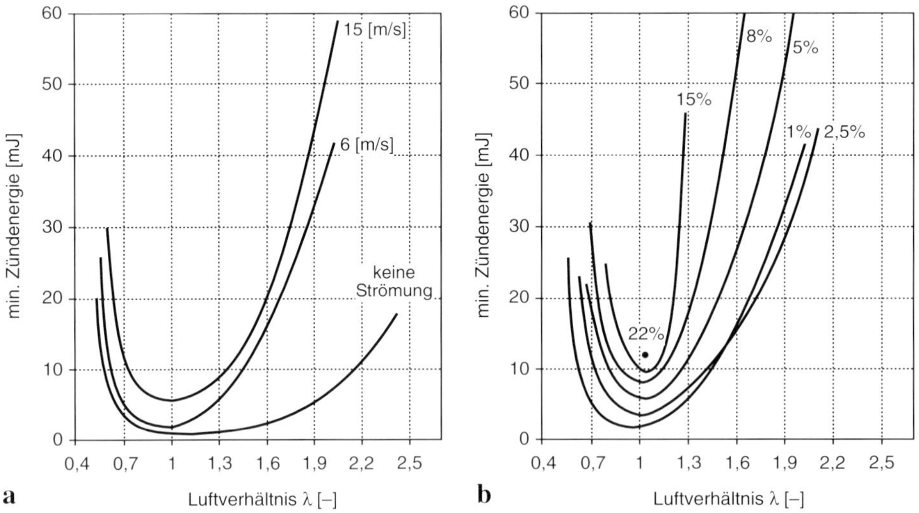

Abb. 7.3. Einfluss von Strömungsparameter auf minimale Zündenergie [7.7]: **a** Strömungsgeschwindigkeit (Turbulenzintensität 1 %), **b** Turbulenzintensität (Strömungsgeschwindigkeit 6 m/s). Propan-Luft-Gemisch, Druck 0,17 bar

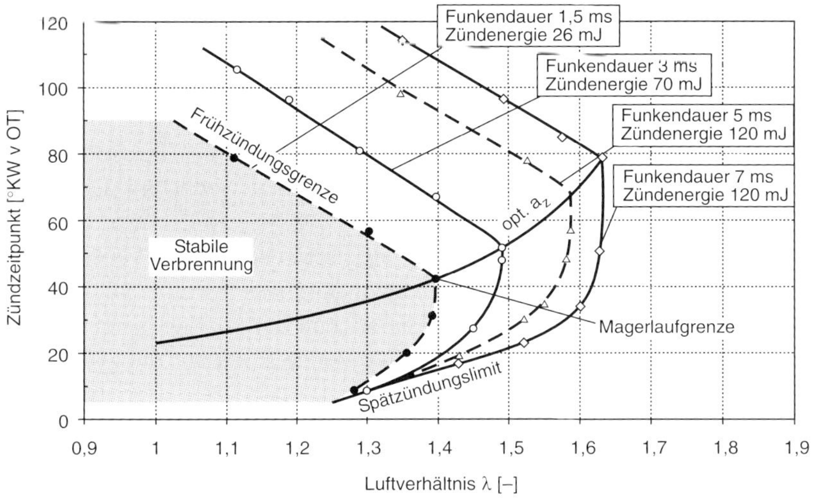

Abb. 7.4. Einfluss der Funkendauer bei Abmagerung [7.9]. $n = 1600\,\text{min}^{-1}$, $\eta_e = 31\,\%$

Funkendauer ist allerdings nur dann von Vorteil, wenn der Flammenkern durch gerichtete Strömung laufend abströmt, da sonst die weitere eingebrachte Funkenenergie lediglich an das bereits verbrannte Gemisch abgegeben wird und somit ohne Wirkung verloren geht.

7.2 Zyklische Schwankungen und Entflammung

Zyklische Schwankungen werden schon seit jeher als limitierende Größe bei der Ausdehnung des mageren oder ladungsverdünnten Betriebsbereiches angesehen. Die Ursachen für zyklische Schwankungen können dabei grob in die Kategorien Gemischzusammensetzung, Schwankungen der Zylinderfüllung, Zylinderinnenströmung und Schwankungen des Zündfunkens und der Zündungsparameter eingeteilt werden, wobei alle mehr oder weniger stark auf die Entflammungsphase Einfluss nehmen.

Die zyklischen Schwankungen selbst können nach verschiedenen Kategorien eingeteilt und bewertet werden. In der Motorenentwicklung hat sich die statistische Bewertung des indizierten Mitteldruckes allgemein durchgesetzt. Dabei wird wahlweise der Varianz-Koeffizient des indizierten Mitteldruckes VPI oder auch die Standardabweichung σ_{p_i} des indizierten Mitteldruckes p_i zur Beschreibung der Verbrennungsstabilität verwendet:

$$\text{VPI} = \frac{\sigma_{p_i}}{p_i} 100\%. \tag{7.6}$$

Die Kraftstoffzusammensetzung, der Verdünnungsgrad der Zylinderladung, das globale Luftverhältnis und deren Schwankung und das lokale Luftverhältnis in der Funkenstrecke, die trotz homogenen Betriebs erheblich schwanken kann, bestimmen die Stabilität der Verbrennung. Je höher die lokale Verdünnung der Ladung, desto geringer die Umsatzgeschwindigkeit und desto höher die zyklischen Schwankungen [7.10].

Die Zündkerzenkonfiguration und die Funkencharakteristik sind von entscheidender Bedeutung beim Entflammungsvorgang, da beide gleichermaßen für zyklische Schwankungen sorgen.

Streuungen des Zündzeitpunktes, aber auch zyklisch unterschiedliche Entladungscharakteristika (beeinflusst durch Strömungsvorgänge in der Funkenstrecke) wirken sich direkt auf den Zeitpunkt und die daran anschließende Entflammungsphase aus (Abb. 7.5).

Daneben spielen auch die Parameter der Entladung eine Rolle, wobei die Funkendauer als entscheidend angesehen werden kann (Abb. 7.4). Die Funkenstrecke und die Elektrodenform bestimmen wesentlich die Größe des Plasmakanals sowie Ausbildung und Wachstum der frühen Flamme.

Der Einfluss unterschiedlicher Zylinderfüllungen wird bei konventionellen Ventiltrieben als gering betrachtet, kann aber bei vollvariablen Ventiltrieben durchaus zu einer nicht mehr vernachlässigbaren Größe ansteigen. Im Bereich des optimalen Zündzeitpunktes spielt die im Zylinder befindliche Gemischmasse relativ gesehen eine dominierende Rolle auf die zyklischen Schwankungen des indizierten Mitteldruckes [7.11].

Die strömungsrelevanten Parameter wie mittlere Strömungsgeschwindigkeit in der Funkenstrecke und im Brennraum, die Turbulenzskalen und die Turbulenzintensität beeinflussen die Entflammung und den weiteren Ablauf der Verbrennung sehr nachhaltig.

Die Erhöhung der Stabilität bei steigender Ladungsverdünnung, wie bei Magerbetrieb oder bei steigendem Restgasanteil, kann durch die mehr oder weniger gleichzeitige Anwendung von mehreren Zündorten im Brennraum erreicht werden, da sich eine erhebliche Beschleunigung des Verbrennungsablaufes erzielen lässt (Abb. 7.6). Neben den positiven Auswirkungen auf die

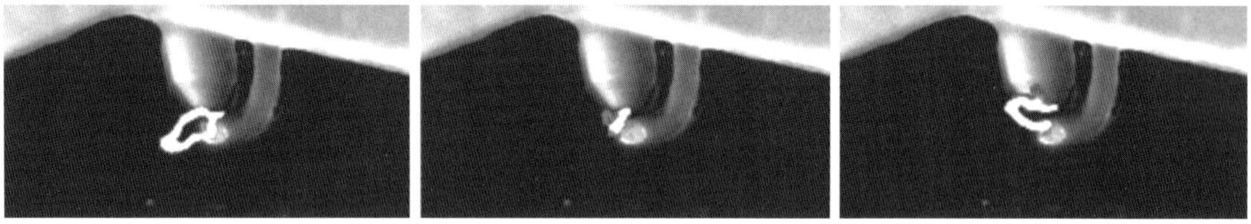

Abb. 7.5. Auslenkung des Zündfunkens aufeinanderfolgender Zyklen infolge hochturbulenter Zylinderinnenströmung

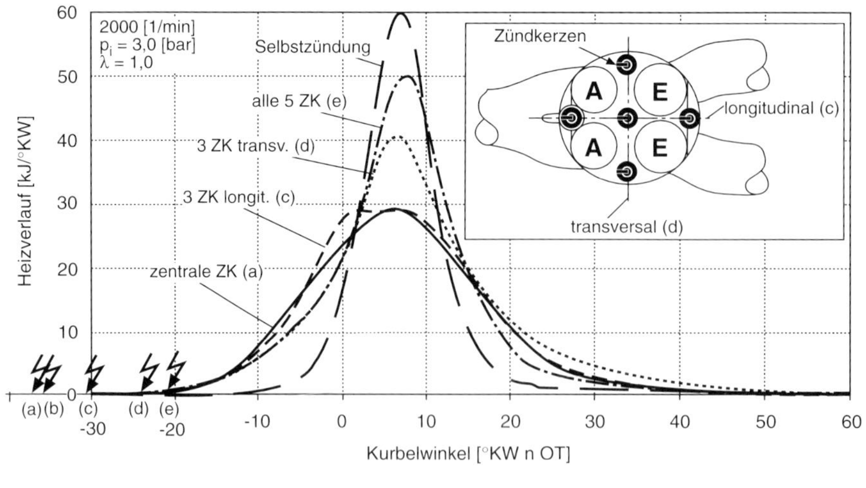

Abb. 7.6. Einfluss von Mehrfachzündung auf den Verbrennungsablauf

Stabilität können sich durch die Verkürzung der Flammenwege auch Vorteile beim Volllastverhalten durch geringere Klopfneigung ergeben [7.12 7.13].

7.3 Zündsysteme für Funkenzündung

Die wesentliche Forderung an das Zündsystem besteht darin, zum richtigen Zeitpunkt einen geeigneten Zündfunken zu erzeugen, der in der Lage ist, das Gemisch sicher zu entflammen. Der Zündanlage kommt die Aufgabe zu, eine geeignete Energiemenge zwischenzuspeichern, um sie mit einer ausreichend hohen Spannung je Zündimpuls zur Verfügung zu stellen. Prinzipiell unterscheidet man Systeme nach Art der Zwischenspeicherung der Zündenergie, induktiv oder kapazitiv. Die Spulenzündung kann auf Grund ihrer induktiven Speicherart den größten Teil der Zündenergie nur in der Glimmphase übertragen, während bei Zündanlagen mit kapazitivem Speicher der größere Teil der Zündenergie in der Bogenphase übertragen wird. Im automotiven Bereich kommen heute ausschließlich Batteriezündungen zum Einsatz, die kontaktlos über Transistoren oder Thyristoren geschaltet werden, während mechanische Unterbrechersysteme nur mehr in älteren Fahrzeugen im Einsatz sind. Charakteristische Größen von Zündanlagen sind: das Hochspannungsangebot, die Anstiegszeit der Hochspannung an der Kerze, die Funkenenergie und die Dauer des Zündfunkens. Typische Zündenergiewerte liegen für konventionelle Saugmotoren bei etwa 25 bis 50 mJ, während für aufgeladene Motoren und DI-Schichtlademotoren bis zu über 100 mJ notwendig sind.

7.3.1 Spulenzündung

Bei konventionellen Spulenzündungen, die heute überwiegend zum Einsatz kommen, übernimmt die Zündspule die Funktion des Zündenergiespeichers und des Spannungstransformators (Abb. 7.7 a). Primärseitig fließt ein nach einer Exponentialfunktion zeitlich ansteigender Strom. Wird dieser Stromfluss durch den zeitlich gesteuerten Schalter (Transistor) in der Zündendstufe unterbrochen, so werden in der Primär- und Sekundärwicklung Spannungen induziert, welche in weiterer Folge sekundärseitig zum Zündfunken führen.

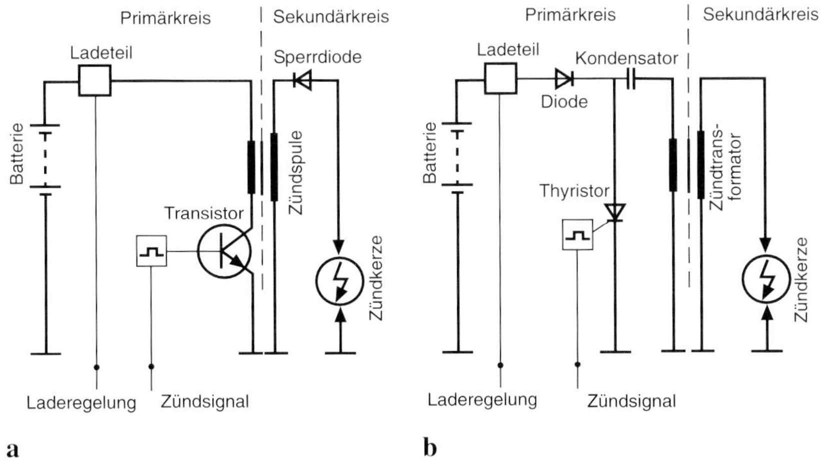

Abb. 7.7. Schematische Darstellung von Zündanlagen für Funkenzündung: **a** Transistorspulenzündung, **b** Hochspannungs-Kondensatorzündung

Die geeignete Kombination von Induktivität und Stromverlauf ist entscheidend für die in der Zeiteinheit speicherbare Energie. Stromhöhe und zeitlicher Verlauf sind wiederum durch geeignete Kombination von Spuleninduktivität und Spulenwiderstand zu optimieren. Um einen hohen Energieeintrag in den Zündfunken darzustellen, sind kleine ohmsche Widerstände auf der Sekundärseite, ein möglichst großer Nebenschlusswiderstand und eine möglichst kurze Anstiegszeit der Hochspannung anzustreben. Beim Erreichen der Zündspannung wird durch Entladen der sekundärseitig wirksamen Kapazitäten zunächst ein stromstarker „Funkenkopf" – der Durchbruch – gebildet. Diesem folgt durch Abbau des restlichen Magnetfeldes der eher stromschwache „Funkenschwanz" (Abb. 7.1).

7.3.2 Hochspannungs-Kondensatorzündung

Bei der Hochspannungs-Kondensatorzündung wird die Energie im elektrischen Feld des Kondensators primärseitig gespeichert (Abb. 7.7b). Erfolgt der Schaltvorgang am Thyristor, kommt es zur Kondensatorentladung, die eine Primärspannung generiert. Über den Zündtransformator wird die erforderliche Hochspannung sekundärseitig erzeugt, die dann den Zündfunken verursacht. Die Größe der gespeicherten Zündenergie wird durch die Kapazität und die Aufladespannung bestimmt. Die Funkendauer ist typischerweise deutlich kürzer als bei einer Spulenzündung und bewegt sich im Bereich von 0,1–0,3 ms. Die hohe Energiedichte macht die Hochspannungs-Kondensatorzündung unempfindlicher gegenüber Nebenschlüssen im Zündkreis, allerdings ist die kurze Brenndauer in vielen Fällen nicht ausreichend, um sicheres Entflammen des Gemisches zu gewährleisten.

Vom technischen Standpunkt her interessant sind Zündanlagen, die aus einer Kombination aus Hochspannungs-Kondensatorzündung und Spulenzündung bestehen und dadurch die Eigenschaften und Vorzüge beider, ausgeprägten „Funkenkopf" mit langem „Funkenschwanz", verbinden. Die damit verbundenen hohen Kosten und der einhergehende große Elektrodenverschleiß durch Abbrand erlauben den Einsatz allerdings nur in Sonderfällen.

7.3.3 Mehrfunkenzündung und Wechselstromzündung

Die Zündenergie lastpunktabhängig zu variieren und dem Entflammungserfolg anzupassen, erlauben aufwändigere Zündanlagen [7.14]. Während im normalen Motorbetrieb keine oder nur unwesentliche Verbesserungen erzielt werden können, ermöglicht der Einsatz einer Mehrfunken- und Wechselstromzündung eine Ausweitung limitierender Laufgrenzen; dazu zählen etwa eine Vergrößerung des Betriebsbereiches für Schichtbetrieb, eine Erhöhung der Restgasverträglichkeit, Verbesserung der Leerlaufstabilität und Ähnliches. In Verbindung mit einem zusätzlichen kapazitiven Glied lassen sich die Nebenschlussempfindlichkeit und das Kaltstartverhalten maßgeblich verbessern. Die hohen Zusatzkosten des Gesamtsystems in Verbindung mit den moderaten Verbesserungen verhindern bislang eine breite Anwendung solcher Zündsysteme.

7.3.4 Magnetzündung

Bei kleinen Motoren (beispielsweise Kettensägen) kommt oft eine Magnetzündung zum Einsatz, da in der Regel keine Batterie zur Energiebereitstellung verfügbar ist. Die Zündenergie wird durch die Änderung des magnetischen Flusses infolge der rotatorischen Bewegung eines mit Permanentmagneten versehenen Läufers in der Statorwicklung erzeugt. Der Zündzeitpunkt wird drehzahlabhängig durch einen Unterbrecher oder kontaktlos durch einen Transistor realisiert. Durch die drehzahlabhängige Magnetflussänderungen hängen die Zündparameter, insbesondere die Spitzenspannung, ebenfalls von der Drehzahl des Motors ab.

7.4 Zündkerze

Bereits 1860 ließ sich der Franzose Lenoir die Erfindung der Zündkerze für seinen kompressionslosen Gasmotor patentrechtlich schützen. Im Laufe der Jahre wurde sehr viel mit verschiedenen Elektroden- und Isolatorbauformen und unterschiedlichen Materialien experimentiert und es wurden immer leistungsfähigere Kombinationen entwickelt. Während am Beginn noch zerlegbare Zündkerzen viele Vorteile besaßen, da man das jeweils defekte Teil, wie etwa Isolator, Massenelektrode und auch Mittelelektrode, auswechseln konnte, wurde erst in den fünfziger Jahren des letzten Jahrhunderts die Zündkerze zu einem reinen Verschleißteil. Der Schwerpunkt der weiteren Entwicklung wurde sehr wesentlich durch die Anforderung an eine gesteigerte Lebensdauer bei ständig zunehmender spezifischer Motorleistung und verkleinertem Einbauraum im Zylinderkopf beeinflusst.

7.4.1 Funktion und Anforderungen

Die Hauptaufgabe der Zündkerze ist es, die Zündenergie im Brennraum des Motors über den Zündfunken einzuleiten, während in neuerer Zeit daneben noch Aufgaben hinsichtlich der Verbrennungsdiagnose mittels Ionenstrommessung dazugekommen sind.

Eine der größten Herausforderungen für die Zündkerze besteht in der hohen wechselnden Belastung im Brennraum durch Gastemperatur und Druck, deren Spitzenwerte bei modernen Ottomotoren bis etwa 3000 K und 110 bar während der Verbrennung (bis zu 200 bar bei abnormaler Verbrennung) betragen können. In der Ansaugphase wenige Millisekunden vor der Verbrennung dagegen liegen die Werte nur wenig über dem Umgebungszustand und vervollständigen damit die thermoschockartige Belastung. Hohe Strömungsgeschwindigkeiten mit Partikeln und mögliche direkte Benetzung mit flüssigen Kraftstofftropfen ergeben eine erhebliche erosive Belastung für Massenelektrode und Isolator. Neben den hohen thermischen und mechanischen Belastungen ist die Zündkerze durch ihre typischerweise in den Brennraum hineinragenden Teile chemischen Vorgängen ausgesetzt, insbesondere verursacht durch aggressive Ablagerungen an der Zündkerze. Die elektrische Belastung von bis zu 40 kV muss durch ausreichend hohen Isolatorwiderstand, der sich über die Lebensdauer der Zündkerze nur wenig ändert, aufgefangen werden.

Die erforderliche Abdichtung wird durch einen Dichtring oder aber auch durch einen Kegeldichtsitz ohne Dichtring gewährleistet. Ein weiteres wichtiges Kriterium ist die steigende Lebensdaueranforderung an die Zündkerze, die heute bereits für Zündkerzenwechselintervalle von über 100.000 km ausgelegt wird.

7.4.2 Aufbau

Die Außenabmessungen der Zündkerzen sind standardisiert und auch der Aufbau der Zündkerze unterschiedlicher Hersteller ist im Wesentlichen vergleichbar (Abb. 7.8).

Unterschiede ergeben sich in der Ausbildung, Anordnung und Form der Massen- und Mittelelektroden und in der Auswahl der verwendeten Materialien. Beide werden häufig als Verbundelektrode ausgeführt, die hohe chemische Beständigkeit durch korrosionsbeständige Metalle (Pt, Ir, Ag, Ni) an der gasseitigen Oberfläche bereitstellen und eine wirkungsvolle Wärmeableitung im Inneren der Elektrode durch leitfähige Materialien (Cu) im Kern besitzen. Die steigenden spezifischen Leistungen erfordern immer kleinere Abmessungen der Zündkerze, um größere Ventilquerschnitte und eine bessere Kühlung im Zylinderkopf realisieren zu können. Insbesondere beim Gewinde sieht man hier die Anforderung, von der Standardgröße M14 × 1,25 auf M12 × 1,25 oder auf M10 × 1 auch bei Serienanwendungen im Pkw-Bereich zu gehen [7.16].

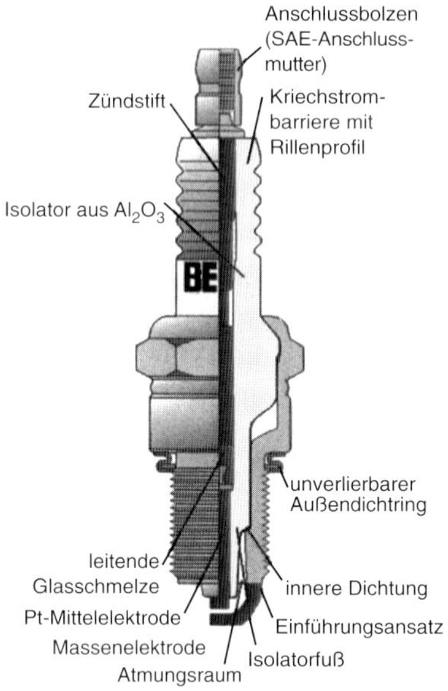

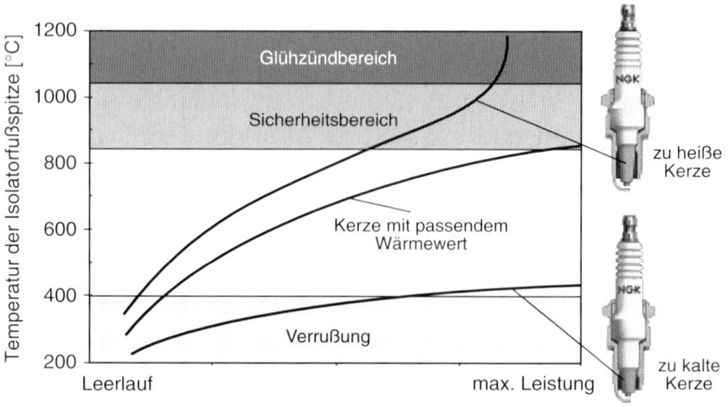

Abb. 7.8 **Abb. 7.9**

Abb. 7.8. Aufbau einer Zündkerze (Beru AG) [7.15]

Abb. 7.9. Arbeitsbereich einer Zündkerze (NGK) [7.17]

7.4.3 Betriebstemperatur und Wärmewert

Durch die exponierte Lage der Zündkerze im Brennraum kommt es zu einem erheblichen Wärmeeintrag in die Zündkerze, der im Wesentlichen wieder über den Isolatorfuß in den Kerzenkörper weitergeleitet wird. Der überwiegende Anteil wird durch Wärmeleitung über das Kerzengewinde und den Dichtsitz abgeführt, während etwa 20 % der eingebrachten Verbrennungswärme durch das vorbeiströmende Kraftstoff-Luft-Gemisch abgeleitet werden.

Für den störungslosen Betrieb der Zündkerze ist der optimale Betriebsbereich von etwa 400–850 °C anzustreben (Abb. 7.9). Unterhalb dieser Temperatur kommt es nicht zum notwendigen „Freibrennen" der auf dem Isolatorfuß abgelagerten kohlenstoffhältigen Rückstände (Verrußung), um Nebenschlüsse (funkenlose Teilentladung über die Isolatoroberfläche direkt zum Kerzenkörper) über den verschmutzten Isolatorfuß zu verhindern.

Oberhalb von etwa 850 °C kommt es zur so genannten thermischen Entflammung, die im Sicherheitsbereich zu einer für den Motorbetrieb unkritischen Nachentflammung mit hohem Elektrodenverschleiß führt. Im Glühzündungsbereich kommt es infolge der hohen Temperatur schon vor dem eigentlichen Zündzeitpunkt zur unkontrollierten Vorentflammung und der Einleitung der Glühzündung, die zu erhöhter Belastung bis hin zur Zerstörung des Motors führen kann.

Der Wärmewert der Zündkerze ist ein Maß für die thermische Belastbarkeit. Durch die Konstruktion des Isolatorfußes und die Ausbildung des Atmungsraumes wird die Wärmeaufnahme und damit die Temperatur des Isolators bestimmt. Bei niedrigem Wärmewert (kalte Kerze) ist die Wärmeaufnahme aus dem Brennraum gering, was bei hochbelasteten Motoren, insbesondere Rennmotoren, die eine hohe Wärmebelastung infolge der hohen spezifischen Leistung aufweisen, zu einer akzeptablen thermischen Belastung der Zündkerze führt. Ist der Wärmeeintrag durch das

Brennverfahren selbst gering, wird ein längerer Isolatorfuß gewählt (heiße Kerze), um sicher in weiten Teilen des Betriebsbereiches über der Freibrenngrenze der Zündkerze von etwa 400 °C zu bleiben.

Bei der Zündkerzenauswahl werden spezielle Messkerzen mit einer Temperaturmessstelle in der Mittelelektrode verwendet, um die kritischen Betriebsmodi festzustellen. Danach werden über Ionenstrommessungen an der Funkenstrecke der zeitliche Verlauf der Verbrennung für Kerzen mit verschiedenen Wärmewerten bewertet und der jeweilige Abstand zur Vorentflammung ermittelt; ausgewählt wird letztlich die „heißeste" Kerze mit akzeptabler Reserve zum Glühzündungsbereich.

7.4.4 Elektrodengeometrie und Funkenstrecke

Der Elektrodenabstand ist definiert als kürzeste Verbindung zwischen den beiden Elektroden und bestimmt den Zündspannungsbedarf, um einen Zündfunken zu generieren. Bei geringem Abstand entsteht ein kleiner Flammenkern mit relativ großem Kontaktflächenanteil und die damit verbundenen Wärmeverluste verlängern die Entflammungsphase. Die Funkenspannung während der Bogen- und Glimmphase ist geringer und bei konstanter vorgegebener Funkenenergie ergibt sich ein länger dauernder Zündfunken. Ist der Elektrodenabstand größer, unter anderem auch durch Elektrodenverschleiß, ergibt sich eine steigende erforderliche Zündspannung, um den Funkendurchbruch zu erzielen. Durch das größere Plasmavolumen ergeben sich allerdings bessere Entflammungsbedingungen infolge verbesserter Gemischzugänglichkeit und verringerter Quenchingverluste.

Neben dem Elektrodenabstand spielt auch die Elektrodenform eine wichtige Rolle bei der Entflammung. Einerseits wird damit die elektrische Feldstärke zwischen der Massen- und Mittelelektrode und damit die Durchbruchsspannung beeinflusst, andererseits wird durch die Elektrodenform der Kontaktflächenanteil während der Entflammungsphase bestimmt. Bei einer Verkleinerung der am Zündvorgang beteiligten Oberflächen erhöht sich die spezifische Belastung der verbleibenden Teile (Abb. 7.10). Eine Verkleinerung der Mittelelektrode verringert die Zündspannung wegen der höheren elektrischen Feldstärke. Die dabei auftretende höhere Belastung der Elektroden kann durch Auswahl besserer Werkstoffe (Ir, Pt) kompensiert werden.

Bei der Optimierung der Quenchingverluste müssen auch die Anordnung, Ausbildung und Form der Masseelektrode berücksichtigt werden. Dabei besitzen Konzepte mit ebenfalls ausgeprägter Masseelektrodenspitze aus einem hochwertigen Material das größte Potenzial, Lebensdaueranforderungen und Zündsicherheit zu vereinen [7.19]. Zur Erhöhung der Standzeit der Zündkerzen werden oftmals Zündkerzen mit mehreren Masseelektroden eingesetzt. Der Elektrodenverschleiß wird durch unterschiedliche Mechanismen verursacht. Während des Durchbruchs kommt es infolge der sehr hohen Temperaturen zum lokalen Aufschmelzen und Abtragen des Elektrodenmaterials, bei der anschließenden Bogen- und Glimmphase werden Atome durch den Aufprall von Radikalen an der Oberfläche der Elektrode aus dem Elektrodenmaterial herausgelöst. Neben dem durch den Entladevorgang verursachten Elektrodenverschleiß spielt die Oxidation bei den sehr hohen Temperaturen eine wichtige Rolle. Erst der Einsatz hochwertiger Materialien mit sehr hohen Schmelzpunkten und hoher chemischer Beständigkeit wie etwa Platin oder Iridium als Elektrodenwerkstoff ermöglichen Elektrodenformen mit deutlich verkleinerten Oberflächen bei gleichzeitig erhöhter Lebensdauer.

Die geometrische Anordnung der Masseelektrode zum Isolator und zur Mittelelektrode bestimmt die Art der Funkenstrecke. Dabei wird zwischen drei verschiedenen Konzepten unterschieden, der Luftfunkenstrecke, der Gleitfunkenstrecke und einer Kombination (Luftgleitfunkenkonzept) (Abb. 7.11).

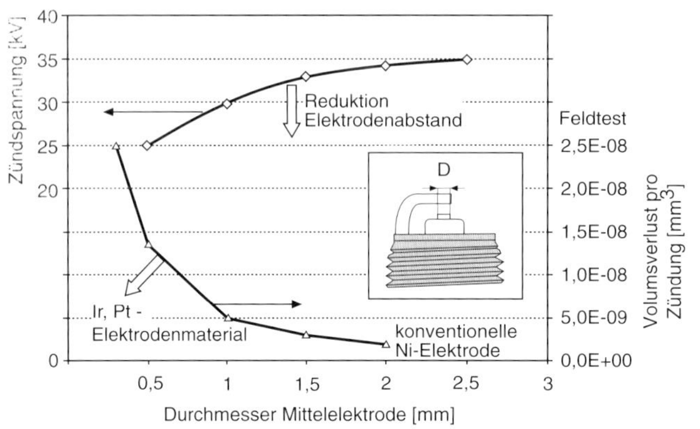

Abb. 7.10

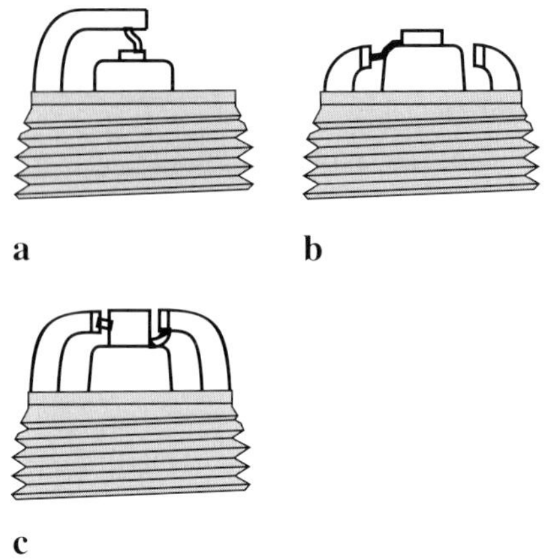

Abb. 7.11

Abb. 7.10. Einfluss des Durchmessers der Mittelelektrode auf Zündspannung und Elektrodenverschleiß [7.18]

Abb. 7.11. Zündkerzen mit verschiedenen Funkenstrecken (Bosch) [7.20]: **a** Luftfunkenstrecke, **b** Gleitfunkenstrecke, **c** Luftgleitfunkenstrecke

Bei der Luftfunkenstrecke überbrückt der Funke auf direktem Weg den Luftspalt zwischen den beiden Elektroden. Die konvektiven Wärmeverluste zur Zündkerze hin sind erfahrungsgemäß wegen des großen Abstandes am geringsten.

Bei der Gleitfunkenstrecke sind die Massen- und Mittelelektrode derart angeordnet, dass der Zündfunke über den Isolator gleitet und dann an der engsten Stelle den Luftspalt überbrückt. Auf seinem Weg über den Isolator werden Ablagerungen sofort abgebrannt.

Bei der Luftgleitfunkenstrecke sind Mittel- und Massenelektrode so angestellt, dass beide Entladungsformen – Luft- oder Gleitfunken – möglich sind, die sich je nach Betriebsbedingung einstellen.

7.4.5 Funkenlage

Die Funkenlage, die durch den axialen Abstand der Funkenstrecke zum Kerzenkörper definiert ist, hat einen enormen Einfluss. Durch sie wird die Position innerhalb des Brennraumes festgelegt und damit die Entflammung des Gemisches und des nachfolgenden Verbrennungsablaufes bestimmt (Abb. 7.12).

Abhängig vom jeweiligen Betriebspunkt ist ein Optimum für die Funkenlage im Brennraum gegeben. Insbesondere bei geschichteten Brennverfahren spielt neben der zeitlichen die örtliche Zuordnung zum vorbeiströmenden zündfähigen Gemisch eine entscheidende Rolle für das sichere Entflammen (Abb. 7.13). Dabei sind meist tiefere Funkenlagen vorteilhaft, da eine bessere Gemischzugänglichkeit gegeben ist, während bei homogenen Brennverfahren ein geringerer Einfluss der Funkenlage erkennbar ist. Von der Zündkerzenbeanspruchung her ergeben tiefere Funkenlagen höhere Temperaturen für das Elektrodenmaterial und eine erhöhte Gefahr von Schwingungsbrüchen der Massenelektrode. Eine Verlängerung des Kerzenkörpers verbessert die Belastung, da die Mittelelektrode besser abgeschirmt wird und die Bügel der Massenelektroden kürzer ausgeführt werden können. Das Einbringen eines Kupferkerns in die Massenelektrode zur wirkungsvolleren

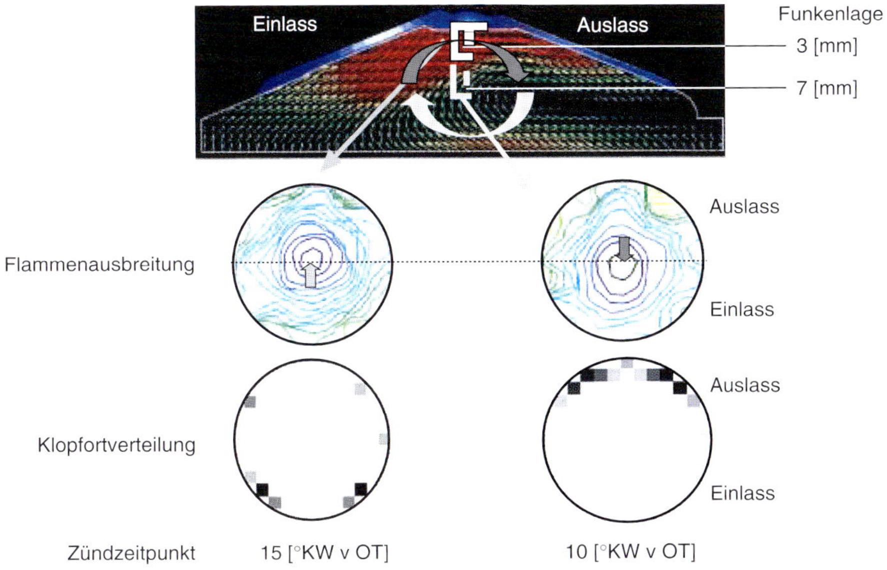

Abb. 7.12. Variation der Funkenlage: Auswirkung auf Flammenausbreitung und statistische Klopfortverteilung [7.21]

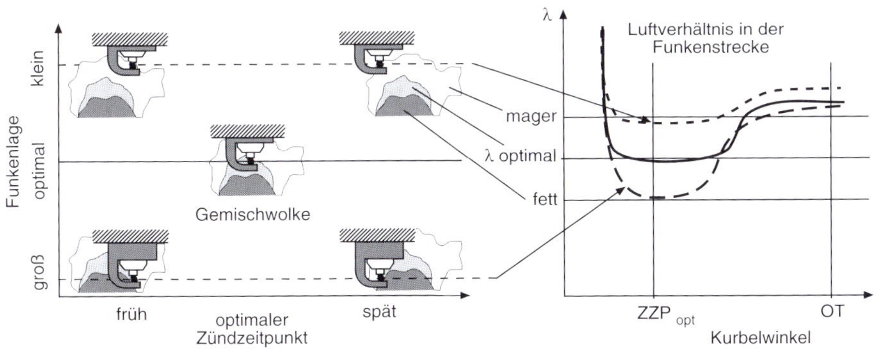

Abb. 7.13. Zusammenspiel optimale Funkenlage und Zündzeitpunkt zum zeitlichen Gemischzustand im geschichteten Betrieb

Wärmeabfuhr und die Verwendung hochfester Elektrodenwerkstoffe erlauben zudem noch höhere Elektrodentemperaturen.

Das Aussehen der dem Brennraum zugewandten Teile der gefeuert betriebenen Zündkerze, das so genannte „Zündkerzengesicht", erlaubt einen Rückschluss auf das Betriebsverhalten des Motors und kann als ein Bestandteil der Motordiagnose verwendet werden. Das Ausmaß und die Form des Abbrandes sowie die Art des Belages auf Elektroden und Isolator werden dabei zur Beurteilung herangezogen.

7.4.6 Ionenstrommessung

Die während des Verbrennungsvorganges vorübergehend gebildeten Ionen ändern die elektrischen Eigenschaften des Verbrennungsgases. Durch die Messung des Stromflusses zwischen zwei in das Verbrennungsgas hineinragenden Elektroden lassen sich daher Informationen über den Verbren-

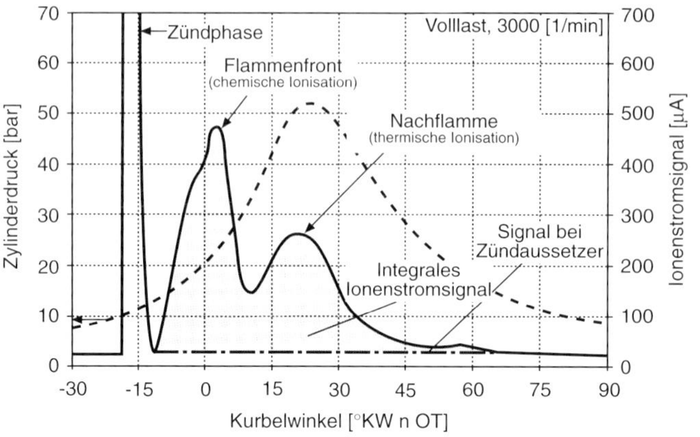

Abb. 7.14. Gemessenes Ionenstromsignal [7.21]

nungsablauf ableiten. Wird für die Ionenstrommessung die Zündkerze selbst verwendet, können durch den Signalverlauf Aussagen über den Motorbetrieb wie zylinderindividuelle Gemisch- und Thermodynamikgrößen getroffen, aber auch Zusatzfunktionen wie Klopf- und Aussetzererkennung damit übernommen werden [7.14, 7.22, 7.23]. In Abb. 7.14 ist ein typisches über die Zündkerze gemessenes Ionenstromsignal dargestellt.

Das erste verwertbare Signal nach dem Zündvorgang wird durch die chemische Ionisation in der Flammenfront verursacht und kann zur Beurteilung des Erfolges des Entflammungsvorganges verwendet werden. Das zweite Maximum gibt Auskunft über die thermodynamische Situation an der Zündkerze in der Nachflammenphase. Oszillationen im Bereich dieses Nachflammensignals können zur zylinderindividuellen Klopferkennung herangezogen werden. Bei einem Zündaussetzer ergibt sich nach der Zündphase nahezu kein sicher verwertbares Signal, sichere Aussagen über einen Zündaussetzer lassen sich daher über den maximalen Wert des ersten Signals in Verbindung mit dem integralen Ionenstromsignal treffen.

7.5 Alternative Zündsysteme

Während herkömmliche Zündsysteme das Gemisch im Brennraum durch einen oder mehrere Funken entzünden, wurden im Laufe der Zeit unterschiedlichste alternative Zündsysteme erforscht und entwickelt, wobei bislang keines dieser Systeme die Serienreife im automotiven Bereich erlangt hat. Vergleichsweise aufwändige Lösungen und entsprechend hohe Mehrkosten mit nur moderatem Verbesserungspotenzial gegenüber der konventionellen robusten Zündkerze beschränken auch zukünftig den möglichen Einsatz von alternativen Zündsystemen auf Sonderanwendungen [7.24, 7.25].

7.5.1 Oberflächenzündung

Die für die Einleitung der Entflammung erforderliche Aktivierungsenergie kann auch örtlich an heißen Oberflächen von Bauteilen erfolgen. Anders als bei der gefürchteten Glühzündung, bei der eine unkontrollierte viel zu frühe Verbrennung durch zu heiß gewordene Bauteile oder im Brennraum befindliche heiße Partikel [7.26] eingeleitet wird, erfolgt bei der Oberflächenzündung eine gezielte Entzündung des Gemisches. Ziel ist es, ein deutlich größeres Gemischvolumen an einem definierten Ort kontrolliert zu entflammen, um auf diese Weise die zyklischen

Schwankungen zu minimieren. Der Zeitpunkt der Entflammung kann nur grob über die Höhe der Oberflächentemperatur eingestellt werden.

Ein Anwendungsbeispiel sind Modellmotoren mit einem Hubraum zwischen 0,18 und 30 cm^3. Bei diesen ist im Zylinderkopf eine Glühwendel angeordnet, die für den Motorstart und -warmlauf elektrisch bestromt wird. Nach dieser Startphase bleibt diese aus Platin bestehende Wendel durch den gasseitigen Wärmeübergang auf ausreichender Temperatur, um das Gemisch der mit Methanol oder Methanol-Nitromethan betriebenen Motoren zu entzünden.

Bei einer anderen Motorkategorie kann mit dem Einsatz der Direkteinspritzung der „Zündzeitpunkt" von der Gemischseite her gesteuert werden, was bereits heute bei geschichtet betriebenen, direkteinblasenden Gasmotoren, bei denen der Glühstift als Zündquelle dient, zur Anwendung kommt.

7.5.2 Plasmastrahlzündung

Plasmastrahlzündsysteme als Alternative zu konventionellen Zündsystemen werden schon seit mehreren Jahrzehnten untersucht und weiterentwickelt. In einem kleinen Volumen wird das darin befindliche Gas stark ionisiert. Das energiereiche Plasma ist gekennzeichnet durch eine sehr große Radikalenkonzentration und hohe Temperatur, sodass es infolge der thermischen Expansion eine hohe Austrittsgeschwindigkeit aus dem Volumen aufweist und tief in die Zylinderladung eindringen kann. Auf diese Weise erreicht es schnell ein großes Gemischvolumen, erzeugt eine hohe Turbulenz und begünstigst so die Reaktionen an der Plasmaoberfläche, die zur Entflammung führen. Das motorische Verbesserungspotenzial liegt in der unteren Teillast und im leerlaufnahen Bereich besonders bei reaktionsträgen Gemischen infolge von Ladungsverdünnung [7.27]. Der im Allgemeinen hohe Energieeinsatz und das vergleichsweise aufwändige System mit relativ hohem Verschleiß verhinderten bislang den Einsatz von Plasmastrahlzündsystemen in Serie.

7.5.3 Laserzündung

Neben der elektrischen Erzeugung eines Plasmavolumens kann dieses auch durch einen „optischen Durchbruch" bereitgestellt werden. Wegen der sehr hohen elektrischen Feldstärke bildet sich basierend auf dem Effekt der Mehrquantenionisation sehr schnell ein hochionisiertes Plasma, das als Ausgangspunkt für die Verbrennung dient. Die hohe Energiedichte (10^{10}–10^{11} W/cm^2) wird durch Fokussierung eines oder mehrerer Laserimpulse dargestellt. Dabei wird die Position des Fokus im Brennraum durch die Ausrichtung des optischen Systems, Fokussierlinse und Brennraumfenster, bestimmt. Grundsätzlich sind drei Anordnungen der Laserzündung denkbar (Abb. 7.15 a), wobei zwei Konzepte – lokaler Laser (Abb. 7.15 c) und zentrale Lichtquelle mit lokalem Resonator (Abb. 7.15 b) – für den automotiven Einsatz geeignet erscheinen.

Ein großer Vorteil der Laserzündung besteht in der „freien" Wahl des Fokus ohne in den Brennraum hineinragende Elemente und in der Unempfindlichkeit gegenüber der Zylinderinnenströmung. Dabei kommt die mit steigendem Brennraumdruck abnehmende minimale erforderliche Laserzündenergie den Erfordernissen hoch aufgeladener Motoren entgegen. Kritisch bleibt der eher geringe Wirkungsgrad von Lasersystemen und der Einsatz optischer Elemente im Brennraum eines Verbrennungsmotors. Ein mögliches Anwendungsgebiet der in Entwicklung befindlichen Laserzündsysteme stellen hoch aufgeladene Großgasmotoren dar, bei denen eine Verringerung des Zündsystemverschleißes und eine weitere Abmagerbarkeit zur Absenkung der NO_X-Emissionen die wesentlichen Entwicklungstreiber sind.

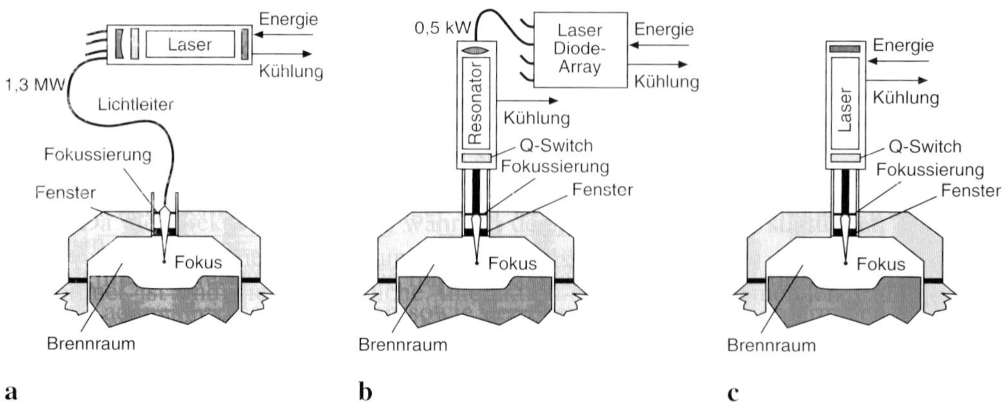

Abb. 7.15. Schematische Darstellung verschiedener Laserzündungssysteme für Einsatz in Verbrennungskraftmaschinen [7.28]: **a** zentraler Laser, **b** zentrale Lichtquelle und lokaler Resonator, **c** lokaler Laser

7.5.4 Sonderzündverfahren

Durch besondere Gestaltung des Brennraumes können sehr verdünnte Gemische durch einen Flammenkern und eine Flammenfront entzündet werden. Der Flammenkern kann dabei mittels Selbstzündung oder Fremdzündung gebildet werden. Beim klassischen Zündstrahlverfahren, das bei Großgasmotoren zum Einsatz kommt, wird in eine Vorkammer Dieselkraftstoff eingespritzt, der sich in der Vorkammer selbst entzündet und dann die Verbrennung des Gemisches im Hauptbrennraum einleitet. Der Flammenkern kann allerdings auch mit einem zündfähigen Gemisch im Bereich der Zündkerze gebildet werden. Die eigentliche Zündung des Zündstrahles erfolgt konventionell über Zündkerze, die nachfolgende Entflammung des mageren Grundgemisches allerdings wird durch die Energie der expandierenden Flamme eingeleitet. Der Zündstrahl kann im offenen Brennraum durch gezieltes direktes Einspritzen von Kraftstoff zur Zündkerze hin erzeugt werden, möglich ist aber auch ein unterteilter Brennraum, bei dem eine Art Vorkammer mit einem zündwilligen Gemisch gefüllt ist. Nach der Zündung expandiert die Flamme durch eine oder mehrere Übertrittsöffnungen in den Hauptbrennraum. Eine weitere Möglichkeit ist die Kombination der Zündkerze mit der Einspritzdüse, um ein zündfähiges Gemisch unmittelbar am Zündort zu erzeugen, mit dem dann die weitere Verbrennung initiiert wird. Eine methangespülte Wirbelkammerkerze beispielsweise ermöglicht homogen magere Gemische mit Luftzahlen bis etwa 2,0 zu entzünden [7.29], was zu extrem niederen NO_x-Emissionen führt.

8 Verbrennung

8.1 Grundlagen und Ziele

Unter dem Begriff Verbrennung versteht man im Allgemeinen einen schnellen Oxidationsvorgang mit Wärmeentwicklung und meist mit Lichtemission. Bewegt sich eine Verbrennung in ein brennbares Medium hinein, so spricht man von Flammenausbreitung mit einer charakteristischen Flammenfortpflanzungsgeschwindigkeit. Liegen alle Komponenten in der Gasphase vor und sind darüber hinaus Brennstoff und Oxidationsmittel bereits vor der Zündung gemischt, so spricht man von vorgemischten Flammen. Sind Brennstoff und Oxidationsmittel nicht homogen vorgemischt und laufen die Mischungsvorgänge durch molekulare und turbulente Diffusion erst bei der Verbrennung ab, spricht man von nichtvorgemischten Flammen oder von Diffusionsflammen. Da die Diffusionsvorgänge langsamer ablaufen als die chemischen Reaktionen, sind diese auch geschwindigkeitsbestimmend für Flammenausbreitung bei Diffusionsflammen [8.1, 8.2].

Bei modernen Ottomotoren mit Saugrohreinspritzung sind Kraftstoff und Luft untereinander und mit dem im Zylinder verbleibenden Restgas während des Ansaugvorgangs und der nachfolgenden Kompression weitgehend gasförmig vermischt, sodass unter normalen Bedingungen vor Beginn der Zündung ein homogenes Gemisch vorliegt. Nach der Zündung bildet sich zunächst ein laminarer Flammenkern aus, der schnell turbulent wird [8.3]. In Abhängigkeit von der Ladungsbewegung und der Brennraumgeometrie bildet sich eine mehr oder weniger von der Kugelform abweichende Flammenoberfläche mit einer turbulenten Flammenfront aus.

Die „normale" Verbrennung wird durch die zwischen 10° KW und mehr als 40° KW vor OT stattfindende Zündung eingeleitet. Weitere, „abnormale" Formen des Verbrennungsablaufes (wie Glühzündung und Klopfen) werden in Abschn. 8.6 beschrieben.

Soll ein günstiger Wirkungsgrad erzielt werden, muss die Verbrennung – der Energieumsatz – möglichst vollständig in der Nähe des oberen Totpunktes erfolgen. Bei Ottomotoren für Pkw-Antriebe entspricht beispielsweise die typische Verbrennungsdauer von 30–40° KW bei der Drehzahl von 6000 min^{-1} etwa einer Zeit von 1 ms (Abb. 8.1), bei Motorradmotoren oder Rennmotoren bei Drehzahlen über 15.000 min^{-1} etwa einer Zeit von 400 µs.

Deutlich komplexer gestalten sich die Zusammenhänge bei Verbrennungsvorgängen mit geschichteter Ladung. Ottomotorische Brennverfahren mit geschichteter Ladung werden heute ausschließlich mit der Direkteinspritzung kombiniert. Im Gegensatz zu homogenen, vorgemischten Brennverfahren werden gezielt durch die Eigenschaften des Kraftstoffstrahls (strahlgeführte Brennverfahren) oder durch eine geometrische Formgebung des Brennraums sowie Ladungsbewegung (wandgeführte und luftgeführte Brennverfahren) und durch einen späten Einspritzvorgang Bereiche unterschiedlicher Gemischgüte erzeugt, in denen die Komponenten zum Teil im gasförmigen und flüssigen Zustand vorliegen können. Dabei ist es das Ziel, in einem zündkerzennahen Bereich zum Zündzeitpunkt einen homogenen, vorgemischten Gemischzustand innerhalb der Zündgrenzen zu generieren, in dem der Verbrennungsvorgang ähnlich dem

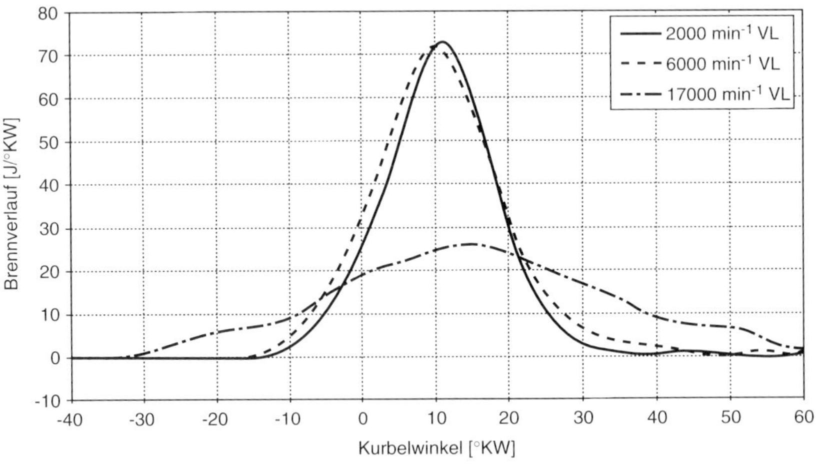

Abb. 8.1. Brennverläufe bei Volllast und verschiedenen Drehzahlen

bei homogenen Brennverfahren beginnt. In den benachbarten Bereichen wird der zum Teil noch flüssige Kraftstoff verdampft und durch Ladungsbewegung mit der benachbarten Ladung (Luft und Restgas) vermischt, sodass diese von der vom Zündort fortlaufenden Flammenfront erfasst werden kann.

Die Forderungen zur Emissions- und Verbrauchsreduzierung führten zu einem Wandel in der Motorenentwicklung. Die lange Zeit vorherrschende empirische Entwicklung wurde durch eine zunehmend analytische Entwicklungsmethodik abgelöst, die das Verständnis über die innermotorischen Zusammenhänge wesentlich gefördert hat. Wenn auch die ersten großen Erfolge zur Emissionsreduzierung durch die Einführung der Katalysatortechnik erreicht werden konnten, so sind es doch die motorischen Maßnahmen, die die Voraussetzungen für eine robuste Abgasnachbehandlung schaffen. Dies gilt umso mehr, wenn man an Brennverfahren mit geschichteter und hochverdünnter Ladung denkt. Insbesondere die NO_X- und die HC-Reduzierung unter allen Betriebsbedingungen sind sehr nachhaltige Zielgrößen für emissions- und verbrauchsoptimierte Motorkonzepte, die bei DI-Motoren um die Vermeidung unerwünschter Partikelemissionen ergänzt werden.

8.2 Thermodynamik der Verbrennung

Bei der innermotorischen Verbrennung interessieren neben den in Kap. 3 behandelten Kraftstoffeigenschaften vor allem die Fragestellungen zu Luftbedarf, Energiebilanz, Verbrennungstemperatur, Stoffwerten des Verbrennungsgases, Reaktionskinetik und Zusammensetzung der Abgase. Die im Folgenden erläuterte Einführung in die Thermodynamik der Verbrennung ist ein Auszug aus Lit. 8.1; für eine Vertiefung sei auf diese Literaturstelle verwiesen.

8.2.1 Luftbedarf und Luftverhältnis

Zur vollständigen Verbrennung eines Kraftstoffes ist eine Mindestsauerstoffmenge erforderlich, die aus den Gesetzen der stöchiometrischen Verbrennung berechnet werden kann. Ein Kraftstoff auf Kohlenwasserstoffbasis mit der molaren Zusammensetzung $C_xH_yO_z$ wird bei vollständiger stöchiometrischer Verbrennung folgende Reaktion durchführen [8.1]:

$$C_xH_yO_z + \left(x + \frac{y}{4} - \frac{z}{2}\right)O_2 \rightarrow x\,CO_2 + \frac{y}{2}\,H_2O. \tag{8.1}$$

Der Sauerstoffbedarf der stöchiometrischen Verbrennung beträgt daher

$$O_{2\mathrm{st}} = \left(x + \frac{y}{4} - \frac{z}{2}\right)\frac{\mathrm{kmol\,O_2}}{\mathrm{kmol\,K}}. \tag{8.2}$$

Daraus ergibt sich mit der Zusammensetzung der Luft ($N_2 : O_2 = 0{,}79 : 0{,}21$) der stöchiometrische Luftbedarf

$$L_{\mathrm{st}} = 4{,}76\left(x + \frac{y}{4} - \frac{z}{2}\right)\frac{\mathrm{kmol\,L}}{\mathrm{kmol\,K}}. \tag{8.3}$$

Bei flüssigen Kraftstoffen ist üblicherweise die molare Masse des Kraftstoffes nicht genau bekannt, sondern eher die Elementaranalyse in Masseanteilen. In diesem Fall ist es günstiger, den Sauerstoff- oder Luftbedarf auf 1 kg Kraftstoff zu beziehen. Mit Berücksichtigung des Schwefelgehaltes gilt:

$$L_{\mathrm{st}} = 4{,}76\left(\frac{\mathrm{c}}{12{,}01} + \frac{\mathrm{h}}{4{,}032} + \frac{\mathrm{s}}{32{,}06} - \frac{\mathrm{o}}{32{,}01}\right). \tag{8.4}$$

Häufig, bei Dieselmotoren immer, weicht die der motorischen Verbrennung zugeführte Luftmenge von dem stöchiometrischen Luftbedarf ab. Die für jede Verbrennung wichtige Kennzahl zur Charakterisierung dieser Abweichung ist das Luftverhältnis λ. Diese ist

$$\lambda = L/L_{\mathrm{st}}. \tag{8.5}$$

Am einfachsten lässt sich das Luftverhältnis λ aus den zugeführten Kraftstoff- und Luftmengen sowie dem stöchiometrischen Luftbedarf in kg je kg Kraftstoff ermitteln:

$$\lambda = \frac{m_{\mathrm{L}}}{L_{\mathrm{st}} m_{\mathrm{K}}}. \tag{8.6}$$

Im englischen Sprachraum ist es üblich, den Kehrwert des Luftverhältnisses anzugeben. Dieser wird als „Equivalence Ratio“ bezeichnet:

$$\phi = L_{\mathrm{st}}/L = 1/\lambda. \tag{8.7}$$

8.2.2 Energiebilanz und Heizwert

Für die Energiebilanz bei technischen Anwendungen ist es üblich, mit dem Heizwert zu rechnen. Dabei werden der Nullpunkt für die innere Energie oder die Enthalpie sowohl des Kraftstoffes und der Luft als auch der Produkte der vollständigen Verbrennung (CO_2, H_2O, N_2, O_2) bei derselben Temperatur T_0 (beispielsweise bei 25 °C) festgelegt.

Die Differenz zwischen den Absolutwerten der inneren Energie oder der Enthalpie von Kraftstoff und Luft einerseits und den Verbrennungsprodukten andererseits wird der Heizwert bei konstantem Volumen H_v oder Heizwert bei konstantem Druck H_p genannt. Zwischen dem Heizwert bei konstantem Volumen und bei konstantem Druck besteht die Beziehung

$$H_v - H_p = p\Delta V. \tag{8.8}$$

Darin sind p der Verbrennungsdruck und ΔV die Volumenvergrößerung bei der Verbrennung mit konstantem Druck nach Abkühlung auf die Bezugstemperatur T_0 bezogen auf die Kraftstoffmasse. Für die Berechnung technischer Feuerungen wird der Heizwert bei konstantem Druck benötigt, und daher wird in der Literatur in der Regel H_p angegeben. Für die Berechnung des thermodynamischen Arbeitsprozesses von Verbrennungsmotoren wird allerdings der Heizwert bei konstantem Volumen benötigt. Die Unterschiede können aber meist vernachlässigt werden.

Bei der üblichen Heizwertbestimmung kondensiert der Wasserdampf in den Rauchgasen, sodass auf diese Weise der obere Heizwert H_o oder Brennwert gemessen wird. Bei der Verbrennungsrechnung für Verbrennungskraftmaschinen wird aber entsprechend dem motorischen Ablauf der Nullpunkt für den Wasserdampf festgelegt und daher der untere Heizwert H_u angesetzt.

Die energetische Beschreibung von Verbrennungsvorgängen erfolgt mit dem ersten Hauptsatz der Thermodynamik, wobei für die Berechnung des Verbrennungsvorganges im Zylinder der 1. Hauptsatz für geschlossene Systeme, für die Erstellung einer Gesamtbilanz für einen Motor der 1. Hauptsatz für stationäre Fließprozesse anzuwenden sind.

8.2.3 Zusammensetzung und Stoffwerte des Verbrennungsgases

Bei vollständiger Verbrennung ohne Dissoziation kann die Zusammensetzung des Verbrennungsgases einfach aus der chemischen Reaktionsgleichung berechnet werden. Über die Molanteile der Komponenten im Verbrennungsgas können – ohne Berücksichtigung der Dissoziation, welche eine bei sehr hohen Temperaturen auftretende Aufspaltung von Molekülen in kleinere Bestandteile bezeichnet – entsprechende Stoffwerte berechnet werden. Bei sehr hohen Verbrennungstemperaturen – oberhalb etwa 2000 K – und vor allem bei Luftmangel kann die Zusammensetzung jedoch nur mit Hilfe des chemischen Gleichgewichtes ermittelt werden. Bei chemischem Gleichgewicht ändern sich die Konzentrationen der einzelnen Komponenten auch bei unendlich langer Zeit nicht mehr.

Die wichtigste Gleichgewichtsreaktion bei Luftmangel und bei der Dissoziation bei hohen Temperaturen ist die Wassergasreaktion mit folgender Reaktionsgleichung:

$$CO_2 + H_2 \rightleftarrows CO + H_2O. \tag{8.9}$$

Die zugehörige Gleichgewichtskonstante K_p,

$$K_p = \frac{p_{CO}\, p_{H_2O}}{p_{CO_2}\, p_{H_2}}, \tag{8.10}$$

ist in Abb. 8.2 wiedergegeben.

In Abb. 8.3 ist die Zusammensetzung des Verbrennungsgases eines derartigen Kraftstoffes für eine Gleichgewichtskonstante $K = 3{,}5$ (entsprechend $T = 1700$ K) dargestellt.

Durch die unvollständige und unvollkommene Verbrennung entsteht ein Verlust, der in Abb. 8.4 dargestellt ist. Darin ist als oberste Kurve der auf 1 kg Verbrennungsgas bezogene Heizwert h_u^* als Funktion von λ dargestellt. Bei Luftmangel ($\lambda < 1$) kann die Kraftstoffenergie nicht voll

T [K]	K [–]	T [K]	K [–]
300	0,00001	1100	1,05887
400	0,00067	1200	1,43554
500	0,00793	1300	1,83992
600	0,03692	1400	2,26963
700	0,11090	1500	2,69978
800	0,24764	1750	3,78214
900	0,45372	2000	4,77554
1000	0,72780	2500	6,43086
		3000	6,95410

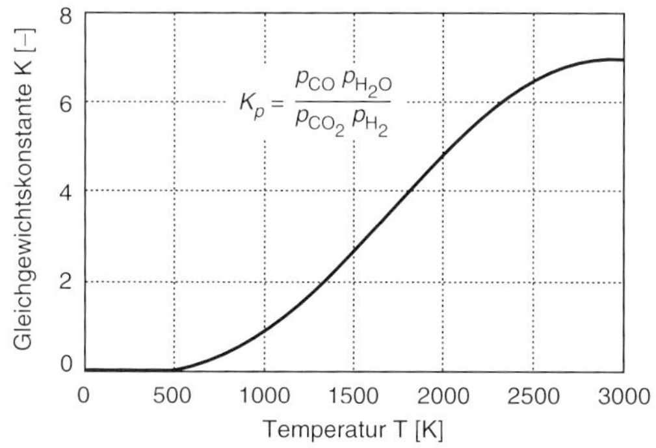

Abb. 8.2

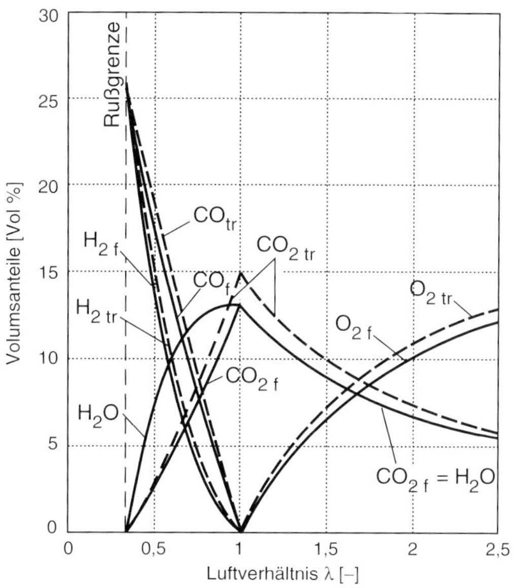

Abb. 8.3

Abb. 8.2. Gleichgewichtskonstante K_p für Wassergasgleichgewicht als Funktion der Temperatur [8.1]

Abb. 8.3. Zusammensetzung des trockenen und feuchten Verbrennungsgases als Funktion des Luftverhältnisses λ ($C : H = 1 : 2$; $K = 3{,}5$) [8.1]

genutzt werden, im Optimalfall kann eine **unvollständige Verbrennung** bis zum chemischen Gleichgewicht stattfinden.

Bei jeder Verbrennung treten darüber hinaus weitere Verluste auf, nämlich die der **unvollkommenen Verbrennung**, die dadurch entstehen, dass die Verbrennung nicht bis zum chemischen Gleichgewicht erfolgt. Unabhängig vom Luftverhältnis entstehen also in jedem Fall unvollständig verbrannte Komponenten.

Der gesamte Verlust lässt sich durch den gesamten **Umsetzungsgrad** $\zeta_{u,\,ges}$ quantifizieren, der in zwei Faktoren zerlegt werden kann:

$$\zeta_{u,ges} = \zeta_{u,ch}\zeta_u, \tag{8.11}$$

Verluste durch die unvollständige Verbrennung bis zum chemischen Gleichgewicht und die zusätzlichen Verluste durch unvollkommene Verbrennung.

8.2.4 Reaktionskinetik

Die Gleichgewichtsthermodynamik kann nur Aussagen über den Endzustand einer chemischen Reaktion machen. Eine Aussage über die Geschwindigkeit der Reaktion und darüber, ob das chemische Gleichgewicht überhaupt erreicht wird, kann nur mit Hilfe der Reaktionskinetik gemacht werden.

Die für die Verbrennung im Motor zur Verfügung stehende Zeit ist äußerst kurz, sodass die Vorgänge wesentlich von der Reaktionskinetik bestimmt werden. Das gilt für die Verbrennung

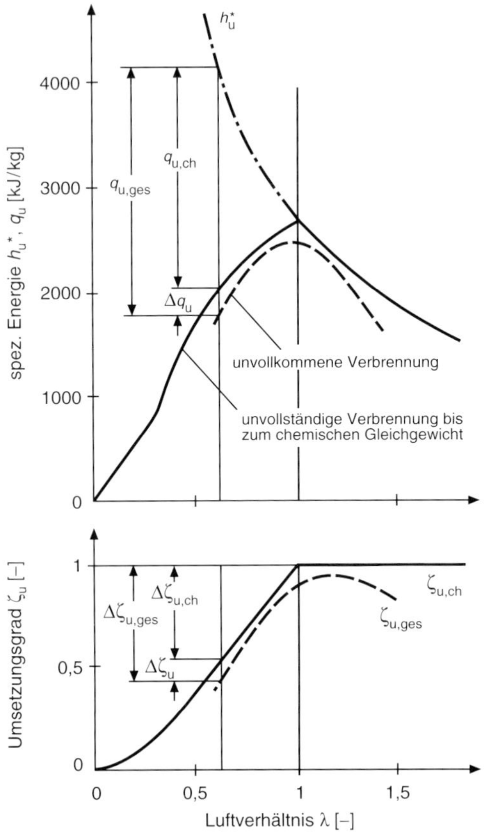

Abb. 8.4. Verluste durch unvollständige unvollkommene Verbrennung [8.1]

selbst wie auch für einige als Folge der Verbrennung ablaufende Umwandlungsprozesse, die für die Abgaszusammensetzung von Bedeutung sind. Dabei sind die Vorgänge vor allem bei der Verbrennung so komplex, dass sie derzeit nur tendenziell erfasst und nicht exakt vorausberechnet werden können.

Die Grundgleichung für eine chemische Reaktion kann in allgemeiner Form als Zeitgesetz mit Geschwindigkeitskoeffizienten beschrieben werden.

$$\mathrm{A} + \mathrm{B} + \ldots \xrightarrow{k_\mathrm{h}} \mathrm{E} + \mathrm{F} + \cdots. \tag{8.12}$$

Jede Reaktion kann grundsätzlich in beide Richtungen ablaufen und führt schließlich zum chemischen Gleichgewicht zwischen den Reaktionspartnern, bei dem Hin- und Rückreaktion gleich schnell ablaufen.

$$\vec{k}[\mathrm{A}]^{n_\mathrm{A}}[\mathrm{B}]^{n_\mathrm{B}} \ldots = \overleftarrow{k}[\mathrm{E}]^{n_\mathrm{E}}[\mathrm{F}]^{n_\mathrm{F}} \ldots \tag{8.13}$$

oder mit der Gleichgewichtskonstanten K_c:

$$K_c = \frac{[\mathrm{E}]^{n_\mathrm{E}}[\mathrm{F}]^{n_\mathrm{F}}}{[\mathrm{A}]^{n_\mathrm{A}}[\mathrm{B}]^{n_\mathrm{B}}} = \frac{\overleftarrow{k}}{\vec{k}}. \tag{8.14}$$

Ein wichtiges und typisches Charakteristikum chemischer Reaktionen ist, dass ihre **Geschwindigkeitskoeffizienten** extrem stark und nichtlinear von der Temperatur abhängen. Nach Arrhenius [8.29] kann man diese Temperaturabhängigkeit für viele Reaktionen mit guter Nährung in relativ einfacher Weise durch den **Arrhenius-Ansatz** beschreiben:

$$k = A\mathrm{e}^{-E_\mathrm{a}/(R_\mathrm{m}T)}. \tag{8.15}$$

Darin sind E_a die Aktivierungsenergie in J/kmol, $R_\mathrm{m} = 8314{,}3$ J/kmol K die allgemeine Gaskonstante und T die Temperatur. Bei genauen Messungen bemerkt man oft auch noch eine (im Vergleich zur exponentiellen Abhängigkeit geringe) Temperaturabhängigkeit des präexponentiellen Faktors A:

$$k = A'T^\mathrm{b}\mathrm{e}^{-E_\mathrm{a}/(R_\mathrm{m}T)}. \tag{8.16}$$

Aus der Arrhenius-Gleichung (8.15) folgt, dass die Temperatur einen außerordentlich starken Einfluss auf den Geschwindigkeitskoeffizienten hat, dieser aber unabhängig von der Konzentration der beteiligten Spezies ist.

In Gl. (8.16) wird E_a als Aktivierungsenergie bezeichnet. Diese kann als Energieschwelle interpretiert werden, die überschritten werden muss, damit eine Reaktion stattfinden kann. Reaktionen laufen nur dann ab, wenn die reagierenden Moleküle energetisch angeregt sind, z. B. thermisch oder durch vorherigen Zusammenstoß mit neutralen Molekülen im Gas oder an der Gefäßwand.

8.2.5 Zündprozesse

Die Zündung ist eine infolge thermischer und chemischer Vorgänge beschleunigte Kettenreaktion, die zu einem sehr raschen Anstieg der Temperatur führt. Die Simulation der komplexen Zündvorgänge mit molekularem Transport, chemischer Reaktion und Strömungsvorgängen ist sehr aufwändig und nur näherungsweise möglich [8.19]. Für grundlegende Zusammenhänge lassen sich aber stark vereinfachte Modelle für die Darstellung der Zündprozesse verwenden, die von thermischer Explosion (thermische Energiefreisetzung durch chemische Reaktion übersteigt Wärmeabfuhr) oder chemischer Explosion (bei der Kettenverzweigungsreaktionen gegenüber Kettenabbruchreaktionen überwiegen) geprägt sein können.

8.2.6 Strahlung der Flamme

Für das menschliche Auge wahrnehmbar ist elektromagnetische Strahlung in einem Wellenlängenbereich von 380 bis 780 nm. Ursächlich für die Strahlung von Flammen ist die Temperaturstrahlung und Chemilumineszens. Die Temperaturstrahlung ist eine Festkörperstrahlung mit einem kontinuierlichen Spektrum und setzt chemisches Gleichgewicht voraus. Die Chemilumineszens ist eine Gasstrahlung instabiler Komponenten und emittiert diskrete Spektren [8.7]. In Abb. 8.5 sind die wesentlichen Emissionsbanden von Gaskomponenten einer Kohlenwasserstoffflamme dargestellt.

8.2.7 Ionisation der Flamme

In Analogie zur Strahlung der Flammen gibt es für die Ionisation von Gasen zwei unterschiedliche Mechanismen: die thermische Ionisation und die chemische Ionisation. Die chemische Ionisa-

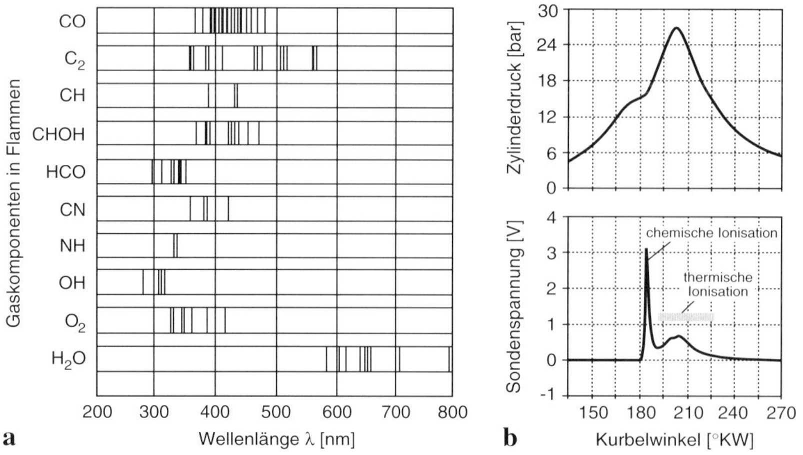

Abb. 8.5. **a** Gasstrahlung der Kohlenwasserstoffflamme [8.8]. **b** Ionenstromverlauf in Korrelation zum Zylinderdruck [8.9]

tion ist bei Kohlenwasserstoffflammen deutlich höher als die thermische Ionisation. Hier sind es genau wie bei der Strahlung die instabilen Zwischenprodukte in der Flamme, die bei der chemischen Umsetzung entstehen. Die maximale Radikalenkonzentration und damit auch die maximale Ionisation treten in der Flamme auf [8.6].

Die langlebigen Zwischenprodukte, die thermische Ionisation und vornehmlich die Dichteänderung durch den Zylinderdruck führen zu einer dem Druckverlauf proportionalen Ionenkonzentration im Verbrannten [8.9].

8.3 Flammenausbreitung

8.3.1 Laminare Flammenausbreitung

Ausgangspunkt für viele Betrachtungen ist die Theorie der laminaren Flammenausbreitung. In der Praxis ist die Erscheinungsform der laminaren Flammenausbreitung, verglichen mit der turbulenten, eher untergeordnet. Lediglich in der frühen Phase der Entflammung bei der Flammenkernbildung sind die Gesetzmäßigkeiten der laminaren Flammenausbreitung dominant. Wichtig bleibt in jedem Fall die Tatsache, dass die laminare Flammenausbreitung Ausgangspunkt für verschiedene Theorien der turbulenten Flammen bildet.

Der für die normale Verbrennung gültige Mechanismus der laminaren Flammenausbreitung besteht in der kontinuierlichen Aufheizung von aufeinander folgenden Schichten des unverbrannten Gasgemisches durch Wärmeleitung, bis bei einer bestimmten Temperatur Zündung eintritt. Die Flammengeschwindigkeit beträgt nur wenige Meter pro Sekunde. Von Bedeutung bleibt bei dieser Betrachtung, dass die Geschwindigkeit der Flamme in Bezug auf das unverbrannte Gemisch senkrecht zu ihrer Oberfläche ist [8.2].

Unter der Annahme eines konstanten Drucks in der Reaktionszone sowie einer Ähnlichkeit des Temperatur- und Konzentrationsfeldes in der laminaren Flamme lässt sich das Problem auf die Theorie der thermischen Flammenausbreitung reduzieren. Dabei geht man davon aus, dass in der Flamme zwei Zonen vorliegen, die Vorwärmzone und die Reaktionszone. Nach der Theorie von Zeldovich, Frank-Kamenetzki und Semenov wird in der Vorwärmzone das unverbrannte Gas

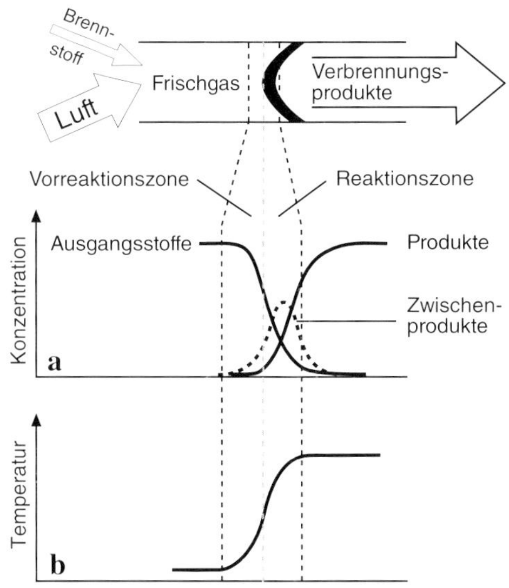

Abb. 8.6. Laminare Flammenausbreitung: **a** Verlauf von Konzentration, **b** Verlauf von Temperatur

durch Wärmeleitung und Diffusion auf Zündtemperatur gebracht. Bei Zündtemperatur setzt die Reaktion ein. Der gesamte Reaktionsvorgang spielt sich innerhalb einer schmalen Reaktionszone ab. Die Zündtemperatur liegt dabei nahe bei der Endtemperatur, d. h., die bei der Reaktion frei werdende Wärme wird nahezu vollständig an die Vorwärmzone abgeführt [8.4].

Laminare Brenngeschwindigkeit:

$$s_{\mathrm{L}} = \sqrt{\frac{\lambda}{\rho c_p t_{\mathrm{c}}}}. \tag{8.17}$$

Laminare Flammendicke:

$$l_{\mathrm{F}} = \frac{\lambda / c_p}{\rho_{\mathrm{u}} S_{\mathrm{L}}}. \tag{8.18}$$

8.3.2 Turbulente Flammenausbreitung

Im Bereich der technischen Anwendung, d. h. im Verbrennungsmotor, hat man es durchweg mit turbulenten Flammenausbreitungen zu tun.

Anders als für die laminare Flamme ließ sich für die turbulente Flamme lange keine geschlossene Theorie finden. Frühe empirische Modellvorstellungen sind u. a. von Damköhler [8.10] und Shchetinkov [8.11] bekannt. Dazu zählen das Oberflächenmodell, das gestreckte laminare Flammenmodell und das Mikrovolumenmodell. So unterschiedlich die Modelle auch im Einzelnen sind, so trifft doch für alle Modelle zu, dass durch eine turbulente Strömung die Flammenoberfläche unregelmäßig wird und sich vergrößert. Die größere Oberfläche führt zu einer größeren Verdrängerwirkung, was letztlich wieder eine Turbulenzerhöhung zur Folge hat. Bei dieser Abfolge der turbulenten Verbrennung lässt sich eine gewisse Eigendynamik erkennen. Darüber hinaus ist die turbulente Flamme durch eine dicke, nicht mehr scharf abgegrenzte, sondern verschwommene Kontur der Flamme gekennzeichnet.

Die Flammenausbreitung in einem turbulenten homogenen, vorgemischten Luft-Kraftstoff-Gemisch wird im Wesentlichen durch zwei Mechanismen beeinflusst: durch die laminare Brenngeschwindigkeit und die turbulente Strömungsbewegung. Die Fähigkeit eines turbulenten Strömungsfeldes, die turbulente Flammenausbreitung zu beeinflussen, wird darüber hinaus durch das Verhältnis charakteristischer Längenskalen von Strömungsfeld und laminarer Flammenausbreitung beschrieben.

Die Berechnung turbulenter Vorgänge ist dadurch gekennzeichnet, dass nicht Einzelheiten, sondern die Mittelwerte und überlagerte Schwankungen der Turbulenzbewegung beschrieben werden. Ein Maß für die Turbulenzintensität ist die mittlere Schwankungsgeschwindigkeit v', die aus der turbulenten Schwankungsbewegung resultiert:

$$v' = \sqrt{\overline{v'^2}}. \tag{8.19}$$

Eine deutliche Verbesserung dieser einfachen Turbulenzbeschreibung wurde durch die Hypothesen von Kolmogorov erreicht [8.12]. Sie basieren auf der Vorstellung, dass eine turbulente Strömung Einzelwirbel verschiedener Größe enthält, die miteinander in Interaktion treten und kinetische Energie austauschen. Die Turbulenzenergie wird durch Gradienten des mittleren Strömungsfeldes in Form großer Wirbel produziert und in einer Energiekaskade auf Wirbel kleinerer Größe übertragen, bis schließlich die viskose Dissipation erfolgt. Die Abmessung der energiereichsten turbulenten Wirbelelemente wird durch das integrale Längenmaß l_{I} beschrieben. Für die Strömung in motorischen Brennräumen hat sich als Abschätzung des integralen Längenmaßes in der Nähe des oberen Totpunktes 10 bis 20 % des Abstandes zwischen Kolbenboden und Zylinderkopf als realistisch erwiesen.

Das integrale Längenmaß stellt die energiereichsten turbulenten Strukturen dar und beschreibt damit die oberste Stufe der Energiekaskade. Es ist jedoch kleiner als die makroskopischen Strukturen des Strömungsfeldes, z. B. Drall oder Tumble. Innerhalb der Energiekaskade von den großen zu den kleinen Wirbeln, wobei l_n die jeweilige Wirbelgröße beschreibt, ist die Energietransferrate konstant. Beim kleinsten Wirbel, dem Kolmogorov-Wirbel, ist die Energietransferrate gleich der Dissipation ε, d. h., sie geht in Wärme über. Ein Wirbelelement der Größe l_n mit der assoziierten Geschwindigkeitsschwankung $v_n'^2$ hat die kinetische Energie $E_n \sim v_n'^2$ und die charakteristische Umdrehungszeit $t_n = l_n/v_n'^2$. Die Energietransferrate (Dissipation) ist dann:

$$\overline{\varepsilon} \sim E_n/t_n \sim v_n'^2/t_n \sim v_n'^3/l_n. \tag{8.20}$$

Ein weiteres Längenmaß ist die Taylor-Länge:

$$l_{\mathrm{T}} \sim \sqrt{\frac{v'^2}{\overline{\varepsilon}/v}} \sim v' t_{\mathrm{K}}. \tag{8.21}$$

Sie charakterisiert den mittleren Gradienten des Geschwindigkeitsfeldes und liegt zwischen integralem Längenmaß und der Kolmogorov-Länge.

Typische Werte der charakteristischen Kennzahlen der Flammenstruktur bei einer Drehzahl von 1500 min^{-1} und einem Luftverhältnis von $\lambda = 1$ sind [8.13]:

laminare Flammendicke δ_{L}, ca. 0,02 mm
laminare Flammengeschwindigkeit s_{L}, ca. 0,5 m/s

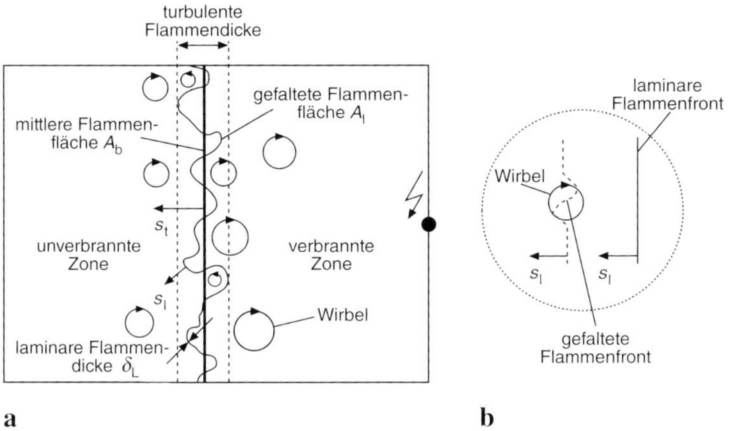

Abb. 8.7. **a** Turbulente Flammenstruktur und Definition der Brenngeschwindigkeiten und Flächen. **b** Modellvorstellung zur Faltung einer laminaren Flammenfront durch Wirbel eines turbulenten Strömungsfeldes

turbulente Flammendicke δ_t, ca. 0,8 mm
turbulente Flammengeschwindigkeit s_t, >2,0 m/s
integrales Längenmaß l_I, ca. 2,0 mm
Kolmogorov-Länge l_K, ca. 0,03 mm
Taylor-Länge l_T, ca. 0,7 mm

Die Verbrennung im Ottomotor wird durch die turbulente Flammenausbreitung bestimmt. Diese hängt einerseits von der laminaren Brenngeschwindigkeit und andererseits von Turbulenzparametern, wie der turbulenten Schwankungsgeschwindigkeit und dem integralen Längenmaß, ab. Da die für die laminare Brenngeschwindigkeit relevanten Kenngrößen nicht von der Motordrehzahl abhängig sind, kann die mit der Drehzahl steigende Geschwindigkeit des Umsatzes bei der motorischen Verbrennung nur durch eine Vergrößerung der Flammenoberfläche durch turbulente Auffaltung erklärt werden.

Die turbulente Flammengeschwindigkeit kann in weiten Bereichen variieren; unter den Randbedingungen von Pkw-Motoren liegt diese etwa zwischen 5 und 60 m/s.

8.4 Limitierte und nichtlimitierte Schadstoffe, Schadstoffbildung

Als Schadstoffe bezeichnet man alle luftfremden Stoffe, die aus natürlichen oder anthropogenen, d. h. vom Menschen verursachten Quellen stammen und die zu einer Störung des natürlichen und biologischen Gleichgewichtes führen können.

Unter idealen Bedingungen entstehen bei der Verbrennung von Kohlenwasserstoffen mit Luft theoretisch lediglich die Produkte CO_2, H_2O und N_2. Bei technischen Anwendungen entstehen auf Grund der nicht idealen Prozessrandbedingungen unerwünschte Nebenprodukte, die Schadstoffe. Die Zusammensetzung der Abgaskomponenten wird im Wesentlichen beeinflusst durch:

- den eingesetzten Kraftstoff
- die Verbrennungsbedingungen (Brennverfahren, Betriebszustand)
- die Möglichkeiten der Abgasreinigung

8.4.1 Nichtlimitierte Schadstoffe

Neben den gesetzlich limitierten Abgaskomponenten treten in geringen Konzentrationen noch sehr viele weitere Abgaskomponenten auf, die gesetzlich nicht explizit begrenzt sind und daher unter dem Begriff der „nichtlimitierten Abgasemissionen" zusammengefasst werden. Jedoch werden auch diese Komponenten insbesondere von der amerikanischen Gesetzgebung in der Weise limitiert, dass durch Abgasreinigungssysteme zur Reduzierung der gesetzlich limitierten Emissionskomponenten nicht andere Komponenten in solchen Konzentrationen entstehen dürfen, dass ein gesundheitliches Risiko entsteht.

Zu den nichtlimitierten Komponenten gehören die differenzierten Kohlenwasserstoffe, die Aldehyde und Ketone, Schwefeldioxid und Sulfat, Distickstoffmonoxid, Ammoniak, die Gesamtcyanide, die Phenole, Schwefelwasserstoff und die polycyclischen aromatischen Kohlenwasserstoffe (PAK). Diese Komponenten liegen jedoch in ihrer Konzentration um den Faktor 10^{-3} bis 10^{-6} niedriger als die gesetzlich limitierten Komponenten bei nicht behandeltem Abgas (ohne Katalysator). Ein besonderes Augenmerk wird den Komponenten gewidmet, denen eine hohe biologische Aktivität zugeschrieben wird, wie Benzol und den PAK.

Die Emissionen der kohlenwasserstoffhaltigen Verbindungen werden durch die Abgasnachbehandlung um mehr als eine Zehnerpotenz reduziert. Die Massenemissionen einzelher schwefelhaltiger und stickstoffhaltiger Verbindungen können je nach Katalysator-Konzept um den Faktor zwei erhöht werden [8.13].

8.4.2 Limitierte Schadstoffe

Automobilabgase von Ottomotoren enthalten als mehr als 98%igen Hauptbestandteil Stickstoff (70,9 %), Kohlendioxid (9,2 %), Wasserdampf (18,1 %) und Sauerstoff (0,7 % inkl. Edelgase). Der Anteil der gesetzlich begrenzten Komponenten Kohlenmonoxid (CO), Kohlenwasserstoffe (HC), Stickoxide (NO_X) und Rußpartikel beträgt 1 %. Obwohl CO_2 in Europa eine limitierte Abgaskomponente ist und einen Beitrag zum Treibhauseffekt liefert, gehört sie nicht zu den limitierten Schadstoffen.

8.4.3 Schadstoffentstehung

Die Entstehung der Abgasemissionen in einem Verbrennungsmotor ist letztlich auf einen unvollständigen Oxidationsprozess und auf einen NO_X-Entstehungsmechanismus bei hohen Verbrennungstemperaturen zurückzuführen (Abb. 8.8). Die Schadstoffentstehung beim Verbrennungsprozess im Ottomotor wird von einer Fülle sehr unterschiedlicher Parameter beeinflusst.

Kohlenwasserstoffe entstehen im Wesentlichen bei der unvollständigen Umsetzung der HC-Verbindungen des Kraftstoffs durch die HC-Speicherung und das unvollständige Durchbrennen durch Quench-Effekte.

Die **HC-Speicherung** oder das Vorenthalten von Kraftstoff ist bedingt durch seine Löslichkeit in Schmieröl an den Brennraumwänden, Anlagerung der HC-Moleküle an die Brennraumablagerungen und durch Speichervolumina in funktionsbedingten Brennraumspalten.

Unvollständiges Durchbrennen, d. h. das vorzeitige Erlöschen einer bestehenden Flammenfront, ist durch zwei Quench-Effekte zu erklären: das Wall-Quenching, wenn die Temperatursenke durch Wandnähe den Reaktionsmechanismus zum Stillstand bringt, und das Flame-Quenching, wenn durch Bedingungen der lokalen Gemischzusammensetzung oder Ladungsbewegung der Reaktionsmechanismus abbricht [8.15].

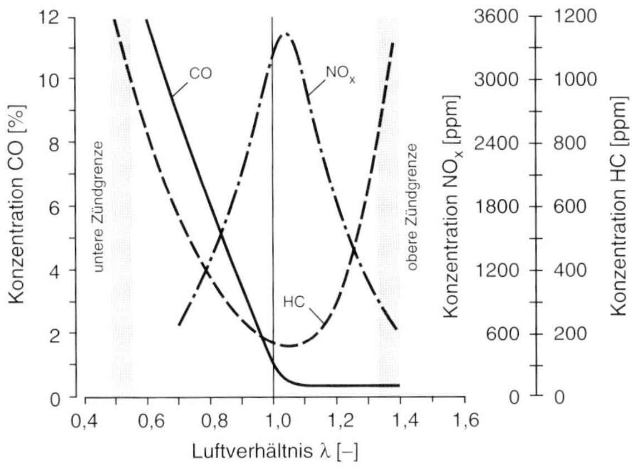

Abb. 8.8. Schadstoffkonzentration im Abgas von Ottomotoren [8.14]

Entsprechend den Entstehungsbedingungen ist der zeitliche Verlauf der HC-Konzentration während der Ausschiebephase zu erklären (Abb. 8.9). In der ersten Phase, kurz nach Öffnen des Auslassventils, wird Abgas mit einer erhöhten HC-Konzentration aus dem Kopfbereich ausgeschoben. Zum Schluss dieses Vorganges folgt zyklusbezogen der Massenstrom mit der höchsten HC-Konzentration, nämlich aus den Speichermechanismen des Wand- und Kolbenbereichs.

Kohlenmonoxid ist ein farb- und geruchloses Gas. Es entsteht als Zwischenprodukt der Kohlendioxidbildung und bei unvollständiger Verbrennung unter Sauerstoffmangel. Im Wesentlichen wird die Kohlenmonoxidbildung vom lokalen Luftverhältnis ($\lambda < 1$) und von der Temperatur oder dem Druck bestimmt. Die CO-Konzentration ist während der Verbrennung am höchsten. Bei der anschließenden Expansion wird das Kohlenmonoxid unter Reduktion von Wasserdampf zu CO_2 oxidiert. Dieser Prozess wird durch die Wassergasgleichung (Gl. 8.9) beschrieben. Bei Luftmangel ist die CO-Emission weitgehend linear zum Kraftstoff-Luft-Verhältnis.

In der Nähe von $\lambda = 1$ und bei Luftüberschuss ist für die CO-Bildung bei der Verbrennung die Dissoziation von CO_2 zu CO und O_2 maßgeblich. Die Oxidation während der Expansion verläuft dann entsprechend der Reaktion:

$$CO + \tfrac{1}{2}O_2 \leftrightarrows CO_2 . \qquad (8.22)$$

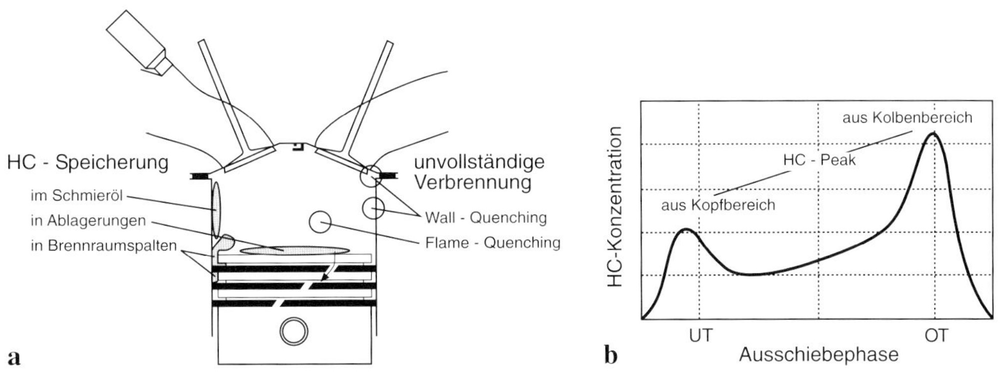

Abb. 8.9. **a** HC-Quellen im Brennraum [8.16], **b** HC-Konzentration in der Ausschiebephase [8.17]

Unter dem Begriff **Stickoxide** (NO_x) werden im Allgemeinen die in motorischen Verbrennungsprozessen in nennenswerten Konzentrationen gebildeten Oxidationsprodukte des Stickstoffs NO und NO_2 zusammengefasst. Es lassen sich zwei Bildungsmechanismen für NO unterscheiden.

Die Bildung von **thermischem NO** wird durch die Parameter Temperatur, Sauerstoffkonzentration, Verweilzeit und Druck beeinflusst. Das NO-Bildungsmaximum liegt bei zirka 2200 bis 2400 K und einem Kraftstoff-Luft-Verhältnis λ von etwa 1,05–1,1.

Promptes NO entsteht als Nebenreaktion in der Flammenfront durch CH-Radikale, die mit Stickstoffmolekülen weitere Verbindungen bilden.

Im Motor tritt das Maximum der NO-Konzentration im leicht mageren Bereich auf, da zur NO-Bildung sowohl hohe Temperaturen als auch Luftüberschuss erforderlich sind. Die Bildung des Stickoxids NO verläuft über den folgenden Reaktionsmechanismus:

$$X + O_2 \leftrightarrows 2O \tag{8.23}$$

$$N_2 + O \leftrightarrows NO + N \tag{8.24}$$

$$O_2 + N \leftrightarrows NO + O \tag{8.25}$$

$$OH + N \leftrightarrows NO + H \tag{8.26}$$

Die Reaktionen (8.24) und (8.25) stellen den Zeldovich-Kettenmechanismus dar [8.18]. Der Ablauf dieser Reaktionen in der Flammenfront ist wegen der kurzen Verweilzeit vernachlässigbar klein, sodass die wesentlichen Vorgänge im Bereich des Verbrannten ablaufen müssen.

Die prompte NO-Bildung läuft nach einem Mechanismus ab, der zuerst von Fenimore beschrieben wurde [8.19]:

$$CH + N_2 \leftrightarrows HCN + N\,. \tag{8.27}$$

Unter sehr brennstoffreichen Bedingungen können aus dem Kraftstoff gebildete CH-Radikale eine genügend hohe Konzentration erreichen, sodass das N_2-Molekül aufgespalten wird. Nach Fenimore gewinnt für die fette Verbrennung ($\lambda < 0,7$) die Reaktion (8.27) an Bedeutung, wobei atomarer Stickstoff N auch nach der Flammenreaktion gebildet werden kann. Der atomare Stickstoff kann entsprechend dem Zeldovich-Mechanismus zur NO-Bildung führen. Ebenso kann das gebildete HCN mit atomarem Sauerstoff O reagieren und NO bilden. Da aber bei der ottomotorischen Verbrennung derartige Bedingungen kaum auftreten, kann dieser Mechanismus gegenüber der thermischen Stickoxidbildung vernachlässigt werden.

8.5 Homogene Selbstzündung

Bei der Fremdzündung breitet sich ausgehend vom Zündort eine turbulente Flammenfront, in welcher die chemischen Reaktionen bei hoher lokaler Temperatur ablaufen, in den Brennraum aus. Dagegen erfolgt die Verbrennung bei der Selbstzündung nahezu gleichzeitig ohne eine klassische Flammenfront. Erreichen Teile der Zylinderladung während des Kompressionsvorganges die Selbstzündungstemperatur, so findet nach einer gewissen Zündverzugszeit (Induktionszeit) die eigentliche chemische Umwandlung, die typischerweise an mehreren Stellen gleichzeitig im Brennraum beginnt, statt. Dies ist vor allem auf Inhomogenitäten der Temperatur- und Konzentrationsverteilung zurückzuführen. Der Induktionszeit liegen chemische Reaktionen zu Grunde, die einen mehrstufigen Kettenverzweigungsmechanismus aufweisen. Bei der langsam ablaufenden

Ketteneinleitung werden Radikale aus stabilen Kraftstoffmolekülen gebildet, die ihrerseits bei der Kettenfortpflanzung als Resultat der Interaktion mit stabilen Teilchen reaktive Zwischenprodukte (z. B. Peroxide, Aldehyde, Ketone) bilden. Bei der eigentlichen Kettenverzweigung werden bei der Reaktion dieser Zwischenprodukte mit einem Teilchen mindestens je zwei neue aktive Radikale gebildet (Kettenreaktion). Beim Kettenabbruch wandeln sich die Zwischenprodukte weiter zu stabilen Molekülen. Durch die geringe Exothermie der ablaufenden Reaktionen kommt es während dieser Zeit zu keiner nennenswerten Temperaturerhöhung. Die Induktionszeit ist annähernd exponentiell von der reziproken Temperatur abhängig, was durch einen Arrhenius-Ansatz beschrieben werden kann.

Wie der Vorgang der Selbstzündung abläuft, ist sehr stark von der Temperatur und dem Druck des Gemisches abhängig. In einem pT-Explosionsdiagramm lassen sich die jeweiligen Zündgrenzen, wie in Abb. 8.10 a schematisch für Kohlenwasserstoffe gezeigt, darstellen. Die erste und zweite Zündgrenze sind für Vorgänge in Verbrennungskraftmaschinen nicht relevant, da der Druck im Brennraum deutlich höher ist, sodass im Wesentlichen nur die dritte Zündgrenze (thermische Zündgrenze) von Interesse ist. Dabei tritt die Wärmeerzeugung, hervorgerufen durch die chemischen Reaktionen, in Konkurrenz zu Wärmeableitungsvorgängen zur Wand und führt bei genügend hohem Druck zur explosionsartigen Umsetzung des Kraftstoffes. Im Bereich der kalten Flamme kommt es zu Reaktionen, bei denen nur ein kleiner Teil der Kraftstoffmoleküle in Radikale umgewandelt wird. Die einhergehende Temperaturerhöhung bewirkt den Zerfall dieser für die Kettenverzweigung erforderlichen Vorläufer, sodass der Vorgang der kalten Flamme allmählich zum Stillstand kommt („degenerate branching"). Besitzt ein Kraftstoff-Luft-Gemisch den Bereich einer kalten Flamme, spricht man beim Selbstzündverhalten von einer Zweistufenzündung, welches jedoch bei höheren Temperaturen kontinuierlich in ein einstufiges Selbstzündverhalten übergeht (Abb. 8.10b).

Während alle Kohlenwasserstoffe Induktionszeiten bei Selbstzündung aufweisen, zeigen einige weder Bereiche mit kalter Flamme noch welche mit zweistufiger Zündung. Ausgeprägtes zweistufiges Zündverhalten zeigen n-Paraffine, während verzweigte Moleküle geringere kalte Flammener-

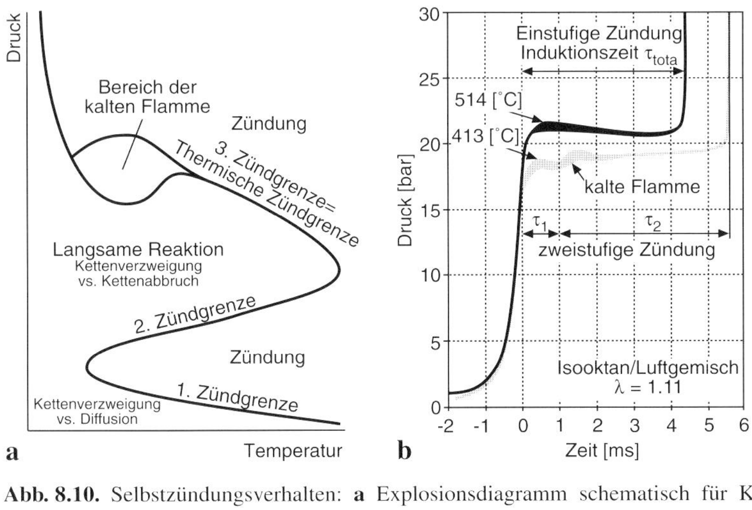

Abb. 8.10. Selbstzündungsverhalten: **a** Explosionsdiagramm schematisch für Kohlenwasserstoffe [8.20], **b** experimenteller Druckverlauf in einer Verdichtungsapparatur für Isooktan-Luft-Gemisch [8.21]

scheinung aufweisen. Dagegen zeigt beispielsweise Methan, aber auch Benzol, nur ein einstufiges Zündverhalten.

Im Verbrennungsmotor laufen bei der Selbstzündung sehr komplexe chemische Reaktionen hunderter verschiedener Spezies ab [8.21], die vom globalen und lokalen Temperatur-Druckverlauf der Ladung während des Verdichtungsvorganges, dem lokalen Luftverhältnis, dem Restgasgehalt sowie vom turbulenten Mischungsprozess des Kraftstoffes abhängen. Selbstzündung und Verbrennung im Motor laufen als mehrstufiger Prozess ab. Unterhalb von etwa 950 K löst die Kinetik der Selbstzündung die Reaktionen aus, die dann bei Temperaturen über 1000 K zum unmittelbaren thermischen Zerfall des Kraftstoffes und zur eigentlichen Energieumwandlung führen. Während die chemische Zusammensetzung des Kraftstoffes entscheidend für die Einleitung und die zeitliche Abfolge der Zündprozesse ist, dominiert bei der hohen Temperatur die $CO/H_2O/O_2$-Elementarkinetik, die allerdings für alle Kohlenwasserstoffe weitgehend ähnlich abläuft [8.22].

8.6 Verbrennungsanomalien

Neben der normalen durch den Zündfunken ausgelösten Verbrennung kommen noch weitere Formen des Verbrennungsablaufes vor, deren zwei wichtigste Vertreter die Glühzündung und das Motorklopfen sind. Eine übersichtliche Darstellung der Abgrenzung der unterschiedlichen anomalen Verbrennungsabläufen gibt das Schema des CRC (Coordinating Research Council) wieder (Abb. 8.11). Dabei wird Klopfen als homogene Gasreaktion bei der Verbrennung eines Gemischrestes ausgelöst durch Selbstzündung betrachtet, während bei der Glühzündung der Ausgangspunkt der Verbrennung eine heiße Stelle im Brennraum darstellt, die eine unkontrollierte Fremdzündung einleitet. Besonders bei hoch aufgeladenen Motoren treten oftmals Verbrennungsanomalien auf, die eine Vielzahl sehr unterschiedlicher Ursachen haben können.

8.6.1 Glühzündungen

Bei der Glühzündung wird die unverbrannte Ladung durch eine heiße Oberfläche örtlich entzündet, wobei der Zeitpunkt sowohl vor (Frühzündung) als auch nach der eigentlichen Fremdzündung (Spätzündung) sein kann. Die dabei anschließend auftretende turbulente Flammenfront gleicht derjenigen, die durch eine Zündkerze hervorgerufen wird. Für die Einleitung einer Glühzündung muss die Temperatur der Zündquelle wesentlich über der Zündtemperatur des Gemisches von typischerweise über 1000 °C liegen und eine gewisse Zeit auf das Gemisch einwirken. Ursache

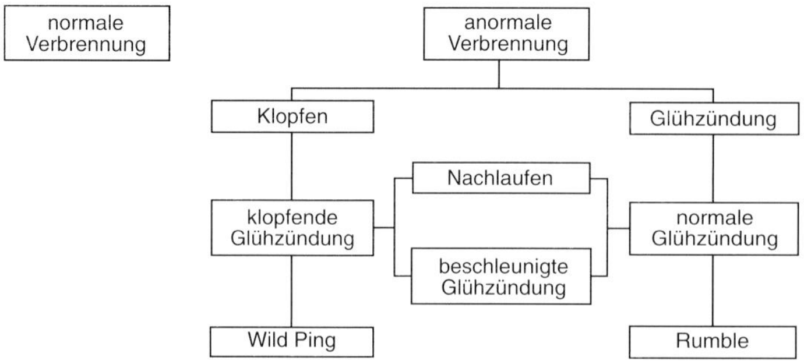

Abb. 8.11. Definition der Begriffe für normale und anormale Verbrennung im Ottomotor nach der Festlegung des CRC [8.23]

können heiße Oberflächen im Brennraum („hot spots“) wie Elektroden von Zündkerzen, heiße Auslassventile oder in den Brennraum hineinragende scharfe Kanten, aber auch lose, sehr heiße Ablagerungsteilchen sein [8.24].

Bei der normalen Glühzündung wird die Verbrennung zwar nicht durch den Zündfunken eingeleitet, der Verbrennungsablauf bleibt allerdings vergleichbar. Erfolgt die Glühzündung an mehreren Stellen im Brennraum nahezu gleichzeitig, kommt es zu großen Druckanstiegen, die zu dem typischen rumpelnden Geräuschen („Rumble“) führen und im Frequenzbereich von 800–1000 Hz angesiedelt sind. Ein Nachlaufen des heißen Motors nach Abstellen der Zündung ist nur mehr bei Vergasermotoren zu finden, bei denen die Kraftstoffzumessung über den Ansaugvorgang selbst erfolgt. Verändert die auftretende zu frühe Verbrennung auf Grund des höheren Wärmeübergangs die Bauteiltemperaturen, insbesondere die der Glühzündungsquelle im Brennraum, so tritt die Glühzündung in den folgenden Zyklen immer früher auf (beschleunigte Glühzündung), was die Temperaturen weiter ansteigen lässt. Findet eine Frühzündung statt und löst diese in weiterer Folge eine Selbstzündung unverbrannter Gemischteile aus, spricht man von klopfender Glühzündung, die sehr oft zur Zerstörung des Motors führt, da keine Beeinflussung über den gesteuerten Zündzeitpunkt mehr möglich ist. Erfolgen sehr unregelmäßige klopfende Glühzündungen, spricht man von „wild ping“. Dabei treten sehr früh im Zyklus, während der Ansaug- oder Kompressionsphase, lose im Brennraum umhervagabundierende sehr heiße Ablagerungsteilchen auf, die eine verfrühte meist einmalige Verbrennung mit einhergehendem sehr intensivem Klopfen einleiten, welche aber ebenfalls nicht mit einem direkten Fremdzündungseingriff verhindert werden können [8.24]. Eine verbesserte Gemischbildung und ein optimierter Ölverbrauch mit dem Ziel geringerer Ablagerungsbildung im Brennraum kann das Auftreten dieser sehr unregelmäßigen und schwer beherrschbaren Glühzündungen unterbinden.

8.6.2 Klopfende Verbrennung

Beim Klopfen wird unverbrannte Ladung durch die Verdichtung und Verbrennung komprimiert und erhitzt, bis Selbstzündung im unverbrannten Gemischbereich einsetzt, die zur explosionsartigen Verbrennung des Gemischrestes führt. Die dabei im Endgas ablaufenden chemischen Reaktionen gleichen denen bei homogener Selbstzündung. Die einhergehende Klopfstärke hängt sehr stark von der Größe des unverbrannten Gemischanteiles ab. Typisch sind sehr hohe Ausbreitungsgeschwindigkeiten (detonative Flammenausbreitung) der Druckwellen von meist mehr als 1000 m/s, die mit der Schallgeschwindigkeit des verbrannten Gases erklärbar sind [8.25]. Die entstehenden hohen Druckspitzen regen die Gasmasse im Zylinder zu starken hochfrequenten Schwingungen an, welche das bekannte Klingel- oder Klopfgeräusch verursachen und je nach Druckintensität den Motor mehr oder weniger mechanisch belasten (Abb. 8.12a).

Ein klopfendes Arbeitsspiel kann sicher über Beurteilung des Zylinderdrucksignals erkannt werden, wobei bereits die normale Verbrennung mit zunehmender Klopfstärke einen immer schnelleren Energieumsatz aufweist [8.31]. Die Frequenzanalyse des Zylinderdrucksignals zeigt im Allgemeinen die erste Brennraumeigenfrequenz mit der höchsten Amplitude im Frequenzspektrum (Abb. 8.12b). Mit steigender Klopfintensität werden die höherfrequenten Druckschwingungen verstärkt angeregt und bleiben zeitlich länger erhalten.

Die beim Klopfvorgang auftretenden hohen Drücke vergrößern den Wärmeübergang und führen zu einem Anstieg der brennraumseitigen Oberflächentemperaturen. So kommen neben der rein mechanischen Belastung des Triebwerkes infolge des explosionsartigen Druckanstieges noch

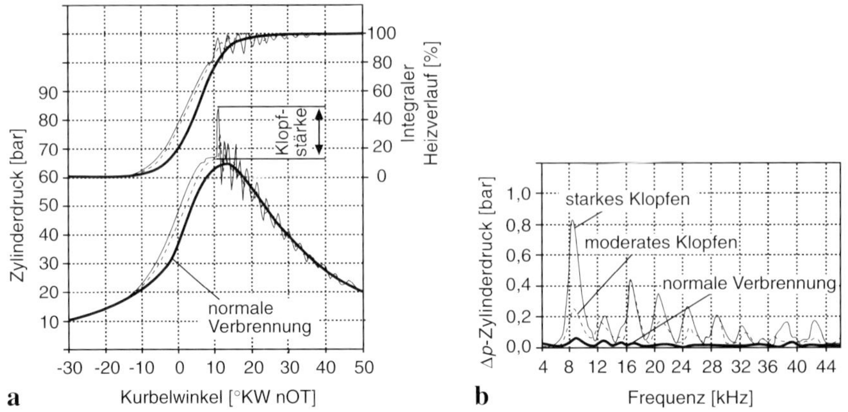

Abb. 8.12. Normale und klopfende Verbrennung: **a** Druck- und Heizverlauf, **b** Frequenzspektrum bei normaler und klopfender Verbrennung

zusätzlich thermische Beanspruchungen hinzu, die erosive Schädigungen und Anschmelzungen an Brennraumwänden verursachen können. Die erhöhten Oberflächentemperaturen können allerdings in weiterer Folge auch Glühzündungen verursachen.

Beim Ottomotor wird die Leistungsausbeute in der Volllast und hohen Teillast im Wesentlichen durch die ansteigende Neigung zum Klopfen limitiert. Eine Ausweitung dieser Grenze ist daher seit jeher zentraler Punkt bei der ottomotorischen Leistungs- und Wirkungsgradentwicklung. Das Auftreten von Klopfen kann grundsätzlich über thermodynamische und zeitbezogene Größen beeinflusst werden. Erstere beeinflussen die Gemischreaktivität durch Temperaturabsenkung und Veränderung der Gemischzusammensetzung, während die zweite Kategorie darauf abzielt, die normalen Reaktionsvorgänge zu verkürzen, um einem etwaigen Klopfvorgang zuvorzukommen. Zu diesen Zeitfaktoren gehören etwa Beschleunigung der Flammenausbreitung durch Turbulenzerhöhung, Verringerung des Restgasgehaltes, inhomogene Gemischverteilung, Verkürzung der Flammenwege durch zentrale Positionierung des Zündortes oder Einsatz von zwei Zündkerzen, aber auch die Verringerung der Vorzündung, um den Beginn der Vorreaktionen zur Selbstzündung entscheidend zu verzögern. Zu den thermodynamischen Faktoren gehören Maßnahmen zur Absenkung der Ladungstemperatur durch niedrigere Ansaugtemperaturen, niedrigere Brennraumtemperaturen durch bessere Brennraumkühlung und Innenkühlung durch direkte Kraftstoffeinspritzung sowie Maßnahmen, die Gemischzusammensetzung durch Einsatz von Kraftstoffen mit höheren Oktanzahlen, durch exzessive Gemischabmagerung oder -anfettung oder erhöhten Inertgasanteil zu verbessern. Als Analysewerkzeuge kommen Simulation und optische Messtechniken zum Einsatz, um systematisch den jeweiligen Ausgangspunkt des Klopfens zu erkennen und geeignete Maßnahmen dagegen einzuleiten.

Die eingesetzten Simulationswerkzeuge basieren auf konventionellen 1-D- und 3-D-Strömungsprogrammen, deren Mehrzonenverbrennungsmodell um einen reaktionskinetischen Teil zur Beschreibung der Selbstzündungsvorgänge im Endgas erweitert wird. Die hohe Zahl an beteiligten Spezies und Reaktionen wird auf einige wenige, für den Selbstzündprozess aber entscheidende Reaktionsschritte reduziert, deren individuellen Reaktionsraten über Arrhenius-Ansätze beschrieben werden [8.21, 8.26]. Während mit Ergebnissen aus dem vorab kalibrierten 1-D-Simulationmodell globale Aussagen über die Klopfneigung z. B. verschiedener Kraftstoffe oder Motorrandbedingungen gemacht werden können [8.27], gelingt es mit der 3-D-Simulation, kritische Bereiche im Brennraum, wie etwa hohe lokale Wandtemperaturen wegen unzureichender Kühlung, zu detektieren und darauf basierend Abhilfemaßnahmen vorzuschlagen [8.28].

Während der Drucksensor im Brennraum nur den globalen Druckzustand und überlagerte Schwingungen misst, ermöglicht eine geeignete Lichtleitersensorik die genaue Bestimmung der Lage oder Richtung des Klopfausgangsortes (Abb. 8.13c). Als primäres Signal wird dabei je Lichtleiter die vorhandene Flammenhelligkeit entlang des Sichtkegels zeitlich hoch aufgelöst aufgezeichnet und im Weiteren zur tomografischen Rekonstruktion der Flammenfrontausbreitung (Abb. 8.13a) und/oder zur Detektion des Klopfortes herangezogen. Mit einem relativ einfachen Zündkerzensensor (Abb. 8.13b) lässt sich die Richtung des Klopfzentrums bestimmen. Da das Endgas, wie viele Untersuchungen belegen, vorzugsweise nahe der Zylinderwand zur Selbstzündung gelangt, liefert diese Richtungsauflösung oft eine ausreichend genaue Aussage über den Klopfausgangsort.

Zeigt die statistische Auswertung der Klopforte entlang des Zylinderumfangs eine örtliche Anhäufung, so können darauf aufbauend gezielt Verbesserungsmaßnahmen vorgenommen werden. Ziel der brennverfahrensseitigen Klopfoptimierung ist prinzipiell daher eine statistische Gleichverteilung der Klopforte über dem Umfang, sodass die klopfbegrenzte Zündung im jeweiligen Lastpunkt optimal oder maximal früh eingestellt werden kann.

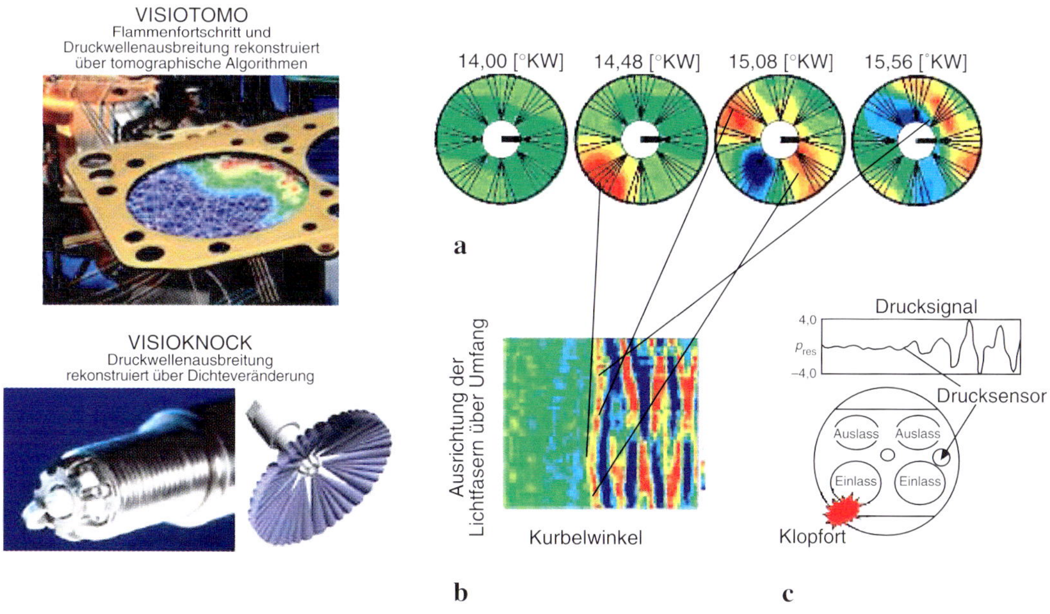

Abb. 8.13. Optische Klopfortbestimmung [8.29]: **a** Visiotomo-Sensor und rekonstruierte Flammenausbreitung in Zylinderkopfdichtungsebene; **b** Visioknock-Sensor und Messsignal bei klopfender Verbrennung; **c** Brennraumschema, Drucksignal mit ermitteltem Klopfort

9 Abgasnachbehandlung

In den vorangegangenen Kapiteln wurden die Ursachen der Schadstoffentstehung und die Möglichkeiten betrachtet, direkten Einfluss auf den Verbrennungsablauf und damit auf die Rohemissionen zu nehmen. Im Zuge steigender Emissionsanforderungen konnten zunächst durch vergleichsweise einfache Maßnahmen die Schadstoffemissionen reduziert werden.

Durch Abschalten des Kraftstoffes in der Schubphase wurden die HC-Emissionen reduziert; fette Gemische und späte Zündwinkel wurden angewendet, um die Abgastemperatur zu erhöhen und so die thermische Nachoxidation zu erhöhen. Dies führte zur Entwicklung der „Thermoreaktoren", deren Betrieb durch einen hohen Kraftstoffverbrauch gekennzeichnet war. Abgasrückführung war und ist eine wirkungsvolle Maßnahme zur Senkung der NO_x-Emissionen. Mit diesen Maßnahmen war es zunächst möglich, die frühen europäischen Gesetzgebungen zu erfüllen. Für die Erfüllung der amerikanischen Grenzwerte wurden zunächst reine Oxidationskatalysatoren eingesetzt und der notwendige Sauerstoff durch Einblasen vor den Katalysator bereitgestellt. Die NO_x-Emissionen blieben unbeeinflusst.

Die weitere Reduzierung der Emissionsgrenzwerte führte zu dem Meilenstein in der Abgasnachbehandlung, dem Dreiwege-Katalysator mit Lambda-Regelung. Damit verbunden war auch die notwendige Einführung von bleifreiem Kraftstoff. Mit diesem Konzept werden bei heutigen $\lambda = 1$-geregelten Motoren die Schadstoffemissionen (HC, CO und NO_x) um deutlich mehr als 95 % gegenüber dem Ausgangszustand reduziert.

Durch die in letzter Zeit in Europa geforderte CO_2-Reduzierung werden verstärkt Motoren mit magerem Brennverfahren entwickelt, bei denen momentan bevorzugt $DeNO_x$-Katalysatoren in Verbindung mit Dreiwege-Katalysatoren zur Erfüllung der Emissionsgesetzgebung eingesetzt werden.

9.1 Abgasnachbehandlung bei $\lambda = 1$-geregelten Motoren

9.1.1 Emissionen im Testzyklus

Wie in Abschn. 1.2.1 beschrieben, werden die in den einzelnen Ländern geltenden Abgasgrenzwerte durch spezifische Messverfahren und Testzyklen überprüft. Die unterschiedlichen Testzyklen sind durch den Anspruch begründet, ein möglichst repräsentatives Verhalten für die Fahrzustände in kritischen Verkehrszonen zu simulieren. Gleiches gilt für das Testprozedere. Die Emissionsmessungen werden mit einem entsprechend den jeweiligen gesetzlichen Vorgaben konditionierten Fahrzeug auf Rollenprüfständen durchgeführt. Dabei wird das Fahrzeug mit einem Referenzkraftstoff betrieben, kalt gestartet, entsprechend der Geschwindigkeits- und Gangvorgabe des Testzyklus betrieben und die Abgasemissionen aus einem kontinuierlich entnommenen und gesammelten Probengasstrom bestimmt (vgl. jeweilige Emissionsvorschriften [9.1–9.3]).

Die Weiterentwicklung des Dreiwege-Katalysators mit Lambda-Regelung, insbesondere der Katalysatoren, der Beschichtungen und der präzisen Motorsteuerung, hat Konvertierungsraten von 98 % möglich gemacht. Dies setzt aber voraus, dass alle Systembedingungen im optimalen Betriebsbereich sind. Da die amerikanischen und europäischen Testbedingungen einen „kalten" Motorstart vorschreiben, also bei nicht optimalen Bedingungen, entstammt ein erheblicher Anteil, zirka 90 %, der gemessenen Emissionen aus der Phase, in der das Abgasnachbehandlungssystem noch nicht aktiv ist. In Abb. 9.1 sind beispielhaft das Rohemissionsniveau und das Abgasergebnis eines ULEV-II-zertifizierten Fahrzeuges im Vergleich zu den Grenzwerten dargestellt. In Abb. 9.1 b ist zu erkennen, dass zirka 90 % der HC-Emissionen im Abgas während der ersten 45 Sekunden emittiert werden.

Mit der Einführung der „Zero Emission Vehicle"-Gesetzgebung (ZEV) soll schrittweise die Einführung von Elektrofahrzeugen vorangetrieben werden. Da aber die technischen Voraussetzungen dies in dem vorgegebenen Rahmen nicht ermöglichten, wurde ein Übergangsszenario mit einem neuen, extremen Emissionsstandard geschaffen, der „Super Ultra Low Emission Vehicle"-Grenzwert (SULEV) (vgl. Abschn. 1.2.2).

Die vorher beschriebene Problematik verschärft sich bei diesem Emissionsstandard deutlich. Aus Abb. 9.2 ist ersichtlich, dass zur Erfüllung der SULEV-Grenzwerte die Emissionsreduzierung in der frühen Phase von entscheidender Bedeutung ist. Dazu zählen in erster Linie die Reduzierung der Rohemissionen und eine extrem frühe Wirksamkeit der Abgasnachbehandlung noch in der ersten Leerlaufphase.

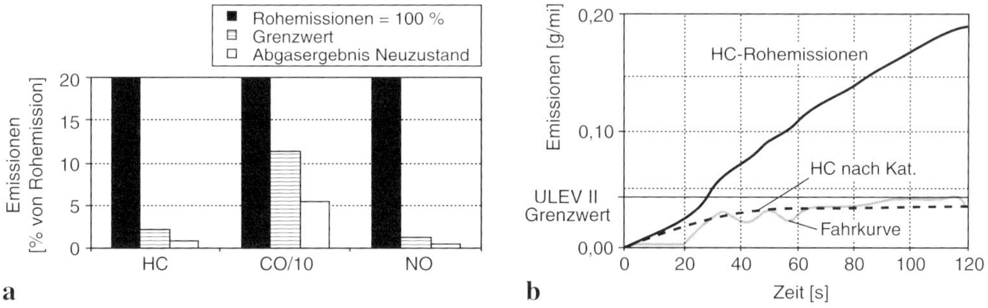

Abb. 9.1. Emissionen im FTP-75-Testzyklus mit und ohne Katalysator [9.4]: **a** Emissionsreduzierung relativ zum Rohemissionsniveau eines ULEV-II-zertifizierten Fahrzeuges, **b** HC-Emission vor und nach Kaltstart

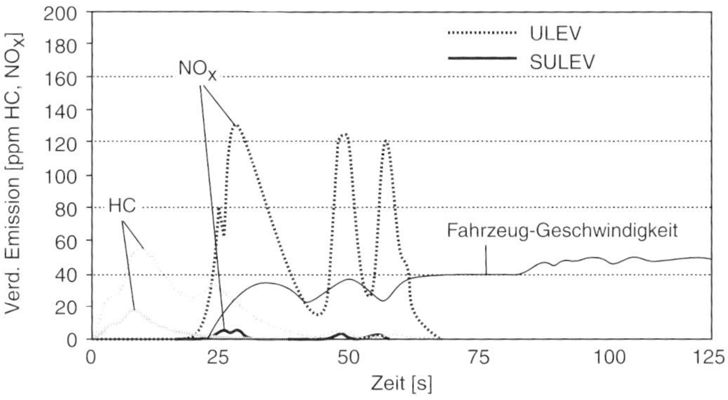

Abb. 9.2. Emissionsverlauf nach Start im FTP 75 [9.5]

9.1.2 Reaktionsmechanismen

Katalysatoren besitzen die Eigenschaft, die Geschwindigkeit bestimmter Reaktionen zu erhöhen, ohne dabei selbst verbraucht zu werden. Durch geeignete Katalysatormaterialien kann erreicht werden, dass bei Anwesenheit von Sauerstoff die Oxidationsreaktionen für CO und HC bei relativ niedrigen Temperaturen ablaufen und bei Anwesenheit von reduzierenden Komponenten (CO, H_2, HC) die Reduktionsreaktionen von Stickoxiden ablaufen. Die Basisfunktionen eines Automobilkatalysators können mit den nachfolgenden Reaktionsgleichungen beschrieben werden [9.6].

Oxidation von CO und HC zu CO_2 und H_2O

$$CO + \tfrac{1}{2}O_2 \leftrightarrows CO_2 \tag{9.1}$$

$$CO + H_2O \leftrightarrows CO_2 + H_2 \tag{9.2}$$

$$C_xH_y + \left(1 + \frac{y}{4}\right) O_2 \leftrightarrows xCO_2 + \frac{y}{2} H_2O \tag{9.3}$$

Reduktion von NO_x zu N_2

$$NO + CO \leftrightarrows \tfrac{1}{2}N_2 + CO_2 \tag{9.4}$$

$$NO + H_2 \leftrightarrows \tfrac{1}{2}N_2 + H_2O \tag{9.5}$$

$$\left(2 + \frac{n}{2}\right) NO + C_xH_y \leftrightarrows \left(1 + \frac{y}{4}\right) N_2 + xCO_2 + \frac{y}{2} H_2O \tag{9.6}$$

Sonstige Reaktionen

$$H_2 + \tfrac{1}{2}O_2 \leftrightarrows H_2O \tag{9.7}$$

$$2NO + 4H_2 \leftrightarrows 2NH_3 + H_2O \tag{9.8}$$

Die Bildung von Ammoniak ist unerwünscht und muss durch eine geeignete Wahl des Katalysatormaterials vermieden werden.

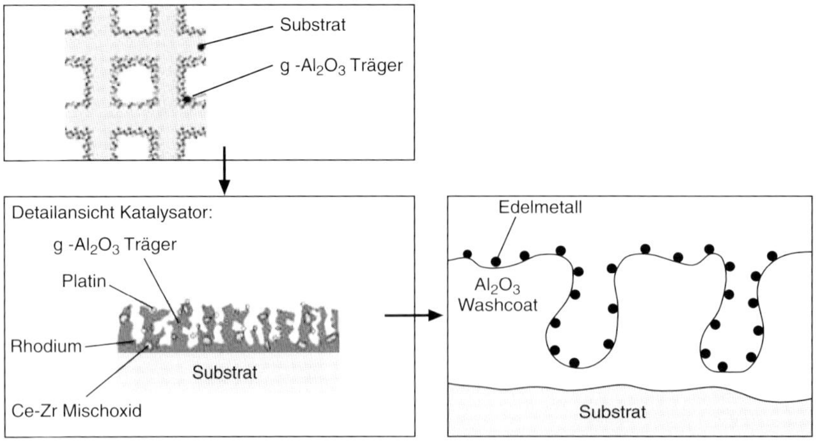

Abb. 9.3. Prinzipieller Katalysator-Aufbau [9.7]

Diese Reaktionen werden vorzugsweise mit den Katalysatormaterialien Pt, Pd und Rh erreicht. Um eine hohe Umsatzrate zu erreichen, werden die Edelmetalle auf einem Trägeroxid mit großer Oberfläche dispergiert. Diese Trägeroxide sind üblicherweise anorganische Materialien (z. B. Al_2O_3) mit komplexer Porenstruktur, die als wässrige Lösung (Washcoat) auf wabenförmige Monolithe aus Keramik oder Metall (Substrate) aufgebracht werden (Abb. 9.3).

9.1.3 Funktion des $\lambda = 1$-geregelten Dreiwege-Katalysators

Da im normalen Fahrbetrieb alle Schadstoffkomponenten gleichermaßen umgesetzt werden müssen, ergibt sich hinsichtlich der Abgaszusammensetzung, unter denen die vorher beschriebenen Reaktionen ablaufen können, ein sehr enges Betriebsfenster, in dem die Verbrennung betrieben werden kann. Zur Oxidation von CO und HC ist ein Sauerstoffüberschuss notwendig, während die Reduktion von NO_X die Anwesenheit von reduzierenden Komponenten erfordert. Durch die Regelung des Kraftstoff-Luft-Verhältnisses mit einer Lambda-Sonde ist es möglich, sowohl die Oxidations- als auch die Reduktionsbedingungen mit hoher Güte zu erfüllen. Misst die Sonde ein zu fettes oder zu mageres Abgas, wird durch die Regelung in die eine oder andere Richtung korrigiert, d. h., das Kraftstoff-Luft-Verhältnis kann nur zeitlich gemittelt stöchiometrisch eingestellt werden. In den Fett- oder Magerphasen würde der Katalysator mit HC-, CO- oder NO_X-Durchbrüchen reagieren, wenn nicht durch den Zusatz des Elementes Cer im Washcoat die Fähigkeit der Sauerstoffspeicherung und der Sauerstofffreigabe ermöglicht würde. In Phasen des Sauerstoffüberschusses wird dieser an Cer gebunden und kann in Phasen des Sauerstoffmangels wieder freigegeben werden. Die optimale Funktion des Dreiwege-Katalysators hängt also neben der katalytischen Funktion der Edelmetalle im Wesentlichen von der langzeit- und temperaturstabilen Einbindung des Elementes Cer in den Washcoat ab.

Lambda-Sensoren

Bei den Lambda-Sensoren wird zwischen Sprungsonden und linearen Sonden unterschieden. Sprungsonden ermöglichen eine Regelung des Kraftstoff-Luft-Verhältnisses um den stöchiometrischen Punkt $\lambda = 1$. Die Funktion der Sprungsonden beruht auf dem Prinzip einer galvanischen Sauerstoffkonzentrationszelle mit einem Festkörperelektrolyt (Nernst-Prinzip) (Abb. 9.4). Dieser besteht aus einem einseitig geschlossenen, gasundurchlässigen Keramikkörper, dessen Oberflächen mit gasdurchlässigen, porösen Elektroden aus Platin versehen sind. Hierbei wird die eine Elektrodenseite vom Abgas umspült, die andere ist mit der Außenluft verbunden. Das

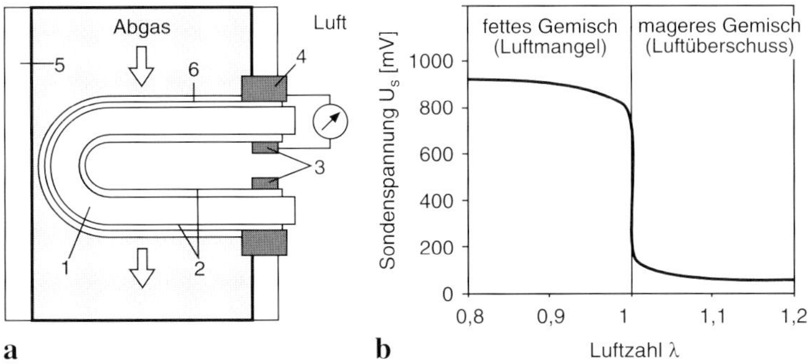

Abb. 9.4. Prinzipieller Aufbau einer Sprungsonde (1, Sondenkeramik; 2, Elektroden; 3, Kontakte; 4, Gehäusekontakte; 5, Abgasrohr; 6, poröse Keramikschutzschicht) und Spannungskennlinie bei 600 °C [9.8]

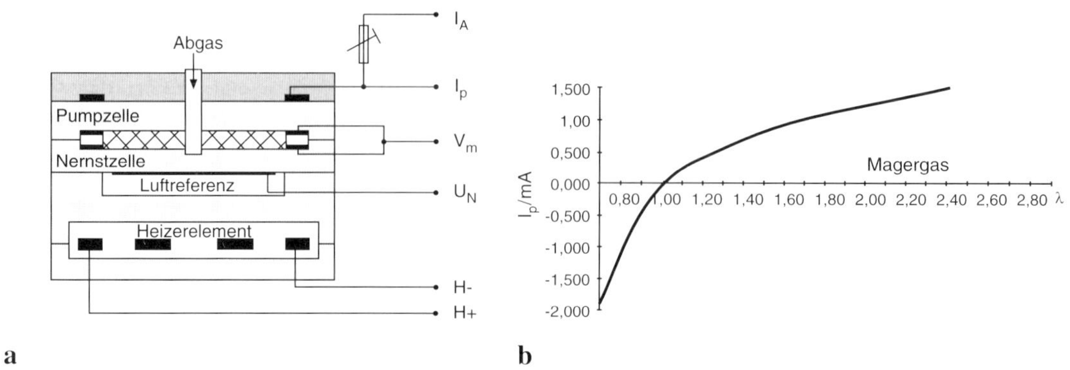

Abb. 9.5. Prinzipieller Aufbau einer linearen Lambda-Sonde und Spannungskennlinie [9.9]

verwendete Keramikmaterial (ZrO_2) wird ab einer bestimmten Temperatur (ca. 300 °C) für Sauerstoffionen leitend. Ist der Sauerstoffpartialdruck auf den beiden Seiten unterschiedlich groß, entsteht zwischen den Grenzflächen eine elektrische Spannung.

Die lineare Lambda-Sonde basiert auf einer Nernst-Konzentrationszelle und einer Pumpzelle, die Sauerstoffionen transportiert (Abb. 9.5). Dabei wird Abgas in einer sensorinternen Kammer durch Anlegen eines Stroms, Pumpstrom genannt, auf eine $\lambda = 1$ entsprechende Nernst-Spannung geregelt. Die Luftreferenz wird über eine Nernst-Zelle eingestellt. Der Pumpstrom dient als Messsignal und hängt vom Kraftstoff-Luft-Verhältnis ab.

Lambda-Regelung

Die Funktion des Dreiwege-Katalysators hängt in starkem Maße von der Lambda-Regelung ab. In einem geschlossenen Regelkreis wird das Kraftstoff-Luft-Gemisch durch die im Abgas positionierte Lambda-Sonde gemessen, mit dem Sollwert verglichen und bei Abweichungen korrigiert. Um eine optimale Funktion von Oxidation und Reduktion zu gewährleisten, muss das Kraftstoff-Luft-Gemisch eine definierte Schwankung um den Wert $\lambda = 1$ durchführen. Dadurch wird ein Befüllen und Entleeren des Sauerstoffspeichers in der Katalysatorbeschichtung sichergestellt, so dass bei Einlagerung von Sauerstoff, d. h. bei Sauerstoffmangel, die NO_X-Reduktion abläuft und beim Freisetzen des eingelagerten Sauerstoffs die Oxidation von HC und CO unterstützt wird. Bei einer Sprungsonde ergibt sich die Gemischschwankung automatisch durch die Art der Zweipunkt-Regelung. Die Amplitude beträgt üblicherweise zirka 3 %.

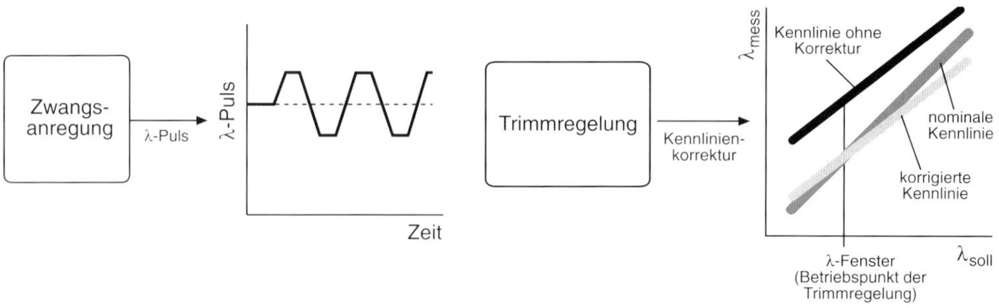

Abb. 9.6. Zwangsanregung und Trimmregelung einer linearen Lambda-Sonde [9.10]

Bei Abgasanlagenkonzepten mit einer linearen Lambda-Sonde ist eine Zwangsanregung notwendig, um die gewünschte Gemischschwankung um den geforderten Sollwert $\lambda = 1$ durchzuführen. Darüber hinaus muss bei einer linearen Lambda-Sonde die Kennlinie durch eine so genannte Trimmregelung mit dem exakten $\lambda = 1$ Wert abgeglichen werden (Abb. 9.6). Dieser Abgleich erfolgt vorzugsweise mit der Sprungsonde, die hinter dem Katalysator angeordnet ist.

Die Vorteile der linearen Lambda-Sonde sind:

- höhere Regeldynamik und geringere Lambda-Fehler;
- höherer Katalysatorwirkungsgrad durch einstellbare Zwangsanregung;
- Regelung der Gemischzusammensetzung in einem großen Lambda-Bereich, z. B. im Warmlauf.

Katalysator-Technologien

Bei den heute üblichen Katalysatoren wird im Wesentlichen nach der Art des Trägermaterials, nach der Bauform und nach der Anzahl der Zellen unterschieden. Beim Trägermaterial unterscheidet man Keramik- und Metall-Monolithen. Die ursprüngliche Motivation für die Metall-Katalysatoren waren Bauraumverringerung durch dünnwandige Folien und Entfall einer speziellen Lagerung, schnelles Anspringen durch geringe Wärmekapazität der dünnwandigen Folien und höhere zulässige Abgastemperaturen. Durch die Entwicklung der Dünnschichttechnologie bei Keramikträgern konnten diese Unterschiede weitgehend ausgeglichen werden. Ein weiteres charakteristisches Merkmal ist die Zellenzahl, häufig angegeben in Zellen pro Quadratinch (cpsi). Heute übliche Zellenzahlen sind 400 bis 800 cpsi bei einer Wandstärke von 2,5 bis 4 mil (0,0635–0,1016 mm) bei Keramikträgern und 600 bis 900 cpsi bei einer Foliendicke von 50 µm bei Metallträgern. Bis zu 1200 cpsi bei einer Foliendicke von 30 µm mit Metallträgern sind bei Katalysatoren für SULEV-Konzepte im Einsatz (Abb. 9.7).

Heute übliche Katalysatorsysteme bestehen in der Regel aus zwei Monolithen. Vielfach lässt sich durch einen kleinen ersten Monolithen mit geringer Wärmekapazität das Ansprechverhalten optimieren, während der größere zweite Monolith entsprechend den Gesamtanforderungen optimiert werden kann.

Zu den wesentlichen Anforderungen der Katalysatoren gehört auch der Schutz vor thermischer Überlastung und Vergiftung. Thermisch können sowohl der Katalysatorträger als auch

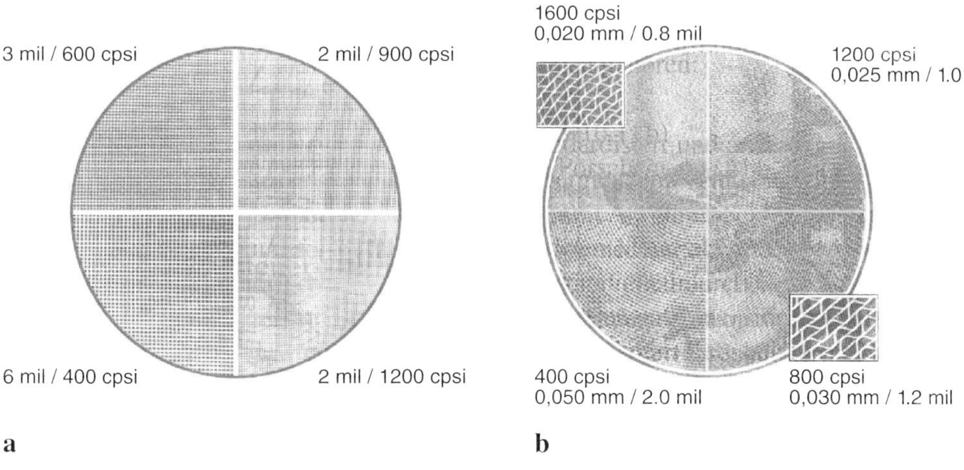

Abb. 9.7. Hochzelltechnologien bei Monolithen: **a** Keramikträgermonolithen [9.11], **b** Metallträgermonolithen [9.12]

die Beschichtung geschädigt werden. Bei Abgastemperaturen von über 950 °C verlieren die Trägermaterialen ihre Festigkeit und es kann zu Sintervorgängen im Bereich des Washcoat und der Beschichtung kommen, sodass die aktive katalytische Oberfläche verringert wird. Insbesondere bei motornahen Katalysatoren muss durch geeignete Maßnahmen die maximal zulässige Abgastemperatur präzise eingehalten werden (vgl. Kap. 11). Neben der thermischen Überlast kann die katalytische Schicht auch durch schädliche Substanzen deaktiviert werden. Zu den bekannten schädlichen Substanzen gehören Pb, Hg und Cd, die eine chemische Verbindung eingehen und eine irreversible, inaktive Legierung bilden. Ebenso können SO_2 und P von der katalytischen Schicht adsorbiert werden und weitere Reaktionen blockieren. Diese Mechanismen sind reversibel und können durch Wärme rückgängig gemacht werden.

9.1.4 Systemoptimierung

Systembetrachtungen

Die bei Einführung der Katalysatortechnologie standardisierte Anordnung war die Unterbodenposition im Fahrzeug. Diese Position war durch die chemische und mechanische Dauerhaltbarkeit der Katalysatoren einerseits und die hohe HC-Emission und Temperaturspitzen, insbesondere im Instationärbetrieb, des Motors andererseits bedingt. Die gestiegenen Emissionsanforderungen haben dazu geführt, dass durch eine gezielte, aufeinander abgestimmte Optimierung von einzelnen Funktionen und durch Systemerweiterungen die Fahrzeugemissionen die schärfsten Emissionsgrenzwerte erfüllen. Dazu zählen:

- eine deutliche Absenkung des Rohemissionsniveaus, um die Emissionen im Warmlauf zu reduzieren und die Anforderungen an die katalytische Nachbehandlung zu senken (vgl. Kap. 10);
- eine präzise, robuste und auf die Anforderungen der Abgasnachbehandlung abgestimmte Steuerung des transienten Motorbetriebs, des Kaltstarts und des Warmlaufs;
- eine Optimierung der thermischen und mechanischen Haltbarkeit der Katalysatorträger, der Beschichtungen sowie eine Verringerung der Wärmekapazität und durch eine geeignete Katalysatorwahl (vgl. Abschn. 9.1.3);
- Systemerweiterungen wie Sekundärluftsysteme, die durch Erhöhung der Abgasenthalpie die Anspringzeit des Katalysators verkürzen, oder gar aktive Heizsysteme zur schnellen Betriebsbereitschaft des Katalysators.

Katalysatoraufheizstrategien

Bei passiven Katalysatorsystemen wird der Katalysator durch das Motorabgas erwärmt. Da der Katalysator zur Umsetzung der limitierten Schadstoffkomponenten (HC, CO, NO_X) eine Mindesttemperatur von 250 bis 300 °C benötigt, werden bei Unterbodenkatalysatoren bis zu 80 % der Gesamtfahrzeugemissionen im Testzyklus in dieser Phase emittiert. Daher müssen Maßnahmen ergriffen werden, um die Phase bis zum Anspringen des Katalysators (Light Off) zu verkürzen. Die Verkürzung der Aufheizzeit kann durch Optimierung der motorseitigen Katalysatorheizmaßnahmen wie Spätzündung, erhöhte Motordrehzahl, Nockenwellenverstellung, Lambdaverlauf und gegebenenfalls durch Sekundärluftzufuhr (vgl. Abschn. 9.1.5) erreicht werden.

Mit aktiven Katalysatorheizmaßnahmen, dazu zählt als einzige Serienanwendung der so genannte E-Kat (elektrisch heizbarer Katalysator), kann die Anspringzeit deutlich verkürzt werden. Die notwendige elektrische Heizleistung von 2 kW ist beachtlich und muss durch das Bordnetz bereitgestellt werden.

Katalysatoranordnungen

Eine weitere Möglichkeit, die Systemeigenschaften der Abgasnachbehandlung zu optimieren, ist durch die Anordnung der Katalysatoren gegeben. Durch den Abstand des Katalysators kann die Anspringzeit wesentlich beeinflusst werden (Abb. 9.8). Entsprechend der Anordnung des oder der Katalysatoren im Fahrzeug werden verschiedene Katalysatorsysteme unterschieden (Abb. 9.9): Unterboden-, Vor- und motornahe Katalysatoren.

Beim traditionellen Unterbodenkatalysator ist das gesamte Katalysatorvolumen im Unterbodenbereich positioniert. Die durch die Wärmeverluste bedingten niedrigen Abgastemperaturen stellen ungünstige Randbedingungen für die Katalyse dar und können gegebenenfalls durch luftspaltisolierte Vorrohre und Krümmer reduziert oder durch aktive Katalysatorheizmaßnahmen kompensiert werden.

Motornahe Systeme, bei denen ein Teilvolumen des Katalysators näher am Motor angebracht wird, werden als Start- oder Vorkatalysatoren bezeichnet. Diese Anordnung vereinigt die Vorteile des schnellen Anspringens eines Teilvolumens des Katalysators mit den Bauraumvorteilen im Unterbodenbereich.

Motornahe Systeme, bei denen das gesamte Katalysatorvolumen in Motornähe, in aller Regel unmittelbar nach dem Krümmer positioniert ist, werden als motornaher Katalysator bezeichnet. Durch luftspaltisolierte Krümmer können die Wärmeverluste minimiert werden. Diese Anordnung

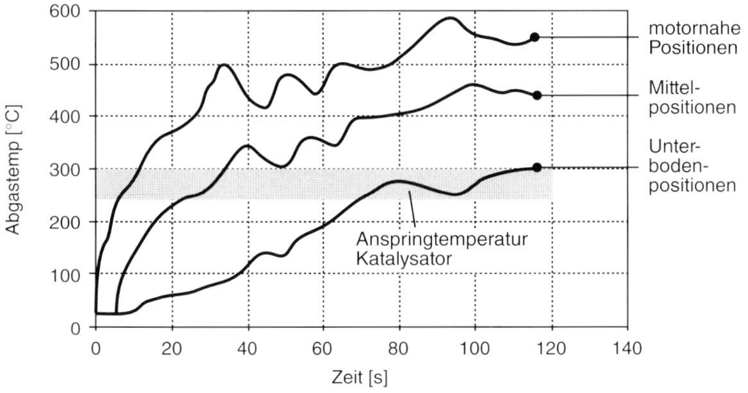

Abb. 9.8. Abgastemperaturen am Katalysatoreintritt [9.13]

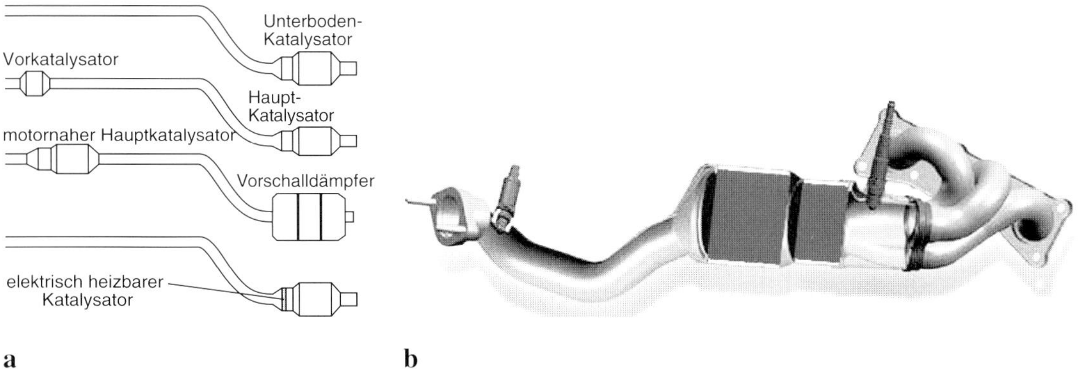

Abb. 9.9. **a** Prinzipielle Katalysatoranordnungen [9.13]. **b** Motornaher Katalysator ohne luftspaltisolierten Krümmer [9.14]

stellt die günstigsten Randbedingungen für die Katalyse dar, erfordert aber auch die umfangreichsten Schutzmaßnahmen gegen eine thermische Überlastung des Katalysators.

9.1.5 Systemerweiterungen

Der Dreiwege-Katalysator stellt für $\lambda = 1$-geregelte Motoren die wirkungsvollste Möglichkeit dar, die limitierten Schadstoffkomponenten zu reduzieren. Zur Verbesserung der Wirksamkeit der nachgeschalteten Abgasnachbehandlung unter kritischen Betriebsbedingungen können systemerweiternde Maßnahmen ergriffen werden, die einerseits die Nachreaktionen zur Oxidation von HC und CO unterstützen und andererseits die Funktionsfähigkeit der Katalysatorfunktion unterstützen oder ergänzen.

Sekundärluft und Wärmeisolierung

Insbesondere zur Unterstützung der Nachreaktionen sind ausreichend hohe Temperaturen und genügend Sauerstoff notwendig. In der Phase, in der der Katalysator sonst auf Grund niedriger Katalysatortemperaturen noch nicht funktionsfähig ist, können die in dieser Phase besonders hohe HC-Emission und die CO-Emission reduziert werden.

Die im Abgas enthaltene Wärmemenge wird in der Phase nach dem Kaltstart des Motors an die noch kalten Bauteile im Abgassystem abgegeben. Zur Reduzierung dieser Wärmeverluste muss primär die Wärmekapazität der abgasführenden Bauteile bis zum Katalysator minimiert werden. In der frühen Phase wurden u. a. Konzepte mit wärmeisolierenden Schichten verfolgt. Dazu zählten ausgeführte Keramikinserts im Auslasskanal. Durchgesetzt haben sich Konzepte mit möglichst kurzem Auslasskanal im Zylinderkopf und luftspaltisolierten Abgasanlagenkomponenten. Dabei sind die abgasführenden Bauteile möglichst dünnwandig mit geringer Wärmekapazität ausgeführt und die mechanisch belasteten Komponenten durch einen wärmeisolierenden Luftspalt davon isoliert (Abb. 9.10). Eine Schwachstelle stellen die massiven Flanschverbindungen der abgasführenden Bauteile dar.

Wenn die Kombination eines wärmeisolierten Abgassystems mit einem im Kaltstart mit Luftüberschuss betriebenen Motor nicht ausreicht, um die HC- und CO-Emission auf das notwendige Niveau durch Nachreduktionen zu reduzieren, so ist die Zuführung von ausreichend Sauerstoff für die Oxidation durch Sekundärluft notwendig. Damit wird es möglich, durch einen „fetten" Betrieb nach Kaltstart einen sehr stabilen Motorbetrieb zu gewährleisten und zusätzlich die Abgasenthalpie durch ausreichend viele Nachreaktionspartner so zu steigern, dass durch die Nachreaktionen eine entsprechende Wärmemenge zur schnellen Aufheizung des Katalysators bereitgestellt wird. Die Wirkung der Sekundärluft kann wesentlich durch den Ort der Einblasung und die Menge der zur Verfügung gestellten Luftmenge beeinflusst werden. Die Einblasung der Sekundärluft nahe am Auslassventil ist wegen der guten Durchmischung und der hohen

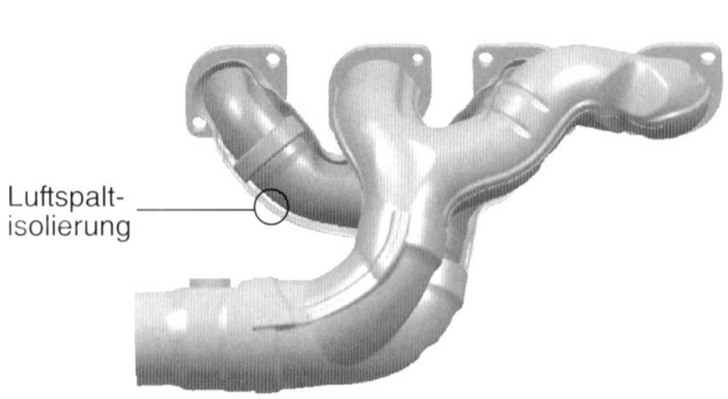

Abb. 9.10. Luftspaltisolierter Krümmer [9.15]

Abgastemperaturen am wirkungsvollsten. Diese Lösung setzt in aller Regel einen in den Zylinderkopf integrierten Sekundärluftkanal mit zylinderselektiven Einblasestellen voraus (Abb. 9.11).

HC-Trap

Eine weitere Möglichkeit, insbesondere die HC-Emission nach Kaltstart zu verringern, ist der Einsatz eines HC-Speicherkatalysators (HC-Trap). Die während der Kaltstartphase emittierte und nicht durch Nachreaktionen oxidierte HC-Emission wird, solange der Dreiwege-Katalysator noch nicht arbeitet, von einem Speicherkatalysator adsorbiert. Das System muss so ausgelegt sein, dass nach Anspringen des Dreiwege-Katalysators die gespeicherte HC-Emission wieder freigegeben und im Dreiwege-Katalysator oxidiert wird. Durch eine geeignete Betriebsstrategie muss sichergestellt werden, dass die Desorptionstemperatur des Speichers oberhalb der Anspringtemperatur des Dreiwege-Katalysators liegt und dass genügend Sauerstoff zur Oxidation zur Verfügung steht.

Beheizter Katalysator

Eine weitere Möglichkeit zur Optimierung der Funktion der Abgasnachbehandlungssysteme sind aktive Maßnahmen zur Erhöhung der Funktionsbereitschaft der Katalysatoren. Dazu zählen in erster Linie Maßnahmen zum schnellen Aufheizen einer aktiven Katalysatorschicht durch eine vom Abgas unabhängige Energiequelle. In den frühen 90er Jahren wurden zur Erfüllung der anstehenden ULEV-Grenzwerte verschiedene Systeme entwickelt. Um eine ausreichend hohe Energie zur Aufheizung der damaligen Katalysatorsysteme sicherzustellen, wurden zunächst so genannte Brenner entwickelt, die kurzfristig eine Heizleistung von bis zu 18 kW bereitstellten und im Unterboden unmittelbar vor dem Katalysator angeordnet waren. Derartige Systeme waren nahezu

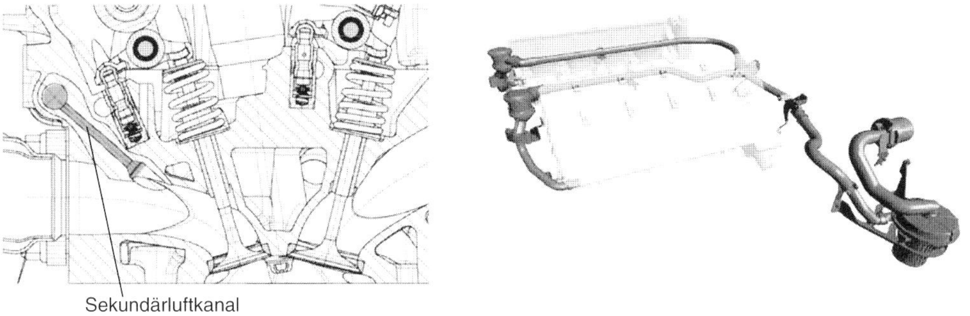

Abb. 9.11. Sekundärlufteinblasung und Sekundärluftsystem [9.16]

Abb. 9.12. Elektrisch beheizter Katalysator [9.17]

serienreif entwickelt, kamen aber nie zum Einsatz. Ein weiteres System ist der elektrisch beheizte Katalysator, bei dem eine schmale Schicht des Katalysators von zirka 10 mm durch eine elektrische Widerstandsheizung mit zirka 1 bis 2 kW Leistung schnell eine aktive katalytisch wirksame Schicht erzeugt (Abb. 9.12). Er ist bei leistungsstarken Fahrzeugen zur Serienanwendung gekommen.

9.2 Abgasnachbehandlung mit $\lambda > 1$-geregelten Motoren

Während Ottomotoren mit Saugrohreinspritzung nur bis zu einem Kraftstoff-Luft-Verhältnis von $\lambda = 1{,}7$ abmagerbar sind, ermöglicht die Direkteinspritzung im geschichteten Betrieb Luftverhältnisse bis in die Größenordnung von $\lambda \sim 4$ und mehr.

Für die Abgasnachbehandlung stellt der Magerbetrieb von Ottomotoren allerdings eine erhebliche Herausforderung dar. Das Rohabgas von magerbetriebenen Ottomotoren besitzt einen erheblichen Anteil an Restsauerstoff, niedrige Abgastemperaturen und tendenziell erhöhte HC-Emission. Bei Ottomotoren mit Direkteinspritzung besteht eine erhöhte Neigung zu Feinpartikelemission, die durch geeignete Applikationen vermieden werden können.

Bei Sauerstoffüberschuss reagieren HC und CO auf Grund der Reaktionskinetik bevorzugt mit dem freien Sauerstoff. Für die Stickoxide im Rohabgas stehen damit keine Reaktionspartner mehr zur Verfügung. Das Dreiwege-Prinzip ist für die vollständige Umsetzung aller Abgasschadstoffe daher nicht mehr ausreichend, sodass zur Nachbehandlung neue technische Lösungen gefunden werden mussten. Darüber hinaus sind die Abgastemperaturen im Schichtbetrieb signifikant niedriger als im stöchiometrischen Betrieb mit der Folge, dass die Aktivierungstemperatur von Katalysatoren unterschritten wird.

9.2.1 Funktion des $DeNO_x$-Katalysators

Anfang der 90er Jahre wurden zwei unterschiedliche technische Prinzipien zur Nachbehandlung des Abgases von magerbetriebenen Ottomotoren serienreif entwickelt und eingesetzt. Es handelt sich zum einen um Katalysatoren, die mit Hilfe eines intelligenten Motormanagements das NO_x im Magerbetrieb speichern und es in kurzen Fettphasen ($\lambda \leq 1$) wieder freisetzen und „paketweise" konvertieren (NO_x-Speicher-Katalysatoren).

Zum anderen handelt es sich um so genannte kontinuierliche NO_x-Katalysatoren, die mit Hilfe von Reduktionsmitteln eine kontinuierliche Umwandlung des NO_x gewährleisten.

NO_x-Speicher-Katalysatoren sind die derzeit aussichtsreichste Art der Abgasnachbehandlung für magerbetriebene Ottomotoren. Die Technologie wurde von Toyota 1996 erstmals in einem 1,8-Liter-4-Zylinder-Magermotor mit Saugrohreinspritzung auf dem japanischen Markt angeboten. Zahlreiche, seitdem auf den Markt gebrachte magerbetriebene Ottomotoren sind mit diesem Abgasnachbehandlungskonzept ausgerüstet, das konsequent weiterentwickelt und optimiert wurde. NO_x-Speicher-Katalysatoren konvertieren Stickoxide in einem Temperaturfenster von zirka 200 bis 600 °C und erreichen im optimalen Temperaturbereich von zirka 250 bis 480 °C Umsetzungsraten bis nahe 100 % (Abb. 9.13).

NO_x-Speicher-Katalysatoren sind ähnlich aufgebaut wie Dreiwege-Katalysatoren. Die Beschichtung ist jedoch erheblich modifiziert. Neben der Dreiwege-Funktion muss noch eine ausgeprägte NO_x-Speicherfunktion realisiert werden. Als Speichermaterialien eignen sich insbesondere Alkali-, Erdalkali- und in begrenztem Umfang auch die Seltenerdelemente. Hauptspeicherkomponenten in technisch realisierten Beschichtungen sind Ba-, Ka- und Cs-Verbindungen sowie Kombinationen dieser Elemente.

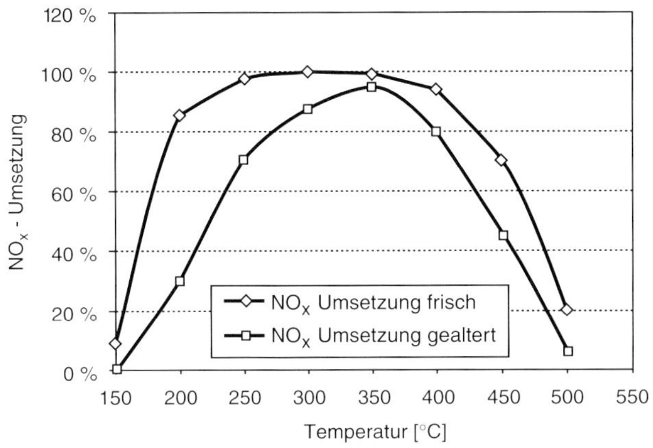

Abb. 9.13. Konvertierungsraten von NO_X-Speicher-Katalysatoren (BMW)

Im Magerbetrieb wird NO_2 unter Bildung eines Nitrats am Speichermaterial gebunden. Im Abgas ebenfalls enthaltenes NO muss dazu vorher zu NO_2 oxidiert werden (Abb. 9.14). Die nachfolgenden Reaktionsgleichungen beschreiben die Vorgänge in vereinfachter Form:

$$NO + \tfrac{1}{2}O_2 \leftrightarrows NO_2 \qquad (9.9)$$

$$2NO_2 + BaO + \tfrac{1}{2}O_2 \leftrightarrows Ba(NO_3)_2 \qquad (9.10)$$

Mit zunehmender Speicherbeladung sinkt die Effektivität der Nitratbildung. Deshalb muss der Speicher regelmäßig entleert („regeneriert“) werden. Im $\lambda \leq 1$-Betrieb zerfällt das Nitrat unter Sauerstoffmangel schnell, der zuvor gespeicherte Stickstoff wird wieder freigesetzt:

$$Ba(NO_3)_2 \leftrightarrows 2NO_2 + BaO + \tfrac{1}{2}O_2. \qquad (9.11)$$

Im unterstöchiometrischen Motorabgas sind HC und insbesondere CO in vergleichsweise großer Menge enthalten. Beide wirken jetzt als Reduktionsmittel, mit deren Hilfe das freigesetzte NO am Edelmetall katalytisch umgesetzt werden kann. Gleichung (9.12) zeigt die Reduktion des NO_2 am Beispiel von CO:

$$2NO_2 + CO \leftrightarrows N_2 + CO_2 + \tfrac{3}{2}O_2 \qquad (9.12)$$

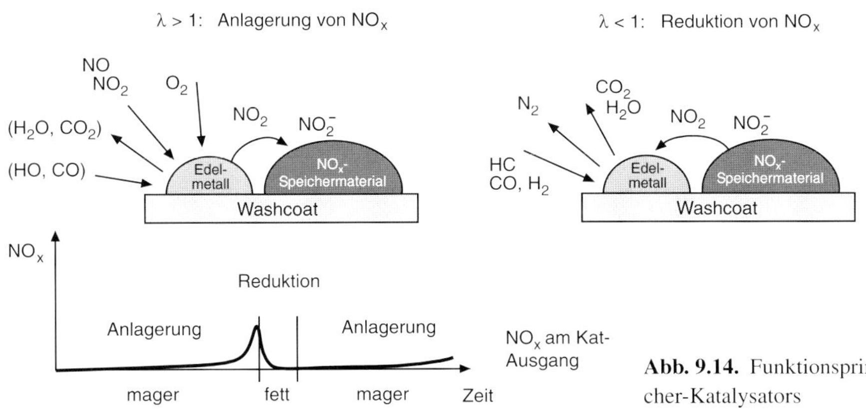

Abb. 9.14. Funktionsprinzip eines NO_X-Speicher-Katalysators

9.2.2 Systemoptimierung der „mageren" Abgasnachbehandlung

Bestimmendes Kriterium für die NO_X-Speicherfähigkeit eines NO_X-Speicher-Katalysators ist neben dem Luftverhältnis vor allem die Abgastemperatur. Die Speicherung von Stickoxiden ist schon ab Temperaturen von unter 200 °C möglich. Für eine wirksame Konvertierung während der Regenerationsphase sind aber mindestens 250 °C erforderlich. Anders als die Dreiwege-Konvertierung ist die NO_X-Speicherung auch nach oben durch eine Maximaltemperatur begrenzt. Je nach Speichermaterial liegt diese im Bereich von 450 bis 600 °C. Das optimale Konvertierungsfenster liegt beispielsweise bei Ba-Speichern zwischen 250 und 480 °C. Je nach Beschichtung sind dann spezifische Speicherkapazitäten von deutlich oberhalb 1 g NO_X je Liter Katalysatorvolumen erreichbar.

Neben dem nutzbaren Konvertierungsfenster sind bei der Auswahl des Speichermaterials insbesondere die maximale Temperaturstabilität und die Schwefelresistenz zu berücksichtigen. Die Temperaturstabilität von NO_X-Speicher-Katalysatoren liegt mit etwa 750 bis 800 °C deutlich niedriger als diejenige von Dreiwege-Katalysatoren.

Moderne Abgasanlagen für magerbetriebene Ottomotoren bestehen in der Regel aus einem motornah angeordneten Vorkatalysator mit Dreiwege-Eigenschaft und einem NO_X-Speicher-Katalysator im Unterbodenbereich (Abb. 9.15). Die thermischen Ziele können noch besser erreicht werden, wenn aktive Kühlmaßnahmen wie klappengesteuerte Lufteinlässe, Bypassleitungen oder passive Vorrohr- und Krümmerkühlungen vorgesehen werden. Dem Problem des Ausgehens kann durch motorische Katalysatorheizmaßnahmen wie Doppeleinspritzung beim Otto-DI-Motor oder Bank- oder Zylindervertrimmung zur Erzeugung von Exothermen in Katalysatoren entgegengewirkt werden.

Im Abgas enthaltener Schwefel hat chemisch ähnliche Eigenschaften wie Stickstoff und kann sich deshalb als Sulfat im NO_X-Speicher einlagern. Da Sulfate eine höhere thermische Stabilität als Nitrate haben, kann es bei einem NO_X-Speicher-Katalysator zu einer fortschreitenden „Schwefelvergiftung" kommen. Eine Schwefelvergiftung kann durch eine so genannte Desulfatisierung wieder rückgängig gemacht werden. Dazu sind Temperaturen oberhalb etwa 650 °C und unterstöchiometrisches Abgas erforderlich. Damit der Schwefel bei der Desulfatisierung nicht als übel riechendes H_2S ausgetragen wird, darf der Motor nur jeweils wenige Sekunden fett betrieben werden und muss dann kurz in den überstöchiometrischen Betrieb zurückkehren. Die Desulfatisierung kann mit Hilfe von zusätzlichen Motorsteuerungsfunktionen bedarfsgerecht geregelt werden. Trotzdem führt sie zu unerwünschtem Kraftstoffmehrverbrauch und birgt die Gefahr von zusätzlicher Katalysatoralterung. Deshalb ist die sichere Verfügbarkeit von zumindest schwe-

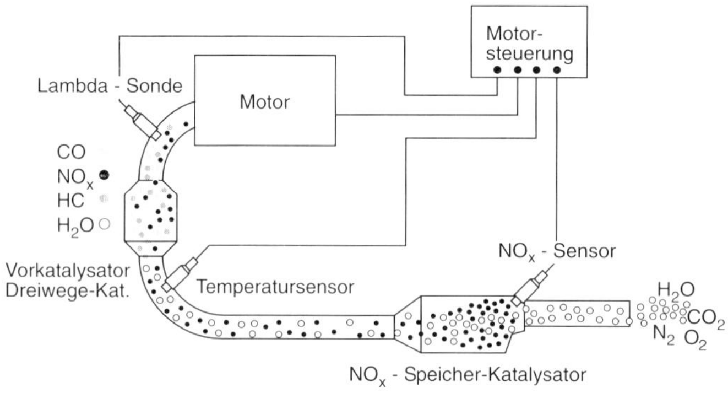

Abb. 9.15. Abgasnachbehandlungsanlage mit DeNO_X-Katalysatoren des Volkswagen-FSI-Motors [9.18]

felarmem (<50 ppm S) oder idealerweise schwefelfreiem (<10 ppm S) Kraftstoff notwendige Voraussetzung für die Einführung von Abgassystemen mit NO_X-Speicher-Katalysatoren.

NO_X-Sensor

Jede Regeneration eines NO_X-Speicher-Katalysators ist wegen des dafür erforderlichen unterstöchiometrischen Betriebs mit einem Kraftstoffmehrverbrauch verbunden. Daher wird angestrebt, dass Anzahl und Dauer der Regenerationen bedarfsgerecht gesteuert werden können, sodass genau die Anzahl an Regenerationen ausgeführt wird, die zur Einhaltung der jeweiligen Emissionsgrenzwerte erforderlich ist. Die in den ersten Seriensystemen realisierte feste Zeitsteuerung erfüllt diese Anforderung nicht. Besser geeignet sind modellbasierte Steuerungen, die den NO_X-Speicher-Katalysator, seine Konvertierungseigenschaften sowie die NO_X-Rohemissionen des Motors modellhaft abbilden und dadurch eine Variation der Regenerationshäufigkeit in Abhängigkeit vom Motorbetriebsbereich ermöglichen. Allerdings können auch diese Systeme den Alterungszustand eines Speicherkatalysators nur sehr begrenzt erfassen und müssen deshalb eher konservativ hinsichtlich Emissionen ausgelegt werden, was zu unnötigem Kraftstoffmehrverbrauch führt.

Schon früh wurde deshalb die Entwicklung von NO_X-Sensoren vorangetrieben, die im Abgassystem nach dem NO_X-Speicher-Katalysator eingebaut werden können. Damit ist einerseits eine bedarfsgerechte Auslösung von Regenerationen möglich, andererseits aber auch die On-Board-Diagnose von NO_X-Katalysatoren. Moderne NO_X-Sensoren liefern neben einem NO_X-Signal zusätzlich ein λ-Signal (Abb. 9.16), das den Durchbruch von Reduktionsmitteln nach dem NO_X-Speicher anzeigt und so zum Abbruch der Regeneration herangezogen werden kann.

9.2.3 Alternative Nachbehandlungskonzepte

Die Abgasnachbehandlung mit $DeNO_X$-Speicher-Katalysatoren ist durch einige Einschränkungen (schwefelfreier Kraftstoff, hohe Temperatursensibilität) und durch einen erheblichen Aufwand zur Steuerung der bedarfsgerechten und vom Kunden nicht wahrnehmbaren Regeneration gekennzeichnet.

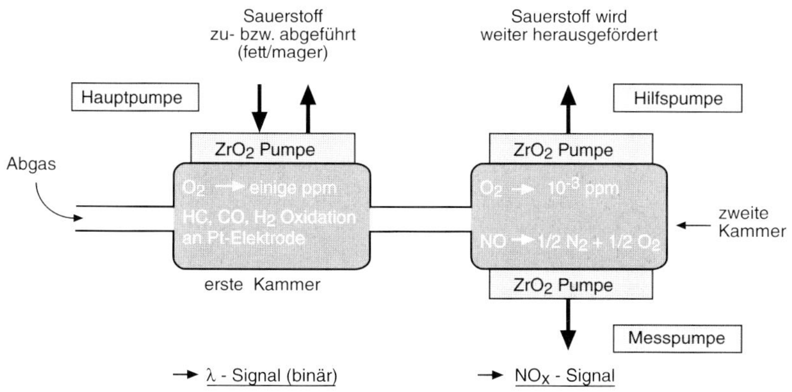

Abb. 9.16. Kombinierter NO_X- und λ-Sensor [9.19]. Messprinzip: 1. Chemisches Gleichgewicht $NO_X \rightarrow N_2 + O_2$ wird durch Entzug von O_2 in der ersten Kammer aufgebrochen. 2. NO_X-Reduktion durch Katalysator und O_2-Generierung in der zweiten Kammer. 3. Messung der generierten Sauerstoffkonzentration gibt die NO_X-Konzentration wieder. Sauerstoff wird proportional zur NO_X-Emission herausgefördert

Daher wurde und wird nach Abgasnachbehandlungslösungen gesucht, die eine kontinuierliche NO_X-Konvertierung unter Sauerstoffüberschuss ermöglichen und eine hohe Temperaturstabilität und Robustheit gegen Vergiftungen besitzen. „Kontinuierliche" NO_X-Katalysatoren benötigen zur Reduktion der Stickoxide Reduktionsmittel, die entweder in Form von HC und CO im Motorabgas enthalten sind (passiv) oder zusätzlich von außen ins Abgas eingebracht werden (aktiv). Sie werden auch als SCR-Katalysatoren (selective catalytic reduction) bezeichnet.

Bei passiven Systemen muss bei der Entwicklung des Brennverfahrens große Sorgfalt auf die Einstellung eines geeigneten HC/NO_X-Verhältnisses verwandt werden, weil nur dann die Grundlage für eine Umsetzung beider Abgaskomponenten gegeben ist und akzeptable Konvertierungsraten erreicht werden können. Damit werden allerdings die Möglichkeiten zur Optimierung des Kraftstoffverbrauchs eingeschränkt. Außerdem kann kein motornaher Vorkatalysator eingesetzt werden, weil dieser im Magerbetrieb die Reduktionsmittel HC und CO zumindest teilweise konvertieren würde, bevor diese zur NO_X-Umsetzung beitragen können.

SCR-Katalysatoren sind wesentlich weniger temperaturstabil als herkömmliche Dreiwege-Katalystoren. Bei nicht vorhandenem Vorkatalysator verschärft sich der Zielkonflikt zwischen schnellem Anspringen und der Vermeidung von schädigenden hohen Abgastemperaturen.

Vorteilhaft ist hingegen die hohe Schwefeltoleranz von kontinuierlichen NO_X-Katalysatoren.

Zum einzigen Einsatz in Serie gelangte ein Katalysator auf Iridium-Basis, den Mitsubishi in den 90er Jahren in einem 1,8-Liter-4-Zylinder-Ottomotor mit Direkteinspritzung auf den Markt brachte. Es wurden NO_X-Konvertierungsraten bis etwa 50% erreicht. Auf Grund der stark limitierten weltweiten Iridiumvorräte, der sehr geringen Temperaturstabilität des Systems und der für strengere Emissionsgrenzwerte nicht ausreichenden Konvertierungsraten konnte sich diese Technologie allerdings nicht durchsetzen und fand keine weitere Verbreitung.

Bei aktiven Systemen wird Harnstoff, flüssig oder in Pulverform, als zusätzlicher Betriebsstoff benötigt (Abb. 9.17). Bei Dieselmotoren besteht prinzipiell die gleiche NO_X-Problematik, jedoch beträgt die NO_X-Konzentration im Abgas nur etwa 1/10 jener von modernen Ottomotoren mit Direkteinspritzung im Magerbetrieb. Zur Erfüllung der künftigen Abgasgesetzgebung wird für Dieselmotoren eine SCR-Technologie entwickelt, bei der durch Eindüsen von Harnstoff ins Abgas, die Stickoxide in einem nachgeschalteten Katalysator zu N_2 und H_2O reduziert werden. Als Reduktionsmittel haben sich die Nutzfahrzeughersteller auf den Einsatz einer wässerigen Harnstofflösung (Adblue) verständigt. Voraussetzung für eine vergleichbare Technologie bei Ottomotoren ist aber eine signifikante Reduktion der NO_X-Konzentration im Rohabgas.

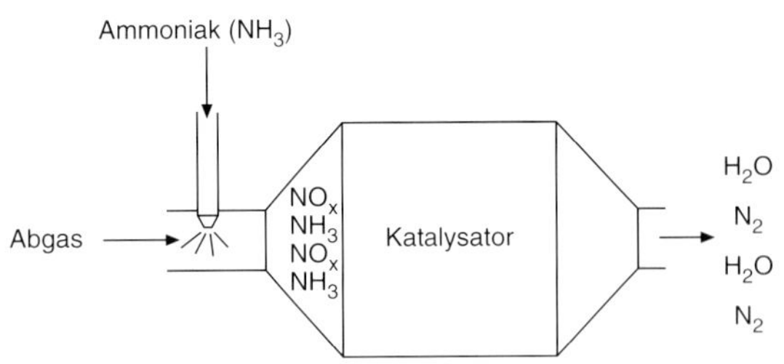

Abb. 9.17. Prinzipielle Anordnung einer „aktiven" SCR-Anlage [9.20]

10 Ottomotorische Technologien

10.1 Zielfelder

Seit seinen Anfängen wurde der Ottomotor kontinuierlich weiterentwickelt. Im Laufe der Zeit haben sich die Anforderungen an den Motor und damit auch die Zielfelder der Entwicklung geändert. Galt es früher vor allem, die Motorleistung zu erhöhen (Abb. 10.1), so wird die Reduzierung der Umweltbelastung inzwischen als mehr als gleichwertiges Ziel betrachtet (Abb. 10.2). Moderne und zukünftige Motorkonzepte müssen die Zielfelder einer hohen Leistung, eines geringen Verbrauchs und niedrigster Emissionen erfüllen, aber auch die eines hohen Komforts und wirtschaftlicher Rahmenbedingungen.

Fossile Energieträger müssen daher zukünftig mit einem höheren Wirkungsgrad verbrannt werden. In vielen Ländern sind schärfere Gesetze zur Begrenzung der Emissionen und des Kraftstoffverbrauchs und der damit verbundenen CO_2-Emission in Vorbereitung (vgl. Kap. 1). Neben den gesetzlichen Anforderungen werden aber die Käufer aus wirtschaftlichen und Umweltgesichtspunkten zunehmend verbrauchsgünstige und emissionsarme Fahrzeuge fordern.

Der technisch beeinflussbare Teil der Energieumwandlung bietet drei prinzipielle Möglichkeiten, den Motorwirkungsgrad zu erhöhen:

Steigerung des Prozesswirkungsgrades des theoretischen Vergleichsprozesses
Steigerung des Gütegrades von Hochdruck- und Ladungswechselprozess
Verbesserung des mechanischen Wirkungsgrades

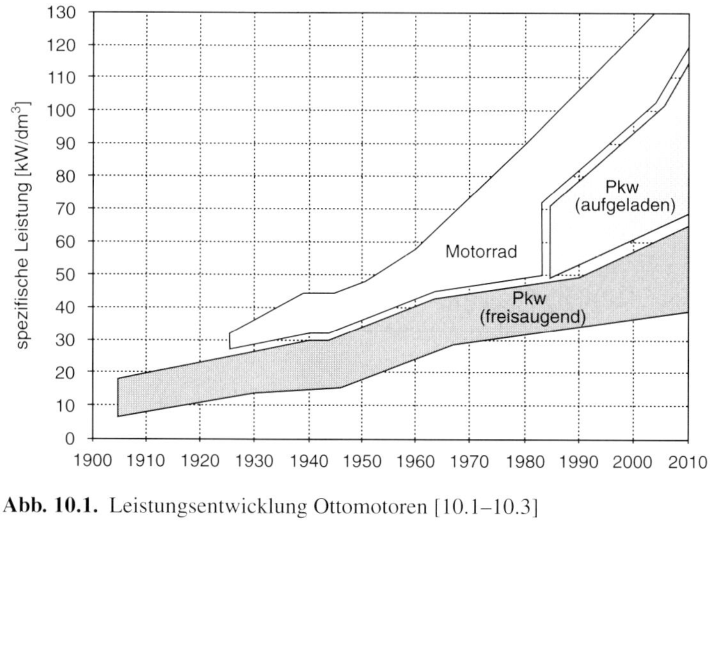

Abb. 10.1. Leistungsentwicklung Ottomotoren [10.1–10.3]

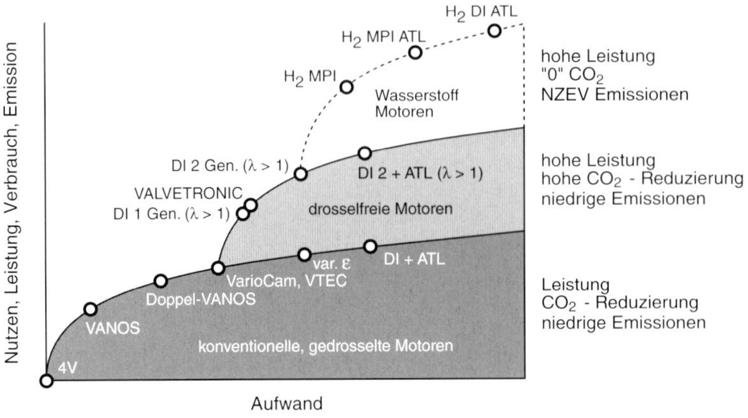

Abb. 10.2. Ottomotorische Zielfelder und Technologien

$$\eta_e = \eta_{th}\eta_{g_{(LW,HP)}}\eta_m. \tag{10.1}$$

Zu den Möglichkeiten zur Verbesserung des **Wirkungsgrades des theoretischen Vergleichsprozesses** gehört die Erhöhung des effektiven Verdichtungsverhältnisses und des Isentropenexponenten – sprich die der Gemischeigenschaften.

Die Erhöhung des effektiven Verdichtungsverhältnisses lässt sich einerseits durch aufwändige konstruktive Lösungen erreichen, die es erlauben, betriebspunktabhängig jeweils das optimale Verdichtungsverhältnis einzustellen. Andererseits kann durch ein geeignetes Brennverfahren, z. B. Direkteinspritzung oder Millerverfahren, die Klopfneigung reduziert werden und die Basisauslegung des Motors auf ein höheres Verdichtungsverhältnis erfolgen.

Die Erhöhung des Isentropenexponenten lässt sich prinzipiell nur durch Einflussnahme des Gemischzustandes darstellen. Dazu zählen die Reduzierung des Restgasanteils und die Erhöhung des Luftüberschusses.

Die Erhöhung des **Gütegrades des Ladungswechselprozesses**, d. h. die Minimierung der Ladungswechselverluste, ist prinzipiell bei jedem drosselgesteuerten Motor anwendbar. Um diese Verlustarbeit zu minimieren, gibt es die folgenden zwei Möglichkeiten.

Der für den gewünschten Lastzustand erforderliche Gemischheizwert wird bei voller Zylinderfüllung durch eine Qualitätsregelung, das heißt durch Verdünnung, eingestellt.

Durch eine geeignete konstruktive Lösung kann die gewünschte Gemischmenge bedarfsgerecht und verlustarm eingestellt werden. Es liegt nahe, dass diese Aufgabe dem Ventiltrieb zukommt.

Für die Absenkung der mechanischen Verluste und Verbesserung des **mechanischen Wirkungsgrades** gibt es eine Vielzahl von Möglichkeiten, die von Detailoptimierungen bis hin zu grundlegenden Konzeptänderungen reichen.

Durch Detailoptimierung lassen sich die Verlustarbeiten, z. B. die Pansch- und Pumpverluste und die Reibleistung im Bereich der Gleitreibungspartner (Kurbelwelle, Kolbengruppe, Ventiltrieb), vermindern oder durch den Ersatz von Gleitreibung durch Rollreibung z. B. bei Ventiltrieben reduzieren.

Ein relativ großes Potenzial zur Reduzierung der mechanischen Verluste lässt sich durch die intelligente Steuerung, d. h. durch eine bedarfsorientierte Steuerung vieler Nebenaggregate, erschließen. Dazu zählen beispielsweise volumenstromgeregelte Ölpumpen, elektrisch angetriebene Lüfter und Wasserpumpen, druckgeregelte Kraftstoffpumpen und bedarfsgerecht geregelte Nebenaggregate für die Fahrzeugfunktionen (Klimakompressor, Lenkhilfepumpe, Unterdruckpumpe etc).

Ein ebenfalls sehr großes Potenzial lässt sich erschließen, wenn es das Produktportfolio erlaubt, dass durch eine grundlegende Konzeptänderung ein „Downsizing"-Ansatz verfolgt wird, der z. B. durch Aufladung auf Basis einer kleinen Motorbaureihe die Leistungs- und Drehmomentziele der nächst größeren Motorbaureihe ermöglicht.

10.2 Konventioneller Ottomotor mit Saugrohreinspritzung

Der konventionelle Pkw-Saugmotor von heute, ob 2-, 3-, 4- oder 5-Ventiler, ist zur Erfüllung der Emissionsstandards in weiten Bereichen der Welt mit einem geregelten Dreiwege-Katalysator ausgerüstet (Abb. 10.3). Der Einsatz der „Closed-Loop"-Regelung hat dazu geführt, dass seit den 90er Jahren die sequentielle Saugrohreinspritzung mit einem elektronischen Motormanagement bei der weitaus überwiegenden Zahl der Pkw-Antriebe und zunehmend auch bei Zweiradmotoren Verwendung findet. Darüber hinaus hat sich bei den meisten der „konventionellen" Pkw-Motorkonzepte eine elektrische Drosselklappe zur Laststeuerung durchgesetzt, die sich durch die starke Vernetzung der Motor- und Fahrzeugfunktionen leichter ins elektronische Fahrzeugmanagement integrieren lässt.

Der konventionelle Saugmotor ist eine evolutionäre Entwicklung, der durch systematische Weiterentwicklung den unterschiedlichen Anforderungen kontinuierlich angepasst wurde.

10.2.1 Ventiltriebskonzepte

Insbesondere die Optimierung des Ladungswechsels war lange Zeit zentraler Entwicklungsschwerpunkt. Durch die Steigerung der Anzahl der Ventile pro Zylinder konnte vor allem die Leis-

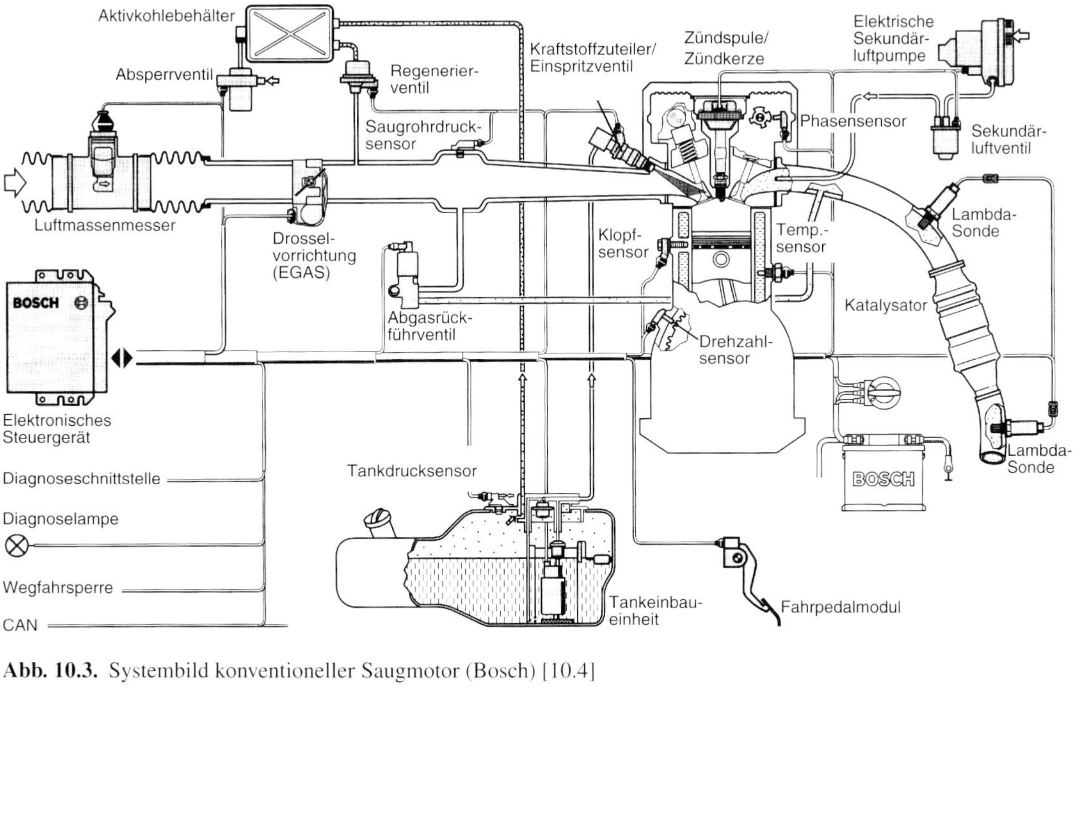

Abb. 10.3. Systembild konventioneller Saugmotor (Bosch) [10.4]

tungsdichte erhöht werden. Darüber hinaus ist die Mehrventiligkeit, vor allem auf der Einlassseite, auch eine wesentliche Voraussetzung für die Beeinflussung der Ladungsbewegung und somit auch des Verbrennungsablaufs.

Häufig wird bei 2- und 3-ventiligen Motoren die Ventilanordnung genutzt (Abb. 10.4 a, b, d), um eine drallbehaftete Ladungsbewegung im Brennraum zu generieren (Abb. 10.5 a). Vorteil der drallbehafteten Ladungsbewegung sind die weitgehende Rotationssymmetrie zur Zylinderachse und die damit verbundenen Mischungsvorgänge von Restgas und Frischgemisch sowie die Sicherstellung der gewünschten globalen Strömungsgeschwindigkeiten zum Zündzeitpunkt. Nachteilig sind die Entmischungsvorgänge durch Zentrifugalkräfte, die den schweren Kraftstoffnebel in den Wandbereich transportieren und das Risiko einer erhöhten HC-Emission bergen.

Bei 4-, 5- und 6-ventiligen, aber auch bei einigen 3-ventiligen Motoren spricht man von symmetrischen Ventilanordnungen, die auf Grund der symmetrischen Anordnung der Einlassventile (Abb. 10.4 c, e–i) entweder zu einer sehr geringen globalen Ladungsbewegung oder durch gezielte Einflussnahme zu einer Tumbleströmung führen (Abb. 10.5 b). Der Tumble dissipiert auf Grund der orthogonalen Anordnung seiner Bewegungsachse zur Zylinderachse im Vergleich zur Drallströmung sehr schnell. Die im Tumble ursprünglich gespeicherte kinetische Energie wird in Turbulenzenergie gewandelt, die idealerweise zum Zündzeitpunkt in ausreichendem Maße zur Verfügung steht.

Die vierventilige Anordnung bietet darüber hinaus das Potenzial, das eine und das andere bedarfsgerecht miteinander zu kombinieren. Durch Zusatzmaßnahmen wie Drallklappen (einsei-

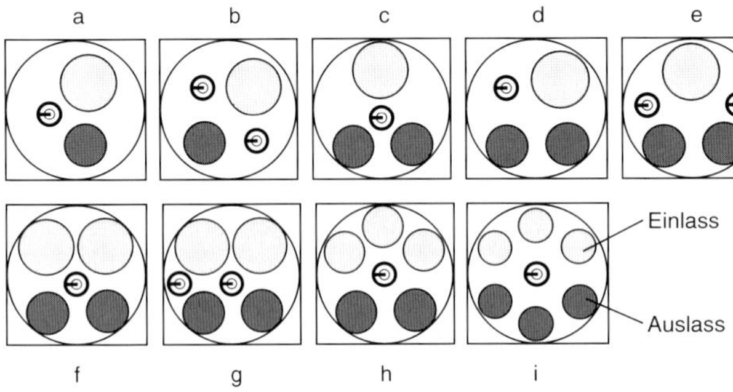

Abb. 10.4a–i. Übliche Ventilanordnungen

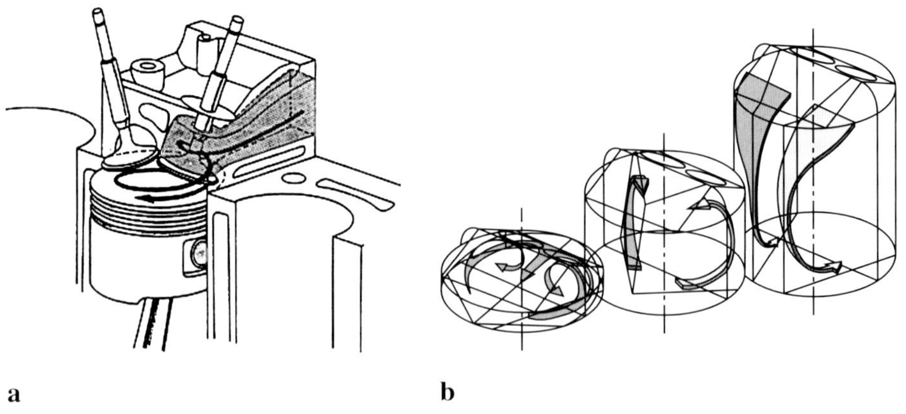

Abb. 10.5. Vergleich der durch die Ventilanordnung induzierten Ladungsbewegung: **a** Drall, **b** Tumble [10.5]

tiges Sperren eines Einlasskanals), Tumbleklappen und Bypasskanäle (vgl. Abschn. 10.3) können betriebspunktabhängige Optimierungskriterien durch hohe globale Strömungsgeschwindigkeiten (Drall), hohe Turbulenz (Tumble) oder hohe Füllung (geringe Ladungsbewegung) bedient werden.

10.2.2 Variabilitäten der Sauganlagen

Neben der Leistungssteigerung durch die Mehrventiligkeit ist mit zunehmendem Fahrzeuggewicht aber auch die Forderung nach einem fülligeren Drehmomentverlauf immer wichtiger geworden. Zur Auslegung einer optimalen Füllung bieten sich prinzipiell verschiedene Möglichkeiten an, um den Luftaufwand in Abhängigkeit von der Drehzahl zu beeinflussen. Eine weit verbreitete Methode ist die Beeinflussung der Ladungswechseldynamik auf der Saugseite durch schaltbare (Abb. 10.6) oder kontinuierlich verstellbare Sauganlagen (Abb. 10.7). In allen Fällen wird die Frequenz der Luftsäulenschwingung dem jeweiligen Drehzahlbereich angepasst (vgl. Abschn. 6.3). Bei Resonanzsauganlagen können durch einzelne Schaltelemente die Eigenschwingformen den verschiedenen Drehzahlbereichen angepasst werden. Bei variablen Schwingrohrlängen, geschaltet oder stufenlos, wird die Schwingrohrlänge der jeweiligen Drehzahl angepasst (vgl. Abschn. 6.3).

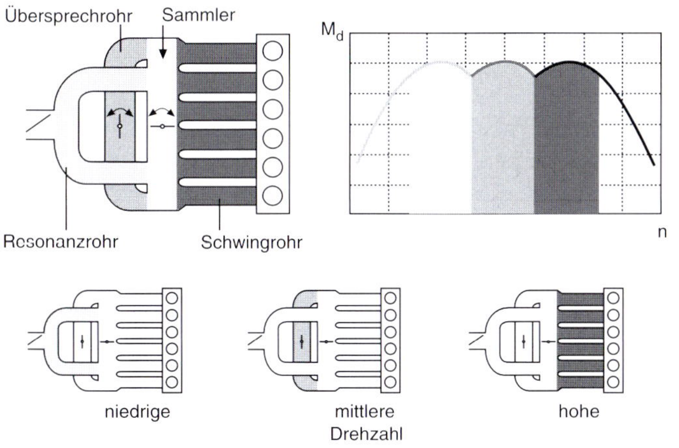

Abb. 10.6. Sauganlage des BMW-6-Zylindermotors mit kombinierter Resonanz- und Schwingrohraufladung [10.6]

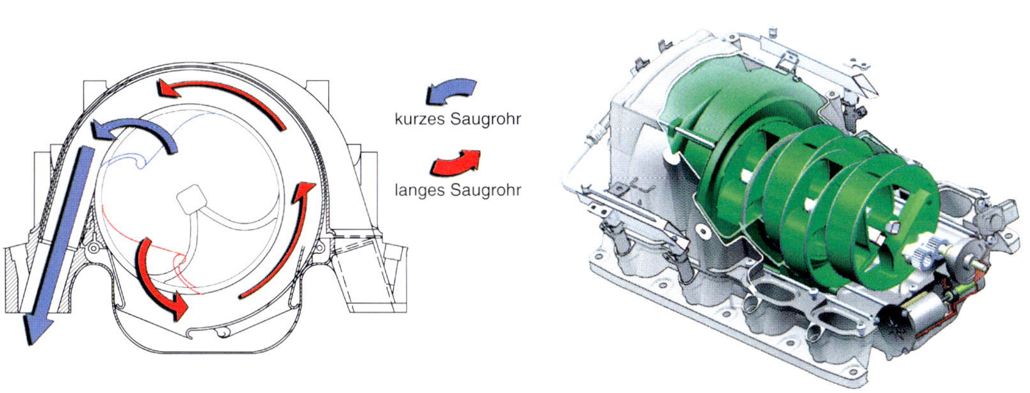

Abb. 10.7. Sauganlage des BMW-8-Zylindermotors mit stufenlos verstellbaren Schwingrohrlängen [10.7]

10.2.3 Variabilitäten der Ventiltriebe (teilvariable Ventiltriebe)

Eine weitere Möglichkeit der Ladungswechselbeeinflussung stellt die erhöhte Variabilität der Ventiltriebskonzepte dar. Dazu zählen Phasensteller, schaltbare Ventilöffnungsdauern und schaltbare Ventilhübe (Abb. 10.8). Das Optimierungspotenzial der teilvariablen Ventiltriebskonzepte liegt in der Beeinflussung der Füllung durch eine zusätzliche Anpassung der Lage der Ventilöffnung an die betriebspunktabhängige Ladungswechseldynamik und in der Beeinflussung der Verbrennung durch die Steuerung der Restgasmenge im Zylinder.

Bei einem konventionellen Ventiltrieb sind die Ventilhubkurve und die relative Winkellage (Phasenlage) der Nockenwellen zur Kurbelwelle unabhängig vom Betriebspunkt (Motorlast und Motordrehzahl). Gab es anfangs nur schaltbare Einlassnockenversteller (Zweipunktversteller), so sind heute stufenlose Phasensteller auf Ein- und Auslassseite bei vielen Motoren Standard (Abb. 10.9 und 10.10). Mit ihnen kann die Phasenlage sowohl der Einlass- als auch der Auslassnockenwelle für jeden Betriebspunkt optimiert werden.

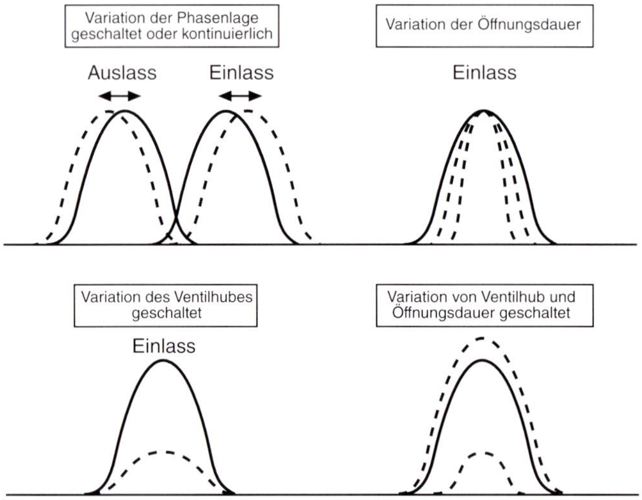

Abb. 10.8. Prinzipielle Ventilhubverläufe von teilvariablen Ventiltrieben

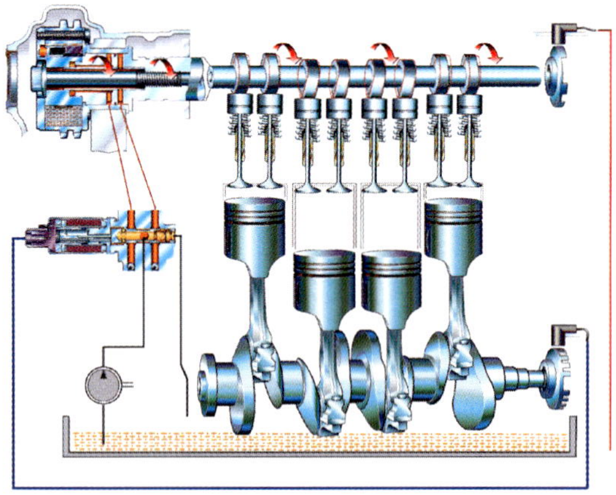

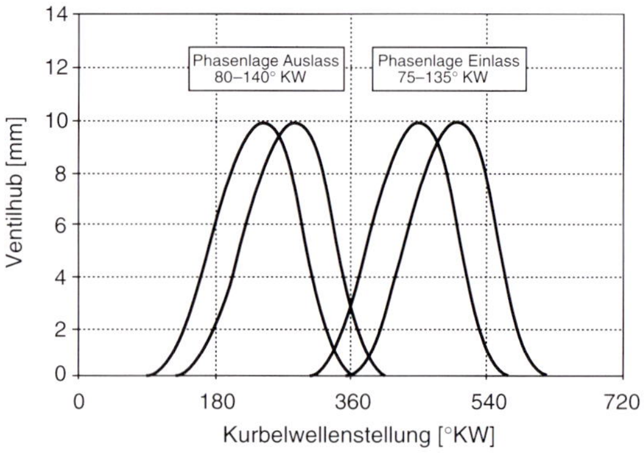

a **b**

Abb. 10.9. Schema der Nockenwellenverstellung (**a**) und zugehörige Verstellbereiche der Ventilhubkurven (**b**) [10.8]

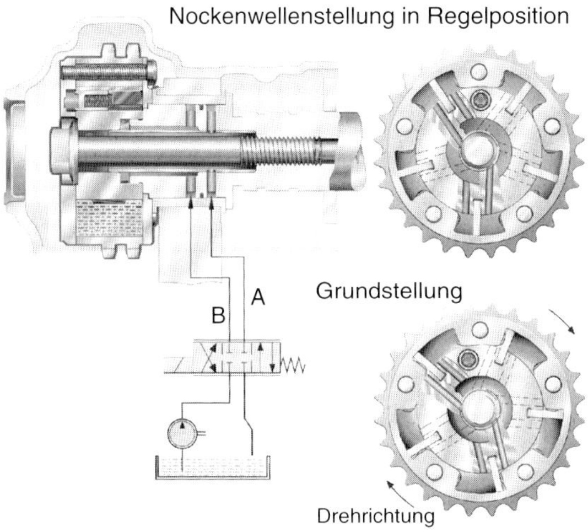

Abb. 10.10. Nockenwellen-Phasensteller (INA) [10.8]

Die Verstellung auf der Einlassseite dient primär dazu, den Einlassschluss der Ventile festzulegen, um den Luftaufwand zu optimieren. Mit der variablen Phasenlage auf der Auslassseite wird hauptsächlich die Restgasmenge gesteuert (interne Abgasrückführung). In der unteren Teillast kann auf diese Weise eine beachtliche Ladungsverdünnung und damit eine Entdrosselung zur Reduzierung der Ladungswechselverluste erzielt werden, um so den Kraftstoffverbrauch zu senken. Darüber hinaus lassen sich durch die interne Abgasrückführung die Prozesstemperaturen senken und die Stickoxidbildung reduzieren. Ebenso kann ein Teil der in Brennraumspalten gespeicherten Kohlenwasserstoffe durch die auslassseitige Restgassteuerung nach dem Ausschieben wieder angesaugt und der Verbrennung erneut zugeführt werden, sodass die HC-Emissionen sinken (vgl. Abschn. 8.4.3). Im Volllastbereich kann in umgekehrter Weise Restgas im Brennraum weitgehend vermieden und die Füllung erhöht werden. Gleiches gilt im Leerlauf, wo durch einen minimalen Restgasanteil die Laufruhe deutlich verbessert werden kann.

Bei schaltbaren Ventilöffnungsdauern und Ventilhüben, die vornehmlich auf der Einlassseite zum Einsatz kommen, werden prinzipiell die gleichen Ziele verfolgt. Abhängig vom Betriebspunkt werden die geeigneten Ventilhubverläufe geschaltet, um einerseits eine Anpassung an die Ladungswechseldynamik und andererseits eine Beeinflussung der Restgassteuerung zu ermöglichen. Zu den wesentlichen Entwicklungen gehören:

- Raumnocken (Fiat, Titolo) (Abb. 10.11 a)
- variable Öffnungsdauer (Rover, Mitchell) (Abb. 10.11 b)
- variable Ventilhübe (VTEC/Honda, VarioCam/Porsche u. a.) (Abb. 10.12 und 10.16)

10.2.4 Restgassteuerung

Grundsätzlich unterscheidet man zwei Möglichkeiten der Abgasrückführung (AGR), die externe und die interne AGR.

Bei der externen AGR wird der Verbrennungsluft kaltes Abgas zugemischt, was zu einer verbrauchsgünstigen Entdrosselung und geringeren Wandwärmeverlusten führt. Die NO_x-Entstehung wird durch den bekannten Inertgaseinfluss des rückgeführten Abgases reduziert; die damit verringerte Brenngeschwindigkeit führt aber zu vermehrten Quencheffekten („flame quenching")

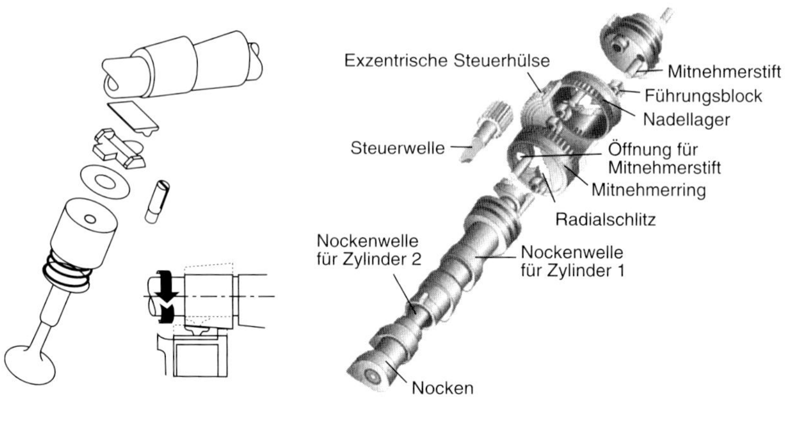

Abb. 10.11. Ausgeführte teilvariable Ventiltriebe: **a** mechanisch variable Ventilsteuerung nach Titolo [10.9], **b** mechanisch variable Ventilsteuerung nach Mitchell [10.10]

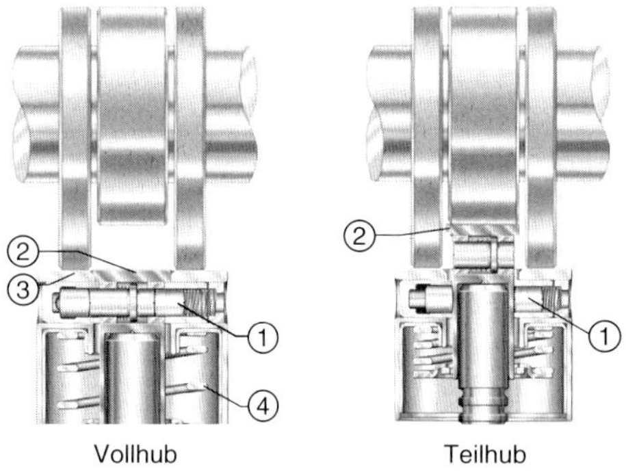

Abb. 10.12. Ausgeführter teilvariabler mechanischer Ventiltrieb VarioCam [10.8]. 1, Verriegelungskolben; 2, Innenstößel; 3, Außenstößel; 4, Abstützfeder (Lost-motion-Feder)

im Endgasbereich mit der Folge, dass sich teilweise höhere HC- und CO-Emissionen einstellen.

Die interne AGR ergibt sich bei Motoren mit separater Ein- und Auslassnockenwelle durch eine betriebspunktabhängige Einstellung der Ventilhubverläufe (variable Phaselage, vgl. Abschn. 10.2.3). Die damit steuerbare Restgasmenge (heißes Restgas) hat auf die NO_x-Emission und den Verbrauch grundsätzlich den gleichen Einfluss wie die externe AGR. Das heiße Abgas unterstützt zusätzlich die Gemischaufbereitung und erhöht das Temperaturniveau zum Zündzeitpunkt. Dies hat zur Folge, dass einerseits auch die HC- und CO-Emissionen reduziert werden, andererseits aber die Klopfneigung auf Grund des höheren Temperaturniveaus steigt und damit den wirkungsgradoptimalen Kennfeldbereich einschränkt. Bei stufenlosen Phasenstellern auf der Ein- und Auslassseite bieten sich grundsätzlich verschiedene Möglichkeiten der Restgassteuerung an: Einlass- oder Auslasskanalrückführung oder Brennraumspeicherung.

Bei der Einlasskanalrückführung wird heißes Restgas vor Schließen des Einlassventils in den Einlasskanal geschoben, vermischt sich dort mit dem Frischgemisch und wird anschließend wieder angesaugt. Dadurch kann insbesondere die thermische Gemischbildung unterstützt werden.

Bei der Auslasskanalrückführung wird bereits ausgeschobenes Abgas vor Schließen des Auslassventils wieder angesaugt und vermischt sich im Brennraum mit dem Frischgemisch. Die erhöhte HC-Konzentration des zuletzt ausgeschobenen Abgases kann somit der Verbrennung erneut zugeführt werden und reduziert so die HC-Emission.

Bei der Brennraumspeicherung werden das Aus- und Einlassventil frühzeitig geschlossen, sodass im Brennraum verbleibendes Abgas im Bereich des Ladungswechsel-OT erst komprimiert wird und dann wieder expandiert oder bei Öffnen des Einlassventils impulsartig mit hoher Geschwindigkeit in den Einlasskanal strömt, was zu einer guten Durchmischung führt.

10.3 Variable Ladungsbewegung

Beim homogenen Ottomotor wird der Verbrennungsablauf entscheidend durch die Ladungsbewegung und Ladungsturbulenz beeinflusst. In Abhängigkeit von Motorlast, Ladungsverdünnung und Ladungstemperatur ergeben sich für eine wirkungsgradoptimale und schadstoffarme Verbrennung deutlich unterschiedliche Anforderungen, die mit variabler Ladungsbewegung weitgehend abgedeckt werden können. Eine Variation der einlassgenerierten Ladungsbewegung wird durch Saugrohreinbauten (Klappen oder Schieber), Zusatzkanäle oder Einlassventilhubvariation realisiert [10.11–10.13, 10.15] (Abb. 10.13).

Auf die Verbrennung wirkt sich vor allem die Beeinflussung großflächiger Strömungsstrukturen (Drall und Tumble) aus, während einlassgenerierte lokale Turbulenz zwar die Gemischbildung verbessern kann, durch rasche Dissipation für die nachfolgende Verbrennung jedoch zumeist nur von geringem Einfluss ist.

Eine variable Drallströmung wird in einfachster Weise durch Modifikation der bei Motoren mit mehreren Einlassventilen ohnehin vorhandenen Kanaltrennung und Kanalabschaltung realisiert (Abb. 10.14). Dabei führt die Überlagerung des Dralls mit der Tumbleströmung zu hoher Turbulenz bei gleichzeitig niedriger Grundströmung im Bereich der Zündkerze und damit zu günstigen Entflammungsbedingungen. In den Randbereichen hingegen wird durch die stark ausgeprägte Grundströmung ein rasches symmetrisches Durchbrennen der Ladung erreicht. Dieser beschleunigte Verbrennungsablauf und die deutlich verbesserte Verbrennungsstabilität ergeben eine hohe Toleranz gegenüber Ladungsverdünnung. Damit ist der Einsatz von hohen AGR-Raten zur Verbrauchsreduktion auch unter Serienrandbedingungen möglich.

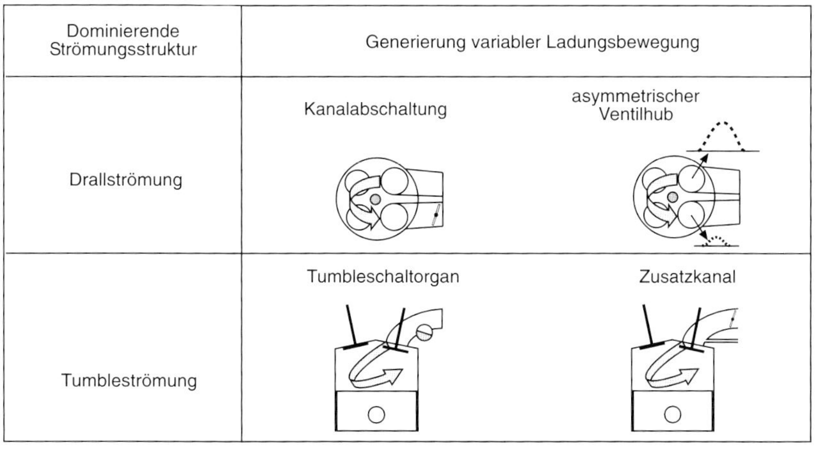

Abb. 10.13. Variable einlassgenerierte Ladungsbewegung

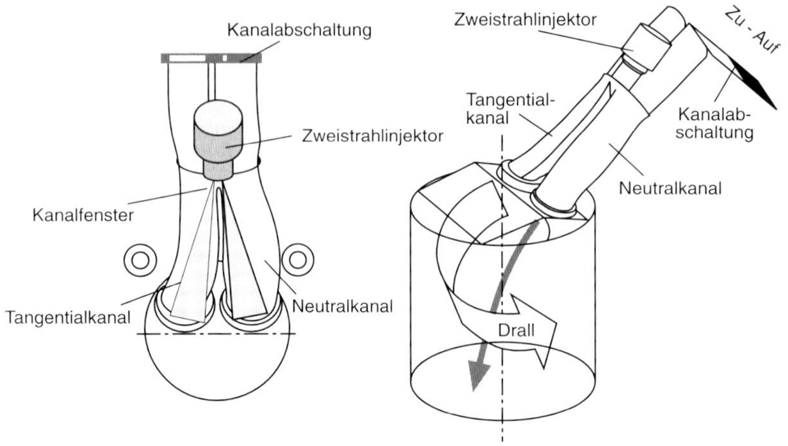

Abb. 10.14. Variable Ladungsbewegung mittels Kanalabschaltung (AVL-CBR-System)

Standen am Beginn der Entwicklungen noch homogen magere Brennverfahren im Mittelpunkt, so sind auf Grund der aufwändigen mageren Abgasnachbehandlung heute bei Pkw-Motoren im Wesentlichen nur noch stöchiometrische Verfahren mit AGR und geschichtete Brennverfahren (vgl. Abschn. 10.7.2 und 10.7.3) im Einsatz oder in der Entwicklung. Der stöchiometrische Betrieb des Motors erfordert inertes Restgas zur Ladungsverdünnung, welches auf zwei Arten bereitgestellt werden kann. Bei der externen AGR erfolgt die Zumessung über ein AGR-Ventil ins Saugrohr, während bei der internen AGR eine Variabilität der Steuerzeit verwendet wird. Bei der Vergrößerung der Ventilüberschneidung durch Frühverstellung der Einlasssteuerzeit und/oder Spätverstellung der Auslasssteuerzeit wird Restgas in den Ansaugkanal zurückgeschoben und anschließend wieder angesaugt. Werden Auslass- und Einlasssteuerzeiten beide im Wesentlichen parallel Richtung spätes Schließen verschoben, wird nach dem oberen Totpunkt Abgas aus dem Auslasskanal in den Brennraum zurückgesaugt, bevor Frischladung über den Ansaugkanal einströmt. Das Teillastmotorverhalten ist in Abb. 10.15 exemplarisch als Funktion des Saugrohrdruckes dargestellt.

Neben der höheren Restgasverträglichkeit durch die Kanalabschaltung kommt hier noch eine nennenswerte zusätzliche Entdrosselung infolge des späten Einlassschließens hinzu, was den Kraftstoffverbrauch weiter verbessert [10.16].

Ein einlassgenerierter Drall der Zylinderladung kann auch durch einen asymmetrischen Einlassventilhub bei Motoren mit mehreren Einlassventilen realisiert werden [10.12]. Ein gänzliches Wegschalten des zweiten Ventilhubes ist wegen der Kraftstoffeinspritzung in beide Einlasskanäle allerdings nicht möglich (Abb. 10.16).

Neben der Verbrauchsabsenkung kann die hohe Verbrennungsstabilität auch für effiziente Katalysatorheizfunktionen mittels extremer Spätzündung zur zusätzlichen Emissionsverringerung genützt werden [10.16].

In Verbindung mit einem Nockenwellen-Phasenschieber kann eine variable Ladungsbewegung, insbesondere bei 2-Ventil-Konzepten, sogar ohne zusätzliche Schaltelemente im Saugrohr dargestellt werden (Abb. 10.17a). Durch die Auslegung des Einlasskanals als Tangentialkanal wird ein entsprechendes Grundniveau der Ladungsbewegung festgelegt. Die Abgasrückführung erfolgt bei in Richtung spät verschobener Nockenwellenstellung durch Rücksaugen aus dem

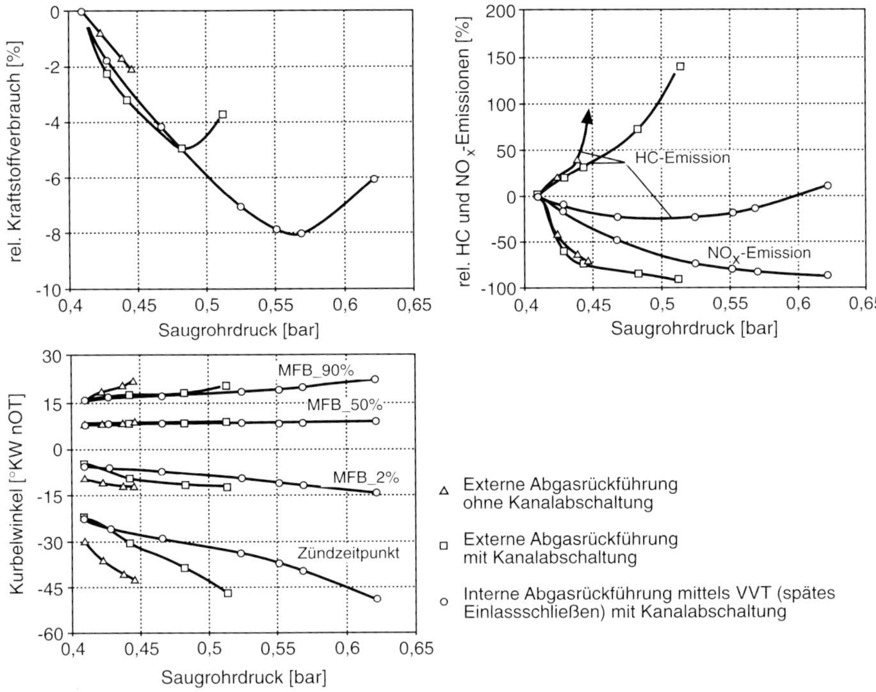

Abb. 10.15. Teillastverhalten bei variabler Ladungsbewegung mittels Kanalabschaltung (AVL-CBR-System)

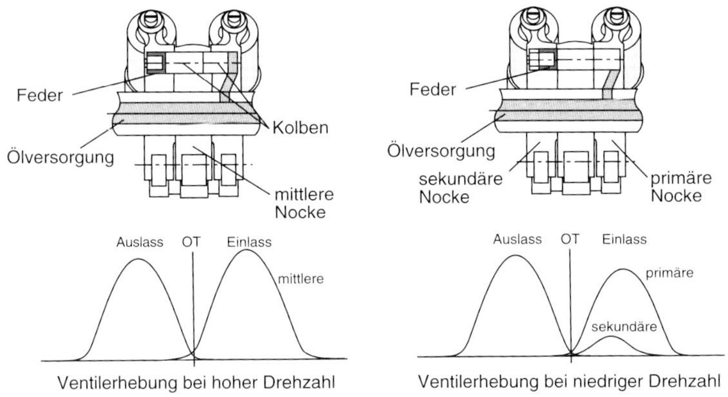

a b

Abb. 10.16. Variable Ladungsbewegung mittels asymmetrischen Einlassventilhubes (Honda VTEC) [10.12]: **a** Betrieb bei hoher Drehzahl, **b** Betrieb bei niederer Drehzahl

Auslasskanal. Bei entsprechender geometrischer Ausbildung des Auslasskanals (Drallgenerierung in umgekehrter Durchflussrichtung) wird durch das aus dem Auslasskanal rückgesaugte Restgas eine zusätzliche Drallbewegung initiiert, wobei sich eine gewisse Proportionalität zur rückgesaugten Restgasmenge ergibt und somit eine erhebliche Verbrauchsabsenkung durch höhere Restgasverträglichkeit ermöglicht (Abb. 10.17 b).

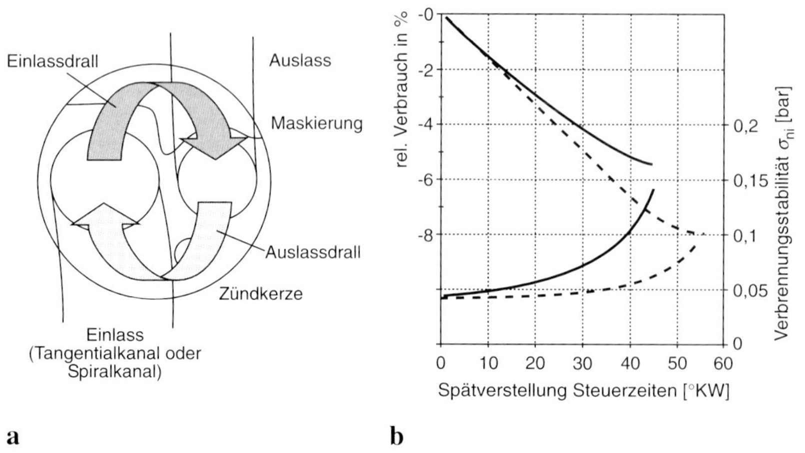

Abb. 10.17. Variable Ladungsbewegung am 2-Ventil-Motor: **a** AVL-2V-CBR-System, **b** Vergleich des Verbrauchs mit (strichlierte Linie) und ohne (volle Linie) variable Ladungsbewegung

Neben der variablen Drallströmung kommen auch Systeme mit einer variablen Tumbleströmung zum Einsatz, bei denen ein Schaltorgan im Ansaugkanal für die erhöhte Ladungsbewegung sorgt [10.18–10.20]. Die zur Erzeugung der höheren Ladungsbewegung erforderliche Versperrung des Einlasskanals generiert zusätzliche Ladungswechselverluste, sodass hier ein Kompromiss hinsichtlich des optimalen Gesamtwirkungsgrades gefunden werden muss.

Ein Zusatzkanalsystem (Turbulenzsystem) im Saugsystem stellt eine weitere Möglichkeit dar, variable Ladungsbewegung im Zylinder zu generieren. Die Luftführung erfolgt über ein eigenes Drosselorgan, das parallel zur Drosselklappe angeordnet ist (Abb. 10.18). Die Einleitstelle im Bereich des/der Einlassventilsitzringe beeinflusst durch die Anordnung und Größe die unmittelbare Einlassströmung und erlaubt eine erhebliche Erhöhung der Ladungsbewegungsintensität, die in weiterer Folge zur Verbesserung der Verbrennungsstabilität führt [10.14]. Durch geschickte asymmetrische Anordnung kann zusätzlich zur Erhöhung der Tumbleströmung ein nennenswerter Drall mitgeneriert werden.

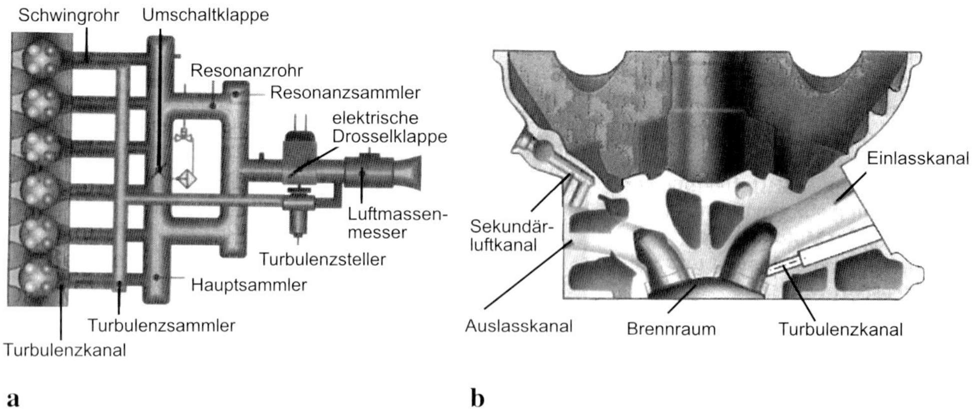

Abb. 10.18. Turbulenzsystem zur Erhöhung der Teillaststabilität (BMW M52) [10.14]: **a** Ansaugsystemlayout, **b** Zylinderkopf

10.4 Vollvariabler Ventiltrieb

10.4.1 Drosselfreie Laststeuerung mit vollvariablen Ventiltrieben

Im Gegensatz zu den bisher genannten evolutionären Ansätzen stellen die vollvariablen Ventiltriebe einen deutlich größeren Entwicklungssprung dar. In der über 100-jährigen Geschichte des Ottomotors hat sich die Laststeuerung mit einer Drosselklappe durchgesetzt. Die Leistungsregelung erfolgt entsprechend der Gleichung

$$P_e = \frac{\eta_e \rho_G \dot{V}_G H_u}{L_{st}\lambda + 1} \tag{10.2}$$

Unter der theoretischen Annahme, dass der Wirkungsgrad konstant bleibt und es sich um einen Motor im $\lambda = 1$-Betrieb handelt, sind die Dichte und der Gemischvolumenstrom die einzigen beeinflussbaren Variablen. Bei der Drosselsteuerung wird durch Drosselung des angesaugten Gemischvolumenstroms der Druck auf der Saugseite reduziert und so die Dichte ρ_G verringert. Es entsteht die bekannte Ladungswechselschleife mit der dem Drosselgrad entsprechenden Ladungswechselarbeit.

Die primäre Motivation für die vollvariablen Ventiltriebe ist es, den Gütegrad des Ladungswechsels zu erhöhen, d. h. die Ladungswechselarbeit zu minimieren und damit den effektiven Wirkungsgrad des Motor zu verbessern (vgl. Abschn. 10.1).

Mit vollvariablen Ventiltrieben wird der konzeptionelle Ansatz verfolgt, die Drosselung zu vermeiden und den angesaugten Gemischvolumenstrom $\dot{V}_G$ durch einen variablen Einlassschließzeitpunkt zu steuern. Um die Laststeuerung eines Motors mit Hilfe von Ventiltriebsfunktionen zu realisieren, müssen diese stufenlos verstellbar sein und den Gemischvolumenstrom von nahezu null bis zum Maximum variieren können. Prinzipiell gibt es vier verschiedene Möglichkeiten, den Einlassschließzeitpunkt zu steuern:

- kinematische Variation der Öffnungsdauer
- kinematische Variation der Ventilhubs und der Öffnungsdauer
- mechanisch-hydraulische Variation der Öffnungsdauer
- Änderung der Ventilhubfunktion

Durch eine geeignete Ventiltriebskinematik lässt sich die Öffnungsdauer bei vollem Ventilhub sowohl verkürzen als auch verlängern. Damit lassen sich die Prinzipien „frühes Einlassschließen“ (Verkürzen der Öffnungsdauer) und „spätes Einlassschließen“ (Verlängern der Öffnungsdauer) darstellen. Praktische Bedeutung zur Leistungsregelung haben diese Möglichkeiten wegen der aufwändigen Mechanik und funktionaler Grenzen jedoch nie erlangt.

Bei der kinematischen Variation des Ventilhubverlaufs wird durch Verringerung des Ventilhubs in etwa gleichem Maße auch die Öffnungsdauer reduziert. Durch eine zweite Funktionalität (Variabilität der Phasenlage) kann der für das „frühe Einlassschließen“ richtige Schließzeitpunkt des Einlassventils eingestellt werden. Dieses Prinzip wird bei BMW unter dem Namen Valvetronic bei fast allen Ottomotoren angewendet.

Bei der mechanisch-hydraulischen Variation der Öffnungsdauer dient als Bewegungserzeuger eine konventionelle Nockenwelle. Zwischen dem Ventil und dem zugehörigen Nocken befindet sich als Übertragungsglied ein Ölraum, der oft als Hydrostößel bezeichnet wird. Bei geschlossenem Ölraum überträgt sich die Nockenbewegung direkt auf das Ventil, d. h., der Ventilhub entspricht dem Nockenhub. Zur Darstellung eines „frühen Einlassschließens“ wird während der Nockenbewegung

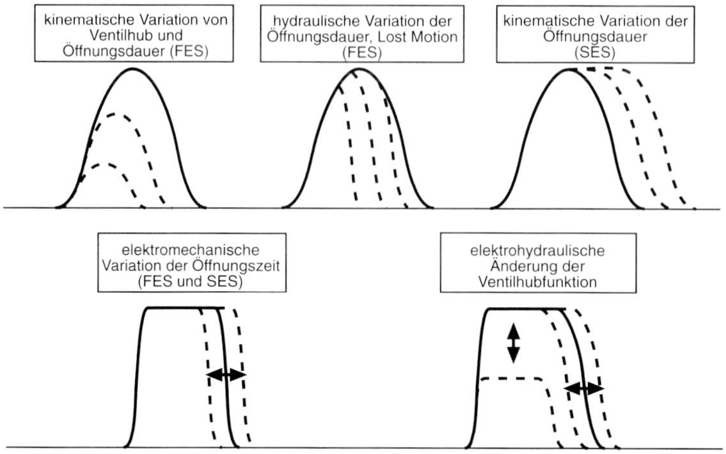

Abb. 10.19. Prinzipielle Ventilhubverläufe für vollvariable Ventiltriebe zur drosselfreien Laststeuerung

der Ölraum geöffnet und das Ventil durch die Ventilfeder geschlossen. Wegen der aufwändigen Steuerung und der Energieverluste beim Absteuern haben diese Systeme bisher keine Bedeutung erlangt.

Werden die Ventile nicht mechanisch, sondern elektrisch oder hydraulisch betätigt und sind somit von der Kurbelwelle entkoppelt, so ist die Ventilhubfunktion rein zeitabhängig. Ein solcher Ventiltrieb kann die beiden Laststeuerverfahren „frühes Einlassschließen“ und „spätes Einlassschließen“ bedarfsgerecht realisieren.

10.4.2 Der mechanisch vollvariable Ventiltrieb

Von der Vielzahl verschiedener Lösungsansätze für mechanisch vollvariable Ventiltriebe hat sich bisher nur die Valvetronic von BMW durchgesetzt.

Ihre Mechanik basiert auf einem Rollenschlepphebeltrieb. Dieser besteht aus den konventionellen Bausteinen Nockenwelle, Schlepphebel, Ventilfeder und Einlassventil. Zusätzliche Elemente sind ein Zwischenhebel, eine Rückstellfeder, eine elektrisch verstellbare Exzenterwelle und ein Positionssensor (Abb. 10.20).

Der mechanisch vollvariable Ventiltrieb variiert bei dieser Lösung den Ventilhub, die Ventilöffnungsdauer und die Lage der Ventilöffnung. Damit die Öffnung zum richtigen Zeitpunkt erfolgt, werden gleichzeitig die Ein- und Auslassnockenwellen durch je einen Phasensteller verdreht.

Mit dem vollvariablen Ventiltrieb wird primär das Ziel verfolgt, die Ladungswechselverluste in einem weiten Lastbereich zu reduzieren. Dazu wird das Verfahren des „frühen Einlassschließens“ angewendet (Abb. 10.21). Bei diesem Verfahren wird in die Prozessführung so eingegriffen, dass beim Ansaugen in der Teillast der Druck auf Umgebungsniveau bleibt und die Einlassventile genau zu dem Zeitpunkt schließen, bei dem sich die gewünschte Gemischmasse im Brennraum befindet. Die anschließende weitere Expansion und nachfolgende Kompression des nun geschlossenen Zylindervolumens erfolgt nahezu verlustfrei (Abb. 10.22).

Beim mechanisch vollvariablen Ventiltrieb, am Beispiel der Valvetronic, ist die Ventilhubvariabilität Mittel zum Zweck, um die Öffnungsdauer des Einlassventils zu variieren. Durch die kinematischen Anforderungen des mechanischen Ventiltriebs kann die ideale Prozessführung des Ladungswechsels nur angenähert werden. Die Potenziale dieser Art der Ladungswechselopti-

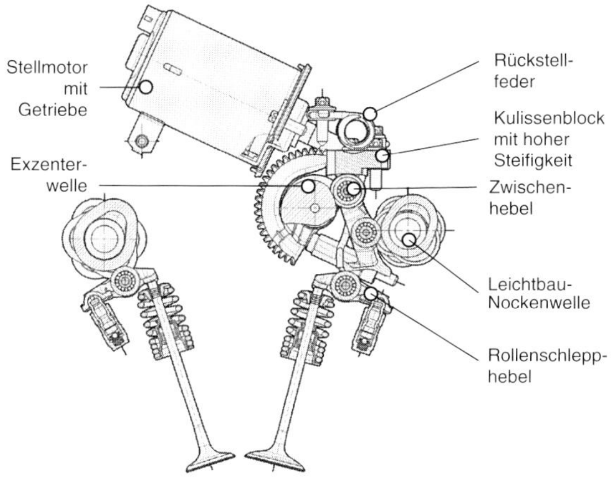

Abb. 10.20

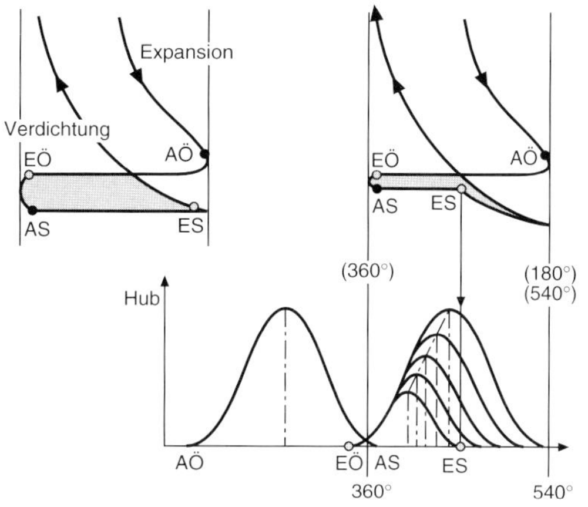

Abb. 10.21

Abb. 10.20. Valvetronic der BMW-6-Zylindermotoren [10.21]

Abb. 10.21. Funktionsprinzip der „drosselfreien Laststeuerung" durch frühes Einlassschließen mit dem mechanisch vollvariablen Ventiltrieb (Valvetronic)

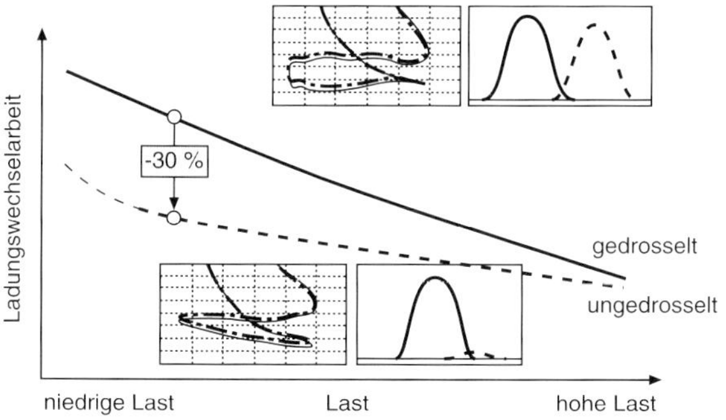

Abb. 10.22. Reduzierung der Ladungswechselarbeit mit der Valvetronic [10.22]

mierung nehmen zur Volllast hin ab und sind dort schließlich gleich null. Im kundenrelevanten Teillastbereich können die Ladungswechselverluste gegenüber einer Drosselsteuerung um zirka 30 % reduziert werden. Bei kleinsten Lasten sind jedoch sehr kurze Öffnungszeiten notwendig, die nur durch eine überproportionale Verkleinerung des Ventilhubes (<0,4 mm) möglich sind und dazu führen, dass der Ventilöffnungsquerschnitt so verkleinert wird, dass der Drosseleffekt überwiegt.

Dieser grundlegende Eingriff in die Prozessführung führt zu erheblichen Änderungen gegenüber konventionellen, drosselgesteuerten motorischen Prozessen:

- Die geänderte Ventiltriebskinematik führt zu deutlich veränderten Einströmverhältnissen mit einer in Folge geänderten Ladungsbewegung.
- Die Gemischbildungsmechanismen werden durch den fehlenden Unterdruck im Saugrohr und durch die geänderten Einströmverhältnisse stark beeinflusst.
- Dem Hochdruckprozess vorgeschaltet ist eine Expansionsphase mit Temperaturabsenkung. Die Polytrope des nachfolgenden Verdichtungsvorganges beginnt auf einem niedrigeren Temperaturniveau.

Die Verstellung des Ventilhubes und die damit verbundene Verkleinerung des Ventilöffnungsquerschnittes führen zu einem völlig anderen Strömungsverhalten am Ventil und infolge zu einer anderen Ladungsbewegung. Durch den kleineren Öffnungsquerschnitt nimmt die Strömungsgeschwindigkeit am Ventilspalt deutlich zu und führt zu einer gleichmäßigen Umströmung des ganzen Ventilbereichs (Abb. 10.23). Dieser Effekt kommt insbesondere dem Gemischbildungsprozess zugute. Im Vergleich zu einem drosselgesteuerten Motor führt der Einströmvorgang bei beispielsweise 1 mm Ventilhub zu einem fein verteilten Gemischnebel. Vergleichende Untersuchungen mit optischen Methoden und in der Simulation beschreiben diese veränderten Bedingungen (Abb. 10.24). Infolge dieser physikalisch veränderten Gemischbildungsbedingungen kehren sich die empirischen Gesetzmäßigkeiten der Einspritzapplikation um (siehe Abb. 4.23).

Während beim drosselgesteuerten Motor optimale HC-Emissionen im stationären Betrieb durch eine vorgelagerte Einspritzung, im instationären Betrieb durch eine saugsynchrone Einspritzung erzielt werden, führt bei reduzierten Ventilhüben eine saugsynchrone Einspritzung immer zu optimalen HC-Emissionen, auch bei extremen Bedingungen (Kaltstart).

Die veränderten Verhältnisse am Ventil führen auch zu grundlegend anderen Einströmbedingungen und damit zu einer anderen Art der Ladungsbewegung. Das gleichmäßige Umströmen des Ventils führt zu symmetrischen, gegenläufigen Anfahrwirbeln an den Einlassventilen, die die normalerweise gewünschte globale Ladungsbewegung verhindert (Abb. 10.25). Der Mechanismus am reduzierten Ventilspalt führt jedoch zu einem sehr hohen Turbulenzniveau, das bis zum Zündzeitpunkt auf einem wünschenswert hohen Niveau erhalten bleibt.

Diese neuen Verhältnisse sind dem Verbrennungsprozess sehr dienlich und führen zu einer sehr schnellen und gleichmäßigen Flammenausbreitung, die den Brennraum vollständig erfasst

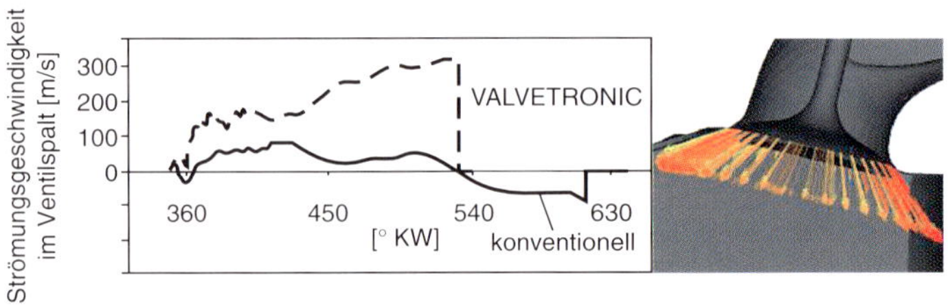

Abb. 10.23. Erhöhung der Strömungsgeschwindigkeit im Ventilspalt und Aufprägung der Einströmbedingungen bei geringen Ventilhüben [10.22]

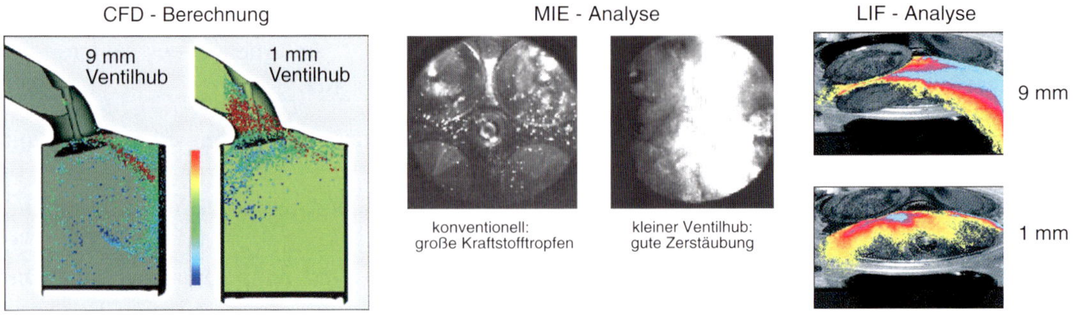

Abb. 10.24. Beeinflussung der Gemischbildung durch veränderte Einströmbedingungen bei kleinen Ventilhüben [10.22]

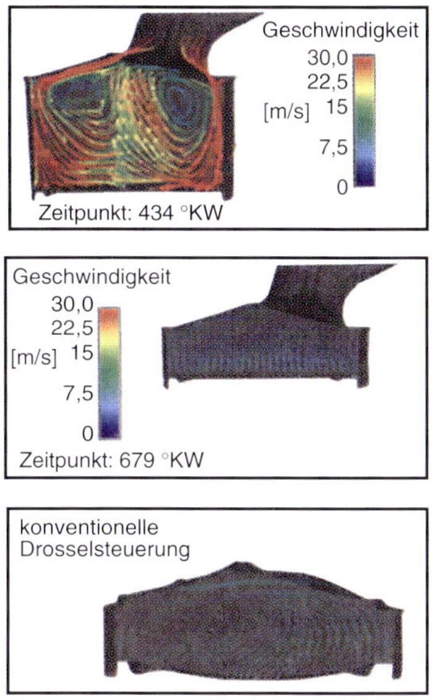

Abb. 10.25

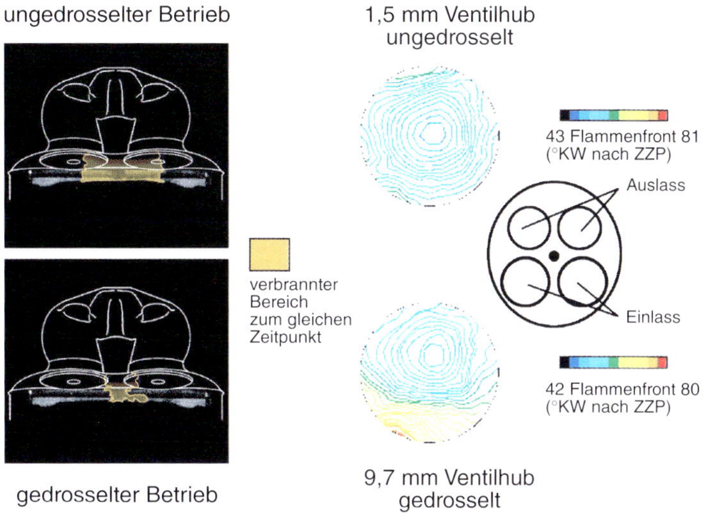

Abb. 10.26

Abb. 10.25. Veränderte Ladungsbewegung zum Zündzeitpunkt [10.22]

Abb. 10.26. Beeinflussung der Flammenausbreitung durch veränderte Ladungsbewegung und Gemischbildung bei kleinen Ventilhüben [10.22]

(Abb. 10.26). Der konventionelle Drosselmodus führt zu der bekannten asymmetrischen Flammenausbreitung mit verzögertem Ausbrand auf der Einlassseite, die im Wesentlichen durch die globale Ladungsbewegung und die Temperaturverhältnisse im Brennraum geprägt ist.

Die thermodynamische Analyse des Verbrennungsdruckes bestätigt, dass auch im Hochdruckprozess deutliche Verbesserungen durch eine schnellere Energieumsetzung und einen vollständigen Ausbrand erzielt werden können. Selbst die scheinbar schädliche Drosselung im Bereich kleinster Lasten durch den sehr kleinen Ventilöffnungsquerschnitt wird durch die Verbesserung des Hochdruckprozesses weit überkompensiert und führt zu einer zirka 25%igen Verbrauchsverbesserung im Leerlauf.

10.4.3 Der elektromechanische Ventiltrieb

Die höchste Variabilität im Ventiltrieb ist dann gegeben, wenn jedes einzelne Ventil seinen eigenen Antrieb bekommt und bedarfsgerecht geöffnet und geschlossen werden kann. Ein Stellvertreter dieser „nockenwellenlosen Motoren“ ist der elektromechanische Ventiltrieb (Abb. 10.27).

Ermöglicht wird die voneinander unabhängige Betätigung aller Ventile durch einen elektromechanischen Steller pro Ventil – kurz Aktuator – und die dazugehörige elektronische Steuerung. Ein Anker bewegt sich durch Federkraft zwischen zwei Magneten, die ihn in den Endlagen halten. Um das Ventil zu öffnen, erteilt die Motorsteuerung einen Ansteuerbefehl an die Elektromagnete. Zuerst wird die Haltespannung an der oberen Spule abgeschaltet, woraufhin die gespannte obere Feder den Anker beschleunigt und sich das Ventil öffnet. Bei Annäherung des Ankers an die maximal geöffnete Position wird der untere Elektromagnet bestromt, der Anker eingefangen und das Ventil im geöffneten Zustand gehalten. Ist die gewünschte Öffnungsdauer

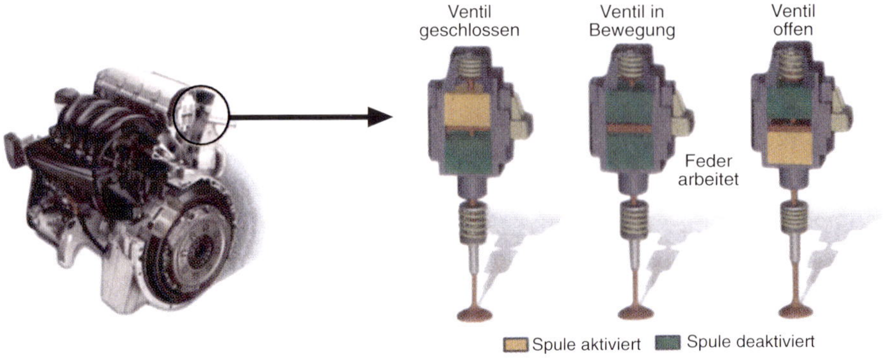

Abb. 10.27. Elektromechanischer Ventiltrieb [10.23]

erreicht, sendet das Steuergerät den entsprechenden Schließbefehl und der Vorgang wiederholt sich analog zum Öffnen, jedoch in umgekehrter Bewegungsrichtung des Ankers.

Um die Aufsetzgeschwindigkeit des Ankers auf das Joch und damit das Geräusch zu minimieren, ist eine Closed-loop-Regelung der Flugbahn des Ankers erforderlich. Die starke Nichtlinearität der Magnetkräfte, abhängig von der Entfernung zwischen Magnet und Anker und der Bewegung, führt bei der gewünschten hohen Dynamik zu sehr hohen Anforderungen an den Regelalgorithmus.

Hinsichtlich der Laststeuerung und der Wirkungsgradvorteile durch die drosselfreie Laststeuerung verhält sich dieses System ähnlich wie ein mechanischer vollvariabler Ventiltrieb. Unterschiede ergeben sich jedoch durch die Art der Ventilöffnung (Abb. 10.28).

Einer der wesentlichen Vorteile des Einzelventilantriebs ist durch seine hohe Variabilität bezüglich Steuerzeiten und Ventilansteuerung gegeben. Je nach Bedarfsfall kann durch die individuelle Steuerung der Ventiltriebseinheiten ein geeigneter Prozessverlauf gewählt werden (Abb. 10.29):

- Frühes Einlassschließen und spätes Einlassschließen sind die wirkungsgradgünstigsten Steuerungsarten bei betriebswarmem Motor.
- Spätes Einlassöffnen ist eine Maßnahme, die speziell bei kaltem Motor zur Verbesserung der Gemischaufbereitung eingesetzt werden kann.
- Mit frühem Auslassschließen oder spätem Auslassschließen können gezielt Restgasmengen gesteuert werden und zur Verdünnung oder zur Gemischaufbereitung genutzt werden.

Darüber hinaus ist es auch nahe liegend, dass ein mechanisch unabhängiger Ventiltrieb sich den einzelnen Betriebsfällen bedarfsgerecht anpassen lässt. So lässt sich eine Reihe systemimmanenter Möglichkeiten nutzen. Dazu zählen u.a. 4-Ventilbetrieb nur an der Vollast und bei höheren Drehzahlen zur Ausnutzung des maximalen Leistungspotenzials (in der Teillast oder im Leerlauf kann ein 3- oder 2-Ventilbetrieb gewählt werden), Geschlossenhalten der Ventile im Schub zur Reduzierung der Reibleistung, Nutzung der optimalen Betriebspunkte durch einfache, applikative Zylinderabschaltungsmöglichkeiten. Die Abschaltung von einzelnen Zylindern oder auch nur von Ventilen erfolgt zyklussynchron. Ebenso ist auch die Laständerung von einem Verbrennungszyklus zum nächsten möglich.

Entsprechend der mechanischen Energie, die ein konventioneller Nockenwellenventiltrieb benötigt, muss beim elektromechanischen Ventiltrieb elektrische Energie aufgebracht werden. Da

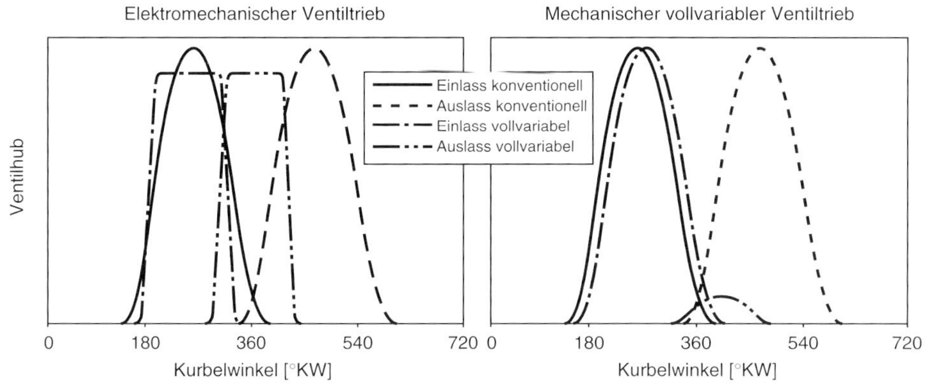

Abb. 10.28. Ventilöffnungen konventioneller und vollvariabler Ventiltriebe [10.23]

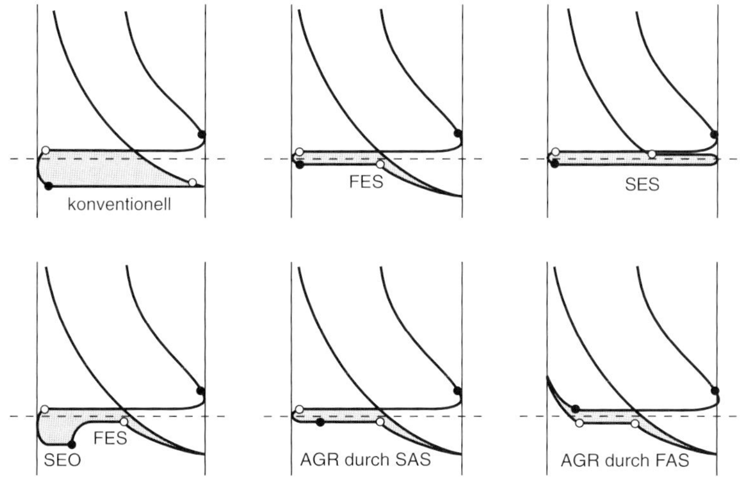

Abb. 10.29. Möglichkeiten der Prozessführung [10.23]. FES, frühes Einlassschließen; SES, spätes Einlassschließen; SEO, spätes Einlassöffnen; SAS, spätes Auslassschließen; FAS, frühes Auslassschließen

der Zylinderinnendruck zum Zeitpunkt des Auslassöffnens Einfluss auf die Leistungsaufnahme hat, gibt es neben der Drehzahlabhängigkeit auch eine Abhängigkeit der elektrischen Leistungsaufnahme des Ventiltriebs von der Motorlast (Abb. 10.30).

10.4.4 Der elektrohydraulische Ventiltrieb

Eine weitere Möglichkeit, einen „nockenwellenlosen Motoren" darzustellen, ist durch den elektrohydraulischen Ventiltrieb gegeben [10.25, 10.26]. Dieses System besteht aus je einem hydraulischen Steller für jedes Gaswechselventil des Motors, einem separaten Hydraulikkreislauf einschließlich Hochdruckpumpe und einem Steuergerät. Im Gegensatz zum elektromechanischen Ventiltrieb ermöglicht der elektrohydraulische Ventiltrieb neben der vollen zyklischen Flexibilität eines jeden einzelnen Ventils bezüglich Öffnungszeitpunkt und Öffnungsdauer auch die Variation des Ventilhubs (Abb. 10.31).

Das Funktionsprinzip eines Stellers der elektrohydraulischen Ventilsteuerung (EHVS) basiert auf einem hydraulischen Differentialkolben. Jeder Steller enthält im Wesentlichen den hydrauli-

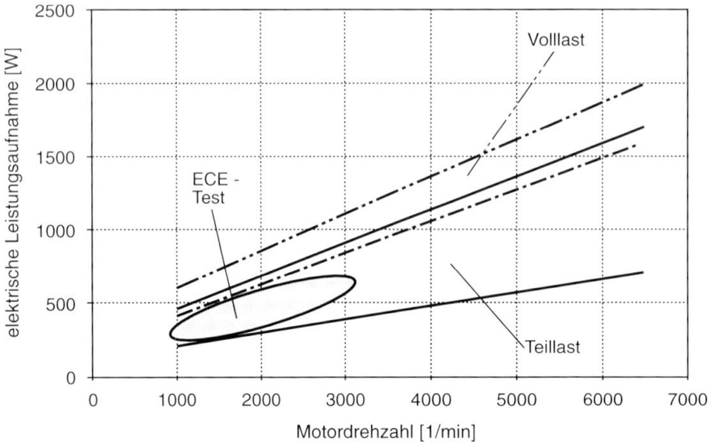

Abb. 10.30. Elektrische Leistungsaufnahme des elektromechanischen Ventiltriebs bei einem 4-Zylinder-4-Ventil-Motor [10.24]

schen Antriebskolben, dessen obere Wirkfläche zirka das Doppelte der unteren Wirkfläche beträgt, das stromlos geschlossene 2/2-Magnetventil MV1 auf der Hochdruckseite und das stromlos offene 2/2-Magnetventil MV2 auf der Niederdruckseite.

Zur Aktivierung der Ventile sind zwei getrennte elektrische Betätigungen notwendig. Zuerst wird MV2 bestromt und der Abfluss der oberen Kammer zur Niederdruckseite geschlossen. Durch Bestromung von MV1 wird Hochdruck in die obere Hydraulikkammer geführt, und das Ventil beginnt sich zu öffnen. Ein Abschalten von MV1 und damit verbunden das Schließen der Hochdruckverbindung stoppt das Nachfließen von Hydraulikflüssigkeit und damit den Öffnungsvorgang. Der sich ergebende Ventilhub resultiert aus dem mit Hilfe des MV1 dosierten, in die obere Kammer geflossenen Hydraulikvolumen. Eine kurze Bestromung von MV1 führt zu einem kleinen Ventilhub, eine lange Bestromung entsprechend zu einem großen Ventilhub. Die Position „Ventil geöffnet" wird rein hydraulisch gehalten, bis MV2 deaktiviert wird und die Niederdruckverbindung sich öffnet. Dann schiebt die Kraft der nach wie vor mit Druck beaufschlagten unteren Wirkfläche den Kolben nach oben. Dieser Vorgang endet mit dem Aufsetzen des Ventils im Sitz, in dieser Position wird es weiterhin mit hydraulischer Kraft gehalten. Insgesamt ergibt sich eine näherungsweise trapezförmige Ventilerhebungskurve mit leichtem Überschwinger am Ende des Öffnungsvorgangs und, je nach verwendeter interner hydraulischer Ventilbremse, einem verschliffenen Übergang am Schließende (Abb. 10.32).

Eine wesentliche Herausforderung liegt in der Applikation einer geeigneten Ventilbremse, die unter allen Bedingungen die Ventilaufsetzgeschwindigkeit beim Schließen auf einen akustisch akzeptablen Wert begrenzt. Im Gegensatz zum elektromechanischen Ventiltrieb muss die Energie zum Öffnen der Ventile immer vom Hydrauliksystem bereitgestellt werden und kann beim Schließvorgang nicht gespeichert werden, sodass insbesondere bei hohen Drehzahlen und hohen Lasten eine vergleichsweise sehr hohe Leistung für den Ventiltrieb notwendig ist.

Prinzipiell sind mit dem elektrohydraulischen Ventiltrieb alle Möglichkeiten zur Prozessführung und zur Optimierung des Betriebsverhaltens, wie beim elektromechanischen Ventiltrieb, gegeben. Darüber hinaus ergibt sich ein zusätzlicher Freiheitsgrad durch die Variation des Ventilhubs. Damit kann die Ladungsbewegung und die Turbulenz im Brennraum zur Optimierung der Verbrennung optimal beeinflusst werden.

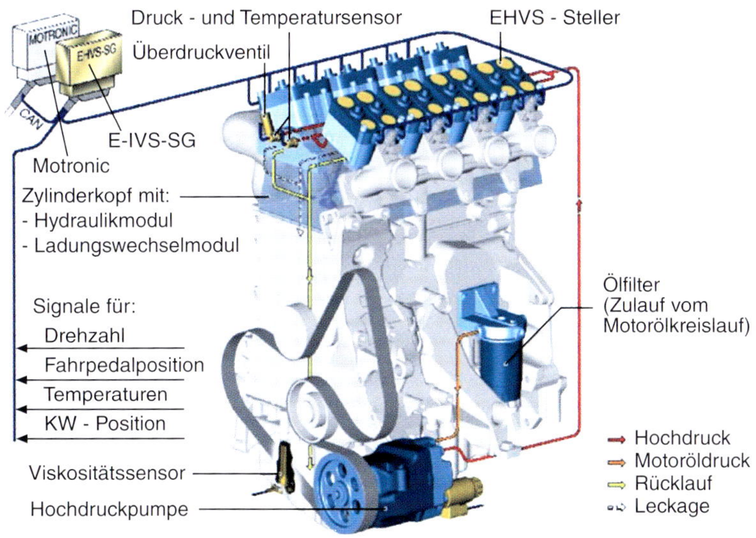

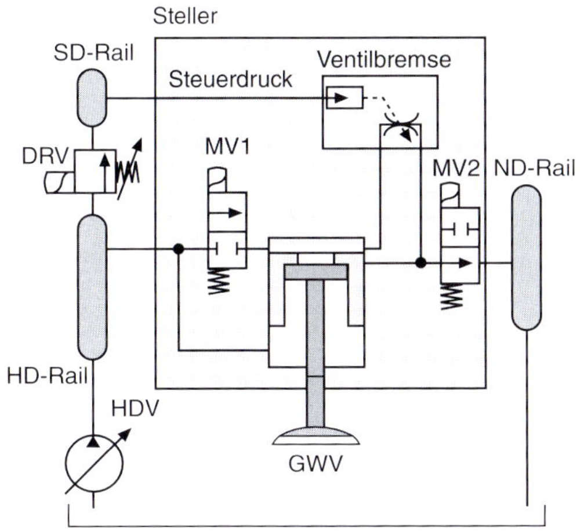

Abb. 10.31. EHVS-Gesamtsystem eines 4-Zylinder-16-Ventil-Ottomotors (Bosch/AVL) [10.26]. DVR, Druckregelungsventil; GWV, Gaswechselventil; HDV, Hochdruckverdichter

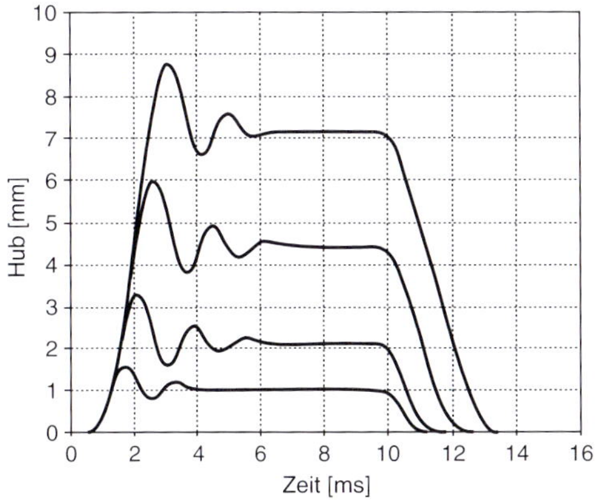

Abb. 10.32. Ventilerhebungskurven der EHVS (Hydraulikdruck 200 bar) [10.26]

10.5 Variables Verdichtungsverhältnis

Zu den elementaren Abhängigkeiten des Arbeitsprozesses des Ottomotors gehört der Zusammenhang zwischen thermischem Wirkungsgrad des Gleichraumprozess und Verdichtungsverhältnis:

$$\eta_{\text{th}} = 1 - 1/\varepsilon^{\kappa-1}. \tag{10.3}$$

Der Wirkungsgrad hängt von den thermodynamischen Eigenschaften des Arbeitsmediums ab. Die Größe der Wärmezufuhr im oberen Totpunkt ist dabei ohne Einfluss. Dieser ideale Zusammenhang ist in Abb. 2.4 dargestellt.

Beim realen ottomotorischen Verbrennungsprozess ist die ideale Wärmezufuhr im oberen Totpunkt aber nicht möglich, sodass das effektive Verdichtungsverhältnis kleiner ist als das geometrische Verdichtungsverhältnis. Dies ist zum einen darin begründet, dass beim Ottokraftstoff eine hohe Abhängigkeit der Klopfneigung vom Verdichtungsverhältnis besteht, und zum anderen erfordert die Dauer des realen Verbrennungsprozesses eine signifikante Abweichung vom idealen Zeitpunkt der Wärmezufuhr. Die Auslegung des geometrischen Verdichtungsverhältnisses ist ein Kompromiss aus den Verbrennungsbedingungen in der klopfbegrenzten oberen Teillast und an der Volllast und dem Anspruch, einen möglichst großen, wirkungsgradoptimalen Teillastbereich darzustellen. Dieser Zielkonflikt erhöht sich insbesondere bei aufgeladenen Ottomotoren.

Bei modernen Ottomotoren mit Variabilitäten im Ventiltrieb wird darüber hinaus das effektive Verdichtungsverhältnis durch die Variabilität des Einlassschließzeitpunktes noch nachteilig beeinflusst (vgl. Abschn. 10.4.2).

Eine Lösung dieser Zielkonflikte ist durch ein variables geometrisches Verdichtungsverhältnis möglich. Dazu sind mehrere unterschiedliche Systemansätze denkbar, die auch zum Teil in Prototypen dargestellt wurden, sich aber bisher wegen des hohen Aufwandes oder anderweitiger Kompromisse, z. B. im Massenausgleich, in der Drehzahlfestigkeit oder in der Verstelldynamik, als Serienlösungen nicht durchsetzen konnten. Im Rahmen der vielfältigen Entwicklungsaktivitäten auf diesem Gebiet ist entsprechend der in Abb. 10.33 erstellten Systematik eine Vielzahl von Konzepten dargestellt worden. Bei ausgeführten Konzepten sind Verbrauchsreduzierungen von 5 bis 8 % dargestellt worden [10.27]. Beispielhaft werden die wesentlichen Konzepte – zuschaltbares Volumen, variable Kolbenhöhe, beweglicher Zylinderkopf, geänderter Kurbeltrieb – im Folgenden kurz vorgestellt.

Bei den Lösungsvarianten mit **zuschaltbarem Volumen** lassen sich prinzipiell kontinuierlich verstellbare und gestuft verstellbare Konzeptvarianten unterscheiden. Zu den ausgeführten Beispielen gehört ein System mit einem elektromechanisch verstellbaren Nebenkolben mit Spindeltrieb. Im verstellbaren Nebenkolben ist dabei die Zündkerze untergebracht (Abb. 10.34).

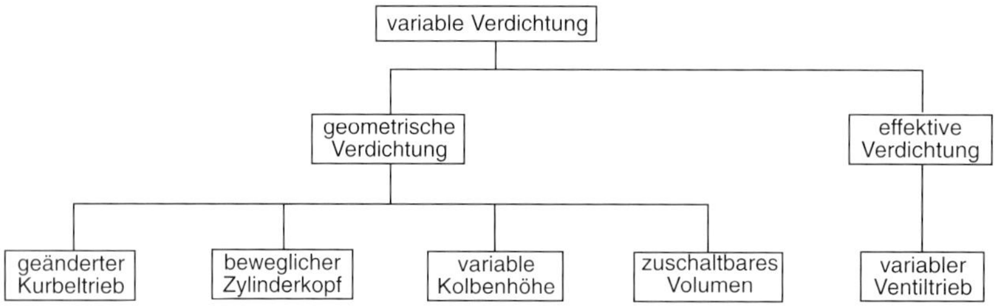

Abb. 10.33. Systematik zur Darstellung einer variablen Verdichtung

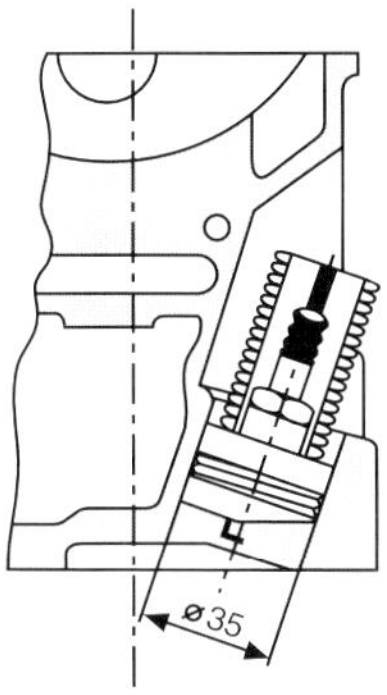

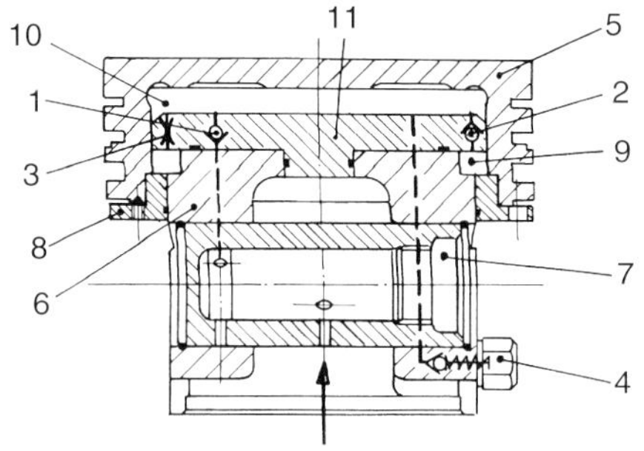

Abb. 10.34 **Abb. 10.35**

Abb. 10.34. Verstellkolben mit integrierter Zündkerze [10.28]

Abb. 10.35. Variabler Kolben mit hydraulischer Verstellung [10.29, 10.30]. 1, Rückschlagventil; 2, Rückschlagventil; 3, Drossel; 4, Druckbegrenzungsventil; 5, Außenkolben; 6, Innenkolben; 7, Kolbenbolzen; 8, Abschlagring; 9, unterer Ölraum; 10, oberer Ölraum; 11, Ventilträgerplatte

Die ausgeführten Systeme mit **variabler Kolbenhöhe** bestehen aus einem zweigeteilten Kolben. Der obere, äußere Teil des Kolbens kann dabei gegenüber dem inneren Teil des Kolbens verschoben werden, wodurch die Kolbenhöhe eingestellt werden kann. Zu den ausgeführten Beispielen gehören insbesondere Systeme mit hydraulischer Verstellung (Abb. 10.35). Nachteilig bei diesen Varianten ist die zwangsläufig deutlich höhere Masse des Kolbens.

Konzepte mit **beweglichem Zylinderkopf** sind durch Heben und Senken oder durch Kippen des Zylinderkopfes ausgeführt worden. Zu den bekanntesten Vertretern dieser Art zählt der CFR-Motor, der zur Bestimmung der Klopffestigkeit von Kraftstoffen seit 1928 eingesetzt wird (Abb. 10.36). Von Saab ist mit dem SVC (Saab Variable Compression) ein Konzept mit einem um 4° kippbaren Zylinderkopf ausgeführt worden, bei dem das Verdichtungsverhältnis zwischen 8 und 14 variiert werden kann (Abb. 10.37). Nachteilig sind die geringe Verstelldynamik und die aufwändige Peripherie.

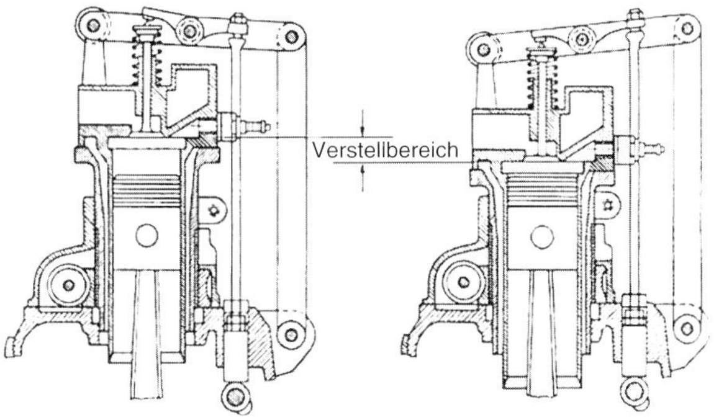

Abb. 10.36 **Abb. 10.37**

Abb. 10.36. CFR-Motor [10.31]

Abb. 10.37. Saab Variable Compression [10.32]

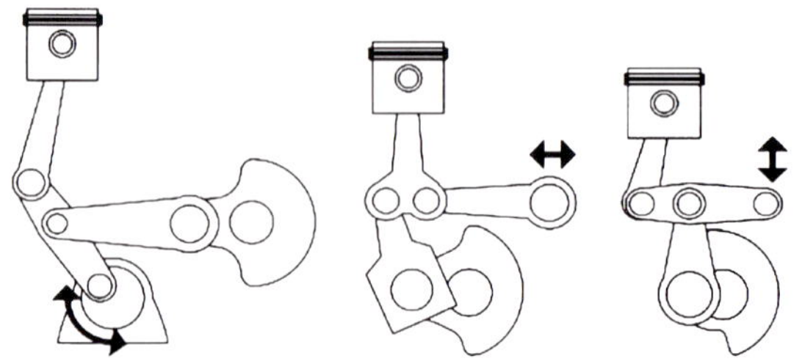

Abb. 10.38. Konzepte mit geteiltem Pleuel [10.27]

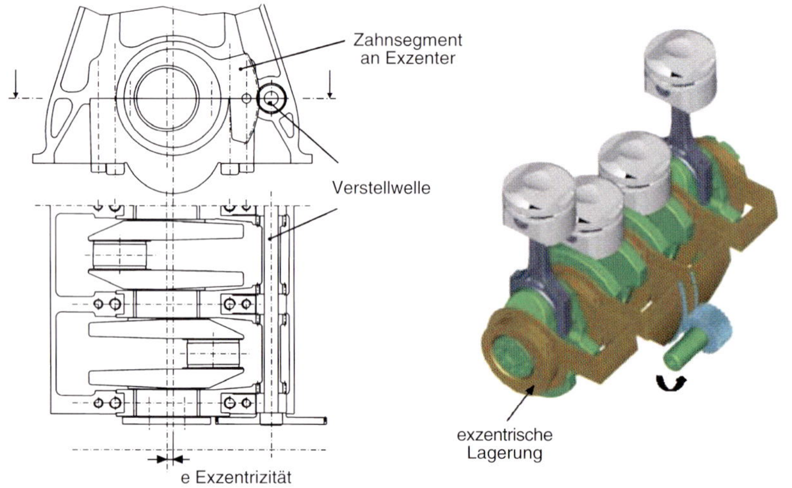

Abb. 10.39. Konzept mit exzentrisch gelagerter Kurbelwelle (FEV) [10.33]

Die Vielzahl der Aktivitäten konzentriert sich aktuell auf Konzepte mit **Variabilitäten im Kurbeltrieb**. Eine wesentliche Motivation für diese Lösungskonzepte liegt in den Möglichkeiten, gleichzeitig eine relativ hohe Verstelldynamik zu realisieren, die Verstellkräfte gering zu halten und die Dynamik möglichst nicht negativ zu beeinflussen. Dazu zählen trotz des aufwändigeren Kurbeltriebs und der komplexeren Kinematik die Konzepte mit geteiltem Pleuel (Abb. 10.38).

Eine weitere Möglichkeit besteht in der exzentrischen Lagerung der Kurbelwelle (Abb. 10.39). Der Ausgleich der Kurbelwellenverstellung zu den Abtrieben erfolgt über ein zusätzliches Ausgleichsgetriebe. Ein ausgeführtes Konzept ist das VCR-Konzept der FEV. Dabei kann das Verdichtungsverhältnis zwischen 8 und 16 mit einer hohen Verstelldynamik von 0,1 bis 0,3 s variiert werden [10.33].

10.6 Zylinderabschaltung

Als Beitrag zur Senkung des Kraftstoffverbrauchs wird bei Motoren ab 4 Zylindern, insbesondere 6-, 8- und 12-Zylindermotoren, die Zylinderabschaltung eingesetzt. In weiten Bereichen der Motorteillast wird dabei ein Teil der Zylinder (häufig die Hälfte) automatisch stillgelegt, wobei die Betätigung der Ein- und Auslassventile sowie die Benzineinspritzung deaktiviert werden (Abb. 10.40). Die Verbrauchsverbesserung des Motors ergibt sich durch den Wegfall der Ladungswechselverluste der abgeschalteten Zylinder und den Betrieb der aktiven Zylinder bei höheren Lasten, damit auch einer Entdrosselung der aktiven Zylinder. Die Wahl der abschaltbaren

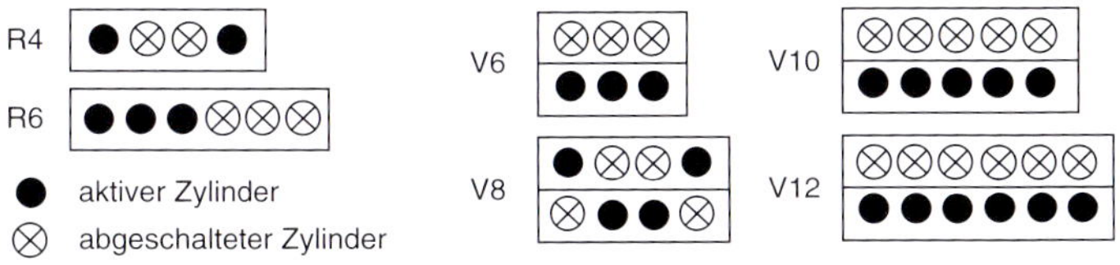

Abb. 10.40. Zylinderabschaltung bei verschiedenen Motorbauformen

Zylinder erfolgt so, dass auch im Abschaltbetrieb konstante Zündabstände eingehalten werden. Besonders zu berücksichtigen ist, dass auch bei Umschaltvorgängen keine Luft zusätzlich zur Verbrennungsluft durch den Motor gefördert wird und damit die präzise $\lambda = 1$-Regelung gestört wird. Die Temperatur der Abgasanlage und damit der Katalysatoren ist auch während der Abschaltphasen sorgfältig auf einem Niveau zu halten, dass nach Wiederaufschalten aller Zylinder sofort eine hohe Konvertierungsrate sichergestellt ist.

Einen V8-Motor mit Zylinderabschaltung von General Motors und seinen Schmierölkreislauf zeigt Abb. 10.41 [10.34]. Bei diesem 5,3-Liter-Pkw-Motor sind wegen der gleichmäßigen Zündfolge Zylinder 2 und 3 der linken sowie Zylinder 1 und 4 der rechten Bank abschaltbar. Die hydraulisch-mechanischen Schaltelemente im Stoßstangen-Ventiltrieb zur Ab- und Zuschaltung der Ventile zeigt Abb. 10.42. Eine rasche und präzise Ab- oder Zuschaltung der Ventile innerhalb eines Arbeitsspieles erfolgt durch die hydraulische Entkopplung innerhalb des Stößelelementes, dargestellt bei deaktivierter Zylinderabschaltung (Abb. 10.42 a) und aktivierter Zylinderabschaltung (Abb. 10.42 b).

Diese Aufgabe kann bei obenliegenden Nockenwellen auch von hydraulisch-mechanischen Schaltelementen im Kipphebel übernommen werden (Abb. 10.43). Während der querkraftfreien

Abb. 10.41

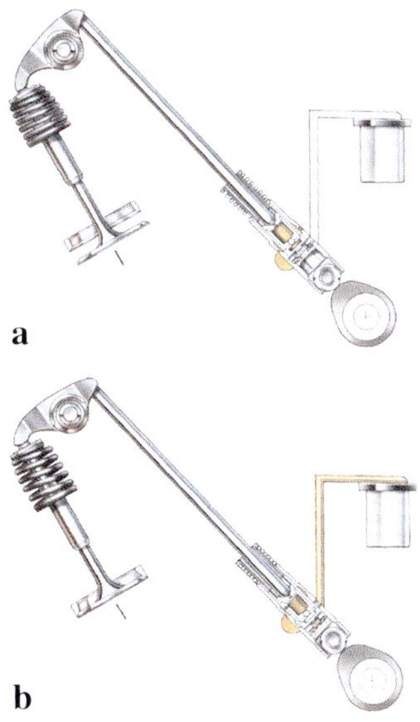

Abb. 10.42

Abb. 10.41. Zylinderabschaltung und Ölkreislauf eines V8-Pkw-Motor (GM V8) [10.34]

Abb. 10.42. Ventiltrieb mit Abschaltelementen für V8-Pkw-Motor (GM V8) [10.34]: deaktivierte (**a**) und aktivierte Zylinderabschaltung (**b**)

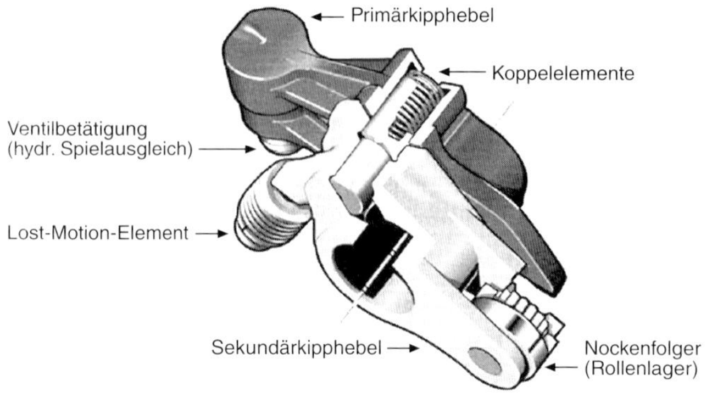

Abb. 10.43. Hydraulisch-mechanische Schaltelemente [10.35]

Grundkreisphase des zugehörigen Nockens wird ein mechanisches Koppelelement hydraulisch verschoben [10.35].

Den mit Zylinderabschaltung gefahrenen Bereich im Motorkennfeld sowie den daraus resultierenden Verbrauchsvorteil bei einem 8-Zylinder-Pkw-Motor zeigt Abb. 10.44.

Die Schaltschwelle liegt im Motorkennfeld knapp unterhalb der 4-Zylinder-Volllastlinie. Die Zylinderabschaltung wird beim vorliegenden Beispiel im Drehzahlbereich von etwa 1000 bis $3500\,\mathrm{min}^{-1}$ eingesetzt. Die innerhalb des „Betriebsbereiches Zylinderabschaltung" angegebenen Werte stellen die prozentuelle Verbrauchsminderung dar. Damit sich das Luftverhältnis während einer Schaltung nicht relevant ändert, wird bei der Einspritzzeitberechnung der Zusammenhang zwischen angesaugter Luft und aktuell absaugenden Zylindern berücksichtigt. Durch entsprechende Eingriffe in Drosselung und Zündung mit einem aufwändigen Algorithmus sichert die Motorelektronik einen drehmomentneutralen und somit ruckfreien Übergang beim Zu- und Abschalten der Zylinder, was hohe Anforderungen an Steuergerät und Applikation bedingt.

Bei einem V12-Motor von Mercedes-Benz wird diese Zylinderabschaltung so ausgeführt, dass eine im dargestellten Fall in Fahrtrichtung linke Zylinderbank über Schaltkipphebel (Abb. 10.43),

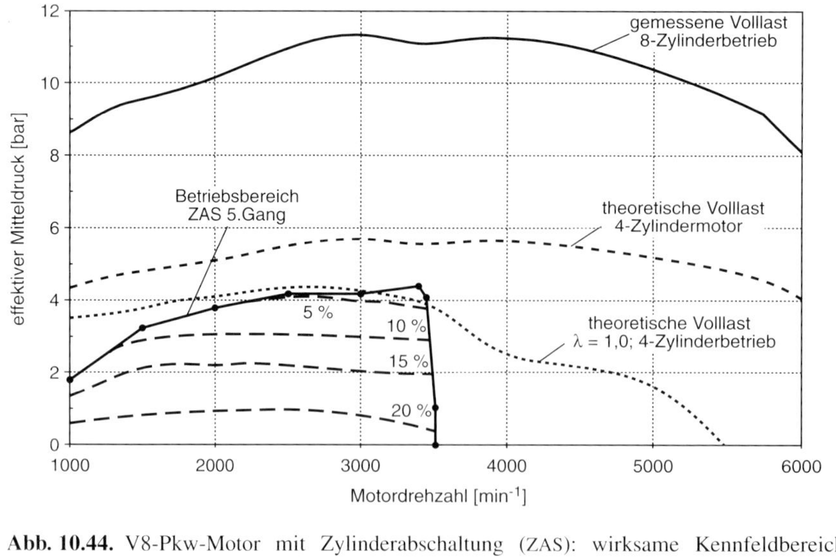

Abb. 10.44. V8-Pkw-Motor mit Zylinderabschaltung (ZAS): wirksame Kennfeldbereiche und prozentuelle Verbrauchsverbesserung

die von vier hydraulischen Schaltkreisen angesteuert werden [10.35] gänzlich deaktiviert wird. Das doppelflutige Abgasnachbehandlungssystem wurde mit einer Übersprechstelle vor den Hauptkatalysatoren unter Boden ergänzt, um auch den linken Katalysator auf Funktionstemperatur halten zu können.

Während in Europa und Japan Zylinderabschaltung bisher nur bei wenigen Motoren eingesetzt wurde, dürfte sie bei US-Herstellern bald breitere Anwendung finden. Die Gründe sind in der wesentlich einfacheren Realisierung bei den typischerweise mit untenliegender Nockenwelle und Stoßstangen ausgeführten V8-Motoren sowie den häufig bei geringer Last betriebenen Motoren mit großen Hubräumen zu sehen.

10.7 Benzin-Direkteinspritzung

Die Direkteinspritzung beim Ottomotor wurde schon vor über 50 Jahren erfolgreich im Fahrzeug- und Flugmotorenbau serienmäßig eingesetzt. Dabei lag das Hauptaugenmerk in der Leistungssteigerung von homogenen Brennverfahren. Der erstmalige Serieneinsatz im Fahrzeug erfolgte 1952 in den baugleich ausgeführten Zweitaktmotoren Gutbrod Superior und Goliath GP 700, wobei sich die aus der Vermeidung der Spülverluste ergebenden veröffentlichten Verbrauchsvorteile im Bereich von 25–40 % bewegten [10.36]. Der erste Serieneinsatz bei Viertaktmotoren erfolgte 1954 im Mercedes 300SL als Homogen-Motor. Im gleichen Jahr wurde die Direkteinspritzung im Rennmotor W196 erfolgreich eingesetzt (Abb. 10.45). Die hohe Systemkomplexität, die geringe Robustheit und die hohen Kosten verhinderten zum damaligen Zeitpunkt eine konsequente Weiterentwicklung und flächendeckende Verbreitung dieser Technologie.

Erst Mitte der 80er Jahre des letzten Jahrhunderts weckte die Benzin-Direkteinspritzung wegen steigender Abgas- und Verbrauchsanforderungen ausgehend vom Zweitaktmotor wieder das Interesse in Forschungs- und Vorentwicklungsprojekten und führte ab 1996 zu ersten erfolgreichen Serieneinsätzen bei japanischen Herstellern [10.38–10.40]. Gegenüber den frühen Motorkonzepten mit homogener Verbrennung wurde bei diesen Motoren nun konsequent ein drosselfreier Betrieb in der unteren Teillast durch Ladungsschichtung angestrebt, sodass erhebliche

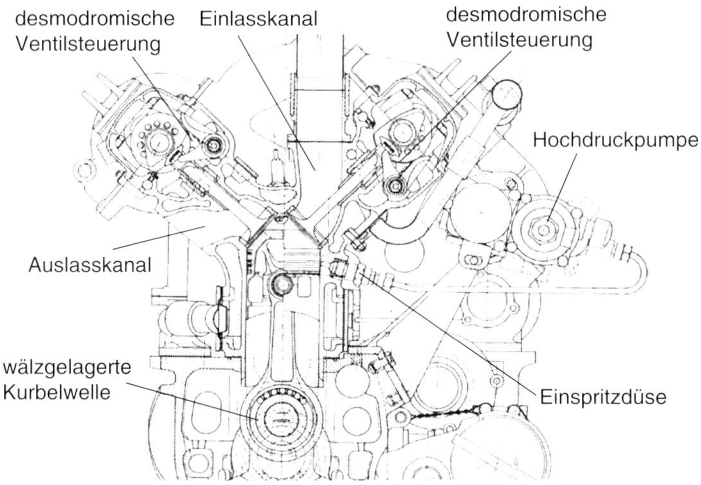

Abb. 10.45. Mercedes-8-Zylinder-Reihenmotor W196 (Renneinsatz ab 1954) [10.37]

	Homogen-Motoren	Schicht-Motoren: Kammerverfahren *	Schicht-Motoren: wand-/luftgeführt	Schicht-Motoren: strahlgeführt
vor 1996	Gutbrod Superior (S) Mercedes W196 (R) Mercedes 300SL (R)	Honda CVCC (S)	MAN-FM Verfahren (S) OSKA-Verfahren (P) VW G-DI (P)	Texaco TCCS (P) Ford PROCO (P) Orbital (P)
nach 1996	Renault IDE (S) Alfa JTS (S) BMW 760 iL (S) Toyota D4-EU (S) Opel L850 (S) Audi TFSI (S) Toyota V6 (S) Audi V6 FSI (S) Volkswagen TSI (S) BMW/PSA Prince TGDi (S) GM L850 2,0 Turbo (S) BMW N54 3,0 Turbo (S)		Mitsubishi GDI (S) Toyota D4 - 1.Gen. (S) Nissan NEODI (S) Volkswagen FSI (S) Toyota D4 - 2.Gen. (S) PSA HPI (S) Audi FSI (S) Mercedes CGI (S) Ford SCi (S) Honda DI (S)	BMW NG6 (S) Mercedes M272 (S) Ford SGDI (D) Subaru (P) Orbital (P) BMW N64 (S)

Abb. 10.46. Klassifizierung der Benzin-Direkteinspritzung und ausgeführte Beispiele (Status 12/2006). Stern, Saugrohreinspritzung möglich; S, Serieneinsatz; P, Prototyp; R, Rennwagen; D, in Serienentwicklung

Verbrauchsverbesserungen in diesem Lastbereich darstellbar waren. Voraussetzung dafür waren die Entwicklungen am Hochdruck-Einspritzsystem („Common-Rail") und an den Injektoren, die Einführung neuer elektronischer Motorsteuerungen, um die sehr hohen Anforderungen hinsichtlich Genauigkeit, Reproduzierbarkeit und Dynamik zu erfüllen. Essentiell war auch die Entwicklung neuer Abgaskatalysatortechnologien (Iridium-Katalysator, $DeNO_X$-Speicherkatalysator), die trotz mageren Motorbetriebs die erforderliche Abgasreinigung sicherstellen. Neben dem Hochlastbetrieb erzwingt insbesondere die Einschränkung des mageren Schichtbetriebes durch das Abgasnachbehandlungssystem die Einführung unterschiedlicher Betriebsarten, homogen und geschichtet, wodurch das vorhandene thermodynamische Potenzial nur bedingt umgesetzt werden konnte. Die Konsequenz aus den meist nur bescheidenen dargestellten Verbrauchsverbesserungen von DI-Motoren der ersten Generation (ausnahmslos wand- und luftgeführte Brennverfahren) in Fahrzeugen ist die Weiterentwicklung zu strahlgeführten Schicht-Brennverfahren oder der Einsatz der Direkteinspritzung bei Homogen-Motoren, um konsequent den Vorteil bei Voll- und Teillast, insbesondere in Verbindung mit Turboaufladung, gegenüber Saugrohreinspritzmotoren umzusetzen (Abb. 10.46).

Die direkte Zumessung des Kraftstoffes in den Zylinder ermöglicht neue Betriebsstrategien, die bei äußerer Gemischbildung nicht darstellbar sind (Abb. 10.47). Neben dem Homogenbetrieb mit der Einspritzung während des Ansaugvorganges und dem klassischen Schichtbetrieb mit der Einspritzung während der Kompressionsphase mit normalerweise nur einem Einspritzvorgang können mehrstufige Einspritzvorgänge entscheidende Vorteile, insbesondere bei der Ausweitung des mageren Schichtbereiches, beim Aufwärmverhalten des Katalysators, aber auch bei der Verbesserung des Volllastverhaltens im untersten Drehzahlbereich erschließen.

10.7.1 Homogene Brennverfahren mit Direkteinspritzung

Die Steigerung der Leistung und das verbesserte Ansprechverhalten waren die maßgeblichen Faktoren beim erstmaligen Einsatz der Benzin-Direkteinspritzung bei Flug- und Rennmotoren.

	Einfacheinspritzung		Mehrfacheinspritzung		
Betriebsart	homogen	geschichtet	homogen-geschichtet	geschichtet-geschichtet	geschichtet-homogen
Einspritzung	Einlass, Verdichtung	Einlass, Verdichtung	Einlass, Verdichtung	Einlass, Verdichtung	Verdichtung, Verbrennung
Mischungsvorgang	Luft	Luft	Mageres Gemisch	Mageres Gemisch	Verbranntes Gas
Luftzahl	0,8 ÷ 1,0	> 1,4	0,8 ÷ 1,2	> 1,1	1,0 ÷ 1,4
Ziel	Leistung	Verbrauch	Kat-Heizen, Klopfreduktion	Verbrauch	Kat-Heizen

Abb. 10.47. Beispiele für Betriebsmodi bei Direkteinspritzung [10.41]

Dabei sind im Wesentlichen zwei Effekte verantwortlich: die Erhöhung des Liefergrades und die Verschiebung der Klopfgrenze. Der Liefergrad erhöht sich dadurch, dass einerseits lediglich Frischluft angesaugt wird und andererseits die Innenkühlung zur Erhöhung der Gemischdichte im Brennraum beiträgt (Abschn. 4.3.2). Die abgesenkte Zylinderladungstemperatur am Beginn der Kompression wirkt sich überproportional günstig auf den Temperaturverlauf während des polytropen Verdichtungsvorganges aus und führt so zu einer entsprechend verminderten Neigung zur Selbstzündung. Dieser Sachverhalt kann zu einer sinnvollen Anhebung des geometrischen Verdichtungsverhältnisses zwischen ein und zwei Einheiten genutzt werden. Der durch diese Maßnahme erzielbare Leistungs- und Drehmomentgewinn liegt im Bereich von 2–5 % gegenüber dem vergleichbaren Saugrohreinspritzmotor (Abb. 10.48).

Durch die Anhebung des Verdichtungsverhältnisses und des damit höheren Brennraumdruckes ergibt sich eine kompaktere Verbrennung. Auf Grund des höheren Expansionsverhältnisses ergibt sich eine leicht abgesenkte Abgastemperatur und der Anreicherungsbedarf des Gemisches zur Abgaskühlung kann entfallen oder wird entsprechend verringert.

Die Entkoppelung von Ansaugvorgang und Einspritzung kann ausgenützt werden, um bei niedrigen Drehzahlen das Drehmomentverhalten zu verbessern. Durch geeignete Steuerzeitenstrategien mit entsprechend großen Ventilüberschneidungen kann ein spülender Ladungswechsel

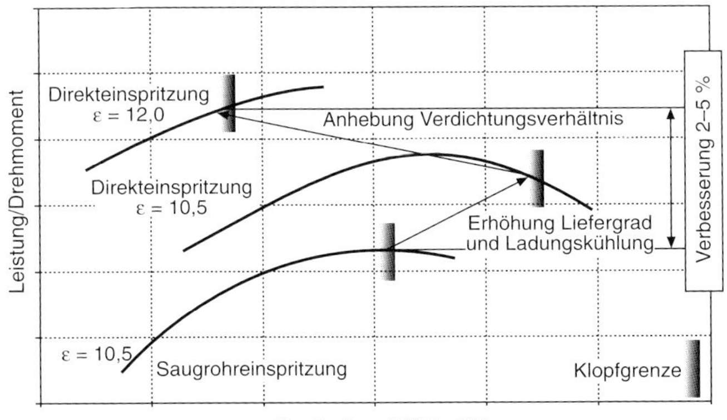

Abb. 10.48. Volllasteffekte durch Einsatz von Direkteinspritzung

mit Ansaugluft dargestellt werden, der einerseits Restgas aus dem Brennraum fördert und andererseits mehr kühlere Frischladung ermöglicht. Besonders bei turboaufgeladenen Motoren wird diese Betriebsweise sehr eindrucksvoll zur Anhebung des Drehmomentes bei niederen Drehzahlen eingesetzt [10.42]. Bei äußerer Gemischbildung erfolgt dieses Spülen mit Gemisch, das durch die einhergehende Exothermie im Katalysator stark begrenzt wird.

Beim homogenen Betrieb spielt die Gemischverteilung und -aufbereitung eine wesentliche Rolle. Da die direkte Einspritzung während des Ansaugvorganges stattfindet, ist es prinzipbedingt von untergeordneter Bedeutung, ob die Einspritzdüse seitlich oder zentral im Brennraum angeordnet ist und die erforderliche Interaktion mit der einströmenden Luft gleichermaßen möglich ist. Wichtig allerdings ist für beide Einbaulagen, dass die Strahlgeometrie an die jeweiligen geometrischen Verhältnisse im Brennraum, insbesondere bei geöffneten Einlassventilen, angepasst wird, um exzessive Wandbenetzung zu verhindern. In unmittelbarer Umgebung der Injektormündung dominiert der Impuls des eingespritzten Kraftstoffes. Bei längeren Einspritzdauern im Hochlastbetrieb rückt das Eindringverhalten des oder der Einspritzstrahlen hinsichtlich möglicher Zylinderwandbenetzung und daraus resultierender Ölverdünnung in den Vordergrund, und es empfiehlt sich, eine sorgfältige Abstimmung der Einspritzung mit der einströmenden Luft durchzuführen. Die Wahl des Einspritzzeitpunktes und des Raildruckes ergeben neben der geometrischen und hydraulischen Auslegung des Einspritzorgans zusätzliche Freiheitsgrade bei der Optimierung (Abb. 10.49). Zu frühes Einspritzen führt zu einer starken Kolbenbenetzung und entsprechend hoher Rußemission, während eine zu späte Einspritzung einen verminderten Luftaufwand und hohe Rußemissionen wegen unzureichender Aufbereitungszeit verursacht.

Im Vergleich zur Saugrohreinspritzung, bei der die Verbrennung ausschließlich mit überwiegend homogenem Gemisch abläuft, können durch den Einsatz der Direkteinspritzung im konventionellen Teillastbetrieb, abgesehen von Effekten infolge des erhöhten Verdichtungsverhältnisses, nur unwesentliche Verbesserungen hinsichtlich Verbrauch und Emission erzielt werden. Trotz einer konsequenten Ausrichtung des Brennverfahrens zu hoher Leistungsdichte ist es mit einer moderat geformten Kolbenmulde möglich, den Kraftstoffverbrauch und die Verbrennungsstabilität im leerlaufnahen Bereich durch Schichtbetrieb erheblich zu verbessern [10.43], wobei gleichzeitig aber auch die Emissionsziele auf Grund des geringen Abgasmassenstroms sicher eingehalten werden können.

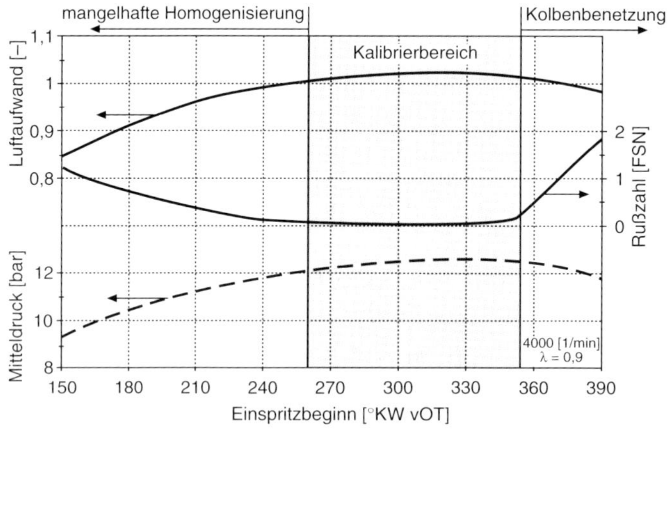

Abb. 10.49. Einfluss des Einspritzbeginns auf Volllastverhalten

Neben den Vorteilen beim konventionellen Voll- und Teillastbetrieb eröffnen sich durch die Direkteinspritzung zusätzliche interessante Möglichkeiten, insbesondere beim Einsatz von Mehrfacheinspritzung. Voraussetzung dabei ist jedenfalls wiederum eine Kolbenform, die einen teilgeschichteten Betrieb ermöglicht. Die erste Einspritzung erfolgt während der Ansaugphase und liefert ein mageres homogenes Grundgemisch. Die zweite Einspritzung findet während der Kompressionsphase statt und generiert eine fette Gemischzone um den Zündort, sodass eine stabile Verbrennung mit sehr später Zündung mit Sauerstoffüberschuss möglich wird. Die sehr späte Verbrennung erhöht die Abgastemperatur und verringert die kritischen HC-Rohemissionen (Abb. 10.50). Die umsetzbare Spätverstellung der Zündung wird jedoch durch den beginnenden Wiederanstieg der NO_X-Emissionen begrenzt.

Weiteres Potenzial zur HC-Emissionsreduktion bietet der Hochdruck-Schichtstart [10.45]. Die höhere Verbrennungsstabilität verbunden mit geringerem Anreicherungsbedarf und der wegfallende Saugrohrwandfilm machen Verbrauchsreduktionen im Startvorgang von 30–50 % möglich [10.46].

10.7.2 Schichtkonzepte der ersten Generation – wand- und luftgeführte Brennverfahren

Die Schichtkonzepte der ersten Generation mit 4-Ventil-Brennraum sind meist aus bereits bestehenden Saugrohreinspritzmotoren abgeleitet, wobei die Hauptabmessungen des Zylinderkopfes und die Positionen der Gaswechselventile unverändert übernommen wurden. Die Zündkerze bleibt nahezu zentral angeordnet und die Einspritzdüse wird seitlich zwischen den Einlassventilen nahe der Zylinderwand positioniert. Der eingespritzte Kraftstoff bewegt sich infolge des Einspritzimpulses und unterstützt durch eine intensive Ladungsbewegung zur brennverfahrensspezifisch gestalteten Kolbenform, von welcher er zum zentralen Zündort geleitet wird. Abhängig von der jeweiligen Einspritzrichtung relativ zur Kolbenoberfläche und der Zylinderinnenströmung wurden wand- und luftgeführte Brennverfahren entwickelt (Abb. 10.51). Wird der Kraftstofftransport gezielt über die Kolbenmulde sichergestellt, spricht man von einem wandgeführten System, ist die Richtung des Einspritzstrahles eher auf den Zündort gerichtet, bezeichnet man es als luftgeführtes System.

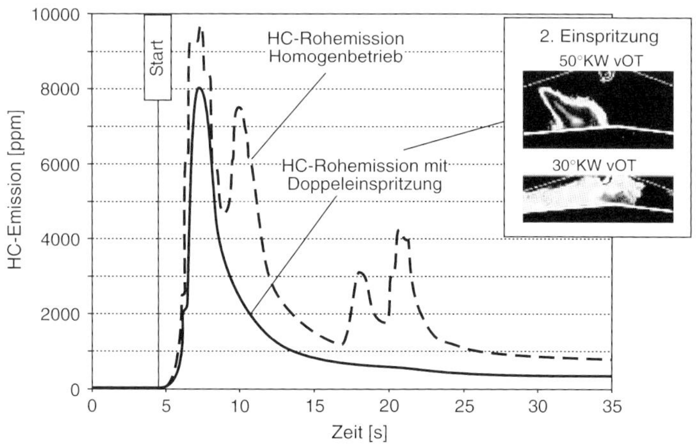

Abb. 10.50. HC-Emissionsverbesserung beim Katalysatorheizen durch Einsatz von Doppeleinspritzung [10.44]

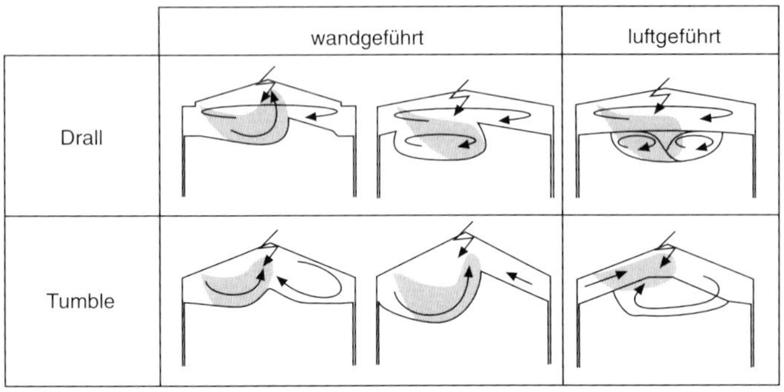

Abb. 10.51. Beispiele ausgeführter wand- und luftgeführter Brennverfahren

Während bei Brennverfahren mit einer Drallströmung die erforderliche Ladungsbewegung durch die Drosselung der Strömung durch einen der beiden Einlasskanäle generiert wird, gibt es bei Brennverfahren mit einer symmetrischen Tumbleströmung Systeme mit, aber auch ohne eine schaltbare variable Ladungsbewegung. Durch die Möglichkeit einer variablen Ladungsbewegung kann die Grundauslegung der Einlasskanäle deutlich stärker in Richtung Füllung erfolgen. Da der Einspritzvorgang zeitbasiert und daher an sich drehzahlunabhängig ist, die Ladungsbewegung aber stark an die Motordrehzahl gekoppelt ist, ermöglicht es die Variabilität der Ladungsbewegung, die Schichtstabilität über einen größeren Drehzahlbereich robuster zu gestalten. Das höhere Ladungsbewegungsniveau kann im Weiteren aber auch außerhalb des geschichteten Betriebsbereichs herangezogen werden, um weitere Verbrauchsverbesserungen durch höhere Abgasrückführraten darzustellen.

Charakteristisch für wand- und luftgeführte Brennverfahren ist die relativ große räumliche Distanz zwischen dem Ort der Einspritzung und dem Zündort, sodass dem Kraftstoff beim Einspritzvorgang ein entsprechend hoher Impuls aufgeprägt werden muss, um sicher zum Zündort zu gelangen. Als Einspritzorgane kommen überwiegend Drallinjektoren mit einem Druckbereich von 50–120 bar zum Einsatz, die in einem Winkel von etwa 20°–50° gegenüber der Horizontalen im Zylinderkopf verbaut sind, wobei luftgeführte Systeme naturgemäß eine deutlich flachere Einspritzrichtung aufweisen. Durch den ausgeprägten Stabilisierungseffekt von Brennraumgeometrie und Ladungsbewegung einerseits sowie durch die weitgehende Trennung von Einspritzstrahlgeometrie und Ausbildung der Gemischwolke andererseits wirken sich Toleranzen und Streuungen der Einspritzdüse nur gering auf das Betriebsverhalten aus. Einspritzstrahlen mit sehr kleinem Tropfenspektrum, wie sie etwa bei direkter Gemischeinblasung erzeugt werden, eignen sich auf Grund des zu geringen Strahlimpulses nicht für wand- und luftgeführte Brennverfahren.

Die Dauer zwischen Einspritzung und Verbrennung ergibt sich aus der für den Gemischtransport notwendigen Zeit, die zur Verbesserung des Aufbereitungszustandes des Gemisches zum Zündzeitpunktes dient (Abb. 10.52). Insbesondere der an der Kolbenoberfläche gebildete Kraftstoffwandfilm kann innerhalb dieser Zeit weitgehend abdampfen, sodass der überfette Bereich kleiner und die damit verbundene Rußbildung verringert wird.

Der Verbrauchsvorteil beim geschichteten Teillastbetrieb von bis zu etwa 20 % setzt sich im Wesentlichen aus einer erheblichen Reduktion der Drosselverluste, dem höheren Verdichtungsverhältnis und der etwas günstigeren Gaszusammensetzung (wegen Luftüberschuss überwiegend zweiatomige Moleküle), welche in einem höheren Polytropenexponenten resultiert, zusammen. Obwohl die mittlere Gastemperatur niedriger ist, ergeben sich auf Grund des höheren

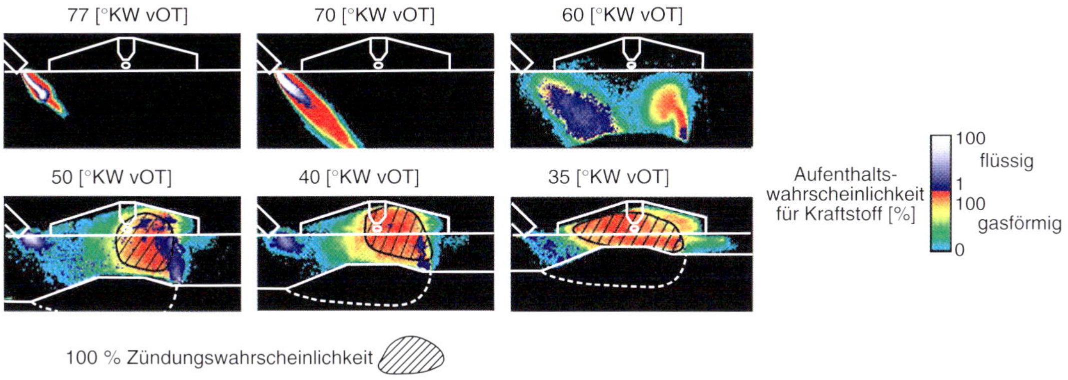

Abb. 10.52. Wandgeführtes Brennverfahren: Ladungsschichtung bei Teillast [10.47]. $n = 1000\,\text{min}^{-1}$, $p_i = 2{,}9$ bar, Einspritzbeginn 80° KW vor OT

Zylinderdruckes und der recht hohen Strömungsgeschwindigkeiten relativ gesehen höhere Wandwärmeverluste. Im Vergleich zum thermodynamischen Optimum ist die Lage der Verbrennung bei Schichtverfahren typischerweise zu früh. Die Ursache liegt im deutlich unsymmetrischen Brennverlauf, der durch das recht lange Ausbrennen des Kraftstoffes im Übergangsbereich des Gemisches zum umgebenden Gas gegen Ende der Umsetzung sowie die nach dem oberen Totpunkt erfolgende Vergrößerung des Brennraumvolumens, verbunden mit einer Änderung der Zylinderinnenströmung und verstärkter Diffusion der Schichtung, bedingt ist (Abb. 10.53).

Die relativ hohen Kohlenwasserstoffemissionen setzen sich überwiegend aus unverbranntem Kraftstoff zusammen, der durch Auslöschungsvorgänge infolge zu starker Verdünnung am Übergangsbereich des Gemisches zum umgebenden Gas („flame quenching") bzw. nahe der kühleren Brennraumwandung („wall quenching") nicht mehr verbrannt werden kann. Während die NO_x-Emissionen im homogenen Betrieb über einem Luftverhältnis von etwa 1,1 bekannter-

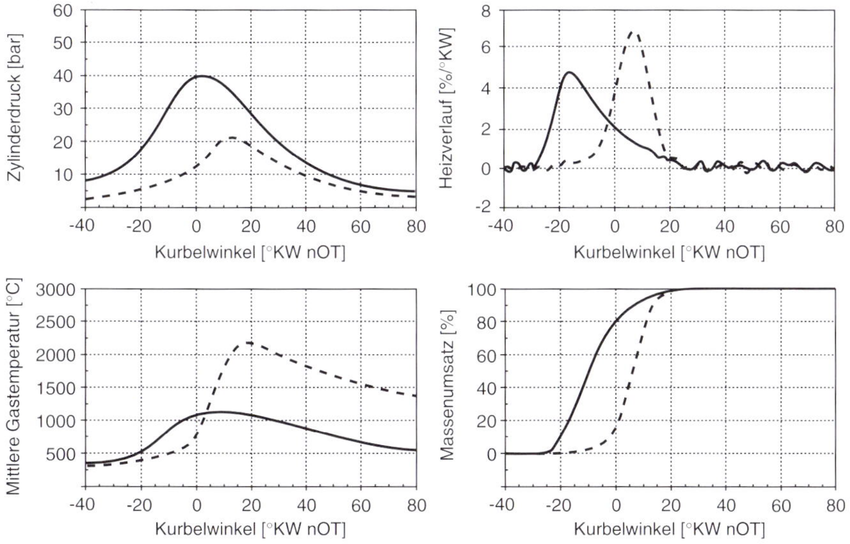

Abb. 10.53. Vergleich zwischen homogener ($\lambda = 1$; strichlierte Linie) und geschichteter Verbrennung (wandgeführt ohne Abgasrückführung; volle Linie). $n = 2000\,\text{min}^{-1}$, $p_i = 2{,}7$ bar

maßen stark abnehmen, ergeben sich beim geschichteten Betrieb trotz eines extrem mageren Gesamtluftverhältnisses vergleichbar hohe Werte wie bei stöchiometrischen Bedingungen. Obwohl das Verbrennungsgebiet durch die Schichtladung im Brennraum räumlich begrenzt ist, ergibt sich eine sehr stark zerklüftete Flammenfront mit großer Oberfläche, die sich jeweils von fetteren Kernbereichen in magere Randbereiche ausbreitet und dabei lokal die erforderlichen NO_X-Bildungs-Temperaturen überschreitet. Durch die Zugabe von externen Abgasrückführraten gelingt es durch Verdünnung der Ladung, die Spitzentemperaturen während der Verbrennung zu senken und damit die NO_X-Emission entscheidend zu reduzieren. Im Bereich der Schichtung mit Luftmangel erfolgt die Verbrennung vorgemischt oder sogar diffusions-kontrolliert unter starker momentaner Rußbildung ähnlich der dieselmotorischen Verbrennung. Im weiteren Verlauf der Verbrennung wird durch mehr oder weniger intensive Luftzufuhr, insbesondere an die mit flüssigem Kraftstoff benetzte Kolbenoberfläche, der gebildete Ruß aufoxidiert. Dennoch bleiben für Ottomotoren je nach Abstimmung erhöhte Rauchwerte im Abgas messbar.

Hinsichtlich Ablagerungen muss bei der Entwicklung besonderes Augenmerk auf die Verkokungsneigung der Einspritzdüse, die Ablagerungen im Brennraum selbst und auch die Ablagerungen im Ansaugsystem infolge der hohen externen Restgasraten gerichtet werden. Die bereits in Serie eingeführten Direkteinspritzmotoren (Abb. 10.46) zeigen allerdings, dass das Ablagerungsproblem am Benzinmotor mit Direkteinspritzung auch bei sehr unterschiedlichen marktspezifischen Randbedingungen beherrschbar ist.

10.7.3 Schichtkonzepte der zweiten Generation – strahlgeführte Brennverfahren

Brennverfahren der zweiten Generation, so genannte strahlgeführte Systeme, welche durch die enge Anordnung von Zündkerze und Einspritzdüse gekennzeichnet sind, zeigen ein erheblich besseres Verhalten bezüglich der Größe des Schichtbereiches, des Kraftstoffverbrauches und der Emissionen im Vergleich zur ersten Generation.

Im Prinzip sind drei verschiedene Anordnungen von Zündkerze und Einspritzdüse bei einem 4-Ventil-Brennraum möglich: Zündkerze und Injektor in der Symmetrieebene von Ein- und Auslassventilen (Zündkerze auf der Ein- oder Auslassseite) oder eine annähernd kurbelwellenparallele Ausrichtung der beiden Komponenten (Abb. 10.54a). Für strahlgeführte Verbrennungssysteme besitzt die zentrale Positionierung der Einspritzdüse und der Zündkerze bei gegebenen Strahleigenschaften die höchste Priorität (Abb. 10.54b). Die sich ergebende Anordnung bestimmt die restliche Architektur des Zylinderkopfes und insbesondere das Kühlungskonzept.

Durch die nahe Anordnung von Zündkerze und Einspritzdüse in der Mitte des Brennraums werden die zeitlichen Abstände zwischen Einspritzung und Zündung erheblich verkürzt. Bedingt durch die spätere Einspritzung ist der wirksame Gegendruck beim strahlgeführten Brennverfahren gegenüber der ersten Generation höher und es wird eine annähernd konstante Strahlform relativ zum fixen Zündort benötigt. Daher kommen neue Aufbereitungskonzepte mit vom Gegendruck unabhängiger Einspritzstrahlform zur Anwendung, wie etwa nach außen öffnende Düsen und Mehrlochinjektoren. Um weiterhin eine hohe Aufbereitungsgüte zu halten, wird der maximale Einspritzdruck von etwa 120 bar bei der ersten Generation auf 200 bar oder höher angehoben. Zwar hilft die höhere Ladungsdichte im Brennraum infolge des höheren Gegendrucks und der höheren Temperatur die Penetration zu verringern, trotzdem ist auf geringes Eindringverhalten im Hinblick auf minimale Kolbenbenetzung zu achten (Abb. 10.54c).

Die Positionierung der Zündkerze ist derart vorzunehmen, dass ein direktes Anspritzen der Elektroden im homogenen und geschichteten Betrieb vermieden wird. Die Zündkerze muss für

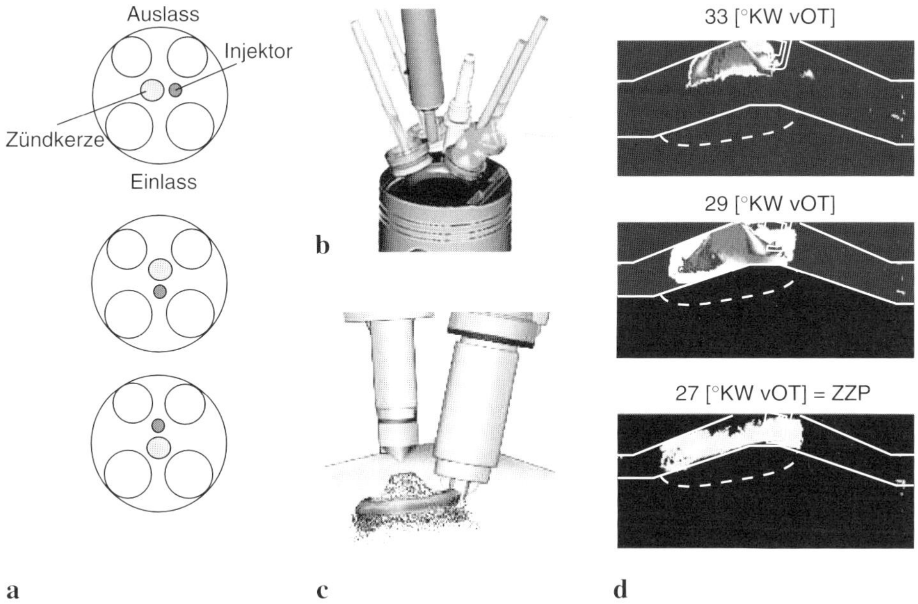

Abb. 10.54. Strahlgeführte Brennverfahren: **a** mögliche Anordnung von Injektor und Zündkerze bei 4V-Brennraum, **b** Beispiel der Positionierung von Zündkerze und Einspritzstrahl, **c** Simulation des Einspritzvorgangs [10.48], **d** Ladungsschichtung bei Teillast (Einspritzbeginn 35° KW vor OT, $n = 2000\,\text{min}^{-1}$, $p_i = 3\,\text{bar}$)

zuverlässigen, geschichteten Betrieb sehr nahe von außen an den freien Einspritzstrahlrand in den Bereich der Rezirkulationszone herangeführt werden. Ein intensives Benetzen der Elektroden mit flüssigen Anteilen kann zur Verkokung der Elektroden und hohem Elektrodenverschleiß führen.

Obwohl prinzipiell das strahlgeführte Brennverfahren ohne Kolbenmulde darstellbar ist, ergeben sich mit einer moderaten Brennraummulde nennenswerte Vorteile besonders bei den HC-Emissionen. Für den Gemischtransport selbst ist keine ausgeprägte gasseitige Ladungsbewegung erforderlich, da ja der Zündort unmittelbar am Einspritzstrahl liegt.

Beim strahlgeführten Brennverfahren findet die Zündung bereits während oder unmittelbar nach der Einspritzung statt. Während die Entflammung und der erste Teil der Verbrennung noch ähnlich ist zu anderen geschichteten Brennverfahren, ergibt sich eine kürzere Umsetzungsdauer zwischen 50 und 95 % MFB, die auf Grund der reduzierten Gemischbildungszeit und damit geringeren Diffusion der geschichteten Gemischwolke erklärt werden kann (Abb. 10.55). Damit verbunden sind deutlich niedrigere HC-Emissionen im geschichteten Betrieb gegenüber wand- oder luftgeführten Brennverfahren.

Beim Vergleich der gemessenen Betriebskenngrößen von verschiedenen Brennverfahren, homogen stöchiometrisch, geschichtet wandgeführt und geschichtet strahlgeführt, zeigen sich die charakteristischen Unterschiede. Im dargestellten Lastschnitt werden die NO_x-Emissionen der geschichteten Verfahren auf einen annähernd vergleichbaren Wert bezogen (Abb. 10.56).

Über den gesamten Schichtbereich ergibt sich mit strahlgeführten Brennverfahren eine zum Teil erhebliche Verbesserung des Kraftstoffverbrauches gegenüber Systemen der ersten Generation. Zudem kann der Schichtbereich zu höheren Lasten und Drehzahlen hin nennenswert ausgedehnt werden. Die deutlich niedrigeren HC-Emissionen besonders zu hohen Lasten hin erlauben es, das vorhandene Schichtpotenzial weitgehend auszunützen, da die weniger intensiven exothermen

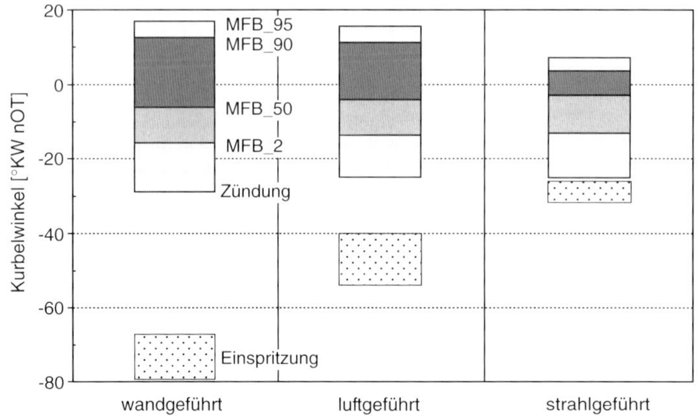

Abb. 10.55. Vergleich des Verbrennungsablaufs verschiedener Brennverfahren [10.49]

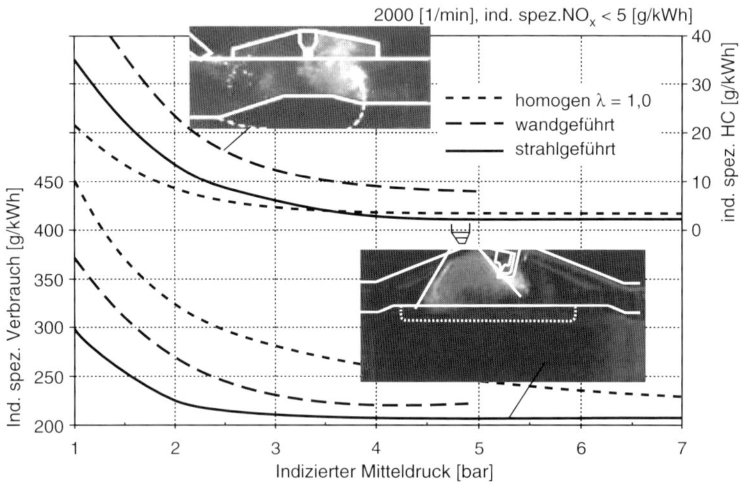

Abb. 10.56. Vergleich des spezifischen Verbrauchs und spezifischer HC-Emissionen verschiedener Brennverfahren [10.49]

Reaktionen im Vorkatalysator die für den NO_X-Einspeicherprozess kritische Abgastemperatur nur unwesentlich erhöhen.

Hochrechnungen des Fahrzyklusverbrauches basierend auf stationär gemessenen Verbrauchskennfeldern und erste Fahrzeugergebnisse zeigen unter zurzeit gültigen EU-Randbedingungen eine Verbrauchsabsenkung von 15–20 % und unterstreichen damit das sehr hohe Potenzial strahlgeführter Brennverfahren. Erste Serieneinführungen für den europäischen Markt erfolgten ab Mitte 2006 [10.48, 10.50]. Zukünftige Entwicklungen am Brennverfahren, an den eingesetzten Komponenten und Systemen zielen maßgeblich darauf hinaus, einen langzeitstabilen Betrieb des Gesamtsystems mit einer attraktiven Kosteneffizienz sicherzustellen.

10.8 Downsizing

Eine sehr wirksame Maßnahme zur Verbrauchsreduktion im Teillastbetrieb stellt die Lastpunktverschiebung dar, wobei ein mehr oder weniger konventionelles homogenes Verbrennungskonzept zu

Grunde liegt. Bei konstanter abzugebender Motorleistung kann die Motorlast durch Hubraumverkleinerung („Downsizing") und/oder Drehzahlabsenkung („Downspeeding") angehoben werden, um den Wirkungsgrad insbesondere durch Verringerung der Drosselverluste zu steigern. Der Downsizing-Faktor DF definiert sich über das Hubvolumenverhältnis des Basismotors $V_{h,Basis}$ und jenes des „downgesizten" Motors $V_{h,reduziert}$:

$$DF = V_{h,reduziert} / V_{h,Basis}. \tag{10.4}$$

Um entsprechende Fahrleistungsanforderungen zu erfüllen, ist Downsizing entweder in Verbindung mit direkter elektrischer Fahrunterstützung durch einen Elektromotor (Hybridantrieb) oder in Verbindung mit Aufladung, mechanisch oder mit Abgasturbolader (ATL), sinnvoll, wobei beim Konzept mit Aufladung der ATL aus thermodynamischer Sicht zu bevorzugen ist. Konzepte mit konventionellen ATL erlauben DF bis etwa 0,7, um zufriedenstellendes dynamisches Ansprechverhalten und ausreichendes Anfahrmoment auch unter ungünstigen Bedingungen wie etwa hoher Außentemperatur oder Höhenlage zur Verfügung zu stellen. In Abb. 10.57 ist ein Downsizingkonzept dargestellt, bei dem der Ladermotor einerseits durch Reduzierung des Hubvolumens und andererseits durch eine Verlängerung der Achsübersetzung bei höheren Mitteldrücken und damit besseren spezifischen Verbräuchen betrieben wird.

Durch die Hubraumreduktion unter Beibehaltung der Zylinderzahl, Grundabmessungen und Nebenaggregaten geht ein Teil des Verbrauchsgewinns aus der Lastanhebung wieder verloren, da der hubraumkleinere Motor spezifisch ungünstigere Teillastverbräuche besitzt (Abb. 10.58). Geht man von einem 3,0-Liter-Saugmotor aus, so kann die erforderliche Leistung von 10 kW durch einen raumreduzierten Motor mit 2,2 Liter Hubraum erreicht werden, indem bei konstanter Motordrehzahl der Mitteldruck von 2,0 auf 2,73 bar angehoben wird. Mit der Annahme, dass der spezifische Verbrauch im Wesentlichen vom Einzelzylinderhubvolumen abhängt, wie die Trendlinien in Abb. 10.58 zeigen, ergibt sich unter Beibehaltung der Zylinderzahl und abgesenktem Zylinderhubvolumen ein bescheidener Verbrauchsgewinn von etwa 4 %, während sich bei einer Zylinderzahlreduktion von 6 auf 4 eine Verbrauchsverbesserung von zirka 9 % einstellt.

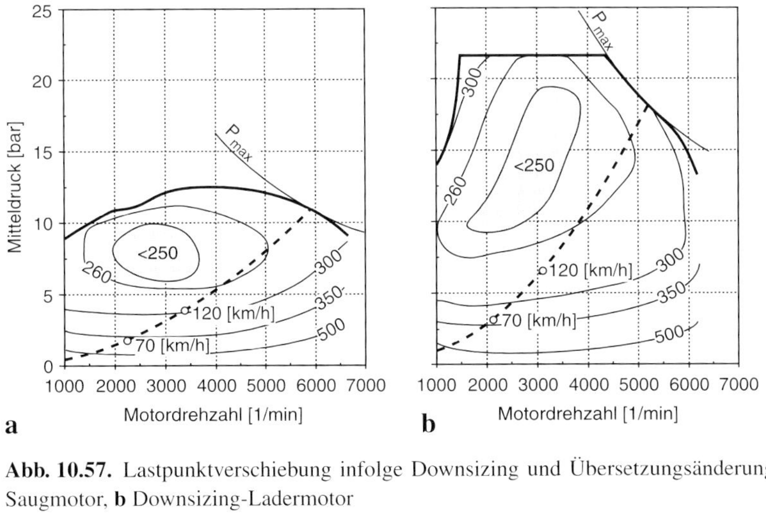

Abb. 10.57. Lastpunktverschiebung infolge Downsizing und Übersetzungsänderung im Verbrauchskennfeld: **a** Basis-Saugmotor, **b** Downsizing-Ladermotor

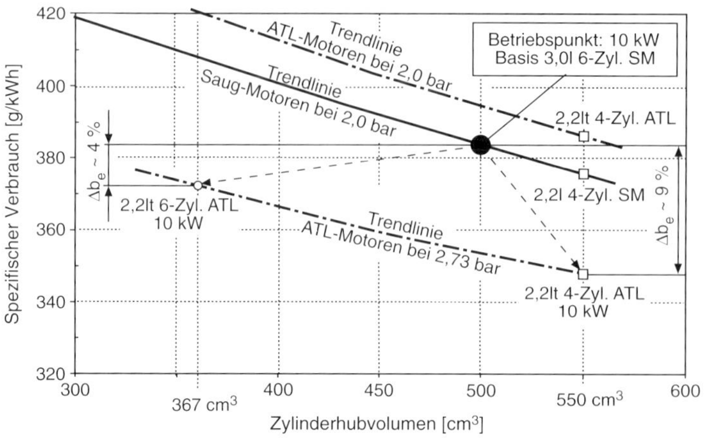

Abb. 10.58. Downsizing durch Hubraum- und Zylinderzahlreduktion [10.51]

Insbesondere die relativ höhere Reibung, die abgesenkte Verdichtung wegen der Aufladung und aufladespezifische Verluste beim Ladungswechsel zehren einen erheblichen Teil des theoretisch möglichen Verbrauchsgewinns wieder auf. Um trotzdem ein hohes Maß an Verbrauchsverbesserung beim Downsizing zu realisieren, wird eine zusätzliche Lastpunktverschiebung durch eine abgesenkte Motordrehzahl angestrebt, die über eine Änderung der Gesamtübersetzung des Antriebsstranges realisiert wird (Abb. 10.59). Je geringer die Hubraumreduktion ist, desto stärker muss die Drehzahlabsenkung ausfallen. Beispielsweise ist zum Erzielen eines 15 % Verbrauchsgewinns bei der Konstantfahrt (Abb. 10.59) bei einem DF von 0,7 zusätzlich noch eine deutliche Absenkung der Motordrehzahl um etwa einen Faktor von 0,8 erforderlich. Wird der Verbrauchsgewinn infolge der Lastpunktverschiebung fast ausschließlich über eine Absenkung der Motordrehzahl dargestellt, spricht man von einer „Verdieselung“ des Antriebsstranges des Ottomotors [10.52].

Das dynamische Verhalten eines „downgesizten“ Motors ist in Abb. 10.60 in Relation zum stationären Moment des Basismotors dargestellt. Dabei wird das gemessene Moment jeweils nach 1 s und 0,5 s nach dem Lastsprung zum Vergleich herangezogen. Trotz eines deutlichen stationären Drehmomentenüberschusses im gesamten betrachteten Drehzahlbereich ergeben sich insbesondere

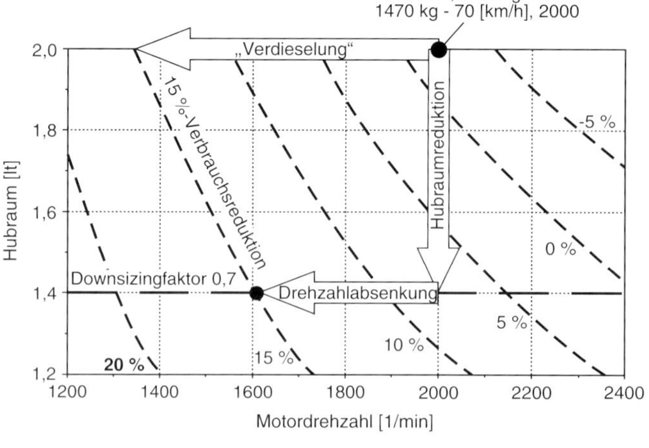

Abb. 10.59. Downsizing durch Hubraumreduktion und Drehzahlabsenkung [10.44]

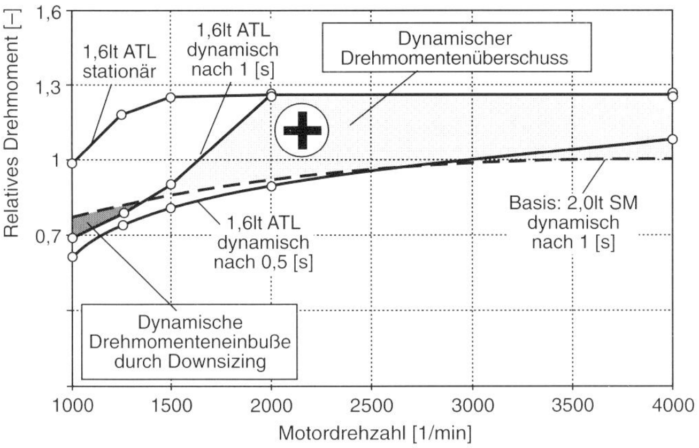

Abb. 10.60. Dynamischer Drehmomentenaufbau eines aufgeladenen Downsizing-Motors. Lastsprung aus $p_e = 2{,}0$ bar auf Volllast [10.44]

im untersten Drehzahlbereich erhebliche Einbußen gegenüber dem Basis-Saugmotor; ab etwa 1400 min^{-1} ist aber immer ein Vorteil auch im dynamischen Betrieb (Kriterium nach 1 s) für den ATL-Motor gegeben.

Eine weitere Verbesserung der instationären Fahrbarkeit im unteren Drehzahlbereich können zweistufige Aufladeeinheiten oder auch elektrisch unterstützte, kombinierte Aufladesysteme bringen [10.53]. Besonders der schnelle Ladedruckaufbau zur unmittelbaren Drehmomenterzeugung, wie er bei Saugmotoren möglich ist, steht im Mittelpunkt der Entwicklung. Hybrid- oder Teilhybridantriebe haben hier gegenüber den Konzepten mit Aufladung den klaren dynamischen Vorteil, das geforderte Drehmoment sofort anzubieten.

Downsizing ist unbestritten eine Schlüsseltechnologie zur Verbrauchsreduktion zukünftiger ottomotorischer Antriebe. Um allerdings die entscheidende Kundenakzeptanz zu erhalten, sind neben den rein thermodynamischen Aspekten auch weitere wichtige Anforderungen bei der Betrachtung des gesamten Antriebsstranges und des Fahrzeuges zu beachten. Zu diesen Ansprüchen zählen beispielsweise hinsichtlich Fahrbarkeit die verfügbare Zugkraft und die Spontanität in Verbindung mit der Getriebecharakteristik, hinsichtlich Komfort und Image die Zylinderzahl und die Akustik. Erst die gelungene Kombination aus Fahrleistung und Wirtschaftlichkeit entscheidet über eine weite Verbreitung dieser Technologie.

10.9 Kontrollierte homogene Selbstzündung

Brennverfahren mit kontrollierter Selbstzündung weisen ein hohes Potenzial für eine deutliche Verbrauchs- und NO_x-Reduktion beim Ottomotor auf (CAI, controlled auto-ignition, oder auch HCCI, homogeneous charge compression ignition). Die sich durch den Brennraum ausbreitende Flammenfront mit lokal hohen Temperaturen wird durch eine nahezu simultane Verbrennung im gesamten Brennraum ersetzt, sodass sich infolge der niedrigen Prozesstemperaturen auch sehr geringe NO_x-Emissionen ergeben. Die Möglichkeit der Entdrosselung und der hohen Verdünnungsraten resultieren in vergleichsweise günstigen Wirkungsgraden [10.55].

Die Herausforderung liegt im Beherrschen der Verbrennungseinleitung und des Verbrennungsablaufes, der im Wesentlichen durch die kinetischen Prozesse der Selbstzündung gesteuert wird und somit von „außen“ mehr oder weniger nur vor Beginn der Kompression beeinflusst werden kann. Kraftstoffseitig kann auf Reaktionsfähigkeit des Gemisches durch gezielte Kraftstoffzusammensetzung [10.56], die Verwendung von vorkonditioniertem Kraftstoff oder aber auch durch Einsatz von speziellen Kraftstoffadditiven Einfluss genommen werden. Motorseitige Parameter zielen auf die Steuerung der thermodynamischen Bedingungen (Temperatur und Druck) ab. Während sich die Ansauglufttemperaturheizung für den transienten Motorbetrieb als nicht zielführend herausgestellt hat, beinhalten alle Erfolg versprechenden ottomotorischen Ansätze eine variable Ventilsteuerung und Direkteinspritzung. Durch die variable Ventilsteuerung wird eine gezielte Zumessung von heißem Restgas zur Steuerung der Ladungstemperatur möglich, die in weiterer Folge während der Verdichtungsphase die Vorreaktionen bis hin zur eigentlichen Selbstzündung auslöst. Die Verbrennung beginnt bei der homogenen Selbstzündung typischerweise an mehreren verschiedenen Stellen im Brennraum zeitgleich und ist durch eine sehr kurze Umsetzungsphase gekennzeichnet (Abb. 10.61).

Während beim fremdgezündeten Betrieb mit seiner vergleichsweise langen Umsetzungsdauer die Abweichungen der optimalen Verbrennungslage sich nur moderat auf den Verbrauch auswirken, ist bei der Selbstzündung durch die kurze Umsetzungsdauer eine deutlich stärkere Sensibilität bezüglich der Verbrennungslage feststellbar [10.58], wobei bei einer Verschiebung Richtung früh meist zusätzlich eine Begrenzung hinsichtlich des akzeptablen maximalen Druckanstieges besteht. Bei höheren Lasten muss infolge des starken Druckanstieges die Verbrennungslage deutlich Richtung spät verschoben werden, sodass infolge des Wirkungsgradverlustes und instabiler Verbrennung auf den Betrieb mit konventioneller Fremdzündung gewechselt werden muss. Bei der kontrollierten homogenen Selbstzündung beim Ottomotor handelt es sich daher um ein Teillastbrennverfahren.

Die Bereitstellung der hohen Restgasraten (bis zu 70 %) erfordert einen erheblichen Eingriff in den Ladungswechsel des Motors, wobei sich bislang zwei praktikable Verfahren herausgestellt haben: entweder wird das Restgas nach der Verbrennung durch frühes Auslassschließen im Brennraum belassen (Restgasverdichtung mit und ohne Voreinspritzung) oder nach dem Ladungswechsel-OT wird das Abgas aus dem Auslasstrakt in den Brennraum zurückgesaugt.

Der Verbrennungsbeginn und die Verbrennungslage werden über die Temperatur und damit den Restgasgehalt gesteuert. Die sich damit einstellende Ladungsverdünnung durch Restgas und Abmagerung im HCCI-Betrieb und die daraus resultierende NO_X-Emission und Verbrauchsreduktion sind in Abb. 10.62 dargestellt. Trotz fehlender magerer NO_X-Nachbehandlung erfüllt

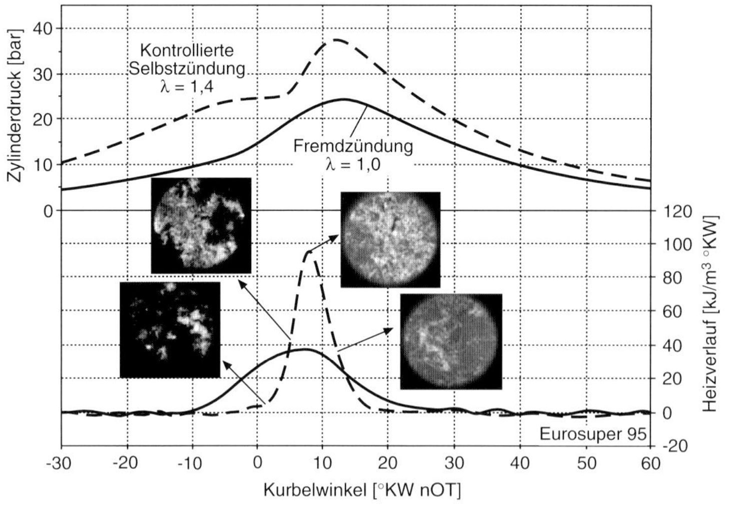

Abb. 10.61. Vergleich zwischen Fremd- und Selbstzündung [10.57]

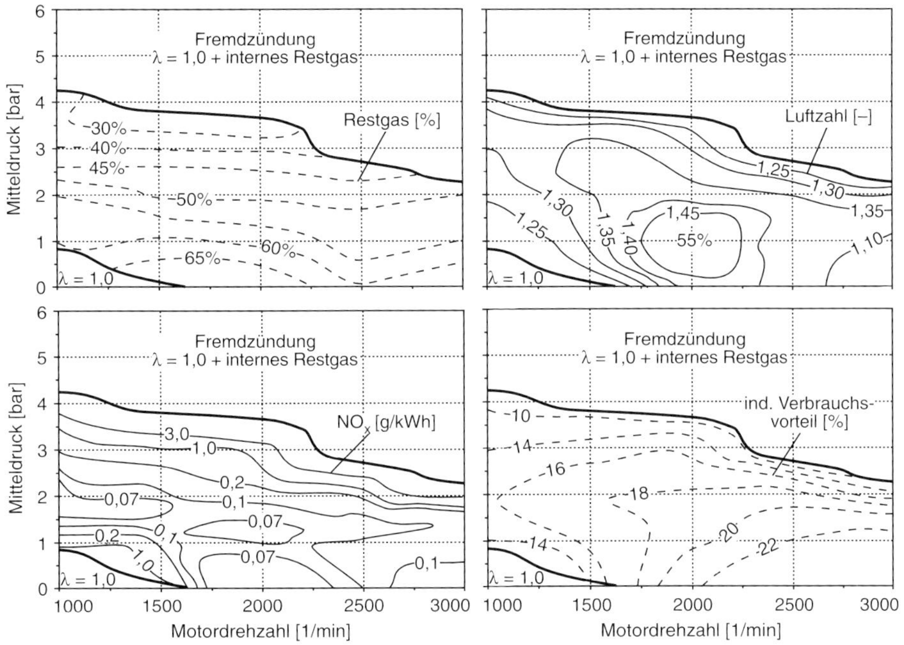

Abb. 10.62. CSI-Motorergebnisse im Selbstzündungsbetrieb [10.59]

dieser Betriebsmodus auf Grund der niedrigen NO_X-Rohemissionen die zurzeit gültige europäische Abgasgesetzgebung bei weitem [10.59].

Für den mobilen Einsatz des HCCI-Brennverfahrens in einem Fahrzeug ist die Beherrschung von dynamischen Vorgängen und Betriebsartenwechsel Voraussetzung, um einerseits einen stabilen Motorbetrieb zu gewährleisten und andererseits bestehenden Komfortansprüchen zu genügen. Bei Temperatursteuerung über Restgas ist daher die genaue Kenntnis der Abgastemperatur des vorangegangenen Zyklus erforderlich, damit beim nachfolgenden Zyklus die korrekte Zusammensetzung der Ladung dargestellt werden kann. Da beim fremdgezündeten Betrieb die Abgastemperatur im Allgemeinen deutlich höher ist als beim Selbstzündungsmodus, ist beim Betriebsartenwechsel hin zum selbstgezündeten Betrieb diesem Sachverhalt besonderes Augenmerk zu schenken [10.60]. Der in Abb. 10.63 dargestellte Umschaltvorgang zeigt exemplarisch die Verbrennungsabfolge mit und ohne Berücksichtigung des vorangegangenen Zyklus. Die erheblich höhere Temperatur im fremdgezündeten Modus führt zu einer viel zu frühen Verbrennung im HCCI-Betrieb, was sich in einem deutlich wahrnehmbaren Druckanstieg bemerkbar macht. Mit Umschaltfunktionen lassen sich zwar die Spitzenwerte beim Umschaltvorgang verhindern, ein zum konventionellen Fremdzündungsbetrieb höherer Druckanstieg mit dem damit einhergehenden subjektiven Geräuscheindruck bleibt allerdings brennverfahrensbedingt bestehen.

Grundsätzlich kann mit Aufladung der Selbstzündungsbereich zu höheren Lasten hin ausgedehnt werden, die NO_X-Emissionen bleiben infolge der höheren Verdünnung niedrig. Begrenzend bleibt letztlich aber wiederum der maximal zulässige Druckanstieg, der sehr stark an die umzusetzende Kraftstoffmasse gebunden bleibt und somit nur moderat angehoben werden kann.

Während die homogene Selbstzündung bei Zweitaktmotoren schon im Serieneinsatz war [10.62], werden zurzeit auf Forschungs- und Vorentwicklungsniveau sehr unterschiedliche Ausführungsformen und Verfahren für kontrollierte Selbstzündung am Pkw-Ottomotor untersucht

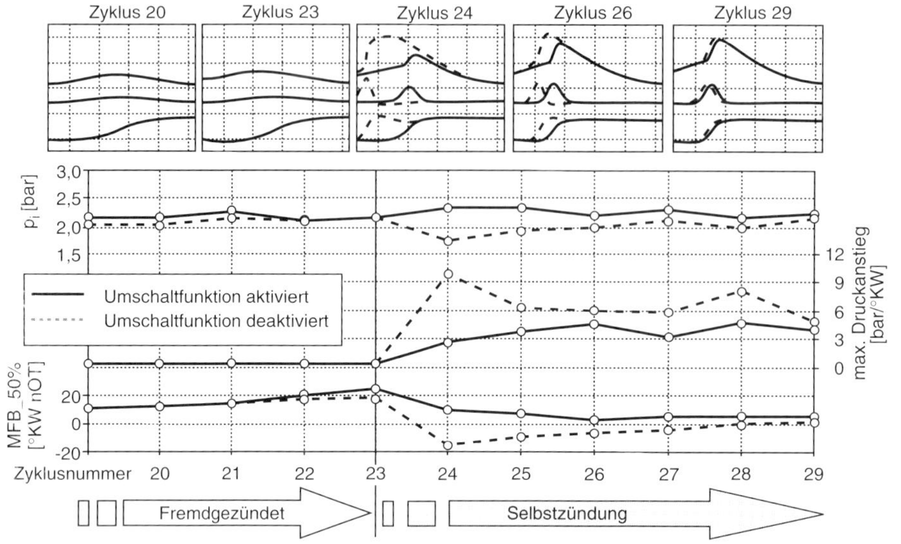

Abb. 10.63. Umschaltvorgang von Fremd- auf Selbstzündung [10.61]

und weiterentwickelt. Der Aufwand für die erforderliche Motorhardware und die notwendige Motorsteuerungsfunktionalität in Verbindung mit dem Kundennutzen werden letztendlich über einen möglichen Serieneinsatz dieses Brennverfahrens entscheiden.

10.10 Zweitakt-Kleinmotoren

Den heutigen leichten Fahrzeug-Zweitaktmotor in seinen Grundsätzen stellte Julius Söhnlein in einer Patentanmeldung 1891 vor: Erstmals wurden bei diesem Motor Einlassvorgang, Überström- und Auslassvorgang alleine vom Arbeitskolben gesteuert (Abb. 10.64) [10.63]. Der besonders einfache und kostengünstige Aufbau, gutes Leistungsgewicht und ausgezeichneter Drehmomentverlauf haben in weiterer Folge über lange Zeit zur beinahe ausschließlichen Verwendung von Zweitaktmotoren bei kleinen Zweiradfahrzeugen und Kleinmotoren allgemein geführt.

Der große Vorteil des einfachen Aufbaues mit nur wenigen bewegten Teilen bedingt leider auch zwei prinzipielle Nachteile dieses Konzeptes: Mit der Verwendung des Kurbelraumes als Spülpumpe ist ein Verlustschmiersystem verbunden und die Steuerzeiten des Auslass- und des Überströmkanales sind symmetrisch bezüglich dem oberen Totpunkt. Das bei der Expansion des Arbeitsgases erforderliche frühere Öffnen des Auslasskanales (der so genannte Vorauslasswinkel) verhindert nach Beenden des Spülvorganges und Schließen des Spülkanales mit dem noch für die Dauer des Vorauslasswinkels geöffneten Auslasskanal den Abschluss des Zylinders. Das führt im Allgemeinen zu hohen Spülverlusten und verhindert eine Aufladung.

Unzählige Erfinder und findige Konstrukteure haben daher in vielen Schritten Spülkonzepte ohne Ventile mit besonders geformten Kolbenkonturen zur Lenkung des Spülstrahles, Stufenkolben (Abb. 10.65), Steuerungen des Ladungswechsels mit Kolben, Ventilen und verschiedenster Schieberausführungen und Membranventilen mit eigenen Spülgebläsen versucht [10.63].

Besondere Reife erlangten vor allem die in jahrzehntelanger Entwicklungsgeschichte von Puch Graz in Großserie produzierten Doppelkolbenmotoren (Abb. 10.66a). Ein von DKW 1933 nach dem Prinzip des Doppelkolbenmotors arbeitender Rennmotor mit Ladepumpe konnte im Rennsport

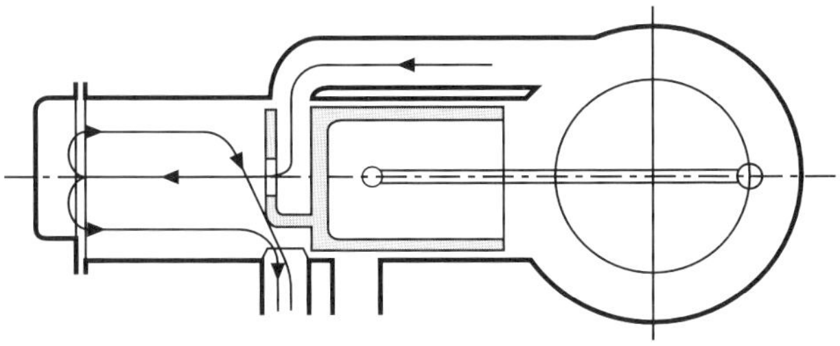

Abb. 10.64

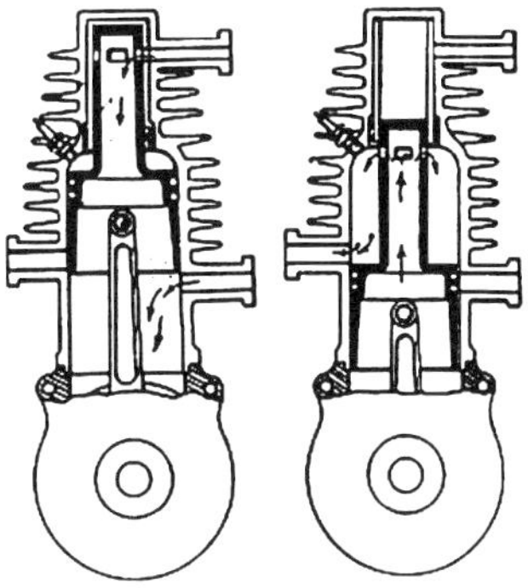

Abb. 10.65

Abb. 10.64. Zweitaktmotor, Patent Julius Söhnlein 1891 [10.63]

Abb. 10.65. Schliha-Motor, Berlin (1925) [10.63]

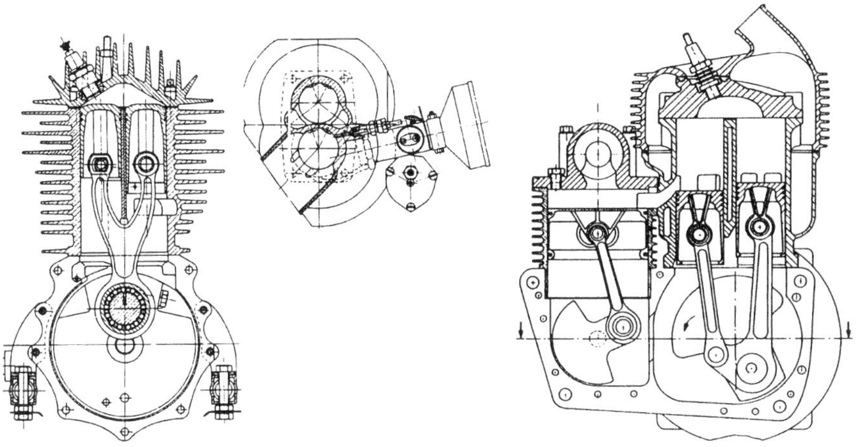

a b

Abb. 10.66. **a** Puch-S4-Doppelkolbenmotor (1934), $V_H = 250\,\text{cm}^3$, $P_e = 5\,\text{kW}$ bei $4100\,\text{min}^{-1}$; **b** DKW-ULD-250-Drehschiebermotor mit Ladepumpe (1938), $V_H = 250\,\text{cm}^3$, $P_e = 22\,\text{kW}$

sehr erfolgreich eingesetzt werden (Abb. 10.66b) [10.63]. Für die Serienanwendung bei kleinen Zweitaktmotoren bestand bei vielen Herstellern der Wunsch nach einfachen und kostengünstigen Einkolben-Triebwerken. Mit der ab 1932 von DKW in Serie eingeführten Schnürle-Umkehrspülung konnte mit Flachkolben ein wesentlicher Verbesserungsschritt gemacht werden, sodass dieses Prinzip von nahezu allen anderen Motorenherstellern übernommen und in Modifikationen bis heute weiterentwickelt und eingesetzt worden ist (Abb. 10.67).

Trotz aller erreichten Fortschritte bleibt damit ein Grundproblem des einfachen Zweitakt-Motors, die symmetrischen Steuerzeiten mit unvermeidbaren Spülverlusten, bestehen. Während in der Vergangenheit nur der schlechte Wirkungsgrad dieser Motoren das Einsatzgebiet auf einfache Anwendung einschränkte, sind in den letzten Jahren vermehrt die aus Spülverlusten resultierenden HC-Emissionen zur – in vielen Fällen unüberwindlichen – Hürde geworden.

Der beim Zweitaktmotor nahe liegende Gedanke innerer Gemischbildung führte recht früh dazu, Direkteinspritzung zur Gemischbildung einzusetzen. Dem 1952 vorgestellten Gutbrod

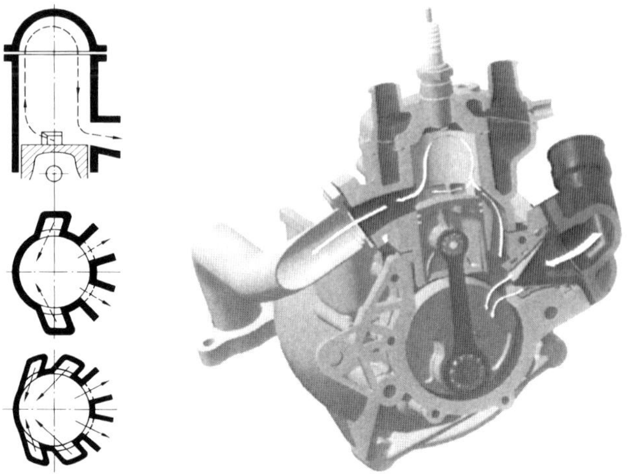

Abb. 10.67. Schnürle-Umkehrspülung und Ladungswechsel im Zweitaktmotor

Superior und damit dem Konzept des Zweitaktmotors mit Direkteinspritzung blieb mit einer bescheidenen Stückzahl der große Erfolg trotz der mit bis zu 40 % angegebenen Verbrauchsminderung versagt.

Heute sichern vor allem die Tugenden Leistungsgewicht, geringer Bauraumbedarf, Drehmomentverhalten und lageunabhängige Funktion dem Zweitaktmotor seine Anwendungsgebiete bei handgehaltenen Arbeitsgeräten (Abb. 10.68a) sowie Hochleistungs- (in Serie bis 130 kW/l) (Abb. 10.68b) und Motorsportanwendungen.

Zur Emissions- und Verbrauchsminderung werden als Gemischbildner neben dem Vergaser Einspritzsysteme mit und ohne Luftunterstützung eingesetzt. Die Zuführung des Kraftstoffes kann im Saugrohr, Kurbelgehäuse, den Überströmkanälen sowie direkt im Brennraum erfolgen. Bei direkter Einbringung im Brennraum können die Spülverluste vollständig vermieden werden, allerdings entstehen sehr hohe Anforderungen an das Einspritzsystem [10.64]: Aus der extrem kurzen verfügbaren Gemischbildungsphase von unter 60° Kurbelwinkel zwischen Auslass und

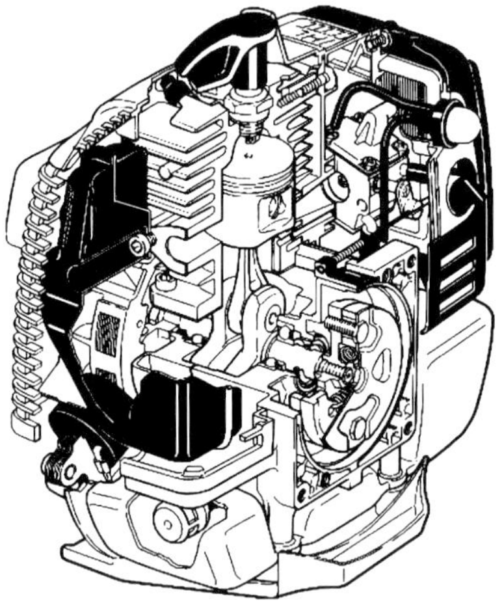

a

b

Abb. 10.68. **a** Zweitaktmotor für handgehaltenes Arbeitsgerät (Stihl); **b** Zweitaktmotor für Schneemobile (Rotax 995 SDI mit Semi-Direkteinspritzung), $V_H = 995\,cm^3$, $P_e = 130\,kW$

Zündzeitpunkt resultiert bei hohen Drehzahlen eine Zeit im Bereich von 1 ms und damit eine Anforderung an die Zerstäubung und einspritzseitige Gemischaufbereitung, die nur mit hohem Einspritzdruck oder luftunterstützten Verfahren erfüllt werden kann. Beides erhöht den Bedarf an Bauraum und den kostenseitigen und energetischen Aufwand für die Gemischaufbereitung und mindert somit einen Teil der Vorteile des Zweitaktmotors.

Die strengere Limitierung der Abgasemissionen für Zweiradfahrzeuge und auch im Off-Road-Bereich führt bei diesen Anwendungen zunehmend zu einem Wettbewerb von Zwei- und Viertakt-Konzepten. Dem nach wie vor bestehenden Vorteil der Leistungsfähigkeit von Zweitaktmotoren stehen allerdings beträchtliche Aufwände für innere Gemischbildung und Abgasnachbehandlung gegenüber. Vor allem die überzeugende Lösung des Zielkonfliktes zwischen Emissionsverhalten und Aufwand wird für die zukünftige Anwendungsbreite des Zweitakt-Ottomotors entscheidend sein [10.65, 10.98].

10.11 Großgasmotoren

Aus Kap. 1 geht bereits hervor, dass die allerersten Motoren mit Fremdzündung unter die Kategorie (Groß)gasmotoren fallen. Für die mobile Anwendung hat sich wegen der leichteren und besseren Speicherfähigkeit bei den meisten Anwendungen flüssiger Kraftstoff und somit der „Benzinmotor" durchgesetzt.

Lange Zeit fristete der Gasmotor ein Schattendasein, bis er in den letzten Jahren als besonders umweltfreundlicher, sehr effizienter, stationärer Großmotor im Leistungsbereich von etwa 100 bis 10.000 kW zunehmend Anwendung fand, überwiegend zur Stromerzeugung [10.66]. Einen modernen Großgasmotor von GE-Jenbacher mit einem Hubraum von 3,06 dm^3 je Zylinder zeigt Abb. 10.69.

Ein besonderer Vorteil dieser Gasmotoren ist die mögliche Nutzung von Kraftstoffen, die entweder kostengünstig verfügbar sind oder als Abfallprodukte industrieller Prozesse anfallen, teilweise sogar eine besondere Umweltbelastung darstellen würden. Die Wirkungsgrade dieser

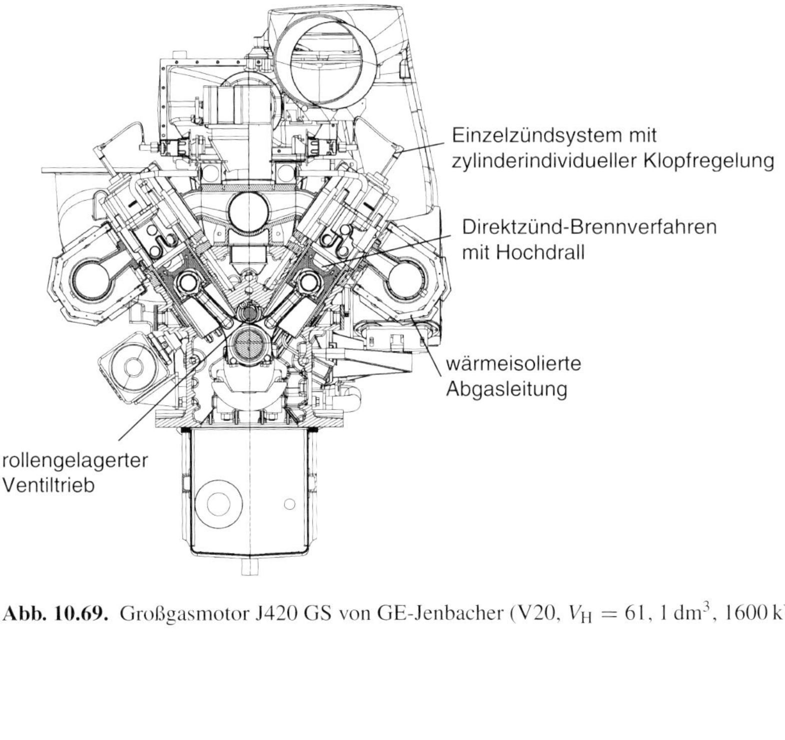

Abb. 10.69. Großgasmotor J420 GS von GE-Jenbacher (V20, $V_H = 61,1\,dm^3$, 1600 kW bei 1500 min^{-1})

Motoren übersteigen die von Gasturbinen gleicher Leistung bei weitem und erreichen beinahe die von guten Dieselmotoren (Abb. 10.70) [10.67]. Gegenüber Dieselmotoren stellt ihr ausgezeichnetes Emissionsverhalten den größten Vorteil dar.

Als **Kraftstoffe** kommen neben dem Erdgas biologische Gase wie Klärgas aus Kläranlagen, Deponiegas aus Mülldeponien sowie Grubengas aus dem Bergbau und Holzgas aus der Holzabfallentsorgung zur Anwendung. Als synthetische Gase werden Kokereigase, Pyrolysegase, Wasserstoff sowie Raffineriegase und Propan-Butangase eingesetzt.

Im Gegensatz zu Benzin- und Dieselmotoren variieren bei Gasmotoren die verbrennungsrelevanten Eigenschaften der verwendeten Kraftstoffe in sehr weiten Grenzen. Die unterschiedlichen Kohlenstoff- und Wasserstoffanteile, vor allem aber teilweise sehr hohe Inertgasanteile führen zu sehr weit streuenden Heizwerten, die eine Bandbreite von 1 bis 34 kWh/Nm^3 (Normkubikmeter) umfassen. Dementsprechend hohe Unterschiede treten auch bei Gemischheizwert, Zündgrenzen, Flammengeschwindigkeit und Klopfverhalten auf. Daraus erwachsen sehr hohe Anforderungen an Auslegung, Gestaltung und Anpassung des Gemischbildners, der Zündanlage, des gesamten Brennverfahrens und der Regelung.

Die **Gemischbildung** wird mit einigen Ausnahmen [10.66], bei Zweitakt-Großmotoren für den Antrieb von Flüssiggastankern und bei Blockheizkraftwerken eingesetzte Gas-Diesel-Motoren, überwiegend als äußere Gemischbildung ausgeführt.

Der Gemischbildner kann vor oder nach dem Verdichter der Aufladegruppe angeordnet sein. Die Anordnung auf der Saugseite hat den Vorteil, dass ein geringes Gasdruckniveau erforderlich ist und das Gemisch im Verdichter sehr gut homogenisiert wird.

Möglichst gute und homogene Vermischung von Gas und Verbrennungsluft mit geringem Druckverlust ist ein wesentliches Ziel für Gasmischer, von denen verschiedene Bauarten zum Einsatz kommen: Die einfachste stellt die rein mechanische Bauart dar, bei der durch Federvorspannung und geometrische Ausbildung ein massenstromabhängiger λ-Verlauf fixiert ist. Weitere vielfach eingesetzte Konzepte sind der Venturi-Mischer (Abb. 10.71 a) [10.67] und ein „Orifice"-Mischer, bei dem über ein variables Flächenverhältnis zwischen Luft- und Gasseite im Betrieb die Gemischzusammensetzung geändert werden kann (Abb. 10.71 b).

Der Wunsch nach möglichst guter und damit schneller Anpassung an unterschiedliche Gaszusammensetzung, der auch die Nutzung bisher nicht effizient verwendbarer Gase erschließt, hat in den letzten Jahren zur Entwicklung schneller, elektronisch regelbarer Gasmischer geführt [10.66].

Darüber hinaus gibt es die vor allem bei großen Motoren genützte Möglichkeit, das Gemisch unmittelbar vor dem Einlassventil zu bilden. Dem Vorteil der zyklustreuen, zylinderindividuellen

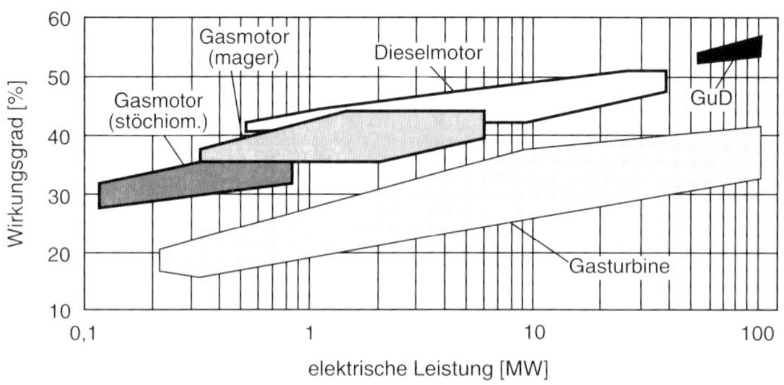

Abb. 10.70. Wirkungsgrade verschiedener Motorkonzepte in Abhängigkeit der installierten Leistung [10.67]

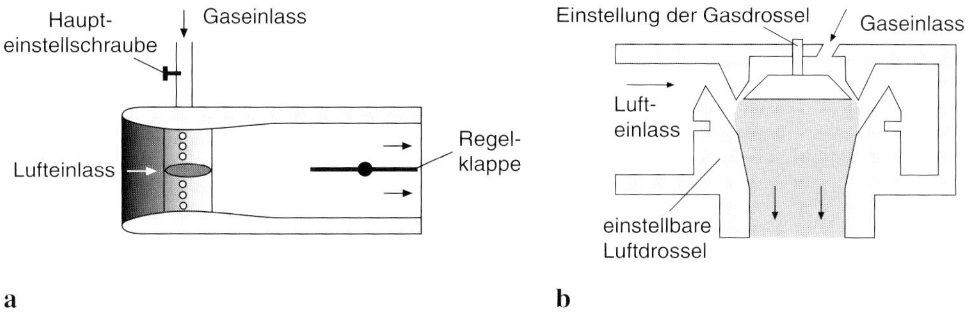

Abb. 10.71. Gasmischer: **a** Venturi-Mischer, **b** „Orifice"-Mischer

Regelbarkeit stehen hoher Bauaufwand, höherer Druckbedarf und schwer zu erreichende Gemischhomogenität für die Verbrennung gegenüber.

Innere Gemischbildung wird bei Großmotoren nicht ausgeführt, ist für Pkw-Gasmotoren jedoch Gegenstand mehrerer aktueller Forschungsarbeiten (siehe auch Abschn. 10.13).

Grundsätzlich kommen bei Gasmotoren **Brennverfahren** sowohl für stöchiometrische als auch für sehr magere Gemische zur Anwendung. Diese beiden Ansätze sind Folge des in der heutigen TA-Luft festgelegten NO_x-Grenzwertes von 250 mg/Nm^3, der entweder mit $\lambda = 1$-Konzepten und hochwirksamer Abgasnachbehandlung oder mit Magerkonzepten $\lambda > 1,6$ erreicht werden kann. Während $\lambda = 1$-Motoren sehr hohe Anforderungen an Regelung und Nachbehandlung (Konvertierungsrate von >99 %) stellen, bestehen bei Magermotoren sehr hohe Anforderungen an das Brennverfahren. Besonders bei Magermotoren mit einem Bohrungsdurchmesser von mehr als 200 mm sind spezielle Maßnahmen erforderlich, um eine sichere Zündung und eine schadstoffarme Verbrennung sicher zu stellen. Hier werden die in Abb. 10.72 schematisch dargestellten so genannten Vorkammerzündungskonzepte eingesetzt.

Bei diesen wird der Brennraum in zwei Kammern, die so genannte Vorkammer und den Hauptbrennraum, unterteilt. Die nur maximal 5 % des gesamten Brennraumvolumens einnehmende Vorkammer kann dabei als gespülte Vorkammer ausgeführt werden, bei der mit einer eigenen Zuführung ein geringer Teil des Brenngases direkt in die Vorkammer zugeführt wird. Damit ist auch bei sehr magerem Gesamtgemisch und ungünstigen Verbrennungsbedingungen eine zuverlässige Zündung des nahezu stöchiometrischen Gemisches in der Vorkammer möglich. Die

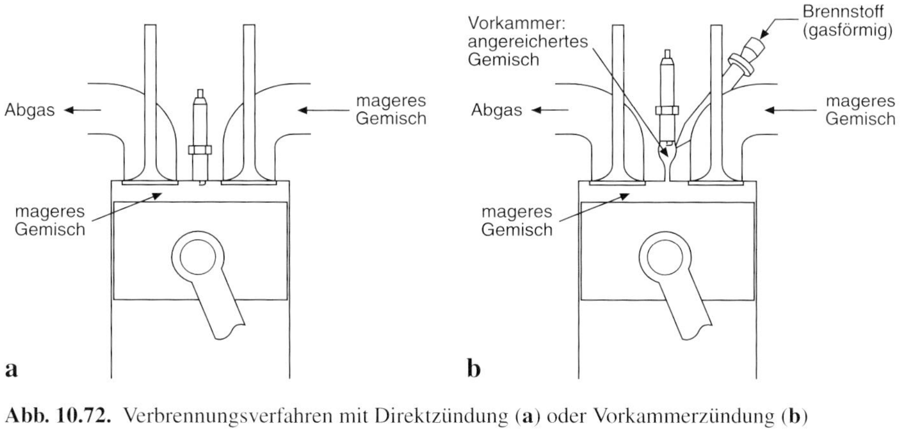

Abb. 10.72. Verbrennungsverfahren mit Direktzündung (**a**) oder Vorkammerzündung (**b**)

aus den Überströmbohrungen in den Hauptbrennraum übertretenden „Fackeln" sind in der Lage, die Zündung und Verbrennung im Hauptbrennraum zuverlässig einzuleiten.

Ähnlich der Zündungseinleitung über die gespülte Vorkammer arbeitet die Vorkammerzündkerze (Multitorch).

Bei allen Brennverfahren für Gasmotoren kommt der Zündungsanlage in noch höherem Ausmaß als bei Benzinmotoren Bedeutung für Zuverlässigkeit, Betriebskosten sowie Verbrauch und Emissionsverhalten zu. Moderne Gasmotoren sind mit einer elektronischen Kondensator-Zündungsanlage ausgestattet, die sowohl eine freie Wahl des Zündzeitpunktes als auch schnelle Eingriffe einer Klopfregelung erlaubt.

Der Zündspannungsbedarf steigt mit zunehmender Last und zunehmender Abmagerung an, was die Anforderungen an die Zündanlage und vor allem an die Zündkerzen erhöht. Um die für Wartungsintervall, -kosten und Betriebssicherheit bestimmende Lebensdauer (z. B. >5000 h) der hoch belasteten Zündkerze auf das gewünschte Niveau zu bringen, werden die Elektroden mit Edelmetallen wie Pt, Ir und Rh armiert. Da die Zündanlage so eine bestimmende Rolle für die Wartungsintervalle einnimmt und eine hohe Nutzungsdauer gefordert wird, werden alternative Systeme – insbesondere auf Basis einer Laserzündung – in Forschung und Entwicklung intensiv bearbeitet [10.68].

10.12 Rotationskolben-Motoren

Seit es Verbrennungsmotoren gibt, werden Motoren mit drehenden Kolben vorgeschlagen. Nach jahrzehntelangen Arbeiten u. a. zur Frage der Abdichtung, die der Pionier Felix Wankel im Jahre 1924 begann, konnte Wankel 1959 den nach ihm benannten Motor gemeinsam mit NSU vorstellen. Das von ihm entwickelte Prinzip des innenachsigen 2 : 3-Kreiskolbenmotors wurde erstmals 1963 im NSU Spider in Serie eingeführt (Abb. 10.73). Als einziges serienmäßig umgesetztes Rotationskolbenprinzip wurde dieses bis heute in vielen Pkw (NSU RO 80, Mazda RX, Citroen GS u. a.), einigen Motorrädern (Hercules W2000, Suzuki RE5, Norton, Van Veen OCR) sowie Flugantrieben (Mistral u. a.) angewendet.

Trotz der Vorteile in Laufruhe, der geringen Baugröße und der kleinen Anzahl bewegter Bauteile konnte sich dieses Prinzip bisher nicht durchsetzen. Entgegen der euphorischen Bewertung in den 70er Jahren [10.69], die beinahe jeden Automobilhersteller erfasste und zu einer Unzahl von Lizenznahmen bei NSU Wankel führte, bleibt der Einsatz heute auf einzelne Nischen beschränkt; derzeit wird nur ein Fahrzeugmodell mit Kreiskolbenmotor angetrieben (Mazda RX-8) (Abb. 10.74).

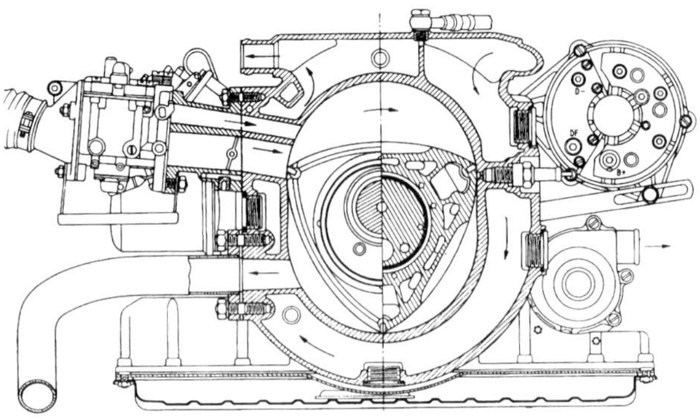

Abb. 10.73. Erster Serien-Wankelmotor (NSU Spider) [10.69]. Kammervolumen 498 cm^3, Hubraum 996 cm^3, Verdichtungsverhältnis 8,5, $P_{\mathrm{eff}} = 40$ kW bei 6000 min^{-1}, $M_{\mathrm{d,max}} = 79$ Nm bei 3500 min^{-1}, $p_{\mathrm{eff}} = 10$ bar

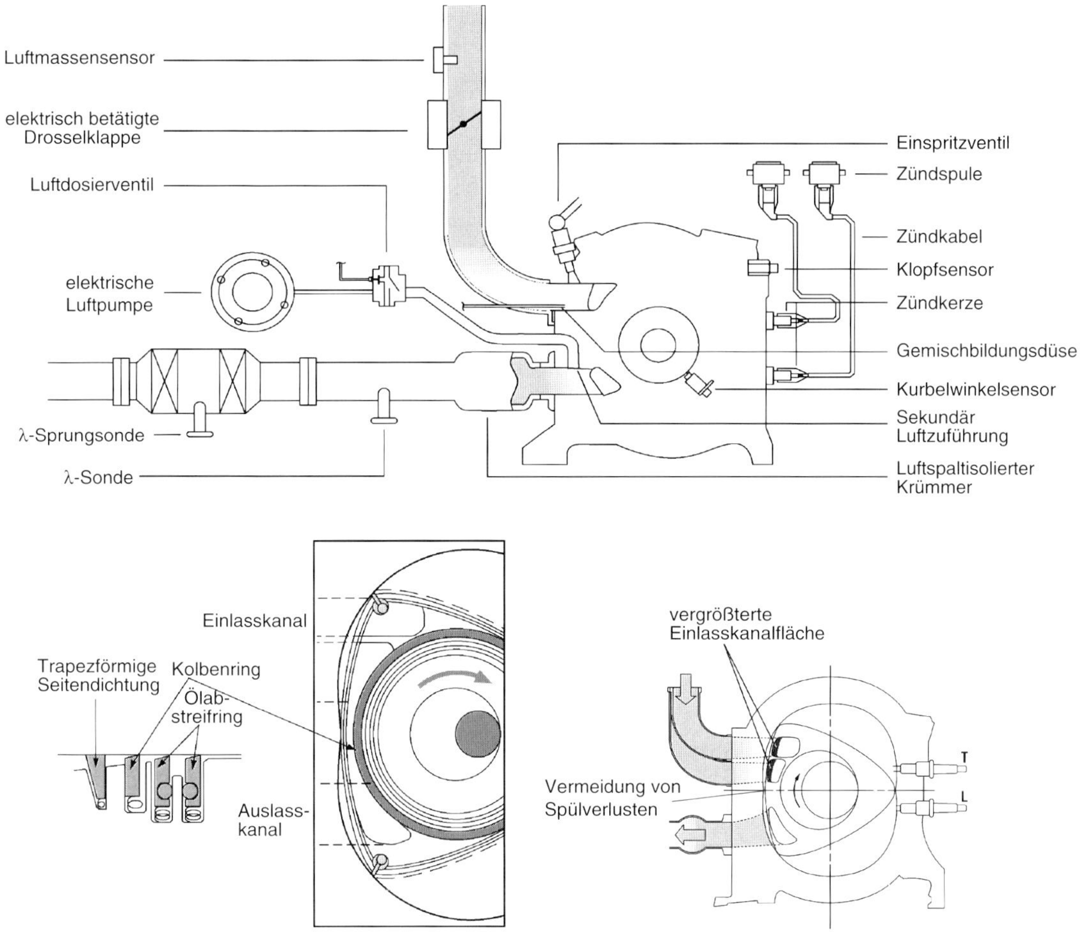

Abb. 10.74. Moderner Serien-Wankelmotor (Mazda RX-8). Kammervolumen $2 \times 654\,\text{cm}^3$, Hubraum $2616\,\text{cm}^3$, Verdichtungsverhältnis 10,0 $P_{\text{eff}} = 170\,\text{kW}$ bei $8200\,\text{min}^{-1}$, $M_{\text{d,max}} = 211\,\text{Nm}$ bei $5500\,\text{min}^{-1}$, $p_{\text{eff}} = 10{,}1\,\text{bar}$

Die Gründe dafür sind mehrschichtig. Zum einen stellt die Abdichtung zwischen den Arbeitsräumen eine echte Herausforderung dar: Die Kolbenform bedingt mehrteilige Dichtungen, die sowohl stirn- als auch kantenseitig angebracht sind und nur Linienberührung mit dem Trochoidenmantel haben. Während der höchsten Drücke im Arbeitsraum ist die Geschwindigkeit der Dichtelemente relativ hoch, die ölsparsame Schmierung der aus Metall-Keramikwerkstoffen bestehenden Elemente nicht einfach.

Ein sehr flacher und lang gestreckter Verbrennungsraum weist im Vergleich zum Hubkolbenmotor ein ungünstiges Verhältnis von Brennraumvolumen zu -oberflächen sowie eine schlechte Brennraumform auf, was sowohl für den Wärmeübergang als auch für das Durchbrennverhalten ungünstig ist und Nachteile in Wirkungsgrad und Emissionsverhalten zur Folge hat.

Zudem ist weder eine Verbundfertigung mit Hubkolbenmotoren noch eine Verbundverbaubarkeit in Fahrzeugen möglich, was eine wesentliche Einschränkung für einen Fahrzeughersteller bedeutet.

Versuche, den als Ottomotor ausgeführten Wankelmotor auch als Dieselmotor darzustellen, scheiterten trotz verschiedenster Varianten: Die beim Dieselmotor notwendige hohe Verdichtung erfordert eine geometrische Auslegung, die einen unakzeptablen Brennraum und extrem ungünstige Wärmeverluste zur Folge hat. Daher wurden zweistufige Anordnungen mit vorgeschalteter Verdichtungsstufe untersucht, die aber keine brauchbaren Funktionsergebnisse erlaubten.

Trotz der aufgeführten Vorteile ist aus den genannten Gründen auch zukünftig davon auszugehen, dass der Einsatz des Wankelprinzips auf ganz wenige Nischen begrenzt bleibt. Motivation für einen Einsatz können dabei neben dem vollkommenen Massenausgleich und der kompakten Bauweise auch Einzigartigkeit und Marketingaspekte sein.

10.13 Brennverfahren für alternative Kraftstoffe

Die Motivation für die Anwendung alternativer Kraftstoffe kann aus vielen Zielsetzungen resultieren, so zum Beispiel zur Ressourcenschonung wegen begrenzter Verfügbarkeit von Erdöl, Reduktion von Treibhausgasen, insbesondere CO_2-Emissionsminderung, Minderung der Schadstoffemission, für Sonderverfahren der Verbrennungskraftmaschine, Energieautonomie, wegen lokaler Verfügbarkeit in hohem Maße, für das „Abfackeln“ von Abfällen. Die Veranlassung reicht damit von der Umweltverträglichkeit über eine notbedingte Ausweichlösung bis zur Abfallvermeidung.

Als ein Beispiel für den Einsatz eines alternativen Kraftstoffes wegen der begrenzten Verfügbarkeit konventioneller Kraftstoffe und zur autonomen Energieversorgung kann hier Holzgas angeführt werden. Während auf dem Gebiet der Holzvergasung und dessen Anwendung in Verbrennungsmotoren heute Forschung bei stationären Anlagen betrieben wird, wurde Holzgas und Kohle-Generatorgas vor und während des Zweiten Weltkrieges auch in verschiedenen mobilen Anwendungen eingesetzt (Abb. 10.75) – mit beträchtlicher Komplexität (Aufbau siehe Abb. 10.76 [10.70]) und Einbußen bei Betriebssicherheit und Komfort.

Heute sind zumeist die umweltrelevanten Gründe für die Wahl alternativer Kraftstoffe ausschlaggebend. Mit dem steigenden Weltenergiebedarf und der Annäherung an die wirtschaftliche Fördergrenze für Erdöl steigt die Bedeutung alternativer Energieträger. Als Kraftstoffe für den Betrieb von Ottomotoren kommen neben den fossilen Brennstoffen (Benzin, Flüssiggas [LPG], Erdgas komprimiert [CNG] oder flüssig [LNG]), Biobrennstoffe (z. B. Holzgas), Alkohole (Ethanol und Methanol), Syntheseprodukte (Gas to Liquid [GTL] Synfuel, Sunfuel) oder Wasserstoff in Frage (siehe Abschn. 10.13.4).

Die Nutzung von Wärme in Rankine- oder Stirlingprozessen, die bei äußerer Verbrennung wesentlich geringere Anforderungen an den Kraftstoff stellen würden, haben abgesehen von Sonderanwendungen keine praktische Bedeutung erlangt.

Abb. 10.75. Fahrzeug mit Holzgas-Nachrüstung (1942) [10.3]

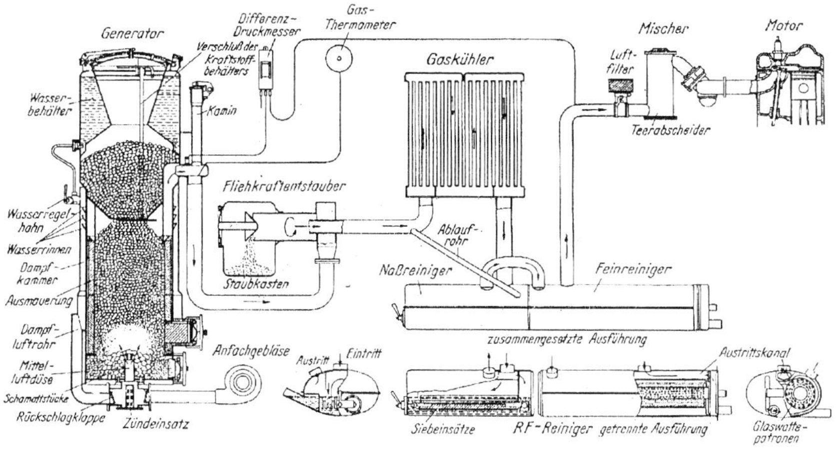

Dauergasleistung .... Nm³/h	100
Gewichte:	
Generator, leer .... kg	215
Kraftstofffüllung (Anthrazit), gesamt... kg	125
Vergasungswasser .... kg	40
Reinigungsanlage, betriebsfertig ..... kg	138
Gesamtgewicht, betriebsfertig .... kg	575

Kraftstoffe:

Generator-Anthrazit,
Generator-Steinkohlenschwelkoks,
Generator-Braunkohlenschwelkoks.

Abb. 10.76. Fahrzeuggas-Generatoranlage für nasse Vergasung von Deutz für Pkw- und LKW-Ottomotor [10.70]

10.13.1 Flüssiggas

Wie Erdgas kann Flüssiggas (LPG) in Ottomotoren („Autogas") mit geringen Modifikationen verbrannt werden. Als Flüssigkeit mit höherer Energiedichte erlaubt es im Vergleich zu Erdgas größere Reichweiten in Fahrzeugen, es ist aber sicherheitstechnisch kritischer, weil es schwerer als Luft ist und verglichen mit Erdgas eine niedrigere Zündtemperatur aufweist. Eingesetzt wird es vorwiegend in bivalenten Fahrzeugen, mit weiterer Verbreitung insbesondere in der Umgebung von Großraffinerien (Niederlande, Italien, Japan, Vereinigte Staaten). Zumeist erfolgt der Aufbau dieser bivalenten Fahrzeuge durch Umrüstung von Serienfahrzeugen, die von dafür spezialisierten Betrieben vorgenommen werden. Die Basis bildet dabei das Seriensteuergerät, das mit einem LPG-spezifischen Zusatzsteuergerät kommuniziert. Von diesem Zusatzsteuergerät werden der Gasmischer und Einspritzventile sowie die Tanksteuerung und Sicherheitsventile angesteuert (Abb. 10.77) [10.71].

Aus der Untersuchung mehrerer Nachrüstfahrzeuge geht eine große Bandbreite des Emissionsverhaltens im Vergleich zum Benzinbetrieb hervor. Diese reicht im besten Fall von deutlichen Verbesserungen bei CO (−65 %), HC (−43 %), geringer Verbesserung der CO_2-Emission (−12 %) bis zur Mehrung bei CO- und HC-Emission.

In Beijing (China) wurden wegen zunehmender Luftverschmutzung ab dem Ende der 90er Jahre LPG-Fahrzeuge staatlich gefördert, sodass bereits ab Werk serienmäßige LPG-Fahrzeuge vertrieben werden. In Lit. 10.72 wird ein moderner bivalenter Ottomotor mit Flüssig-LPG-Einspritzung und elektronischer Motorsteuerung von VW beschrieben, der die Emissionsstufe EU 3 erfüllt.

10.13.2 Erdgas

Die Eignung von Erdgas als Kraftstoff in Verbrennungsmotoren ist infolge des hohen Methangehaltes sehr gut. Auf Grund der im Vergleich zu Benzin höheren Klopffestigkeit kann der Motor

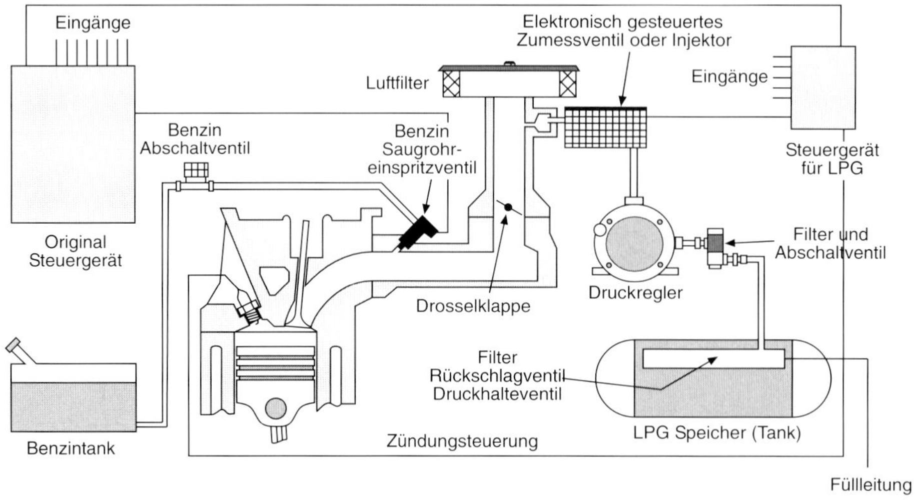

Abb. 10.77. LPG-Nachrüstsystem für bivalenten LPG-Benzinbetrieb [10.71]

höher verdichtet werden, was Vorteile in Bezug auf Verbrauch und Leistung bringt. Erdgas hat von allen fossilen Energieträgern den geringsten Kohlenstoffgehalt und den höchsten Wasserstoffanteil. Dadurch weist Erdgas bei seiner Verbrennung geringere Emissionen an Kohlenmonoxid, Kohlendioxid, Ruß und Kohlenwasserstoffen auf. Trotz des niedrigeren HC-Rohemissionsniveaus bestehen bei der Abgasnachbehandlung besondere Anforderungen, da das Methan-Molekül CH_4 hohe Stabilität besitzt. So steigen die für hohe Konvertierungsraten erforderlichen Abgastemperaturen und die Anspringzeit nach Kaltstart. Mit geeigneter Auslegung der Abgasanlage, spezifischer λ-Regelung und Katalysatorbeschichtung können diese Eigenschaften berücksichtigt und kann damit insgesamt ein Schadstoffemissionsverhalten erzielt werden, das besonders bei CO besser als oder zumindest gleichwertig wie bei Benzinbetrieb ist.

Die Reduktion von CO_2 kann durch das günstigere H/C-Verhältnis und mit der Nutzung der höheren Klopffestigkeit bis 30 % betragen. Auf Grund der langsameren Verbrennung von Erdgas ergibt sich auch eine Geräuschreduktion gegenüber dem Benzinbetrieb. Bei der Umrüstung bestehender Ottomotoren auf Erdgasbetrieb ohne besondere Abstimmung ist wegen des geringeren Gemischheizwertes mit einer Leistungseinbusse von bis zu 10 % zu rechnen.

Eine sehr breite Anwendung von Erdgas findet bei Großmotoren statt. Eine Beschreibung der dort eingesetzten Brennverfahren wird in Abschn. 10.11 vorgenommen.

Zunehmende Verbreitung erfährt Erdgas in Pkw-Anwendungen. Das Tankstellennetz zum Zeitpunkt 2007 hat den Status einer flächendeckenden Infrastruktur in Europa noch nicht erreicht. Daher werden mit wenigen Ausnahmen alle Erdgasfahrzeuge derzeit für bivalenten Erdgas-Benzin-Betrieb konzipiert, während der Fahrt kann zwischen den beiden Kraftstoffen umgeschaltet werden [10.73]. Die erforderlichen Komponenten – Druckspeicher, Druckregler, Gasverteiler und elektronische Motorsteuerung – werden zusätzlich verbaut. Die Vorteile von Erdgas als Kraftstoff können wegen der bivalenten Betriebsweise nur zum Teil genutzt werden. Bei diesem Motorkonzept erfolgt die Gemischbildung im Erdgasbetrieb zumeist durch zusätzliche elektromagnetisch betätigte Einblaseventile im Saugrohr. Wegen der bivalenten Betriebsweise bleibt das Brennverfahren des Benzin-Basismotors zumeist unverändert oder wird geringfügig adaptiert.

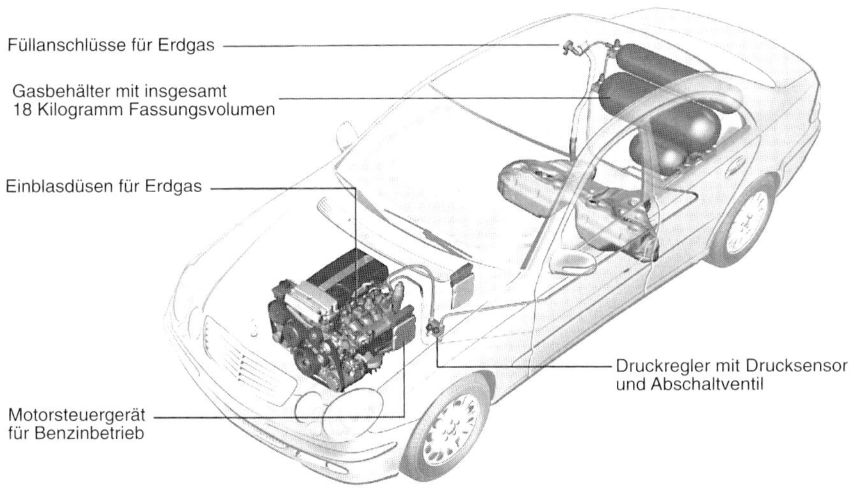

Abb. 10.78. Pkw mit bivalentem Benzin-Erdgas-Antrieb (DaimlerChrysler); $V_H = 1{,}8$ Liter, $P_e = 120\,kW$ bei $5500\,min^{-1}$, $M_d = 240\,Nm$ bei $3000\,min^{-1}$ [10.73]

Die aus der höheren Klopffestigkeit resultierenden Potenziale im Wirkungsgrad und Aufladefähigkeit sind aus Veröffentlichungen und Forschungsmotoren bekannt [10.74–10.76], jedoch noch nicht in Serienfahrzeugen umgesetzt. Besondere Funktionsvorteile könnten mit einem Fahrzeugmotor erreicht werden, wenn es gelingt, die höhere Klopffestigkeit und die weiten Zündgrenzen in einem aufgeladenen Mager-Erdgasmotor umzusetzen. Grundsatzuntersuchungen an einem Pkw-Motor, dessen Brennverfahren ähnlich einem Stationärmotor mit sehr hoher Ladungsbewegung arbeitet, zeigen in Verbindung mit Magerbetrieb (möglicher Betrieb siehe Abb. 10.79) [10.77] und hohem Verdichtungsverhältnis spezifische Kraftstoffverbräuche auf dem Niveau moderner DI-Dieselmotoren.

Eine weitere interessante Technologie für monovalenten Betrieb ist innere Gemischbildung, mit der nicht nur die Gemischheizwert-Nachteile bei Gemischansaugung vermieden, sondern

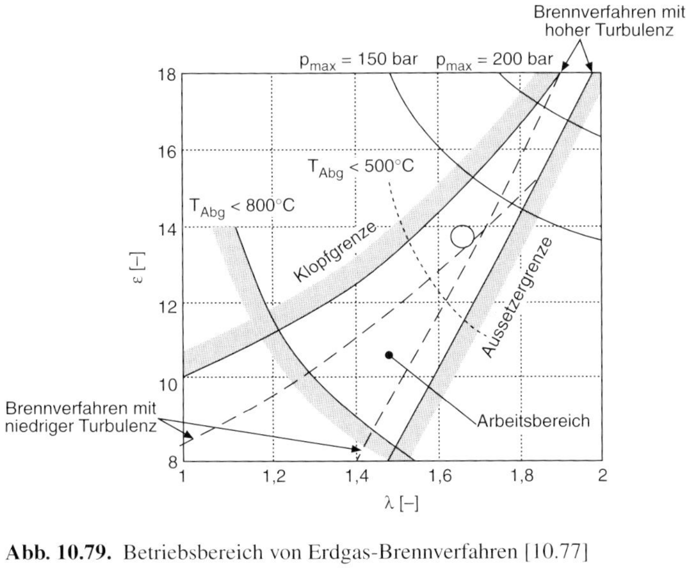

Abb. 10.79. Betriebsbereich von Erdgas-Brennverfahren [10.77]

darüber hinaus mit Ladungsschichtung zusätzliche Potenziale eröffnet werden können. Den möglichen Vorteilen steht unter anderem der Aufwand für Gaseinblaseventile gegenüber, die hohe Dichtigkeits- und Temperaturbedingungen erfüllen müssen und große Volumenströme bei kurzen Schaltzeiten zumessen können.

10.13.3 Methanol und Ethanol

Methanol wird überwiegend aus Synthesegas erzeugt, wobei für die Erzeugung des Synthesegases sehr viele kohlenstoffhaltige Stoffe wie beispielsweise Erdgas, Mineralölfraktionen, Kohle und landwirtschaftliche Produkte geeignet sind (siehe auch Abschn. 3.1.2).

Wesentlich größere wirtschaftliche Bedeutung für den Fahrzeugantrieb hat Ethanol erlangt: Dieses kann großtechnisch durch Vergärung von landwirtschaftlichen Produkten hergestellt werden, als Ausgangsstoff eignen sich zucker-, stärke- und zellulosehaltige Produkte. Die größte praktische Anwendung hat aus Zuckerrohr hergestelltes Ethanol in Brasilien erlangt, wo über 2,4 Millionen Fahrzeuge (2005) mit reinem Ethanol und über 18 Millionen Fahrzeuge mit einem Ethanol-Benzin-Gemisch (85 % Ethanol, 15 % Benzin) betrieben werden.

Prinzipiell ist Methanol ebenso wie Ethanol gut als Treibstoff für Ottomotoren geeignet. Im Fahrzeug ist ein druckloses Tanksystem möglich, die Energiedichte ist im Vergleich zu Benzin deutlich geringer, aber zumindest in der gleichen Größenordnung. Vorteilhaft ist die im Vergleich zu Benzin hohe Klopffestigkeit und, für manche Anwendungen bei Motorsportmotoren, die zu besserer Innenkühlung und geringfügig erhöhtem Liefergrad führende höhere Verdampfungswärme. Diese höhere Verdampfungswärme kann aber bei Serienmotoren auch besondere Maßnahmen zur Gemischvorwärmung und Verbesserung des Kaltstartverhaltens erfordern.

Ein interessantes Konzept zur Vermeidung der bei konventionellem Motorkonzept und Alkohol-, insbesondere Methanolbetrieb auftretenden Probleme wird im Folgenden beschrieben. Dieses basiert auf innerer Gemischbildung, Ladungsschichtung und Qualitätsregelung und wurde von dem Vielstoff-Brennverfahrenskonzept MAN-FM abgeleitet [10.78, 10.79].

Dieses in mehreren Entwicklungsstufen weiterentwickelte Verfahren mit Fremdzündung (Abb. 10.80) [10.79, 10.80] arbeitet im Methanolbetrieb mit einem dieselmotorischen Verdichtungsverhältnis von 18 : 1, das wegen der Ladungsschichtung ohne Klopfprobleme beherrschbar ist. Damit können in Verbindung mit drosselfreier Laststeuerung auch bis zum niederen Teillast-

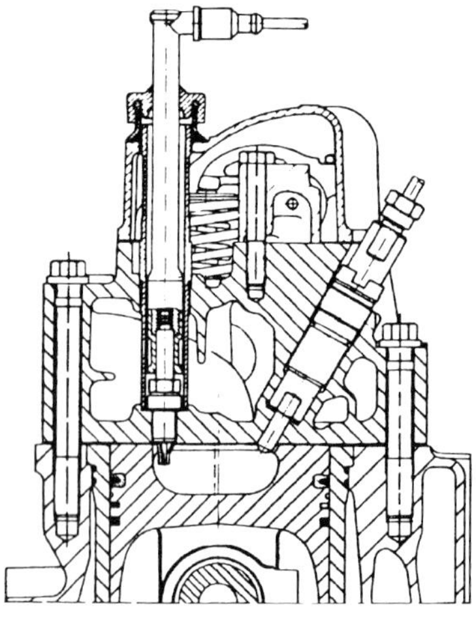

Abb. 10.80. MAN-FMUH-Busmotor (1984) [10.80]

bereich Wirkungsgrade auf dem Niveau von Dieselmotoren erreicht werden. Die erreichbaren Volllastmitteldrücke liegen vor allem bei geringen bis mittleren Drehzahlen deutlich über Dieselbetrieb. In Linienbusflotten wurden Motoren mit diesen Brennverfahren in mehreren, weltweit verteilten Städten erprobt und verschiedenen klimatischen Bedingungen unterworfen. Sowohl der Kraftstoffverbrauch auf Dieselniveau als auch Zündkerzen-Standzeiten von 25.000 km und Ölwechselintervalle von 20.000 km [10.81] sind Hinweis für die praktische Realisierbarkeit.

10.13.4 Wasserstoff

Die Idee, Wasserstoff als Kraftstoff für Verbrennungsmotoren einzusetzen, ist keineswegs neu. Bereits vor mehr als 60 Jahren arbeiteten Forscher mit teilweise beachtlichem Erfolg an der Umrüstung von Verbrennungsmotoren auf Wasserstoffbetrieb sowie an der Verbesserung der Wirkungsgrade konventionell betriebener Motoren durch Zumischung von Wasserstoff (Abb. 10.81) [10.82, 10.83].

Obwohl viele Fragen in Bezug auf eine Wasserstoff-Infrastruktur bisher unbeantwortet sind (siehe auch Abschn. 3.3.3), wird derzeit wieder intensiv an auf Wasserstoff basierenden Antrieben geforscht und dieser als durchaus aussichtsreiche, von vielen als vielversprechendste Alternative bewertet. Die besondere Motivation für Wasserstoff entsteht aus der Unabhängigkeit von den fossilen Ressourcen und dem Umstand, dass bei der Energieumsetzung kein CO_2 entsteht. Dabei konzentrierte sich der überwiegende Anteil der Arbeiten auf die Stromerzeugung durch Brennstoffzellensysteme. Auf Grund der vergleichsweise hohen Leistungsdichte verbunden mit günstigen Herstellkosten und einer in mehr als 100 Jahren entwickelten Reife der Verbrennungskraftmaschine sowie der Bi-Fuel-Tauglichkeit von Hubkolbenmotoren ist die direkte Umwandlung von Wasserstoff in mechanische Antriebsenergie eine durchaus interessante Alternative [10.84].

In mehreren Projekten, die von Einzelfahrzeugen bis zur Kleinflotte reichen (Abb. 10.82 und 10.83) [10.85–10.87, 10.99], wird seit dem Jahr 1996 die Funktion unter realen Randbedingungen untersucht und die Praxistauglichkeit dieses Antriebskonzeptes nachgewiesen.

Stoffeigenschaften von Wasserstoff

Wasserstoff unterscheidet sich grundlegend von den bisher hauptsächlich für den Betrieb von Verbrennungskraftmaschinen eingesetzten Kraftstoffen. Dabei ist der gegenüber Benzin und Diesel gasförmige Aggregatzustand bei Umgebungstemperatur der auffälligste, aber keineswegs

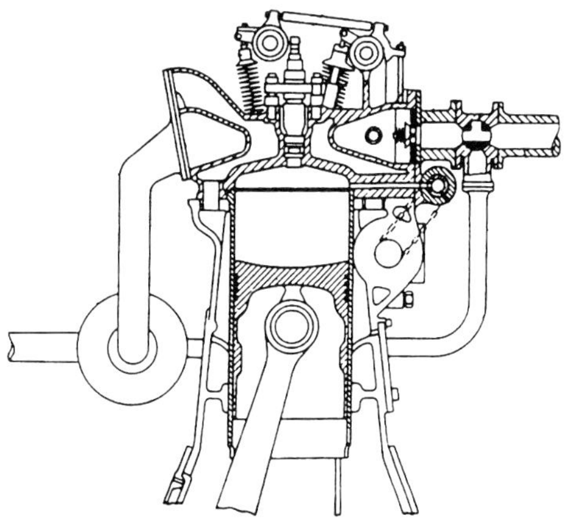

Abb. 10.81. Erren-Wasserstoffmotor aus dem Jahr 1939 [10.82]

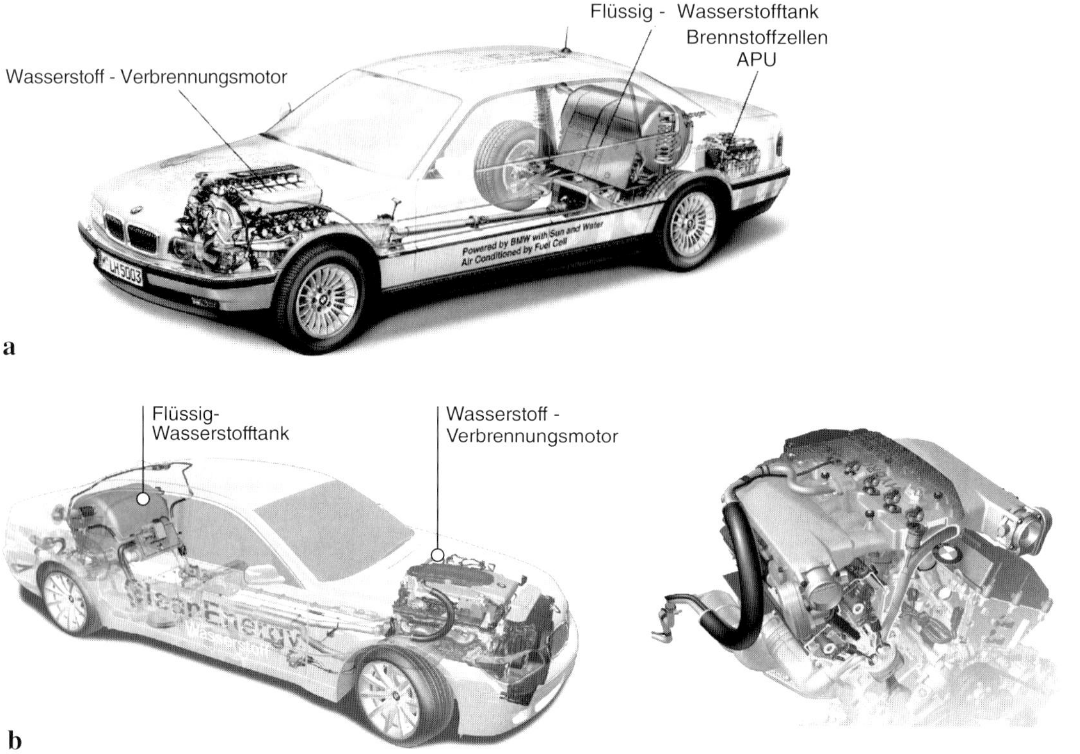

Abb. 10.82. **a** Pkw mit Wasserstoff-Verbrennungskraftmaschinenantrieb und Brennstoffzellen-APU (auxiliary power unit). **b** Kleinserien-Pkw mit bivalentem V12-Motor [10.99]

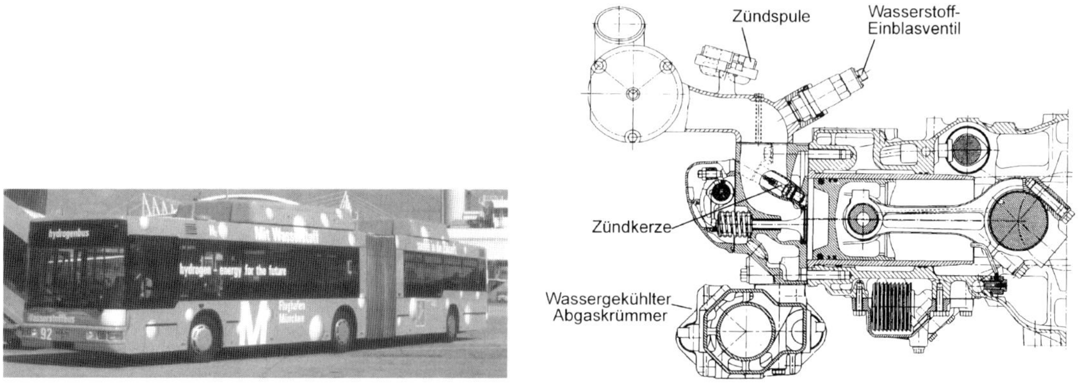

Abb. 10.83. Omnibus mit Wasserstoff-Verbrennungskraftmaschinenantrieb (MAN) [10.87]

gravierendste Unterschied. In Tabelle 10.1 sind die Stoffeigenschaften von Wasserstoff im Vergleich zu konventionellen flüssigen (Diesel, Benzin) und gasförmigen Kraftstoffen (Methan) dargestellt. Ein Vergleich von verbrennungsrelevanten Eigenschaften macht die unterschiedlichen Anforderungen an ein wasserstoffspezifisches Brennverfahren deutlich.

Die geringe Dichte macht sich vor allem im Bereich der Kraftstoffspeicherung an Bord des Fahrzeuges bemerkbar, weshalb einige Hersteller auf Flüssigspeicherung bei kryogener Temperatur

Tabelle 10.1. Stoffeigenschaften von H_2 im Vergleich zu konventionellen Kraftstoffen [10.97]

Größe	Zeichen	Einheit	Diesel	Benzin	Methan	H_2
Normdichte	ρ	kg/m^3	830 [a]	730–780 [b,c]	0,72 [a]	0,089 [a], 71 [b,c]
Stöchiometrischer Luftbedarf	L_{st}	kg_L/kg_K	14,5	14,7	17,2	34,3
Unterer Heizwert	H_u	MJ/kg_K	42,5	43,5	50	120
Gemischheizwert [d]	H_G	MJ/m^3	3,83 [e]	3,82	3,4	3,2
			3,83 [f]	3,82	3,76	4,53
Siedetemperatur [c]	T_{Siede}	°C	180–360	25–215	−162	−253
Zündgrenzen in [g]		Vol-%	0,6–5,5	1,0–7,6	5,3–15	4–76
	λ		0,5–1,3	0,4–1,4	0,7–2,1	0,2–10
Minimale Zündenergie [c,d,g]	$E_{Zünd}$	MJ	0,24	0,24	0,29	0,02
Selbstzündungstemperatur	$T_{Zünd}$	°C	ca. 250	ca. 350	645	585
Diffusionskoeffizient [a,g]	D	m^2/s			$1,9 \times 10^{-6}$	$8,5 \times 10^{-6}$
Laminare Flammengeschwindigkeit [d,g]	v_{lam}	cm/s	40–80	40–80	40	200
Kohlenstoffgehalt	C	Massen-%	86	86	75	0

[a] Bei 1,013 bar und 0 °C
[b] Bei −253 °C
[c] Bei 1,013 bar
[d] $\lambda = 1$
[e] Äußere Gemischbildung
[f] DI
[g] in Luft

setzen (Tabelle 10.1), dem Verfahren mit der höchstmöglichen Energiespeicherdichte. So sind auch mit Wasserstoff für den Fahrzeugnutzer akzeptable Reichweiten realisierbar.

Der hohe massenspezifische Energieinhalt von Wasserstoff (H_u =120 MJ/kg) relativiert sich bei Betrachtung des volumetrischen Gemischheizwertes. Unter Realbedingungen bei äußerer Gemischbildung ist dieser deutlich geringer als bei konventionellen Kraftstoffen.

Die weiten Zündgrenzen von Wasserstoff erlauben eine Qualitätsregelung im gesamten Betriebsbereich des Motors. Im Unterschied zu konventionellen Kraftstoffen kann Wasserstoff theoretisch bis zu einem Luftverhältnis von $\lambda = 10$ homogen verbrannt werden. Wie bei konventionellen Kraftstoffen auch, nimmt die erforderliche Zündenergie mit dem Luftverhältnis zu [10.88]. Zur Entzündung eines stöchiometrischen Wasserstoff-Luft-Gemisches genügt bereits ein Zehntel der zur Entzündung eines Benzin-Luft-Gemisches notwendigen Energie.

Dagegen ist die Selbstzündungstemperatur von Wasserstoff deutlich höher als die der konventionellen flüssigen Kraftstoffe. Dies kann im Falle der vorgemischten Verbrennung zwar Vorteile beim Klopfverhalten bringen, erfordert aber sehr hohe Verdichtungsverhältnisse im Falle des selbstzündenden Wasserstoffmotors.

Die hohe laminare Flammengeschwindigkeit macht deutlich, dass mit Wasserstoff extrem kurze, wirkungsgradgünstige Brenndauern realisierbar sind. Auch bei mageren Gemischen liegt die laminare Brenngeschwindigkeit deutlich über der konventioneller Kraftstoffe [10.89]. Andererseits wird bei der vorgemischten Verbrennung stöchiometrischer Gemische das Triebwerk durch den Brennraumdruck stärker belastet.

Die Kohlenstofffreiheit macht Wasserstoff zum einzigen Kraftstoff, der zumindest theoretisch eine Verbrennung ohne Ausstoß von Kohlendioxid, Kohlenmonoxid und Kohlenwasserstoffen ermöglicht. Im realen Motorbetrieb sind auf Grund des Vorhandenseins von Schmieröl im Brennraum zwar Spuren dieser Schadstoffe im Abgas vorhanden, das Niveau liegt allerdings nahe

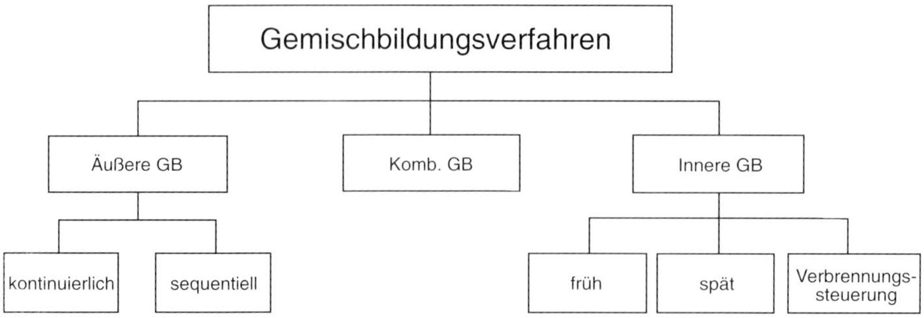

Abb. 10.84. Gemischbildungskonzepte im Wasserstoffbetrieb [10.92]

der Nachweisbarkeitsgrenze [10.90]. Die bei Wasserstoffbetrieb einzig relevanten Emissionen von Stickoxiden müssen besonders beachtet werden.

Insgesamt machen die dargestellten Eigenschaften von Wasserstoff deutlich, dass dieser als Kraftstoff zum Betrieb eines Ottomotors sehr gut geeignet ist. Hierbei sind verschiedene Verbrennungskonzepte denkbar.

Einteilung nach Gemischbildungsort und -zeitpunkt

Grundsätzlich kann eine Einteilung der Gemischbildungsverfahren anhand des Ortes und Zeitpunktes erfolgen, zu dem der Kraftstoff der Frischluft zugeführt wird (Abb. 10.84) [10.91, 10.92]. Im Gegensatz zur äußeren Gemischbildung (H_2-AGB), bei der Wasserstoff in das Saugrohr des Motors zugeführt wird, erfolgt die Wasserstoffeinblasung bei innerer Gemischbildung (H_2-DI) direkt in den Brennraum des Motors. Als kombinierte Verfahren werden jene Gemischbildungskonzepte bezeichnet, die aus einer Zusammensetzung der zuvor genannten Varianten bestehen.

Weitere Gliederungsmerkmale

Neben einer Unterscheidung der Gemischbildungsverfahren anhand des Ortes und Zeitpunktes der Kraftstoffeinblasung kann eine weitere Gliederung u. a. hinsichtlich folgender Merkmale erfolgen:

- Temperaturniveau des zugeführten Wasserstoffs (warm oder kryogen)
- Art der Zündungseinleitung (Fremdzündung oder Selbstzündung)
- Teillastregelung (gedrosselt oder qualitätsgeregelt)
- Ladungszustand (freisaugend oder aufgeladen, homogen oder geschichtet)

Im dynamischen Betrieb in einem Fahrzeug ist die Kombination dieser Merkmale oft sinnvoll.

Vor allem bei äußerer Gemischbildung können durch Einblasung von kryogenem Wasserstoff deutliche Verbesserungen gegenüber der Einbringung von Wasserstoff mit Umgebungstemperatur erzielt werden. Ein Vorteil beruht auf dem Effekt, dass die Einbringung des kalten Wasserstoffes in das Saugrohr zu einer Abkühlung der gesamten Ladungsmasse führt. Die reduzierte Temperatur führt zu einem Anstieg der Gemischdichte und damit des Gemischheizwertes. Das Leistungspotenzial mit kryogener äußerer Gemischbildung liegt unter den getroffenen Annahmen auf etwa gleichem Niveau wie bei Wasserstoff-Direkteinblasung und damit zirka 15 % höher als im Benzinbetrieb. Zusätzlich kann durch die Abkühlung der Frischladung das Auftreten von Verbrennungsanomalien, vor allem Rück- und Frühzündungen, günstig beeinflusst werden. In Abb. 10.85

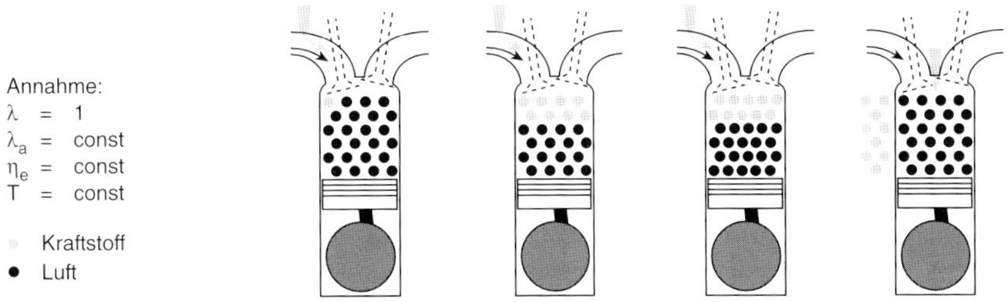

Kraftstoff	Benzin	H_2	H_2	H_2
Gemischbildung	äußere	äußere	äußere kryogen	innere
Gemischtemperatur [K]	293	293	210	293
Gemischheizwert [MJ/m³]	3,6	3,0	4,15	4,22
Volllastpotential [%] (im Vergleich zu Benzin)	100	82	115	117

Abb. 10.85. Volllastpotenzial von Wasserstoff-Gemischbildungsverfahren [10.93, 10.97]

ist das Leistungsdichtepotenzial verschiedener Wasserstoff-Gemischbildungsverfahren im Vergleich zum konventionellen Ottomotor dargestellt [10.93].

Für den Einsatz im Pkw-Motor empfiehlt sich der Betrieb als fremdgezündeter Ottomotor, da auf Grund der im Vergleich zu Dieselkraftstoff hohen Selbstzündungstemperatur von Wasserstoff stabiler selbstgezündeter Betrieb nur unter besonderen Bedingungen realisierbar ist [10.90, 10.94].

Hinsichtlich Teillastregelung nimmt der Wasserstoff-Verbrennungsmotor wiederum eine Sonderstellung ein, da auf Grund der weiten Zündgrenzen ($0,2 < \lambda < 10$) ein qualitätsgeregelter Betrieb im gesamten Lastbereich möglich ist. Vorteilhaft kann eine Drosselung zur Optimierung der Laufruhe im Leerlauf und der Brenndauer in der unteren Teillast sowie zur Abgasnachbehandlung mittels $\lambda = 1$-Regelung in Kombination mit einem Katalysator sein.

Eine Bewertung der verschiedenen Konzepte zeigt, dass ausgehend von Verfahren mit warmer äußerer Gemischbildung sowohl Direkteinblasestrategien als auch Verfahren mit kryogener äußerer Gemischbildung jeweils mit Fremdzündung großes Entwicklungspotenzial in Hinblick auf Leistung, Wirkungsgrad und Rohemissionen aufweisen. Die Komplexität und der notwendige Entwicklungsaufwand zur Umsetzung dieser Konzepte ist allerdings deutlich höher als bei konventioneller äußerer Gemischbildung.

Während zunächst das ausgereiftere Verfahren mit äußerer Gemischbildung bei den Konzeptfahrzeugen und den Kleinserienfahrzeugen favorisiert wird, werden für zukünftige Anwendungen Konzepte mit früher Direkteinblasung sowie Verfahren mit kombinierter äußerer und innerer Gemischbildung verfolgt [10.95]. Die Konzepte mit kryogener äußerer sowie mit später Hochdruckdirekteinblasung und Verbrennungssteuerung befinden sich derzeit noch im Forschungsstadium.

H_2-Betrieb mit äußerer Gemischbildung

Der entscheidende Vorteil der äußeren Gemischbildung mit Wasserstoff bei Umgebungstemperatur liegt in der Einfachheit des Systems sowie in dem geringen erforderlichen Wasserstoff-Versorgungsdruck. Die Einblasung erfolgt stets in der Nähe der Einlassventile (Abb. 10.83), Systeme mit zentraler Gemischbildung haben sich in Verbindung mit Wasserstoff nicht bewährt.

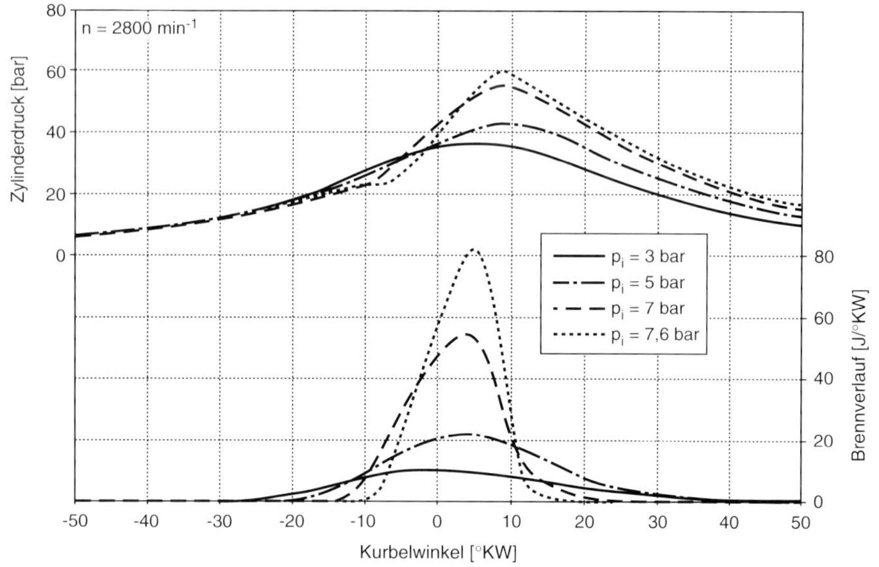

Abb. 10.86. Einfluss der Last auf das Verbrennungsverhalten bei äußerer Gemischbildung [10.92]

Eine Gliederung der Konzepte kann anhand der Einblasestrategie erfolgen. Unterschieden werden nach der Dauer der Einblasung die kontinuierliche Gemischbildung, bei der Wasserstoff während des gesamten Arbeitsspieles eingeblasen wird, und die sequentielle Einblasung, die zylinderindividuell, idealerweise saugsynchron erfolgt [10.84]. Da für die Zuführung des Kraftstoffes zumindest bei hohen Drehzahlen das gesamte Arbeitsspiel ausgenutzt werden kann, sind die Anforderungen an die Einblaseventile hinsichtlich Schaltzeiten eher gering, der zu steuernde Querschnitt ist auf Grund der geringen Kraftstoffdichte allerdings rund 500-mal so groß wie der eines vergleichbaren Benzinventils. Ein Einblaseventil für Wasserstoff ist in Abb. 5.11 b dargestellt.

Abbildung 10.86 zeigt die Zylinderdruck- und Brennverläufe im Wasserstoffbetrieb mit äußerer Gemischbildung bei Variation der Motorlast ($n = 2800\,\text{min}^{-1}$). Bei einem Mitteldruck $p_\text{i} = 3$ bar (λ von ca. 4,5) ergibt sich auf Grund des Homogenbetriebes eine relativ lange Brenndauer (etwa 60° KW). Mit steigender Motorlast sinkt die Brenndauer, bei einem Mitteldruck $p_\text{i} = 7{,}6$ bar (λ von ca. 1,4) beträgt die Brenndauer nur mehr etwa 20° KW. Eine weitere Annäherung an das stöchiometrische Luftverhältnis führt bei der vorliegenden Konfiguration zum Auftreten von Rückzündungen. Diese Verbrennungsanomalien und der Verdrängungseffekt im Saugrohr führen zu einem merklichen Leistungsnachteil des Wasserstoffmotors mit äußerer Gemischbildung gegenüber konventionellen Benzinmotoren.

Hinsichtlich Emissionen weist der Wasserstoffmotor deutliche Vorteile gegenüber mit fossilen Kraftstoffen betriebenen Verbrennungskraftmaschinen auf, da Stickoxide überhaupt die einzige in nennenswerten Konzentrationen auftretende Schadstoffkomponente sind.

Dabei besteht, unabhängig von der Motordrehzahl, ein direkter Zusammenhang zwischen Luftverhältnis, Verbrennungstemperatur und NO_X-Emissionen (Abb. 10.87). Bei hohen Luftverhältnissen ($\lambda > 2{,}2$) werden keine nennenswerten Stickoxidemissionen gebildet. Eine Zwei-Zonen-Motorprozessrechnung zeigt, dass die maximalen Temperaturen der verbrannten Zone 2000 K nicht überschreiten. Wird das Luftverhältnis λ von zirka 2,2 unterschritten, treten NO_X-Emissionen auf. Diese nehmen mit sinkendem λ zu und erreichen bei einem Luftverhältnis λ von

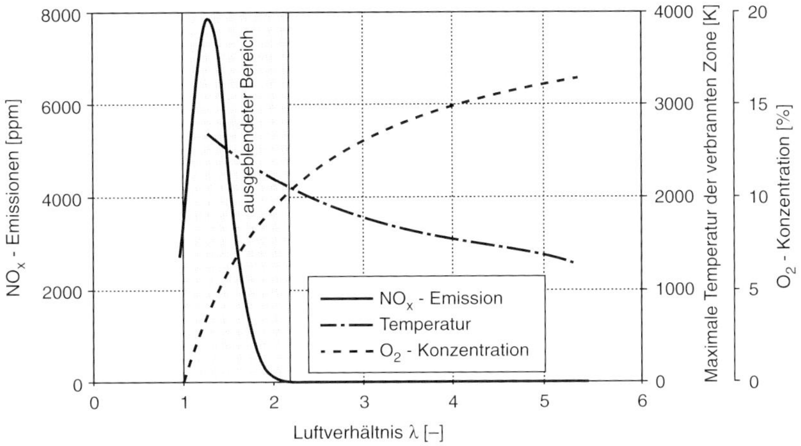

Abb. 10.87. NO_X-Emissionen, O_2-Konzentration und Verbrennungstemperatur im H_2-Betrieb mit äußerer Gemischbildung und mögliche Betriebsstrategie für minimale NO_X-Emission [10.91]

zirka 1,3 ein Maximum. Bei weiterer Annäherung an das stöchiometrische Luftverhältnis nehmen die Stickoxidemissionen wieder ab.

Eine Möglichkeit einer emissionsoptimierten Betriebsstrategie für Wasserstoffmotoren mit äußerer Gemischbildung besteht demnach aus zwei Betriebsbereichen. Im unteren Lastbereich kann der Motor bis zum Erreichen des NO_X-relevanten Luftverhältnisses mager betrieben werden. Da die NO_X-Emissionen auf extrem niedrigem Niveau liegen, ist eine Abgasnachbehandlung nicht erforderlich. Beim Unterschreiten eines definierten λ-Wertes wird auf stöchiometrischen Betrieb umgeschaltet. In diesem $\lambda = 1$-Betrieb kann ein herkömmlicher 3-Wege-Katalysator zur Abgasnachbehandlung eingesetzt werden (Abb. 10.87) [10.91].

Äußere Gemischbildung bringt neben den Vorteilen einer ausgereiften und relativ einfachen, gut für bivalenten Betrieb geeigneten Technologie Nachteile mit sich: Neben dem erheblich geringeren Gemischheizwert (Abb. 10.85), kann das Vorhandensein von zündfähigem Wasserstoff-Luft-Gemisch außerhalb des Brennraumes zum Auftreten von Rückzündungen führen. Diese vor allem bei Annäherung an das stöchiometrische Luftverhältnis auftretenden Phänomene entstehen durch Entzündung der Frischladung an heißen Stellen (z. B. Auslassventilen oder Zündkerzenelektroden) oder Restladungen des Zündsystems während der Ladungswechselphase. Dieser Mechanismus ist auch bei der Entwicklung wasserstoffspezifischer Zündsysteme zu berücksichtigen. Durch Optimierung der Einblasestrategie bei sequentieller Einblasung in Kombination mit einer angepassten Sauganlage und optimiertem Ladungswechsel wird die Rückzündungsneigung schon heute auch bei hoher Last zwar beherrscht, sie ist aber nicht prinzipbedingt ausgeschlossen.

Innere Gemischbildung (H_2-Direkteinblasung)

Im Gegensatz zur äußeren wird bei innerer Gemischbildung der Kraftstoff direkt in den jeweiligen Zylinder eingeblasen. Geht man von einer Einblasung nach Schließen der Einlassventile aus, so kann das Auftreten von Rückzündungen ausgeschlossen werden.

Frühzündungen, eine andere Form von Verbrennungsanomalien, bei der sich das Kraftstoff-Luft-Gemisch während der Kompressionsphase bei bereits geschlossenen Einlassventilen entzündet, sind auch bei früher innerer Gemischbildung nicht generell ausgeschlossen, aber auf Grund des inhomogeneren Gemisches weniger wahrscheinlich. Durch späte Einblasung kann auch dieses unerwünschte Phänomen sicher vermieden werden, da während eines Großteiles der Kompressionsphase kein zündfähiges Kraftstoff-Luft-Gemisch im Brennraum vorliegt.

Eine eindeutige Grenze zwischen früher und später innerer Gemischbildung existiert nicht, vielmehr kann von einem schleifenden Übergang bei Spätverlagerung der Einblasung gesprochen werden. Eine Unterscheidung der Varianten kann anhand des erforderlichen Einblasedruckes getroffen werden. Systeme mit früher innerer Gemischbildung arbeiten mit Wasserstoff-Versorgungsdrücken ab etwa 10 bis 40 bar. Um bei später Einblasung ein überkritisches Druckverhältnis und damit eine gegendruckunabhängige Einblasedauer sicherstellen zu können, sind abhängig vom Verdichtungsverhältnis Versorgungsdrücke von mindestens 50 bar erforderlich. Soll eine Einblasung auch während der Verbrennung durchgeführt werden, steigen die erforderlichen Einblasedrücke auf Werte von 100 bis 200 bar.

Der Leistungsnachteil der äußeren Gemischbildung kann durch Direkteinblasung aufgehoben und in einen Vorteil von etwa 15 % gegenüber konventionellem Benzinbetrieb umgewandelt werden, Abb. 10.88 zeigt die Ergebnisse von experimentellen Untersuchungen dazu.

Als weiterer Vorteil innerer Gemischbildung kann angeführt werden, dass über den Einblasezeitpunkt auf die Ladungsschichtung zum Zündzeitpunkt und damit Einfluss auf den Verbrennungsablauf (Abb. 10.89) und die resultierenden Emissionen genommen werden kann. Bei früher Einblasung kurz nach dem Schließen der Einlassventile (120° KW vor OT) in Abb. 10.89 steht ausreichend Zeit für eine nahezu vollständige Homogenisierung des Kraftstoff-Luft-Gemisches zur Verfügung. Der symmetrische Verbrennungsablauf ist dem eines Benzinmotors sehr ähnlich, die Verbrennungsdauer hängt wie im Betrieb mit äußerer Gemischbildung ausschließlich vom Luftverhältnis und damit vom gewählten Lastpunkt ab [10.91]. Mit späterem Einblasezeitpunkt kommt es zur Ausbildung einer ausgeprägten Ladungsschichtung zum Zündzeitpunkt. Eine kraftstoffreiche Gemischwolke im Bereich der Zündkerze führt zu einer kurzen, wirkungsgradgünstigen Verbrennung mit hohen Umsetzungsraten [10.91]. Die damit verbundenen steilen Druckanstiege bilden aus Gründen des Komforts und der Triebwerksmechanik Grenzen für die extreme Schichtung.

Der dominante Einfluss des Einblasezeitpunktes auf den Verbrennungsablauf kann auch deutlich bei den Stickoxidemissionen beobachtet und gezielt genutzt werden. Ursache dafür ist wiederum die ausgeprägte Schichtung.

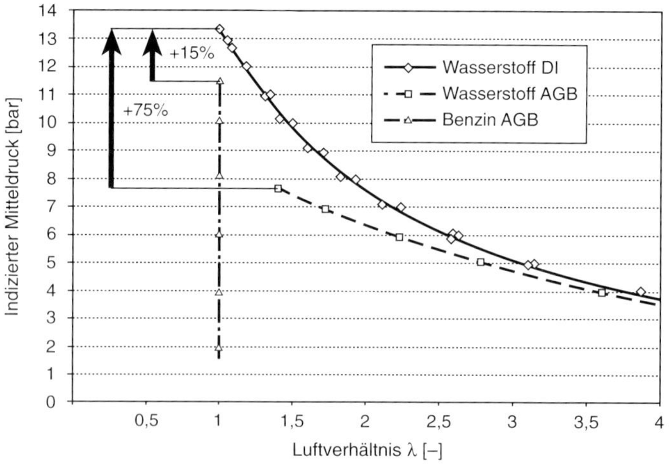

Abb. 10.88. Volllastpotenzial durch Direkteinblasung [10.91]. $n = 2800\,\text{min}^{-1}$

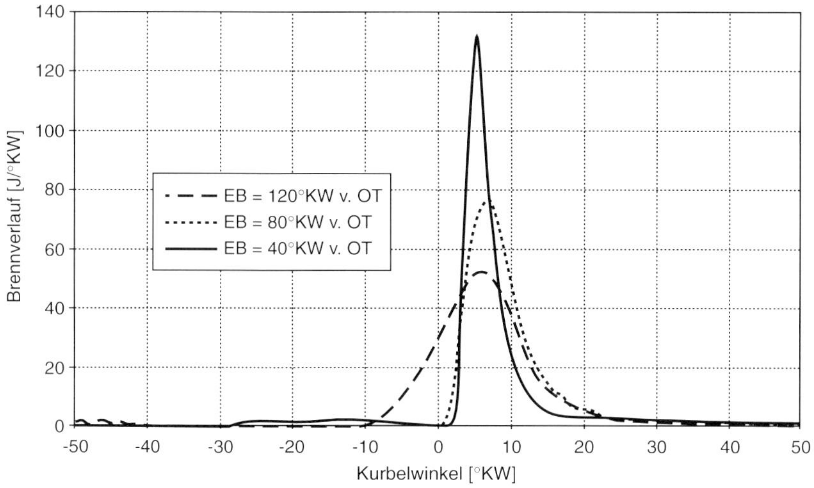

Abb. 10.89. Einfluss des Einblasezeitpunktes auf den Brennverlauf im DI-Betrieb [10.97]. $n = 2000\,\text{min}^{-1}$, $p_i = 6$ bar, $p_{H2} = 150$ bar

Neben der 3-D-CFD-Simulation erlauben endoskopische Diagnosewerkzeuge und optische Untersuchungen am Transparentmotor [10.96] zusätzliche Einblicke in das Verbrennungsverhalten von Wasserstoff. Diese Gemischbildungs- und Verbrennungsanalysen zeigen, dass der Einblaseimpuls den Gemischbildungsvorgang in hohem Maß beeinflusst: Sowohl Flammengeschwindigkeit als auch Wärmeübergang werden über das lokale Luftverhältnis und das Turbulenzniveau der Zylinderladung essenziell verändert.

Voraussetzung für einen Betrieb mit ausgeprägter Ladungsschichtung ist die Verfügbarkeit schneller Injektoren, die sehr kurze Einblasedauern und große Einblasequerschnitte ermöglichen.

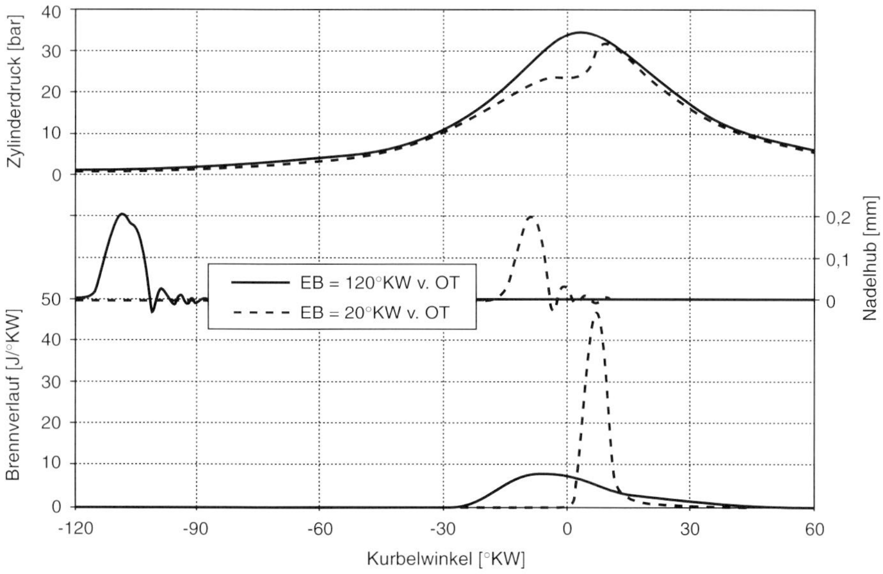

Abb. 10.90. Wirkungsgradoptimierter DI-Betriebspunkt im Vergleich zu früher Einblasung [10.97]. $n = 2000\,\text{min}^{-1}$, $p_i = 2$ bar, $p_{H2} = 120$ bar, 1-Loch-Düse

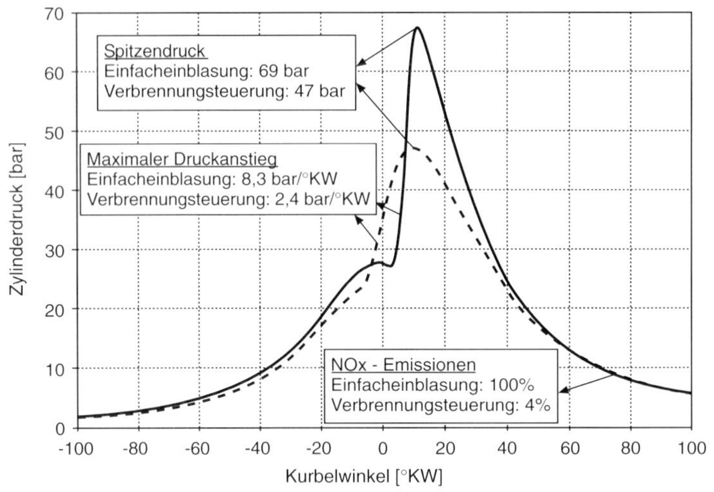

Abb. 10.91. Verbesserungspotenziale durch Verbrennungssteuerung [10.93]. $n = 1000\,\text{min}^{-1}$, $p_\text{i} = 8$ bar

In Abb. 10.90 ist das Potenzial des Betriebes mit ausgeprägter Ladungsschichtung (Einblasebeginn 20° KW vor OT) im Vergleich zu einer frühen Einblasung mit guter Homogenisierung (120° KW vor OT) dargestellt. Durch die ausgeprägte Schichtung mit fetten Zonen in der Nähe der Zündkerze kann mit später Einblasung die Brenndauer von zirka 60° KW bei früher Einblasung auf zirka 15° KW reduziert werden. Dies wirkt sich positiv auf den erreichbaren Wirkungsgrad aus, da durch die Ladungsschichtung auch der Anteil an unverbranntem Wasserstoff im Abgas gegenüber der frühen Einblasung deutlich reduziert werden kann.

Die Direkteinblasung kann auch dazu genutzt werden, Wasserstoff während der Verbrennung und in mehreren Einblasepulsen zuzuführen, um damit gezielt Einfluss auf den Verbrennungsablauf zu nehmen (Verbrennungssteuerung). Damit können sowohl NO_x-Emission als auch Druckniveau und -anstiegsgeschwindigkeit signifikant vermindert und Klopfen weitgehend vermieden werden. Als Beispiel für die Verbrennungsteuerung sind in Abb. 10.91 Ergebnisse dargestellt, die mit einem Einzylinder-Versuchsmotor ermittelt wurden.

Abbildung 10.92 zeigt eine vergleichende Verlustanalyse, in der Benzinbetrieb, Wasserstoffbetrieb mit äußerer und innerer Gemischbildung und Dieselbetrieb bei einer Drehzahl von $2000\,\text{m}^{-1}$ und einem Mitteldruck $p_\text{i} = 2$ bar gegenübergestellt sind. Dabei werden im Verlust durch Einblasung $\Delta\eta_\text{EB}$ Unterschiede in der Kompressionsarbeit auf Grund verschiedener Einblasezeitpunkte bei Wasserstoff-Direkteinblasung berücksichtigt [10.97]. Die in dieser Konfiguration mit Wasserstoff-Direkteinblasung höheren Wandwärmeverluste sind im Verlust durch Wandwärme $\Delta\eta_\text{WW}$ dargestellt. Um den Vorteil des ungedrosselten Motorbetriebes darstellen zu können, ist darüber hinaus auch der Verlust durch Ladungswechsel $\Delta\eta_\text{LW}$ abgebildet.

Auf Grund des ungedrosselten Betriebes ist der Wirkungsgrad des vollkommenen Motors mit Wasserstoff-Saugrohreinblasung deutlich höher als der im gedrosselten Benzinbetrieb. Im Vergleich zum Benzinbetrieb sind im Wasserstoffbetrieb mit äußerer Gemischbildung wiederum wegen des Magerbetriebes auch die Verluste durch unvollständige und reale Verbrennung höher. Die Wandwärmeverluste der beiden Varianten sind vergleichbar, die Ladungswechselverluste sind im Benzinbetrieb auf Grund der starken Drosselung höher. Eine Wirkungsgradsteigerung im Wasserstoffbetrieb mit äußerer Gemischbildung wäre auch durch eine leichte Androsselung möglich.

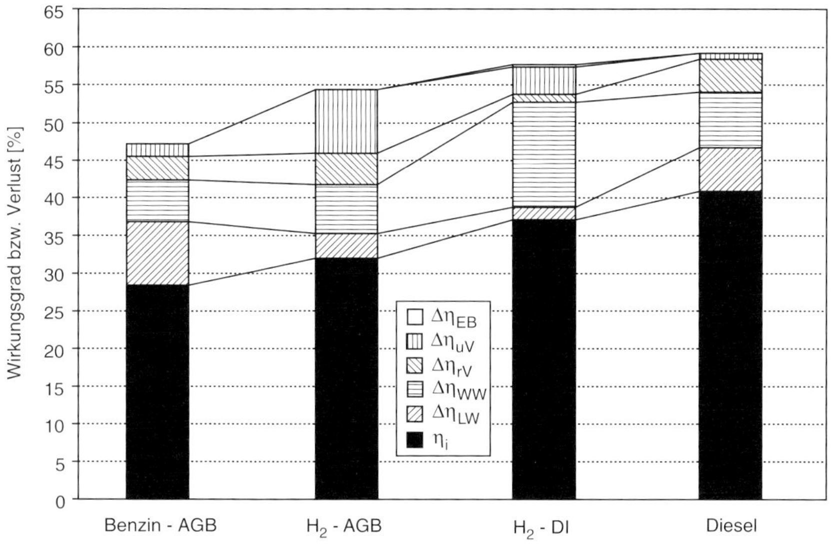

Abb. 10.92. Vergleichende Verlustteilung (Benzin, Wasserstoff-Brennverfahren mit innerer und äußerer Gemischbildung, DI-Diesel) [10.97]. $n = 2000\,\text{min}^{-1}$, $p_i = 2$ bar

Mit Wasserstoff-Direkteinblasung ist eine weitere Steigerung im Wirkungsgrad des vollkommenen Motors möglich. Dies ist einerseits auf den Wirkungsgradvorteil durch Direkteinblasung und andererseits auf das höhere Luftverhältnis zurückzuführen. Die Verluste durch Einblasung sind bei frühem Einblasezeitpunkt hoch, da das zusätzlich in den Brennraum eingebrachte Wasserstoffgas mit komprimiert werden muss. Mit späterem Einblasezeitpunkt können die Verluste durch Einblasung deutlich reduziert werden. Die auftretende Schichtung führt auch zu einer Reduktion der Verluste durch unvollständige und reale Verbrennung. Die kurze Brenndauer und die Schichtung mit fetten Zonen in der Nähe der Brennraumwände führen allerdings zu einem deutlichen Anstieg der Wandwärmeverluste. Diese machen den größten Nachteil im Vergleich

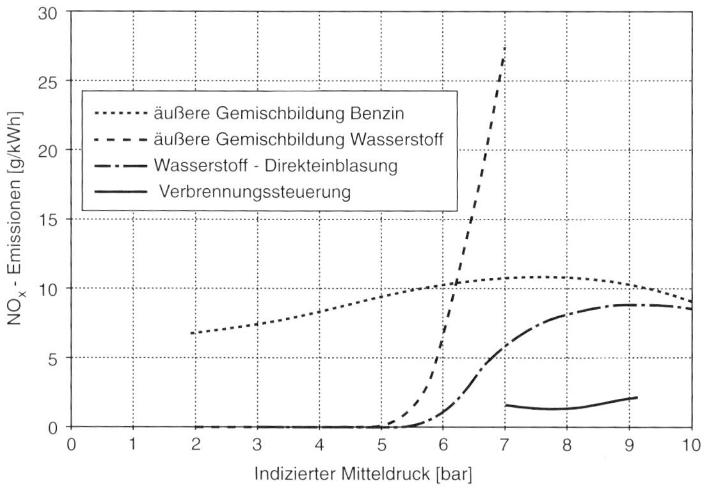

Abb. 10.93. Stickoxidemissionen verschiedener Brennverfahren [10.93]. $n = 2000\,\text{min}^{-1}$

zum konventionellen Otto- oder Dieselmotor aus und bilden damit den wesentlichen Ansatz zur weiteren Wirkungsgradsteigerung, die bei der Auslegung weiterer Brennverfahrenskonzepte eine Kernaufgabe darstellt.

Als Wirkungsgradziel ist der Wirkungsgrad eines Dieselmotors mit Direkteinspritzung dargestellt. Der entscheidende Vorteil des Dieselmotors liegt derzeit im höheren Verdichtungsverhältnis, das zu einem Anstieg des Wirkungsgrades des vollkommenen Motors führt.

Abbildung 10.93 zeigt die Verläufe der Stickoxidemissionen über der Motorlast für verschiedene Betriebsstrategien. Zusätzlich ist der Verlauf der NO_X-Emissionen für einen konventionellen Ottomotor mit Saugrohreinspritzung als Vergleich dargestellt. Auf Grund der Quantitätsregelung im Benzinbetrieb werden auch bei niedrigen Motorlasten hohe Verbrennungstemperaturen erreicht und dadurch Stickoxide gebildet. Bei äußerer Gemischbildung mit Wasserstoff zeigt sich der typische Verlauf mit vernachlässigbaren Emissionen bei niedrigen Motorlasten und einem deutlichen Anstieg der Stickoxidemissionen bei Erreichen eines kritischen Luftverhältnisses. Bei Wasserstoff-Direkteinblasung kann durch eine geeignete Wahl des Einblasezeitpunktes im gesamten Lastbereich ein NO_X-Rohemissionsniveau unter dem eines konventionellen Benzinmotors erreicht werden. Durch eine gezielte Anwendung von Verbrennungssteuerung im Bereich hoher Motorlasten ist noch eine weitere deutliche Reduktion der Stickoxidemissionen möglich.

11 Motorsteuerungen

Die bei der Motorisierung anfänglich bescheidenen Aufgaben des Regelns und Steuerns wurden im Wesentlichen durch mechanische, pneumatische und hydraulische Steuerungen bewältigt. Die gestiegenen Anforderungen und die damit einhergehend gestiegene Zahl von Funktionen führte zur Entwicklung von programmierbaren Steuer- und Regelgeräten. Mittlerweile ist die Elektronik einer der wesentlichen Träger von Innovationen im Automobilbau.

11.1 Systembeschreibung

Im Antriebs- und Fahrwerksbereich sind kundenrelevante Verbesserungen und die Erfüllung gesetzlicher Anforderungen nicht mehr ohne elektronische Steuerungen zu realisieren. Komponentenorientierte und gewachsene Strukturen auf der einen Seite und vernetzte Funktionalitäten in übergeordneten Regelkreisen von verschiedenen Komponenten im Antriebs- und Fahrzeugbereich auf der anderen Seite stellen hohe Anforderungen an die Elektronikentwicklung.

11.1.1 Modellbasierte Funktionsstruktur

Die Verlagerung von immer mehr Funktionalitäten von den mechanischen Steuerungen in die zentrale elektronische Motorsteuerung hat zu einer gewachsenen Struktur geführt. Zusätzliche Anforderungen wurden durch neue Funktionen und durch Korrekturfunktionen im Sinne eines Add-On-Prinzips erfüllt. Die so gewachsenen Systeme weisen eine stark vernetzte Struktur auf; Änderungen in einer Teilfunktion führen zu vielfachen Abhängigkeiten. Bei neueren Steuerungen mit immer mehr Funktionalitäten wird der Ansatz einer physikalisch basierten Modularisierung mit klar definierten Schnittstellen verfolgt [11.1].

Neben der physikalisch orientierten Modulstruktur ist der physikalische, modellbasierte Funktionsentwurf der zweite, wesentliche Lösungsansatz, um die komplexen Zusammenhänge eines Motors möglichst präzise zu steuern und zu regeln. Dabei werden die mit Kennlinien und Kennfeldern beschriebenen physikalischen Zusammenhänge durch physikalische Modelle ersetzt. Die modellbasierten Funktionen ermöglichen eine umfassendere Beschreibung der realen physikalischen Zusammenhänge bei einem deutlich reduzierten Applikationsaufwand. Lediglich die Modellparameter müssen durch applikative oder selbstlernende Algorithmen beschrieben werden.

Ein weiterer zukunftsweisender Weg ist der Einsatz von Neuronalen Netzen zur Beschreibung komplexer Zusammenhänge. Insbesondere dann, wenn komplexe Prozesszusammenhänge nicht oder nur mit großem Aufwand durch Kennfelder oder physikalische Modelle beschrieben werden können. Sie bieten den Vorteil, mehrdimensionale Abhängigkeiten einfach abzubilden. Diese mehrdimensionalen Abhängigkeiten sind vorab experimentell durch Messungen und anschließendes Netztraining zu ermitteln. Selbstadaptierende Neuronale Netze z. B. bei der Lasterfassung und der Klopfregelung sind bei einigen neueren Motorsteuerungen bereits im Einsatz [11.3].

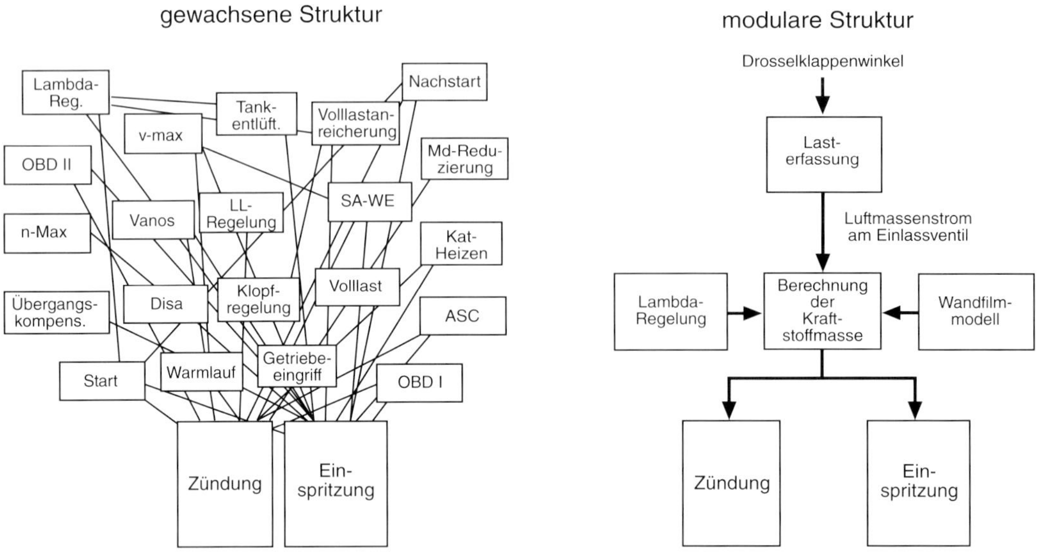

Abb. 11.1. Funktionsstruktur mit physikalischer Modulstruktur [11.2]

11.1.2 Drehmomentbasierte Funktionsstruktur

Moderne Laststeuerverfahren wie die Direkteinspritzung mit geschichtetem Motorbetrieb oder die drosselfreie Laststeuerung der Valvetronic machen eine Entkoppelung des Fahrpedals von der Drosselklappe notwendig. Die Interpretation des über das Fahrpedal übermittelten Fahrwunsches ist durch eine physikalische, drehmomentorientierte Funktionsstruktur möglich.

In einer drehmomentbasierten Funktionsstruktur werden alle Anforderungen, die sich als Drehmoment formulieren lassen, tatsächlich auf das jeweilige resultierende Drehmoment reduziert. So werden alle Anforderungen, die des Fahrers, die des Getriebes, die der Fahrzeugsteuerung, z. B. Schlupfregelung, oder die der motorischen Subsysteme, wie z. B. Nebenaggregate, in einem Momentenkoordinator berücksichtigt. Ein weiteres Modul setzt diese Anforderungen situationsabhängig in momentenproportionale Motoreingriffe um. Dabei werden je nach Art der Anforderung die Füllungsregelung, die Einspritzsteuerung, die Ventilüberschneidung, die Zündwinkelsteuerung, die Zylinderausblendung oder die Öffnung des Waste-Gates herangezogen. Durch diese koordinierte Vorgehensweise kann die geforderte Fahrbarkeit sichergestellt werden unter gleichzeitiger Optimierung des Kraftstoffverbrauchs und der Abgasemissionen und Berücksichtigung von Bauteilschutzfunktionen.

Eine wesentliche Chance, aber auch Herausforderung der Drehmomentenstruktur liegt in der jeweils priorisierten Eingriffsart, die durch die unterschiedlich geforderte Dynamik, Höhe und Dauer des angeforderten Drehmomentes gegeben ist. Danach ist der jeweils zeitgerechte und wirkungsgradoptimale Stelleingriff auszuführen.

11.1.3 Vernetzte Funktionsstruktur

Mit dem Einzug der Elektronik im Automobilbau haben sich viele neue Möglichkeiten ergeben, die bei der mechanischen, komponentenorientierten Struktur nicht gegeben waren. Die Harmonisierung von Motor- und Getriebesteuerung im ersten Schritt und die funktionsorientierte Steuerung

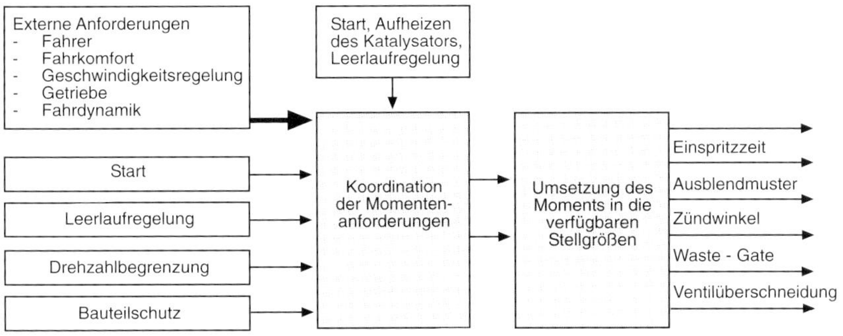

Abb. 11.2. Drehmomentbasierte Funktionsstruktur [11.4]

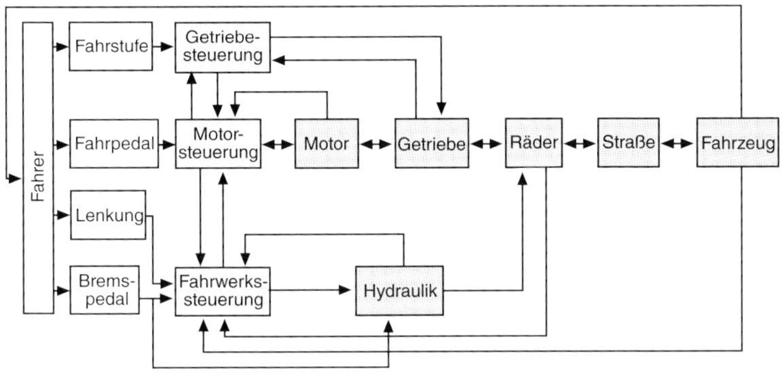

Abb. 11.3. Vernetzte Fahrzeugfunktionen und Regelkreise [11.2]

der Längs- und Querdynamik eines Fahrzeugs erfordern die übergreifende Koordination vieler Antriebs- und Fahrzeugfunktionen in weiteren Schritten.

So können in Abhängigkeit des Umgebungszustandes, des Fahrzustandes, des Lenkwinkels etc. Eingriffe in die Momentensteuerung oder Gangwahl sinnvoll unterstützt oder korrigiert werden und so unmittelbar für den Kunden erlebbare Eigenschaften generiert werden.

Ein weiterer Ansatz einer übergeordneten, vernetzten Funktionsstruktur liefert das integrierte Antriebsstrangmanagement. Es hat keinen direkten Einfluss auf den Prozess der Energiewandlung im Motor oder Generator, sondern versucht im Rahmen eines ganzheitlichen Ansatzes durch eine geeignete Bedarfssteuerung und Betriebspunktwahl in Abhängigkeit vieler Parameter den Energiefluss zu optimieren [11.5].

11.2 Funktionen

Die heutigen Anforderungen an Automobile und deren Antriebe erfordern eine Vielzahl von Funktionalitäten, die nur mit einer leistungsfähigen Elektronik und umfangreicher Software ermöglicht werden. Zum einen können so Funktionalitäten besser realisiert werden als durch mechanische, pneumatische, hydraulische und elektronische Steuerungen, zum anderen erlauben intelligente Softwarelösungen völlig neue, bisher nicht realisierbare Funktionalitäten. Neben diesen allgemeinen Funktionen zum Steuern und Regeln eines Motors gehört heute aber auch die Funktions- und Eigendiagnose des Motors.

11.2.1 Allgemeine Funktionen

Nicht alle Funktionen heutiger Motorsteuerungen können hier beschrieben werden. Zu den allgemeinen Funktionen des Regelns und Steuerns gehören u. a. Lasterfassung und Laststeuerung, Zündwinkel- und Einspritzsteuerung, Klopfregelung, λ-Regelung, adaptive Tankentlüftungssteuerung, Höhenadaption, Leerlaufregelung, Start- und Warmlaufregelung, Katalysator-Heizfunktion, Drehmonentenschnittstelle, Anti-Ruckel-Funktion, Abgas- und Katalysatortemperaturmodell, Drehzahlbegrenzung, Nebenaggregatesteuerung.

Am Beispiel der Lasterfassung soll das Potenzial einer Softwarefunktion beschrieben werden. Die katalytische Abgasreinigung erfordert eine stöchiometrische Gemischbildung. Hierzu ist die genaue Bestimmung der angesaugten Luftmasse pro Zylinder erforderlich. Da sich die Größe messtechnisch nicht direkt ermitteln lässt, treten je nach Art der Luftmassenbestimmung (Lasterfassung) mehr oder weniger große Gemischfehler auf, insbesondere im instationären Betriebsfall. In der Vergangenheit wurde die Einspritzmenge direkt aus dem Luftmassensignal ermittelt, und es wurde versucht, mit Hilfe von Korrekturfunktionen die Fehler zu minimieren. Mit einem physikalisch basierten Saugrohrfüllungsmodell können die dynamischen Vorgänge beim Ansaugvorgang unter allen Betriebsbedingungen beschrieben werden.

Auf diese Weise lässt sich die Lasterfassung durch einen Lastbeobachter realisieren. Ein Beobachter ist ein physikalisch mathematisches Modell, das parallel zum realen System in der Steuerung berechnet wird. Der Lastbeobachter ist das angesprochene Saugrohrfüllungsmodell. Auf Basis der aktuellen Stellgröße (Drosselklappe, Drehzahl etc.) werden Schätzwerte für die Systemgrößen berechnet, sodass auch interne, nicht gemessene Größen zur Verfügung stehen. Aus dem Vergleich von vorhandenen Sensorsignalen und den berechneten Modellgrößen kann auf ein verändertes Systemverhalten geschlossen werden, zum Beispiel bei Änderung des Luftdruckes oder der Umgebungstemperatur. Auf Basis plausibler Sensorsignale lässt sich das Modell leicht adaptieren. Die Vorteile dieser Funktionen liegen in der wesentlich höheren Genauigkeit, der Nachvollziehbarkeit im Fehlerfalle und der Diagnosefähigkeit.

Ohne derartige modellbasierte Lasterfassungsfunktionen ließen sich Technologien wie die Valvetronic und direkteinspritzende Saugmotoren mit geschichtetem Betrieb nicht darstellen, da zur Laststeuerung gleichzeitig mehrere Stellglieder aktiv sind.

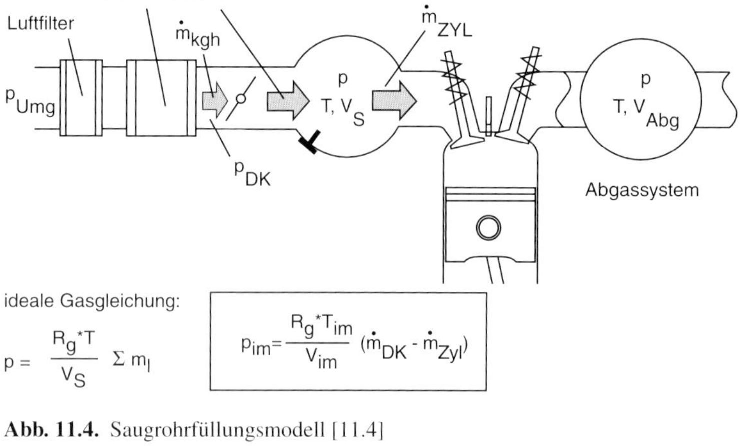

Abb. 11.4. Saugrohrfüllungsmodell [11.4]

11.2.2 Diagnose- und Sicherheitskonzepte

On-Board-Diagnose

Durch die in Kap. 9 beschriebenen Technologien zur Abgasnachbehandlung können die Schadstoffemissionen von Kraftfahrzeugen drastisch reduziert werden, jedoch nur, wenn alle Systemkomponenten und -funktionen fehlerfrei arbeiten. Von der amerikanischen Umweltbehörde wurde daher gefordert, ab 1988 Fahrzeuge mit einer On-Board-Diagnose auszustatten, die alle abgasbeeinflussenden Systeme, Funktionen und Komponenten überwacht und den Fahrer informiert, wenn ein Fehlverhalten eintritt. Ab 1994 wurde die erweiterte On-Board-Diagnose (OBD II) gefordert. Darüber hinaus müssen weitere abgasrelevante Systeme, die nicht direkt von der Motorsteuerung gesteuert werden (z. B. Getriebesteuerung) mit einbezogen werden.

Wird ein Fehler erkannt, so soll die schadhafte Funktion oder Komponente möglichst genau lokalisiert werden und die Fehlerart, der Fehlerort und die Betriebsbedingungen sollen in einem Speicher abgelegt werden. Verursacht ein Fehler eine Überschreitung der vorgegebenen Abgasgrenzwerte, dann soll durch eine Fehlerlampe der Fahrer informiert und aufgefordert werden, eine Werkstatt aufzusuchen.

Die Überwachung des Konvertierungsverhaltens des Katalysators ist eine der wichtigsten OBD-II-Forderungen (Tabelle 11.1 und Abb. 11.5). Ein Defekt ist dann anzuzeigen, wenn die HC-Emission im FTP-75-Abgastest einen definierten Schwellenwert überschreitet. Für nach LEV 2 zertifizierte Fahrzeuge ist der Schwellenwert der 1,75-fache Emissionsgrenzwert. Zur Überwachung des Katalysators wird seine Sauerstoffspeicherfähigkeit genutzt, die sehr gut mit seiner HC-Konvertierung korreliert. Die Sauerstoffspeicherung im Katalysator lässt sich mit einer Lambdasonde gut erfassen. Dazu wird vor und nach dem Katalysator jeweils eine Sonde eingebaut und ihre Signale werden verglichen. Eine Regelschwingung fett/mager, die das Lambdasondensignal vor dem Katalysator anzeigt, wird durch das Sauerstoffspeicherverhalten eines funktionierenden Katalysators deutlich abgeschwächt. Ist die Sauerstoffspeicherfähigkeit und damit auch die Konvertierung beeinträchtigt, dann schlägt die Regelschwingung auf die Nach-Katalysator-Sonde durch und signalisiert die Fehlfunktion [11.4].

Darüber hinaus werden heute vielfältige Eigendiagnosen durchgeführt, die das gesetzlich geforderte Maß übersteigen. So können einerseits schadhafte Komponenten identifiziert werden und sinnvolle Ersatzfunktionen angestoßen werden, ohne dass eine Beeinträchtigung des Fahrver-

Tabelle 11.1. Überwachungsaufgaben und Diagnoseverfahren

Überwachung	Technische Lösung
Katalysatoranlage	Vergleich der Signalamplituden der λ-Sonden vor und hinter Katalysator für LEV/ULEV-Fahrzeuge zusätzliche Ermittlung der Anspringtemperatur
λ-Sonde	Ermittlung von Regelfrequenz, Signalbereich und Heizwiderstand, überlagerte Regelung mit Sonde hinter Katalysator
Verbrennungsaussetzer	Berechnung der Laufunruhe aus der Winkelgeschwindigkeit der Kurbelwelle
Tankentlüftung	Unterdruckprüfung des Tanksystems
Abgasrückführsysteme	Ermittlung des Saugrohrdrucks bei aktiver AGR
Sekundärluftsysteme	Überwachung des λ-Sondensignals
Kraftstoffsysteme	Überwachung des λ-Regelwertes

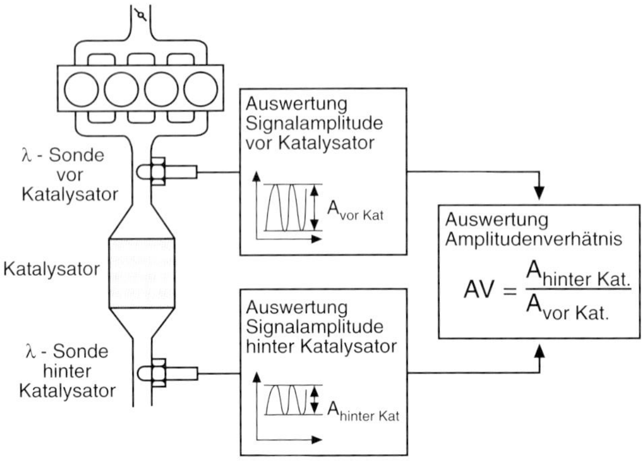

Abb. 11.5. Katalysatorüberwachung

haltens erkennbar wird; andererseits dienen diese Eigendiagnosen der Werkstatt zur schnellen Fehleridentifikation.

Sicherheitskonzepte

Gesetzliche Forderungen schreiben für technische Systeme, die bei Versagen Leben und Gut gefährden, Schutzeinrichtungen vor, sodass das verbleibende Restrisiko unter einer tolerierbaren Schwelle bleibt. Außerdem schreibt der Gesetzgeber vor, dass sicherheitsrelevante Systeme dem Stand der Technik entsprechen müssen.

Für „Drive by wire"-Systeme mit komplexer Software sind Sicherheitskonzepte und Schutzfunktionen vorzusehen [11.4]. Dadurch sollen für den Fahrer gefährliche Zustände vermieden werden. Eine reduzierte Motorleistung wird als sicherer Zustand definiert. Um einen zweifelsfrei sicheren und für den Fahrer einschätzbaren Fahrzustand zu gewährleisten, sind umfangreiche Sicherheitskonzepte notwendig. Dazu gehören:

- eine redundante Pedalwerterfassung
- eine redundante Positionserkennung der Drosselklappe oder der Laststeuerorgane
- eine redundante Überwachungseinheit der Laststeuerfunktion
- umfangreiche Sicherheitsfunktionen in der Motorsteuerung

Die Sicherheitsfunktionen sind so angelegt, dass sie hierarchisch in verschiedenen Ebenen angelegt sind und unterschiedliche Überwachungsaufgaben wahrnehmen. Dabei werden üblicherweiser die gleichen Funktionen parallel berechnet und plausibilisiert.

Anhang

Tabelle A.1. EU-Abgasgrenzwerte im Testzyklus NEDC 1992 (Euro 1 und Euro 2) oder NEDC 2000 (Euro 3 bis Euro 5)

Emissionskategorie (Jahr der Einführung)	Masse der Emission (mg/km)				
	CO	HC + NO_x	HC	NO_x	PM
Euro 1 (1992)	2720	970			
Euro 2 (1996)	2200	500			
Euro 3 (2000)	2300		200	150	
Euro 4 (2005)	1000		100	80	
Euro 5 (2009)	1000		100	60	5 [a]

Quelle: Richtlinie des Rates der Europäischen Gemeinschaften 70/220/EWG (Euro1 bis Euro 4)
[a] Gilt nur für DI-Mager-Motoren

Tabelle A.2. US-amerikanische Abgasgrenzwerte gemäß LEV-Programm (ab Modelljahr 1994) im Testzyklus FTP 75 [a]

Emissionskategorie [b] (Modelljahr)	Masse der Emission (mg/mi) während Betriebsdauer von:							
	50.000 Meilen				100.000 Meilen			
	NMOG [c]	CO	NO_x	HCHO	NMOG	CO	NO_x	HCHO
TLEV (bis 2003)	125	3400	400	15	156	4200	600	18
LEV I (bis 2006)	75	3400	200	15	90	4200	300	18
ULEV I (bis 2006)	40	1700	200	8	55	2100	300	11

Quelle: California Air Resources Board, Sacramento, Kalifornien
[a] Gültig für Kalifornien, Maine, Massachusetts und New York; in den anderen US-amerikanischen Bundesstaaten gilt die Gesetzgebung der Environment Protection Agency, die weniger strenge Grenzwerte aufweist
[b] TLEV, transitional low-emission vehicle; LEV, low-emission vehicle; ULEV, ultralow-emission vehicle
[c] Organische Gase ohne Methan

Tabelle A.3. US-amerikanische Abgasgrenzwerte gemäß LEV-II-Programm (einfließend ab Modelljahr 2004) im Testzyklus FTP 75 [a]

Emissionskategorie [b]	Masse der Emission (mg/mi) während Betriebsdauer von:							
	50.000 Meilen				120.000 Meilen			
	NMOG [c]	CO	NO_x	HCHO	NMOG	CO	NO_x	HCHO
LEV II	75	3400	50	15	90	4200	70	18
ULEV II	40	1700	50	8	55	2100	70	11
SULEV II					10	1000	20	4

Quelle: California Air Resources Board, Sacramento, Kalifornien
[a] Für den lokalen Gültigkeitsbereich, siehe Table A.2, Fußnote a
[b] LEV, low-emission vehicle; ULEV, ultralow-emission vehicle: SULEV, super-ultralow-emission vehicle
[c] Organische Gase ohne Methan

Tabelle A.4. Japanische Abgasgrenzwerte seit September 2002

Emissionskategorie	Masse der Emission im Testzyklus					
	10.15-Mode (Heißstart)			11-Mode (Kaltstart)		
	HC (mg/km)	CO (mg/km)	NO_x (mg/km)	HC (g/Test)	CO(g/Test)	NO_x(g/Test)
LEV 2000						
mean value [a]	80	670	80	2,20	19,00	1,40
max value [b]	170	1270	170	4,42	31,10	2,50

Quelle: Japan Automobile Standards Internationalization Center, Tokio
[a] Mean value, Grenzwert nach dem TDS-(Type Designation-)Verfahren (Verkauf von ≥2000 Stück je Typ und Jahr)
[b] Max value, Grenzwert nach dem PHP-(Preferential Handling Procedure-)Verfahren (Verkauf von <2000 Stück je Typ und Jahr)

Tabelle A.5. Japanische Abgasgrenzwerte ab 2005

Emissionskategorie	Masse der Emission (mg/km) ermittelt:						
	2007–2009 [a]			2010–2012 [b]			
	NMHC [c]	CO	NO_x	NMHC	CO	NO_x	PM [d]
LEV 2005							
mean value	50	1150	50	50	1150	50	5
max value	80	1920	80				

Quelle: Japan Automobile Standards Internationalization Center, Tokio
[a] Für japanische Hersteller 2005–2007. Emissionswerte aus 10.15-Mode-Testzyklus und 11-Mode-Testzyklus werden unterschiedlich gewichtet und zusammengefasst (10.15-Mode-Testzyklus, 88 %; 11-Mode-Testzyklus, 12 % nach Umrechnung: [g/km] = 11-Mode-Testzykluswert [g/Test]/4,083 [km])
[b] Für japanische Hersteller 2008–2010. Emissionswerte aus 10.15-Mode-Zyklus und neuem CD-34-Testzyklus werden unterschiedlich gewichtet und zusammengefasst (10.15-Mode-Testzyklus, 75 %; CD-34-Testzyklus, 25 %)
[c] Kohlenwasserstoffe ohne Methan
[d] Aktuell diskutierte Grenzwertverschärfung

Tabelle A.6. Prinzipdarstellung japanischer Abgasgrenzwerte gültig für japanische Hersteller mit TDS-Verfahren

Emissionskategorie	HC	NMHC [a]	CO	NO_x	PM
LEV 2000					
Kaltstart (g/Test)	2,20		19,00	1,40	
Heißstart (g/km)	0,08		0,67	0,08	
LEV 2005					
2005–2007 (g/km)		0,05	1,15	0,05	
2008-2010 (g/km)		0,05	1,15	0,05	0,005 [b]

Quelle: Japan Automobile Standards Internationalization Center, Tokio
[a] Kohlenwasserstoffe ohne Methan
[b] Aktuell diskutierte Grenzwertverschärfung

Literatur

1 Historie und Rahmenbedingungen

1.1 Saß, F.: Geschichte des deutschen Verbrennungsmotorenbaues von 1860 bis 1918. Springer, Berlin, 1962

1.2 Goldbeck, G.: Die Begründung der Motorentechnik – Die Versuche von N. A. Otto 1860 bis 1876. MTZ 37: 109–114, 1976

1.3 Freymann, R., Eichlseder, H.: The state of the art and future perspectives of the application of hydrogen IC engines. In: International Conference "Engines of Sustainable Development", Istituto Motori, Consiglio Nazionale delle Ricerche, Neapel, 11.–12. Dezember 2003

1.4 Freymann, R.: Auto und Fahrer im 21. Jahrhundert. In: Der Fahrer im 21. Jahrhundert. VDI-Berichte, Nr. 1768. VDI-Verlag, Düsseldorf, S. 3–23, 2003

1.5 Nägel, A.: Ottomotor. VDI-Zeitschrift. Band 80, Nr. 43, 1936

1.6 Klöckner-Humboldt-Deutz, A.G.: Der Begriff Otto-Motor und seine Folgen. Klöckner-Humboldt-Deutz AG, Köln-Deutz, 1941

1.7 Göschel, B.: Alternative Antriebe. Vorlesung, Technische Universität Graz, Graz, 2004

2 Motorischer Arbeitsprozess

2.1 Smith, A.: Engine re-design. Engine Technology Sept. 2004

2.2 Pischinger, R., Klell, M., Sams, T.: Thermodynamik der Verbrennungskraftmaschine, 2. Aufl. Der Fahrzeugantrieb. Springer, Wien, 2002

2.3 Pischinger, R., Klell, M.: Potenzial neuer Motorkonzepte aus thermodynamischer Sicht. In: Pischinger, R. (Hrsg.): 8. Tagung „Der Arbeitsprozess des Verbrennungsmotors". Mitteilungen des Institutes für Verbrennungskraftmaschinen und Thermodynamik, Technische Universität Graz, 79. Institut für Verbrennungskraftmaschinen und Thermodynamik, Technische Universität Graz, Graz, 2001

2.4 Eichlseder, H., Klell, M., Wimmer, A., Figer, G., Pirker, G.: Direkteinspritzende Brennverfahren und ihre Wirkungsgradpotenziale. In: 5. Dresdener Motorenkolloquium, Dresden, 2003

2.5 Basshuysen, R., Schäfer, F. (Hrsg.): Lexikon Motorentechnik. Vieweg, Wiesbaden, 2004

2.6 Tarazza, G.: A variable lift and event control device piston engine valve operation. In: 14. FISITA Congress, London, 1972

2.7 Klüting, M., Flierl, R., Unger, H., Poggel, J.: Drosselfreie Laststeuerung mit vollvariablen Ventilsteuerungen. In: 7. Aachener Kolloquium Fahrzeug- und Motorentechnik, Aachen, 1998

2.8 Pischinger, M., Hagen, J., Salber, W., Esch, T.: Möglichkeiten der ottomotorischen Prozessführung bei Verwendung des elektromechanischen Ventiltriebes. In: 7. Aachener Kolloquium Fahrzeug- und Motorentechnik, Aachen, 1998

2.9 Vafidis, C.: The recent progress of advanced powertrain technology. In: International Conference "Engines of Sustainable Development", Istituto Motori, Consiglio Nazionale delle Ricerche, Neapel, 11.–12. Dezember 2003

2.10 Unger, H.: Konstruktion und Untersuchungen zum mechanischen vollvariablen Ventiltrieb. Dissertation, Technische Universität München, München, Deutschland, 1996

2.11 Beer, M., Held, W., Kerkau, M., Rehr, A.: Der neue Motor des Porsche 911 Turbo. MTZ 61: 730–743, 2000

2.12 Herdin, G., Gruber, F., Klassner, J., Matsumura, S., Kudo, S., Ippommatsu, M.: Miller cycle: efficiency potentials for gas engines. CIMAC Pap. 24197, 2004

2.13 Goto, T., Hatamura, K., Shinobu, T., Hayama, N., Abe, H., Kanesaka, H.: Development of V6 Miller cycle gasoline engine. SAE Pap. 940198, 1994

2.14 Toyota Motor Corporation: Toyoto hybrid system THS II. www.toyota.co.jp/en/tech/environment/ths2/engine

3 Kraftstoffe

3.1 Keating, E.L.: Applied combustion. Marcel Dekker, New York, 1993

3.2 Bosch: Kraftfahrtechnisches Taschenbuch, 25. Aufl. Vieweg, Wiesbaden, 2003

3.3 Göschel, B.: Vorlesungsskriptum „Alternative Antriebe". Institut für Verbrennungskraftmaschinen und Thermodynamik, Technische Universität Graz, Graz, 2004

3.4 Lovell, W.G.: Knocking characteristics of hydrocarbons. Ind. Eng. Chem. 40: 2388–2438, 1948

3.5 ACEA, Alliance, EMA, JAMA: World-wide fuel charter. www.acea.be, Dezember 2002

3.6 General Motors Corporation, Argonne National Laboratory, BP, ExxonMobil and Shell: Well-to-wheel energy use and greenhouse gas emissions of advanced fuel/vehicle systems – North American analysis. www.Shell.com, April 2001

3.7 Schindler, J., Weindorf, W.: „Well-to-Wheel" – Ökologische und ökonomische Bewertung von Fahrzeugkraftstoffen und -antrieben. www.lbst.de, April 2003

4 Gemischbildung

4.1 Lenz, H.P.: Gemischbildung bei Ottomotoren. Die Verbrennungskraftmaschine, N.F., Bd. 6. Springer, Wien, 1990

4.2 Trösch, H.A.: Die Zerstäubung von Flüssigkeiten. Chem. Ing. Tech. 26: 311–320, 1954

4.3 Ohnesorge, W.v.: Die Bildung von Tropfen an Düsen und die Auflösung flüssiger Strahlen. Z. Angew. Math. Mech. 16: 355–358, 1936

4.4 Faeth, G.M.: Evaporation and combustion of sprays. Prog. Energy Combust. Sci. 9: 1–76, 1983

4.5 Pilch, M., Erdmann, C.A.: Use of breakup time data and velocity history data to predict the maximum size of stable fragments for acceleration-induced breakup of liquid drops. Int. J. Multiphase Flow 13: 741–757, 1987

4.6 Fraidl, G.K.: Gemischaufbereitung und motorisches Betriebsverhalten bei intermittierender Saugrohreinspritzung. Fortschrittberichte VDI, Reihe 12, Nr. 90. VDI-Verlag, Düsseldorf, 1987

4.7 Wirth, M., Piock, W.F., Fraidl, G.K.: Actual trends and future strategies for gasoline direct injection. In: Lean burn combustion engines. ImechE seminar publication, 1996–20. Mechanical Engineering Publications, Bury St Edmunds, S. 65–77, 1996

4.8 Senda, J., Fujimoto, H.: Multicomponent fuel consideration for spray evaporation field and spray-wall interaction. SAE Pap. 2001-01-1071, 2001

4.9 Löhner, K., Müller, H.: Gemischbildung und Verbrennung im Ottomotor. Die Verbrennungskraftmaschine, Bd. 6. Springer, Wien, 1967

4.10 Kunsberg Sarre, C.v., Tatschl, R.: Spray modelling/atomisation – current status of break-up modells. In: Turbulent combustion of gases and liquids. Institution of Mechanical Engineers, London, 1998

4.11 Tanasawa, Y., Toyoda, S.: On the atomization of liquid jet issuing from cylindrical nozzle. Technol. Rep. Tokeku Univ. 21, Nr. 2, S.135 ff, 1955

4.12 Auriemma, M., Diana, S., Police, G., Valentino, G., Pontoppidan, M.: Experimental and numerical study of spray generated by a high pressure gasoline swirl injector. SAE Pap. 2002-01-2697, 2002

4.13 Berg, E.v., Künsberg Sarre, C.v., Tatschl, R.: Aufbruchsmodelle bei der Einspritzung unter motorischen Bedingungen. Berechnungsverfahren für Brennkammerströmungen in Raketen- und Gasturbinenbrennkammern. Deutsches Zenrum für Luft- und Raumfahrt, Stuttgart, 2002

4.14 Pierburg, A., Lenz, H.P.: Vergaser für Kraftfahrzeug-Motoren, 4. Aufl. VDI-Verlag Düsseldorf, 1970

4.15 Bosch: Kraftfahrtechnisches Taschenbuch, 25. Aufl. Vieweg, Wiesbaden, 2003

4.16 Zhao, F., Lai, M., Harrington, D.: The spray-characteristics of automotive port fuel injection: a critical review. SAE Pap. 950506, 1995

4.17 Nati, V.: Untersuchungen der Tropfenbahnen in Ansaugsystemen von Vierzylinder-Vergasermotoren verschiedener Bauart. Diplomarbeit, Technische Universität Wien, Wien, Österreich, 1985

4.18 Senda, J., Ohnishi, M., Takahashi, T., Fujimoto, H., Utsunomiya, A., Wakatabe, M.: Measurement and modelling on wetted fuel film profile and mixture preparation in intake port of SI engine. SAE Pap. 1999-01-0798, 1999

4.19 Scherenberg, D.: Einfluss der Gemischaufbereitung auf die Emissionen beim Start und Warmlauf sowie beim Übergang von Last- auf Schubbetrieb eines Ottomotors bei verschiedenen Motortemperaturen. Dissertation, Technische Universität Karlsruhe, Karlsruhe, Deutschland, 1979

4.20 Simon, N.: Kraftstoffwandfilmuntersuchungen im Saugrohr des Ottomotors mit Zentraleinspritzung. In: Lenz, H.P. (Hrsg.): 11. Internationales Wiener Motorsymposium. Fortschrittberichte VDI, Reihe 12, Nr. 141. VDI-Verlag, Düsseldorf, 1990

4.21 Pachta-Reyhofen, G.: Wandfilmbildung und Gemischverteilung bei Vierzylinder-Reihenmotoren in Abhängigkeit von Vergaser- und Saugrohrkonstruktion. Fortschrittberichte VDI, Reihe 12, Nr. 62. VDI-Verlag, Düsseldorf, 1986

4.22 Liebl, J., Klüting, M., Poggel, J., Missy, S.: Der neue BMW Vierzylinder-Ottomotor mit Valvetronic – Teil 2: Thermodynamik und funktionale Eigenschaften. MTZ 62: 570–579, 2001
4.23 Fraidl, G., Carstensen, H., Rokita, R., Winklhofer, E.: Neue Entwicklungsmethoden für das „Simultaneous Engineering" von Niedrigemissionsmotoren. In: Lenz, H.P. (Hrsg.): 16. Internationales Wiener Motorensymposium. Fortschrittberichte VDI, Reihe 12, Nr. 239. VDI-Verlag, Düsseldorf, 1995
4.24 Iwata, M., Furuhashi, M., Ujihashi, M.: Two-hole injector improves transient performance and exhaust emissions of 4-valve engines. SAE Pap. 870125, 1987
4.25 Han, Z., Reitz, R.D., Yang, J., Anderson, R.W.: Effects of injection timing on air/fuel mixing in a direct injection spark-ignition engine. SAE Pap. 970625, 1997
4.26 Zhao, F., Harrington, D.L., Lai, M.: Automotive gasoline direct-injection engines. Society of Automotive Engineers, Warrendale, Pa., 2002
4.27 Drake, M.C., Fansler, T.D., Solomon, A.S., Szekely, G.A.: Piston fuel films as a source of smoke and hydrocarbon emissions from a wall-controlled spark-ignited direct injection engine. SAE Pap. 2003-01-0547, 2003
4.28 Fuchs, H.: Optische Messverfahren in Transparentmotoren – Werkzeug zum besseren Verständnis innermotorischer Vorgänge. Haus der Technik Essen, Motorische Verbrennung – aktuelle Probleme und moderne Lösungsansätze, 1997
4.29 Piock, W.F., Pinter, A., Fraidl, G.K.: Gasoline direct injection and engine boosting. SAE TOPTEC, San Francisco, 2002
4.30 Witt, A., Kern, W.: Methoden zur Beurteilung der lokalen Gemischqualität am Zündort bei Otto-DI-Motoren. In: 6. Internationales Symposium für Verbrennungsdiagnostik, Baden-Baden, 2004

5 Gemischbildner

5.1 Pierburg, A.: Vergaser für Kraftfahrzeugmotoren, 4. Aufl. VDI-Verlag, Düsseldorf, 1970
5.2 DellOrto: Vergasermanual. www.dellorto.com
5.3 Bosch: Kraftfahrtechnisches Taschenbuch, 25. Aufl. Vieweg, Wiesbaden, 2003
5.4 Bosch: Ottomotor-Management, 2. Aufl. Vieweg, Braunschweig, 2003
5.5 Tani, Y., Mori, Y., Mochizuki, K.: Multiple-hole nozzle atomization for SI-engines. SAE Pap. 1999-01-0564, 1999
5.6 Nagasaka, K., Takagi, T., Koyanagi, K., Yamauchi, T.: The development of fine atomization injector. JSAE Pap. 2004139, 2004
5.7 Rivette, S.M., Evers, L.W.: Compound port fuel injector nozzle droplet sizes and spray patterns. SAE Pap. 960114, 1996
5.8 Heyse, J., Schatz, F., Ader, B., Schlerfer, J., Haubold, S.: Electroformed multilayer orifice plate for improved fuel injection characteristics. SAE Pap. 971070, 1997
5.9 Ren, W.M., Sayer, H.: Influence of nozzle geometry on spray atomization and shape for port fuel injector. SAE Pap. 2001-01-0608, 2001
5.10 Senda, J., Nishirikori, T., Tsukamoto, T., Fujimoto, H.: Atomization of spray under low-pressure field from Pintle type gasoline injector. SAE Pap. 920382, 1992
5.11 Kelly-Zion, P.L., DeYoung, C.A., Peters, J.E., White, R.A.: In-cylinder fuel drop size and wall impingement measurements. SAE Pap. 952480, 1995
5.12 Okamoto, Y., Nobukatsu, A., Koji, N., Tokuo, K., Takeshi, A.: Atomization characteristics of two-stream injector for 4-valve engines. SAE Pap. 920705, 1992
5.13 Iwata, M., Furushashi, M., Ujihashi, M.: Two-hole injector improves transient performance and exhaust emissions of 4-valve engines. SAE Pap. 870125, 1987
5.14 Hoffmann, P., Lenz, H.P.: Ein schnell ansprechendes Flash-Boiling-Einpritzventil zur Verminderung der Emissionen im Kaltstart und Warmlauf. In: Lenz, H.P. (Hrsg.): 21. Internationales Wiener Motorensymposium. Fortschrittberichte VDI, Reihe 12, Nr. 420. VDI-Verlag, Düsseldorf, 2000
5.15 Namiyama, K., Nakamura, H., Kokubo, K., Hosogai, D.: Development of ultrasonic atomizer and its applications to SI engines. SAE Pap. 890430, 1989
5.16 Zhao, F., Harrington, D.L., Lai, M.: Automotive gasoline direct-injection engines. Society of Automotive Engineers, Warrendale, Pa., 2002
5.17 Eichlseder, H., Ardey, N., Gabler, W., Neugebauer, S., Preuss, F.: Moderne Otto-DI-Motoren und resultierende Anforderungen an das Kraftstoffsytem. In: Diesel- und Benzindirekteinspritzung. Haus der Technik Fachbuch, Bd. 5. Expert-Verlag, Renningen, 2001
5.18 Iwamoto, Y., Noma, K., Nakayama, O., Yamauchi, T., Ando, H.: Development of gasoline direct injection engine. SAE Pap. 970541, 1997
5.19 Küsell, M., Moser, W., Philipp, M.: Bosch Motronic MED7 for gasoline direct-injection engines: engine management system and calibration procedures. SAE Pap. 1999-01-1284, 1999

5.20 Basshuysen, R., Schäfer, F. (Hrsg.): Lexikon Motorentechnik. ATZ/MTZ Fachbuch. Vieweg, Wiesbaden, 2004
5.21 Harada, J., Tomita, T., Mizuno, H., Mashiki, Z., Ito, Y.: Development of direct injection gasoline engine. SAE Pap. 970540, 1997
5.22 Lefebvre, A.H.: Atomization and sprays. Hemisphere Publishing Corporation, New York, 1989
5.23 Miyajima, A., Okamoto, Y., Kadomukai, Y., Togashi, S., Kashiwaya, M.: A study on fuel spray pattern control of fuel injector of gasoline direct injection engines. SAE Pap. 2000-01-1045, 2000
5.24 Xu, M., Porter, D., Chao, D., Panages, G., Winkelmann, J., Munir, K.: Soft spray formation of a low-pressure high-turbulence fuel injector of direct injection gasoline engines. SAE Pap. 2002-01-2746, 2002
5.25 Matsumura, E., Tomita, T., Takeda, K., Furuno, S., Senda, J.: Analysis of visualized fuel flow inside the slit nozzle of direct injection SI gasoline engine. SAE Pap. 2003-01-0060, 2003
5.26 Okamoto, A., Sato, T., Shirabe, N., Anezaki, Y.: Development of fan spray simulation for gasoline direct injection engine. SAE Pap. 2001-01-0962, 2001
5.27 Varble, D.L., Xu, M., VanBrocklin, P.: Entwicklung eines nach außen öffnenden Benzin-Direkteinspritzventils für Schichtladebrennverfahren. In: 7. Aachener Kolloquium Fahrzeug- und Motorentechnik, Aachen, 1998
5.28 Xu, M., Markle, L.E.: CFD-aided development of spray for an outwardly opening direct injection gasoline injector. SAE Pap. 980493, 1998
5.29 Achleitner, E., Amann, R., Klepatsch, M., Pasqui, R., Frenzel, H., Warnecke, V.: Die innovative Technologie für die Benzindirekteinspritzung mit strahlgeführten Brennverfahren. In: 12. Aachener Kolloquium Fahrzeug- und Motorentechnik, Aachen, 2003
5.30 Cathcart, G., Zavier, C.: Fundamental characteristics of an air-assisted direct injection combustion system as applied to 4-stroke automotive gasoline engines. SAE Pap. 2000-01-0256, 2000
5.31 Fraidl, G.K., Hazeu, H., Carstensen, H.: DMI – ein Schichtladekonzept für zukünftige Verbrennungsmotoren. In: Lenz, H.P. (Hrsg.): 14. Internationales Wiener Motorensymposium, Fortschrittberichte VDI, Reihe 12, Nr. 182. VDI-Verlag, Düsseldorf, 1993
5.32 Hörbiger Valvetec, Firmeninformation, www.hoerbiger.com

6 Ladungswechsel und Strömung

6.1 Pischinger, R., Klell, M., Sams, T.: Thermodynamik der Verbrennungskraftmaschine, 2. Aufl. Der Fahrzeugantrieb. Springer, Wien, 2002
6.2 Heywood, J.B.: Internal combustion engine fundamentals. McGraw-Hill, New York, 1988
6.3 List, H.: Der Ladungswechsel der Verbrennungskraftmaschine, 2. Teil: Der Zweitakt. Die Verbrennungskraftmaschine, Bd. 4. Springer, Wien, 1950
6.4 Laimböck, F., Kirchberger, R.: Numerical flow and spray simulation in small engines. CFD User Meeting, AVL Graz, 1999
6.5 Laimböck, F.: The potential of small loop scavenged SI single cylinder two stroke engines. Habilitationsschrift, Technische Universität Graz, Graz, Österreich, SAE SP-847, 1990
6.6 Schmidt, S., Eichlseder, H., Kirchberger, R., Nimmervoll, P., Ohrnberger, G., Wagner, M.: GDI with high-performance 2-stroke application: concepts, experiences and potential for the future. SAE Pap. 2004-32-0043, 2004
6.7 Schmidt, S., Eichlseder, H., Kirchberger, R., Margelik, R.: Hochdruck-Direkteinspritzbrennverfahren am Beispiel eines Hochleistungs-2-Takt-Motors. Haus der Technik, Essen, 2004
6.8 Hübner, W., Klüting, M., Langen, P., Theissen, M.: Externe Abgasrückführung mit verbesserten Systemeigenschaften. MTZ 55: 348–353, 1994
6.9 Klotzbach, P., Sari, O., Dismon, H.: Innovatives elektronisch geregeltes Abgasrückführventil. MTZ 64: 698–702, 2003
6.10 Eichlseder, H., Baumann, E., Hoss, B., Müller, P., Neugebauer, S.: Herausforderungen auf dem Weg zur EUTV Emissionserfüllung bei Otto-Direkteinspritzmotoren. In: Lenz, H.P. (Hrsg.): 21. Internationales Wiener Motorensymposium. Fortschrittberichte VDI, Reihe 12, Nr. 420. VDI-Verlag, Düsseldorf, 2000
6.11 Seifert, H.: Instationäre Strömungsvorgänge in Rohrleitungen an Verbrennungskraftmaschinen. Springer, Berlin, 1962
6.12 Franz, A., Wild, S., Katsivelos, H.: Der Wettbewerb von Strömungsmaschine und Impulslader für ein optimales transientes Verhalten und geringste Abgasemission des Verbrennungsmotors. In: Lenz, H.P. (Hrsg.): 25. Internationales Wiener Motorensymposium. Fortschrittberichte VDI, Reihe 12, Nr. 566. VDI-Verlag, Düsseldorf, 2004
6.13 Hirschfelder, K., Hofmann, R., Jägerbauer, E., Schausberger, C., Schopp, J.: Der neue BMW Achtzylinder-Ottomotor. MTZ 62: 630–640, 2001
6.14 Hiereth, H., Prenninger, P.: Aufladung der Verbrennungskraftmaschine. Der Fahrzeugantrieb. Springer, Wien, 2003

6.15 Bosch: Ottomotor-Management. Vieweg, Braunschweig, 2003
6.16 Hütten, H.: Schnelle Motoren, 7. Aufl. Motorbuch-Verlag, Stuttgart, 1984
6.17 Gersdorff, K., Grasdorf, K., Schubert, H.: Flugmotoren und Strahltriebwerke, 3. Aufl. Bernard und Graefe, Bonn, 1995
6.18 White, G.: Allied aircraft piston engines. SAE R-154, 1995
6.19 Eichlseder, H., Klell, M., Wimmer, A.: Leistung ohne Grenzen? In: 6. Dresdner Motorenkolloquium, Dresden, 2005
6.20 Reid, T., Poirier, R., Stueven, J., Beilfuss, B., Brüstle, C.: Mercury Marine's new high performance 6-cylinder engine family: next generation of marina technology. In: Lenz, H.P. (Hrsg.): 25. Internationales Wiener Motorensymposium. Fortschrittberichte VDI, Reihe 12, Nr. 566. VDI-Verlag, Düsseldorf, 2004
6.21 Mikulic L., Heil B., Mürwald M., Bruchner K., Pütsch A., Klein R.: Neue Vierzylinder-Ottomotoren mit Kompressoraufladung. MTZ 63: 436–447, 2002
6.22 Krebs, R., Böhme, J., Dornhöfer, R., Wurms, R., Friedmann, K., Helbig, J., Hatz, W.: Der neue Audi 2,0 T FSI Motor – Der erste direkteinspritzende Turbo-Ottomotor bei Audi. In: Lenz, H.P. (Hrsg.): 25. Internationales Wiener Motorensymposium. Fortschrittberichte VDI, Reihe 12, Nr. 566. VDI-Verlag, Düsseldorf, 2004
6.23 Golloch, R., Merker, G.: Downsizing bei Verbrennungsmotoren. MTZ 66: 126–131, 2005
6.24 Stütz, W., Staub, P., Mayr, K., Neuhauser, W.: Neues zweistufiges Aufladekonzept für PKW-Dieselmotoren. In: Aufladetechnische Konferenz, 2004
6.25 Beer, M., Held, W., Kerkau, M., Rehr, A.: Der neue Motor des Porsche 911 Turbo. MTZ 61: 730–743, 2000
6.26 BMW AG: Der neue V 10-Motor im BMW M5. BMW AG, München, 2004
6.27 Korman, M., Hirz, M., Eichlseder, H., Kirchberger, R.: Flow and engine test bench development of crankcase supercharged four stroke engine with oil separating system. SAE Pap. 2004-32-0002, 2004
6.28 Schwabe, F.: Der 4,4l V8 VALVETRONIC Motor mit mechanischer Aufladung – Der Antrieb des neuen ALPINA B7. In: Liebl, J. (Hrsg.): 7. Symposium Entwicklungstendenzen bei Ottomotoren 2004. Technische Akademie Esslingen, Ostfildern, 2004
6.29 Hirz, M.: Concept layout and development of a crankcase supercharged spark ignition four stroke engine. Dissertation, Technische Universität Graz, Graz, Österreich, 2005
6.30 Klüting, M., Missy, S., Schwarz, C.: Potenziale des strahlgeführten DI-Brennverfahrens in Verbindung mit Aufladung. In: Lenz, H.P. (Hrsg.): 26. Internationales Wiener Motorensymposium. Fortschrittberichte VDI, Reihe 12, Nr. 595. VDI-Verlag, Düsseldorf, 2005
6.31 Middendorf, H., Krebs, R., Szengel, R., Pott, E., Fleiß, M., Hagelstein, D.: Der weltweit erste doppeltaufgeladene Otto-Direkt-Einspritzmotor von Volkswagen. In: 14. Aachener Kolloquium Fahrzeug- und Motorentechnik, Aachen, 2005
6.32 Schorn, N., Gaedt, L., Schulte, H., Salvat, O., Strusi, E.: Elektrisch angetriebene Verdichter als Ergänzung zur Abgasturboaufladung. In: Lenz, H.P. (Hrsg.): 25. Internationales Wiener Motorensymposium. Fortschrittberichte VDI, Reihe 12, Nr. 566. VDI-Verlag, Düsseldorf, 2004
6.33 Kreuter, P., Wensing, M., Bey, R., Peter, U., Böcker, O.: Kombination von ATL und Impulsaufladung. In: 11. Aachener Kolloquium Fahrzeug- und Motorentechnik, Aachen, 2002
6.34 Kreuter, P., Heuser, P., Wensing, M., Bey, R.: An impulse charging system for SI and diesel engines. SAE Pap. 2002-01-1104, 2002
6.35 Heindl, R.: LDA zur Verifikation der 3D-CFD Rechnung an einem direkteinblasenden Wasserstoff-Forschungsmotor. Diplomarbeit, Technische Universität Graz, Graz, Österreich, 2004
6.36 Landerl, C., Klauer, N., Klüting, M.: Die Konzeptmerkmale des neuen BMW-Sechszylinder Ottomotors. In: 13. Aachener Kolloquium Fahrzeug- und Motorentechnik, Aachen, 2004
6.37 Baretzky, V., Pfeffer, T., Kuntz, P., Ulrich, W.: Verbrennungsoptimierung beim Audi FSI Le Mans Motor. In: 6. Internationales Indiziersymposium, Baden-Baden, 2004
6.38 Tippelmann, G.: A new method of investigation of swirl ports. SAE Pap. 770404, 1977
6.39 Tippelmann, G.: Räumlicher Drallmesser für Drall- und Tumblemessung. MTZ 58: 327, 1997
6.40 Glanz, R.: Differenzielle Erfassung von Tumble-Strömungsfeldern. MTZ 61: 40–45, 2000
6.41 Fraidl, G., Piock, W.F., Wirth, M.: Gasoline direct injection: actual trends and future strategies for injection and combustion systems. SAE Pap. 960465, 1996
6.42 Seifert, H.: Die charakteristischen Merkmale der Schwingrohr- und Resonanzaufladung bei Verbrennungsmotoren. SAE Pap. 82032, 1982
6.43 Zinner, K.: Aufladung von Verbrennungsmotoren, 3. Aufl. Springer, Berlin, 1985

6.44 Friedrich, C., Krebs, W., Quarg, J., Kapus, P.: Downsizing – ein geeigneter Ansatz zur Wirkungsgradsteigerung von Ottomotoren? In: Lenz, H.P. (Hrsg.): 23. Internationales Wiener Motorensymposium. Fortschrittberichte VDI, Reihe 12, Nr. 490. VDI-Verlag, Düsseldorf, 2002

6.45 Kessler, F., Kiesgen, G., Schopp, J., Bollig, M.: Die neue Vierzylinder-Motorenbaureihe aus der BMW/PSA Kooperation. MTZ 68: 526–537, 2007

6.46 Mitsubishi Evolution, http://evo.jedinite.com/docs/Evolution_Encyclopedia

6.47 Esch, H.J., Zickwolf, P.: Comparison of different exhaust gas turbocharging procedures on Porsche engines. In: Third International Conference on Turbocharging and Turbochargers. I Mech E conference publications, 1986-4. Mechanical Engineering Publications, London, S. 129–138, 1986

6.48 Allen, J., Barthelet, P., Shahed, S.M., Verschoor, M: Der Einfluss von elektrisch unterstützten Aufladesystemen auf Downsizing und Kraftstoffverbrauch. In: Lenz, H.P. (Hrsg.): 23. Internationales Wiener Motorensymposium. Fortschrittberichte VDI, Reihe 12, Nr. 490. VDI-Verlag, Düsseldorf, 2002

6.49 Ludvigsen, K.: Classic racing engines: expert technical analysis of fifty of the greatest motorsport power units. Haynes, Sparkford, 2001

6.50 Kerkau, M., Knirsch, S., Neußer, H.-J.: Der neue Sechszylinder-Biturbo-Motor mit variabler Turbinengeometrie für den Porsche 911 Turbo. In: Lenz, H.P. (Hrsg.): 27. Internationales Wiener Motorensymposium. Fortschrittberichte VDI, Reihe 12, Nr. 622. VDI-Verlag, Düsseldorf, 2006

7 Zündung und Entflammung

7.1 Maly, R.: Spark ignition: its physics and effect on the internal combustion engine. In: Hillard, J.C., Springer, G.S. (Hrsg.): Fuel economy in road vehicle powered by spark ignition engines. Plenum, New York, 1984

7.2 Naidu, M.S., Kamaraju, V.: High voltage engineering, 2. Aufl. McGraw Hill, New York, 1996

7.3 Refeals, S., Sher, E.: A theoretical study of the ignition of a relative medium by means of an electrical discharge. Combusiton and Flame 59: 17–30, 1985

7.4 Pischinger, S.: Einfluss der Zündkerze auf Funkenentladung und Flammenkernbildung im Ottomotor. In: Pischinger, R. (Hrsg.): Tagung „Der Arbeitsprozess des Verbrennungsmotors“. Mitteilungen des Institutes für Verbrennungskraftmaschinen und Thermodynamik, Technische Universität Graz, 62. Institut für Verbrennungskraftmaschinen und Thermodynamik, Technische Universität Graz, Graz, 1991

7.5 Ko, Y., Anderson, R.W.: Electrode heat transfer during spark ignition. SAE Pap. 892083, 1989

7.6 Dulger, M., Sher, E.: Experimental study on spark ignition of flowing combustible mixtures. SAE Pap. 951004, 1995

7.7 Ballal, D., Lefebvre, A.H.: The influence of flow parameters on minimum ignition energy and quenching distance. In: 15th International Symposium on Combustion. Combustion Institute, Pittsburgh, Pa., S. 1473–1481, 1974

7.8 Kim, J., Anderson, R.W.: Spark anemometry of bulk gas velocity at the plug gap of firing engine. SAE Pap. 952459, 1995

7.9 Nakai, M., Nakagawa, Y., Hamai, K., Sone, M.: Stabilized combustion in a spark ignited engine through a long spark duration. SAE Pap. 850075, 1985

7.10 Quader, A.: What limits lean operation in spark ignition engines – flame initiation or propagation? SAE Pap. 770760, 1977

7.11 Matekunas, F.A.: Modes and measures of cyclic combustion variability. SAE Pap. 830337, 1983

7.12 Niefer, H., Weining, H.K., Bargende, M., Waltner, A.: Verbrennung, Ladungswechsel und Abgasreinigung der neuen Mercedes-Benz V-Motoren mit Dreiventiltechnik und Doppelzündung. MTZ 58: 392–399, 1997

7.13 Migita, H., Amemiya, T., Yokoo, K., Iizuka, Y.: The new 1,3-liter 2-plug engine for the Honda Fit. JSAE Rev. 23: 507–511, 2002

7.14 Maly, R.: Die Zukunft der Funkenzündung. MTZ 59, 19–24, 1998

7.15 Beru, A.G.: Firmeninformation. www.beru.de

7.16 Shimanokami, Y., Matsubara, Y., Suzuki, T., Matsutani, W.: Development of high ignitability with small size spark plug. SAE Pap. 2004-01-0987, 2004

7.17 NGK: Firmeninformation. www.ngkntk.de

7.18 Osamura, H., Abe, N.: Development of new iridium alloy for spark plug electrodes. SAE Pap. 1999-01-0796, 1999

7.19 Hori, T., Shibita, M., Okabe, S., Hashizume, K.: Super ignition spark plug with fine center and ground electrode. SAE Pap. 2003-01-0404, 2003

7.20 Bosch: Kraftfahrtechnisches Taschenbuch, 25. Aufl. Vieweg, Wiesbaden, 2003

7.21 Winklhofer, E., Beidl, C., Hirsch, A., Piock, W.: Flammendiagnostik für die Leistungs- und

Emissionsentwicklung moderner Ottomotoren. MTZ 65: 362–369, 2004
7.22 Förster, J., Günther, A., Ketterer, M., Wald, K.J.: Ion current sensing for spark ignition engines. SAE Pap. 1999-01-0204, 1999
7.23 Malaczynski, G.W., Baker, M.E.: Real-time digital signal processing of ionization current for engine diagnostic and control. SAE Pap. 2003-01-1119, 2003
7.24 Herden, W., Vogel, M.: Perspektiven alternativer Zündsysteme. In: Diesel- und Benzindirekteinspritzung 3. Haus der Technik Fachbuch, Bd. 40. Expert-Verlag, Renningen, 2004
7.25 Bramanti, M., Gentili, R., Marini, A., Terreni, P., Tricomi, N.: Microwave ignition for S.I. engines. SAE Pap. 931557, 1993
7.26 Winklhofer, E., Philipp, H., Kapus, P., Piock, W.F.: Anomale Verbrennungseffekte in Ottomotoren. In: Tagung Optisches Indizieren, Haus der Technik, Essen, 2004
7.27 Lehmann, A., Wilhelmi, H., Schneider, S., Lepperhoff, G.: Plasmastrahl-Zündsystem. MTZ 54: 508–513, 1993
7.28 Piock, W.F., Winklhofer, E.: The AVL ignition laser and practical applications. In: 1. Bosch Zündungssymposium, Abstatt, 2004
7.29 Geiger, J., Pischinger, S., Böwing, R., Koß, H.J., Thiemann, J.: Ignition systems for highly diluted mixtures in SI-engines. SAE Pap. 1999-01-0799, 1999

8 Verbrennung

8.1 Pischinger, R., Klell, M., Sams, Th.: Thermodynamik der Verbrennungskraftmaschine, 2. Aufl. Springer, Wien, 2002
8.2 Bartlmä, F.: Gasdynamik der Verbrennung. Springer, Wien, 1975
8.3 Sonderforschungsbereich 224 „Motorische Verbrennung“ der Rheinisch-Westfälischen Technischen Hochschule Aachen: Arbeits- und Ergebnisbericht. Sonderforschungsbereich 224 „Motorische Verbrennung“, Aachen, 1988–1991
8.4 Zeldovich, Ya.B., Frank-Kamenetzki, D.A.: Theorie thermischer Flammenausbreitung. Zh. Fiz. Khim. 12: 100 (1938)
8.5 Edwards, J.B.: Combustion: the formation and emission of trace species, Ann Arbor Science, Ann Arbor, Mich., 1974
8.6 Gaydon, A.G., Wolfhard, H.G.: Flames: their structure, radiation and temperature, 3. Aufl. Chapman and Hall, London, 1970
8.7 Gaydon, A.G., The spectroscopy of flames, 2. Aufl. Chapman and Hall, London, 1974
8.8 Lange, K.-H.: Untersuchung der Verbrennung im Motor mit optischen Methoden. MTZ 34: 12–17, 1973
8.9 Klüting, M.: Die Messung des Flammenfortschritts in zerklüfteten Brennräumen von Ottomotoren. Dissertation, Rheinisch-Westfälische Technische Hochschule Aachen, Deutschland, 1986
8.10 Damköhler, G.: Der Einfluss der Turbulenz auf die Flammengeschwindigkeit in Gasgemischen. Z. Elektrochem. 46: 601, 1940
8.11 Shchetinkov, E.S.: Fizika goreniya gazov. Nauka, Moskau, 1965
8.12 Kolmogrov, A.N.: Die Energiedissipation für lokalisotrope Turbulenz. Dokl. Akad. Nauk SSSR 32: 299, 1941
8.13 Heywood, J.B.: Combustion and its modeling in spark-ignition engines. In: Third International Symposium on Diagnostics and Modeling of Combustion in Internal Combustion Endgines, COMODIA 94, Yokohama, S. 1–15, 1994
8.14 Pischinger, R.: Verbrennungskraftmaschinen, vertiefte Ausbildung. Vorlesungsumdruck, Institut für Verbrennungskraftmaschinen und Thermodynamik, Technische Universität Graz, Graz, 1999
8.15 Spicher, U.: Untersuchungen über die räumliche Ausbreitung und das Erlöschen der Flamme bei der ottomotorischen Verbrennnung. Dissertation, Rheinisch-Westfälische Technische Hochschule Aachen, Aachen, Deutschland, 1982.
8.16 Heywood, J.B.: Internal combustion engine fundamentals. McGraw-Hill, New York, 1988
8.17 Liebl, J., Klüting, M., Thiel, G., Luttermann, C.: Gemischbildung – eine Systemkomponente künftiger Emissionskonzepte. MTZ 56: 390–396, 1995
8.18 Zeldovich, Ya.B.: Formation of nitrogen in combustion and explosions. Acta Physicochim. USSR 21: 577–628, 1946
8.19 Fenimore, C.P.: Formation of nitric oxide in premixed hydrocarbon flames. In: 13th Symposium on Combustion. Combustion Institute, Pittsburgh, Pa., S. 373–379, 1970
8.20 Warnatz, J., Maas, U., Dibble, R.W.: Verbrennung, 3. Aufl. Springer, Berlin, 2001
8.21 Halstead, M.P., Kirsch, L.J., Prothero, A., Quinn, C.P.: A mathematical model for hydrocarbon autoignition at high pressures. Proc. R. Soc. Ser. A 346: 515–538, 1975
8.22 Najt, P.M., Foster, D.E.: Compression-ignited homogeneous charge combustion. SAE Pap. 830264, 1983
8.23 Morris, W.E., Farris, D.C.: Thudding in high compression ratio engines. SAE Reprint 61C, 1–7, 1958

8.24 Winklhofer, E., Philipp, H., Kapus, P., Piock, W.F.: Anomale Verbrennungseffekte in Ottomotoren. In: Tagung Optische Indizierung, Haus der Technik, Essen, 2004

8.25 Spicher, U., Kröger, H., Ganser, J.: Detection of knocking combustion using simultaneously high-speed schlieren cinematography and multi-optical fiber technique. SAE Pap. 912312, 1991

8.26 Schreiber, M., Sadat Salak, A., Lingens, A., Griffiths, J.F.: A reduced thermokinetic model for the autoignition of fuels with variable octane ratings. In: Twenty-fifth Symposium on Combustion. Combustion Institute, London, 1994

8.27 Ho, S.Y., Kuo, T.W.: A hydrocarbon autoignition model for knocking combustion in SI engines. SAE Pap. 971672, 1997

8.28 Tatschl, R., Winklhofer, E., Bogensperger, M., Kotnik, G.: Numerische Analyse der Flammenausbreitung und Vorreaktionen im Endgas zur Bewertung der Klopfneigung von Ottomotoren bei Volllast – 3D-CFD Modellierung und experimentelle Absicherung. In: Beidl, C. (Hrsg.): Messtechnik und Simulation in der Motorenentwicklung. Haus der Technik Fachbuch, Bd. 42. Expert-Verlag, Renningen, 2005

8.29 Philipp, H., Hirsch, A., Baumgartner, M., Fernitz, G., Beidl, C., Piock, W.F., Winklhofer, E.: Localization of knock events in direct injection gasoline engines. SAE Pap. 2001-01-1199, 2001

8.30 Arrhenius, S.: Phys. Chem. 4, 1889

8.31 Kollmeier, H.-P.: Untersuchungen über die Flammenausbreitung bei klopfender Verbrennung. Dissertation, Rheinisch-Westfälische Technische Hochschule Aachen, Aachen, Deutschland, 1987

9 Abgasnachbehandlung

9.1 Umweltbundesamt, www.uba.de

9.2 California Air Resources Board (CARB), Public Information Office, www.arb.ca.gov

9.3 JASIC Office, E-mail: jasic@jasic.org

9.4 Albrecht, F., Krauß, M., Meder, G.: Der neue Sechszylindermotor mit 3 l Hubraum von BMW für die ULEV-Abgasgesetzgebung und OBD. MTZ 61: 750–757, 2000

9.5 Klauer, N., Kiefer, W., Ofner, B.: Der Antrieb für den BMW 325i SULEV. MTZ 63: 676–682, 2002

9.6 Pischinger, F.: Verbrennungsmotoren. Vorlesungsumdruck, Rheinisch-Westfälische Technische Hochschule Aachen, Aachen

9.7 Siemund, S., Stiebels, S.: Katalysatorkonzepte stöchiometrisch betriebener Motoren. In: Basshuysen, R.v., Schäfer, F. (Hrsg.): Handbuch Verbrennungsmotor, 2. Aufl. Vieweg, Braunschweig, 2002

9.8 Shell-Lexikon Verbrennungsmotor: ein Supplement von ATZ und MTZ. Vieweg, Wiesbaden

9.9 Neumann, H., Hötzel, G., Lindemann, G.: Advanced planar oxygen sensors for future emission control strategies. SAE-Paper 970459, 1997

9.10 Basshuysen, R.v., Schäfer, F.: Elektronik und Mechanik für Motor- und Getriebesteuerung. In: Basshuysen, R.v., Schäfer, F. (Hrsg.): Handbuch Verbrennungsmotor, 2. Aufl. Vieweg, Braunschweig, 2002

9.11 Wiehl, J., Vogt, C.D.: Keramische Ultradünnwandsubstrate für moderne Katalysatoren. MTZ 64: 112–119, 2003

9.12 EMITEC: Produktinformation, Lohmar, 2001

9.13 Liebl, J., Otto, E., Albrecht, F., Zinecker, R.: Die Entwicklung von Abgasnachbehandlungskonzepten für die zukünftigen Gesetzgebungen. MTZ 58: 728–737, 1997

9.14 Kiefer, W., Klauer, N., Krauss, M., Mährle, W., Schünemann, E.: Der neue Reihensechszylinder-Ottomotor von BMW – Teil 2: Thermodynamik und funktionale Eigenschaften. MTZ 65: 1008–1017, 2004

9.15 Hirschfelder, K., Hofmann, R., Jägerbauer, E., Schausgerber, C., Schopp, J.: Der neue BMW Achtzylinder-Ottomotor – Teil 1. MTZ 62: 630–640, 2001

9.16 Liebl, J., Klüting, M., Achilles, D., Munk, F.: Der neue BMW Achtzylindermotor mit Valvetronic – Teil 2. MTZ 62: 826–835, 2001

9.17 Otto, E., Held, W., Donnerstag, A., Küper, P., Pfalzgraf, B., Wirth, A.: Die Systementwicklung des elektrisch heizbaren Katalysators E-Kat für die LEV/ULEV- und EUIII-Gesetzgebung. MTZ 56: 488–498, 1995

9.18 Glück, K.-H., Göbel, U., Hahn, H., Höhne, J., Krebs, R., Kreuzer, T., Pott, E.: Die Abgasreinigung der FSI-Motoren von Volkswagen. MTZ 61: 402–412, 2000

9.19 Tschöke, H.: Abgasnachbehandlung bei Verbrennungsmotoren. Haus der Technik, Essen, 2005

9.20 Schmidt: Smart NO_x sensor – new developments and applications. CTI Forum "Systèmes d'Echappement", 21–22 June 2005, Paris

10 Ottomotorische Technologien

10.1 KS Kolbenschmidt GmbH: Produktinformation. www.kolbenschmidt-pierburg.com

10.2 Eichlseder, H., Klell, M., Wimmer, A.: Leistung ohne Grenzen? In: 6. Dresdner Motorenkolloquium, Dresden, 2005

10.3 Lange, K.: Geschichte des Motors. BMW Mobile Tradition, München, 1999

10.4 Bosch: Ottomotor-Management. Vieweg, Braunschweig, 1998
10.5 Alten, H., Fraidl, G.K., Wieser, K.: Tumbleströmung am 4-Ventil-Motor – Simulation, Messung und Motoreinfluss. In: Lenz, H.P. (Hrsg.): 15. Internationales Wiener Motorensymposium. Fortschrittberichte, Reihe 12, Nr. 205. VDI-Verlag, Düsseldorf, 1994
10.6 Kiefer, W., Klauer, N., Krauss, M., Mährle, W., Schünemann, E.: Der neue Reihensechszylinder-Ottomotor von BMW – Teil 2: Thermodynamik und funktionale Eigenschaften. MTZ 65: 1008–1017, 2004
10.7 Hirschfelder, K., Hofmann, R., Jägerbauer, E., Schausberger, C., Schopp, J.: Der neue BMW Achtzylinder-Ottomotor – Teil 1: Konstruktive Merkmale. MTZ 62: 630–640, 2001
10.8 INA-Schäffler KG: INA-Motorelemente. Technische Schrift. INA-Schäffler KG, Herzogenaurach, 2002, www.ina.com
10.9 Titolo, A.: Die variable Ventilsteuerung von Fiat. MTZ 47: 185–188, 1986
10.10 RoverSD1 site, www.mgfcar.de
10.11 Fraidl, G., Quissek, F., Carstensen, H.: Verbrauchsoptimierte Ottomotorkonzepte für zukünftige Emissionsszenarien. MTZ 54: 210–217, 1993
10.12 Fukuo, K., Iwata, T., Sakamoto, Y., Lantz, K.A.: Honda 3.0 liter, new V6 engine. SAE Pap. 970916, 1997
10.13 Isaka, Y., Higaki, Y.: Development of Yamaha tumble induction control system (YTIS). SAE Pap. 950201, 1995
10.14 Schmidt, G., Flierl, J., Hofmann, R., Liebl, J., Otto, E.: Die neuen BMW 6-Zylindermotoren. In: Lenz, H.P. (Hrsg.): 19. Internationales Wiener Motorensymposium. Fortschrittberichte VDI, Reihe 12, Nr. 348. VDI-Verlag, Düsseldorf, 1998
10.15 Fiorneza, R., Pirelli, M., Torella, E., Pallotti, P., Kapus, P.E., Kokalj, G., Lenbenbauer, M.: VVT + port deactivation application on a small displacement SI 4 cylinder 16V engine: an effective way to reduce vehicle fuel consumption. SAE Pap. 2003-01-0020, 2003
10.16 Kapus, P.E., Pötscher, P.: ULEV and fuel economy – a contradiction? SAE Pap. 2000-01-1209, 2000
10.17 Grebe, U.D., Prüfer, R., Hofmann, P., Fitl, M., Weissenberger, D.: Kanalabschaltung: der intelligente Weg zur Verbrauchsreduzierung kleiner Ottomotoren. In: Lenz, H.P. (Hrsg.): 23. Internationales Wiener Motorensymposium. Fortschrittberichte VDI, Reihe 12, Nr. 490. VDI-Verlag, Düsseldorf, 2002
10.18 Lückert, P., Waltner, A., Rau, E., Vent, G., Wolf, H.C.: Der neue V6-Ottomotor M272 von Mercedes-Benz. MTZ 65: 436–452, 2004
10.19 Tielkes, U., Menne, R.J., Hügen, S., Hansen, J.: Die neue Ottomotorengeneration Duratec HE von Ford. MTZ 61: 782–789, 2000
10.20 Krebs, R., Böhme, J., Dornhöfer, R., Wurms, R., Friedmann, K., Helbig, J., Hatz, W.: Der neue Audi 2,0T FSI Motor – der erste direkteinspritzende Turbo-Ottomotor bei Audi. In: Lenz, H.P. (Hrsg.): 25. Internationales Wiener Motorensymposium. Fortschrittberichte VDI, Reihe 12, Nr. 530. VDI-Verlag, Düsseldorf, 2004
10.21 Klüting, M., Landerl, C.: Der neue Sechszylinder-Ottomotor von BMW – Teil 1: Konzept und konstruktive Merkmale. MTZ 65: 868–880, 2004
10.22 Liebl, J., Klüting, M., Poggel, J., Missy, S.: Der neue BMW Vierzylinder-Ottomotor mit Valvetronic – Teil 2: Thermodynamik und funktionale Eigenschaften. MTZ 62: 570–579, 2001
10.23 Klüting, M., Flierl, R., Grudno, A., Luttermann, C.: Drosselfreie Laststeuerung mit vollvariablen Ventiltrieben. MTZ 60: 476–485, 1999
10.24 Cosfeld, R., Klüting, M., Grudno, A.: Technologische Ansätze zur Darstellung eines elektromechanischen Ventiltriebs. In: 8. Aachener Kolloquium Fahrzeug- und Motorentechnik, Aachen, 1999
10.25 Mischker, K., Denger, D.: Anforderungen an einen vollvariablen Ventiltrieb und Realisierung durch die elektrohydraulische Ventilsteuerung EHVS. In: Lenz, H.P. (Hrsg.): 24. Internationales Wiener Motorensymposium. Fortschrittberichte VDI, Reihe 12, Nr. 539. VDI-Verlag, Düsseldorf, 2003
10.26 Denger, D., Mischker, K.: Die elektrohydraulische Ventilsteuerung. MTZ 65: 978–987, 2004
10.27 Bollig, Ch., Habermann, K., Schwaderlapp, M., Yapici, K.: Variable Verdichtung – ein Weg zur effizienten Hochaufladung. MTZ 62: 984–994, 2001
10.28 Walzer, P., Adamis, P., Heinrich, H., Schumacher, V.: Variable Steuerzeiten und variable Verdichtung. MTZ 47: 15–20, 1986
10.29 Karaba, A.: Variable compression ratio piston. US Patent Nr. 4.241.705, 1980
10.30 Pischinger, S.: Verbrennungskraftmaschinen I. Vorlesungsumdruck, Rheinisch-Westfälische Technische Hochschule Aachen, Aachen
10.31 Afdeling Toegepaste Mechanica en Energieconversie, Katholieke Universiteit Leuven: Museum of Historical engines, www.mech.kuleuven.be/tme/museum/engines; Waukesha Engine, www.waukeshaengine.com
10.32 Bergsten, L.: Saab Variable Compression SVC – Variabilität und Kontrolle. MTZ 62: 424–431, 2001

10.33 Kemper, H., Baumgarten, H., Habermann, K., Yapici, K., Pischinger, S.: Der Weg zum konsequenten Downsizing – Motor mit kontinuierlich variablem Verdichtungsverhältnis in einem Demonstrationsfahrzeug. MTZ 64: 398–404, 2003

10.34 Albertson, W.C., Grebe, U.D., Rayl, A.B., Rozarío, F.J.: Displacement on Demand – der Antrieb von morgen mit Zylinderabschaltung. MTZ Sonderheft „Antriebe mit Zukunft": 12, 2005

10.35 Doll, G., Niefer, H., Lückert, P.: Zylinderabschaltung – ein anspruchsvolles Konzept zur Verbrauchsreduzierung ohne Einbuße an Fahrspaß oder beim Komfort. In: 8. Aachener Kolloquium Fahrzeug- und Motorentechnik, Aachen, 1999

10.36 MTZ: Zweitakt-Benzineinspritzung bei Gutbrod und Goliath. MTZ 13: 213–221, 1952

10.37 Scherenberg, H.: Der Erfolg der Benzin-Einspritzung bei Daimler-Benz. MTZ 22: 241–245, 1961

10.38 Kume, T., Iwamoto, Y., Iida, K., Murakami, N., Akishino, K., Ando, H.: Combustion control technologies for direct injection SI engines. SAE Pap. 960600, 1996

10.39 Harada, J., Tomita, T., Mizuno, H., Mashiki, Z., Ito, Y.: Development of direct injection gasoline engine. SAE Pap. 970540, 1997

10.40 Takagi, Y., Itoh, T., Muranaka, S., Iiyama, A., Iwakiri, Y., Urushihara, T., Naitoh, K.: Simultaneous attainment of low fuel consumption high output power and low exhaust emissions in direct injection SI engines. SAE Pap. 980149, 1998

10.41 Yamamoto, S., Tanaka, D., Takemura, J., Nakayama, O., Ando, H.: Mixing control and combustion in gasoline direct injection engines for reducing cold-start emissions. SAE Pap. 2001-01-0550, 2001

10.42 Piock, W.F., Pinter, A., Fraidl, G.K.: Gasoline direct injection and engine boosting. In: SAE TOPTEC, San Francisco, 2002

10.43 Andriesse, D., Guarnaccia, F., Guazzaroni, M., Oreggioni, A.: The new Alfa Romeo 2,0 ltr JTS engine with direct gasoline injection. In: 10. Aachener Kolloquium Fahrzeug- und Motorentechnik, Aachen, 2001

10.44 Prevedel, K., Piock, W.F.: Aufladung beim Direkteinspritz-Ottomotor. In: Innovative Fahrzeugantriebe, VDI-Tagung, Dresden, 2004

10.45 Leonhard, R., Bäuerle, M., Gerhardt, J.: Direkteinspritzung für saubere, sparsame und starke Ottomotoren. In: Entwicklungstendenzen beim Ottomotor, Technische Akademie Esslingen, Esslingen, 2004

10.46 Eichlseder, H., Baumann, E., Müller, P., Neugebauer, S.: Chancen und Risiken von Ottomotoren mit Direkteinspritzung als zukünftige PKW-Antriebe. MTZ 61: 144–152, 2000

10.47 Fraidl, G.K., Piock, W.F., Wirth, M.: Die Direkteinspritzung als Basis zukünftiger Ottomotorkonzepte. In: Lenz, H.P. (Hrsg.): 19. Internationales Wiener Motorensymposium. Fortschrittberichte VDI, Reihe 12, Nr. 348. VDI-Verlag, Düsseldorf, 1998

10.48 Fröhlich, K., Borgmann, K., Liebl, J.: Potenziale zukünftiger Verbrauchstechnologien. In: Lenz, H.P. (Hrsg.): 24. Internationales Wiener Motorensymposium. Fortschrittberichte VDI, Reihe 12, Nr. 539. VDI-Verlag, Düsseldorf, 2003

10.49 Piock, W.F., Sikinger, H., Fraidl, G.K.: Das strahlgeführte Brennverfahren – ein Vergleich zur ersten Generation der Direkteinspritzung. Haus der Technik, Essen, 2004

10.50 Lückert, P., Rau, E., Schaupp, U., Vent, G., Wallner, A.: Weiterentwicklung der Benzin-Direkteinspritzung bei Mercedes-Benz. In: 13. Aachener Kolloquium Fahrzeug- und Motorentechnik, Aachen, 2004

10.51 Heil, B., Weining, H.K., Karl, G., Panten, D., Wunderlich, K.: Verbrauch und Emissionen – Reduzierungskonzepte beim Ottomotor. MTZ 62: 1022–1035, 2001

10.52 Frey, J., Heil, B., Panten, D., Weining, H.K.: Ottomotorenkonzepte im Spannungsfeld zwischen Kundenwünschen und Ökologiefragen. In: Entwicklungstendenzen beim Ottomotor. Technische Akademie Esslingen, Esslingen, 2002

10.53 Reulein, C., Schwarz, C.: Einsatz moderner Simulationsmethoden zur Beurteilung von dynamiksteigernden Aufladekonzepten. 5. Int. Stuttgarter Symposium, 2003

10.54 Fraidl, G.K., Kapus P., Piock, W.F.: Otto-Direkteinspritzung mit Aufladung – Die Konkurrenz zu dieselmotorischen Antrieben? In: Lenz, H.P. (Hrsg.): 26. Internationales Wiener Motorensymposium. Fortschrittberichte VDI, Reihe 12, Nr. 595. VDI-Verlag, Düsseldorf, 2005

10.55 Willand, J., Nieberding, R.G., Vent, G., Enderle, C.: The knocking syndrome – its cure and its potential. SAE Pap. 982483, 1998

10.56 Furutani, M.Y., Otha, Y., Kono, M., Hasegawa, M.: An ultra-lean premixed compression ignition engine concept and its characteristics. In: 4th International Symposium COMODIA, 1998

10.57 Piock, W.F., Fürhapter, A., Unger, E., Fraidl, G.K.: Die praktische Umsetzung der Selbstzündung am Ottomotor. In: Lenz, H.P. (Hrsg.): 24. Internationales Wiener Motorensymposium. Fortschrittberichte VDI, Reihe 12, Nr. 539. VDI-Verlag, Düsseldorf, 2003

10.58 Fürhapter, A., Piock, W.F., Fraidl, G.K.: CSI – controlled autoignition – the best solution for the

fuel consumption – versus emission trade off? SAE Pap. 2003-01-0754, 2003
10.59 Fürhapter, A., Piock, W.F., Fraidl, G.K.: Homogene Selbstzündung – die praktische Umsetzung am transienten Vollmotor. MTZ 65: 94–101, 2004
10.60 Koopmans, L., Denbratt, I., Ström, H., Lundgren, S., Backlund, O.: Demonstrating a SI-HCCI-SI mode change on a Volvo 5-cylinder electronic valve control engine. SAE Pap. 2003-01-0753, 2003
10.61 Herzog, P., Fraidl, G.K.: Verbrennungskonzepte der Zukunft. In: AVL-Tagung Motor & Umwelt, AVL, Graz, 2001
10.62 Ishibashi, Y., Asai, M.: Improving the exhaust emissions of two-stroke engines by applying the activated radical combustion. SAE Pap. 960742, 1996
10.63 Bartsch, C. (Hrsg.): Ein Jahrhundert Motorradtechnik. VDI-Verlag, Düsseldorf, 1987
10.64 Schmidt, S., Eichlseder, H., Kirchberger, R., Nimmervoll, P., Ohrnberger, G., Wagner, M.: GDI with high-performance, 2-stroke application: concepts, experiences and potential for the future. SAE Pap. 2004-32-0043, 2004
10.65 Hirz, M., Korman, M., Eichlseder, H., Kirchberger, R.: Potential of the 50cc two wheeler motor vehicle class in respect of future exhaust emission targets. SAE Pap. 2004-32-0050, 2004
10.66 Zacharias, F.: Gasmotoren. Vogel, Würzburg, 2001
10.67 Herdin, G.: Gasmotoren. Vorlesungsskriptum. Technische Universität Graz, Graz, 2003
10.68 Herdin, G., Klausner, J.: Auswirkung der Laserzündung auf die Verbrennung im Gasmotor. In: Eichlseder, H. (Hrsg.): 10. Tagung „Der Arbeitsprozess des Verbrennungsmotors". VKM-THD-Mitteilungen, 86. Institut für Verbrennungskraftmaschinen und Thermodynamik, Technische Universität Graz, Graz, 2005
10.69 Bensinger, W.-D.: Rotationskolben-Verbrennungsmotoren. Springer, Berlin, 1973
10.70 Jantsch, F.: Fahrzeuggeneratoren: Bau, Betrieb und Einsatz. Kasper, Berlin, 1943
10.71 Maxwell, T.T, Jones, J.C: Alternative fuels: emissions, economics and performance. Society of Automotive Engineers, Warrendale, Pa., 1995
10.72 Kaufmann, G., Klein, H., Granel, J.: Entwicklung des bivalenten Ottomotors im VW Santana 3000 für den Taximarkt in China. In: Dingel, O. (Hrsg.): Gasfahrzeuge. Haus der Technik Fachbuch, Bd. 37. Expert-Verlag, Renningen, 2004
10.73 Henke, J., Kemmler, R.: Antriebskonzept des bivalenten Erdgasfahrzeuges Mercedes-Benz E200 NGT. In: Dingel, O. (Hrsg.): Gasfahrzeuge. Haus der Technik Fachbuch, Bd. 37. Expert-Verlag, Renningen, 2004
10.74 Berner, H.-J., Bargende, M.: Ein CO_2-minimales Antriebskonzept auf Basis des Kraftstoffes Erdgas. In: Dingel, O. (Hrsg.): Gasfahrzeuge. Haus der Technik Fachbuch, Bd. 37. Expert-Verlag, Renningen, 2004
10.75 Umierski, M., Rütten, O., Fricke, F.: PKW-Erdgasantriebe für hohe Leistungsdichte und niedrigsste Abgasemissionen. In: Dingel, O. (Hrsg.): Gasfahrzeuge. Haus der Technik Fachbuch, Bd. 37. Expert-Verlag, Renningen, 2004
10.76 Schaffer, K., Thien, U., Eichlseder, H.: 1,6 l Kompressormotor für CNG Motorisierung eines Sportfahrzeuges. In. Lenz, H.P. (Hrsg.): 27. Internationales Wiener Motorensymposium. Fortschrittberichte, Reihe 12, Nr. 622. VDI-Verlag, Düsseldorf, 2006
10.77 Pischinger, S., Umierski, M., Hüchtebrock, B.: New CNG concepts for passenger cars. SAE Pap. 2003-01-2264, 2003
10.78 Meurer, J.S., Urlaub, A.C.: Development and operational results of the MAN FM combustion system. SAE Pap. 690255, 1969
10.79 Neitz, A., Chmela, F.: Results of further development in the MAN methanol engine. Präsentation beim VI International Symposium on Alcohol Fuels Technology, Ottawa, Canada, 1984
10.80 Chmela, F.: Entwicklung am MAN-Methanolmotor. In: Emissionsminderung Automobilabgase – Dieselmotoren. VDI-Berichte, 559. VDI-Verlag, Düsseldorf, 1985
10.81 Neitz, A., Chmela, F.: Betriebserfahrungen mit dem MAN-Methanolmotor im Stadtlinienbus. In: Jahrestagung der VDI-Gesellschaft Fahrzeugtechnik, Berlin, 1983
10.82 Erren, R.A.: Der Erren-Wasserstoffmotor. ATZ 41: 523–524, 1939
10.83 Oehmichen, M.: Wasserstoff als Motortreibmittel. Deutsche Kraftfahrzeugforschung, Heft 68. VDI-Verlag, Berlin, 1942
10.84 Schüers, A., Abel, A., Fickel, H., Preis, M., Artmann, R.: Der Zwölfzylinder-Wasserstoffmotor im BMW 750hL. MTZ 63: 98–105, 2002
10.85 Pehr, K., Burckhardt, S., Koppi, J., Korn, T., Partsch, P.: Mit Wasserstoff in die Zukunft – der BMW 750hL. ATZ 104: 120–130, 2002
10.86 Ford Motor Company: Hydrogen for the road Ahead – toward a sustainable future. Ford Motor Company, Detroit, 2005
10.87 Prümm, W: Wasserstoff-Verbrennungsmotoren in Stadtbussen. In: Kooperationsforum „Trends in der Motortechnologie 2005", Passau, 2005
10.88 Vogel, C.: Wasserstoff-Dieselmotor mit Direkteinspritzung, hoher Leistungsdichte und geringer Ab-

gasemission. Teil 1: Konzept. MTZ 60: 704–708, 1999
10.89 Gutmann, M.: Die Entwicklung eines Gemischbildungs- und Verbrennungsverfahrens für Wasserstoffmotoren mit innerer Gemischbildung. Dissertation, Universität Stuttgart, Stuttgart, Deutschland, 1984
10.90 Rottengruber, H., Wiebicke, U., Woschni, G., Zeilinger, K.: Wasserstoff-Dieselmotor mit Direkteinspritzung, hoher Leistungsdichte und geringer Abgasemission (3). MTZ 61: 122–128, 2000
10.91 Eichlseder, H., Wallner, T., Freymann, R., Ringler, J.: The potential of hydrogen internal combustion engines in a future mobility scenario. SAE Pap. 2003-01-2267, 2003
10.92 Wallner, T., Wimmer, A., Gerbig, F., Fickel, H.-C.: Der Wasserstoff-Verbrennungsmotor – ein grundlegender Konzeptvergleich. In: Dingel, O. (Hrsg.): Gasfahrzeuge. Haus der Technik Fachbuch, Bd. 37. Expert-Verlag, Renningen, 2004
10.93 Gerbig, F., Strobl, W., Eichlseder, H., Wimmer, A.: Potentials of the hydrogen combustion engine with innovative hydrogen-specific combustion process. In: FISITA World Automotive Congress, 2004
10.94 Osafune, S., Akagawa, H., Ishida, H., Egashira, H., Kuma, Y., Iwasaki, W.: Development of hydrogen injection clean engine. In: 24th CIMAC World Congress, 2004
10.95 Göschel, B.: Der Wasserstoff-Verbrennungsmotor als Antrieb für den BMW der Zukunft. In. Lenz, H.P. (Hrsg.): 24. Internationales Wiener Motorensymposium. Fortschrittberichte VDI, Reihe 12, Nr. 539. VDI-Verlag, Düsseldorf, 2003
10.96 Kirchweger, W., Eichlseder H., Gerbig, F., Gerke, U.: Analyse von Wasserstoff-DI-Brennverfahren mit Sondermesstechnik. In: Eichlseder, H. (Hrsg.): 10. Tagung. „Der Arbeitsprozess des Verbrennungsmotors". VKM-THD-Mitteilungen, 86. Institut für Verbrennungskraftmaschinen und Thermodynamik, Technische Universität Graz, Graz, 2005
10.97 Eichlseder, H., Wallner, T., Gerbig, F., Fickel, H.-C.: Gemischbildungs- und Verbrennungskonzepte für den Wasserstoff-Verbrennungsmotor. In: Liebl, J. (Hrsg.): 7. Symposium Entwicklungstendenzen bei Ottomotoren 2004. Technische Akademie Esslingen, Ostfildern, 2004
10.98 Basshuysen, R.v. (Hrsg.): Ottomotor mit Direkteinspritzung: Verfahren, Systeme, Entwicklung, Potenzial. ATZ/MTZ-Fachbuch. Vieweg, Wiesbaden, 2007
10.99 Kiesgen, G., Klüting, M., Bock, C., Fischer, H.: The new 12-cylinder hydrogen engine in the 7 series: the H_2 ICE age has begun. SAE Pap. 2006-01-0431, 2006

11 Motorsteuerungen

11.1 Klüting, M., Cosfeld, R.: Modellbasierte Motorsteuerung. Automobil Industrie 93(4): 68–71, 1993
11.2 Merkle, H., Lechner, B., Krämer, G., Schneider, J.: Neue Wege in der Entwicklung von Motorsteuerungen. MTZ 57: 386–392, 1996
11.3 Konrad, H., Krämer, G.: Die Entwicklung der Steuerfunktionen für die BMW Valvetronic Motoren. Automatisierungstechnik 51: 360–367, 2003
11.4 Koch, A.: Drehmomentbasierte Funktionsstruktur für Motorsteuerungen. In: Basshuysen, R.v., Schäfer, F. (Hrsg.): Handbuch Verbrennungsmotor, 2. Aufl. Vieweg, Braunschweig, 2002
11.5 Graf, F.: Integriertes Antriebsstrangmanagement (IPM). In: Basshuysen, R.v., Schäfer, F. (Hrsg.): Handbuch Verbrennungsmotor, 2. Aufl. Vieweg, Braunschweig, 2002

Namen- und Sachverzeichnis

Springer und Umwelt

Als internationaler wissenschaftlicher Verlag sind wir uns unserer besonderen Verpflichtung der Umwelt gegenüber bewusst und beziehen umweltorientierte Grundsätze in Unternehmensentscheidungen mit ein.

Von unseren Geschäftspartnern (Druckereien, Papierfabriken, Verpackungsherstellern usw.) verlangen wir, dass sie sowohl beim Herstellungsprozess selbst als auch beim Einsatz der zur Verwendung kommenden Materialien ökologische Gesichtspunkte berücksichtigen.

Das für dieses Buch verwendete Papier ist aus chlorfrei hergestelltem Zellstoff gefertigt und im pH-Wert neutral.